2026 위험물산업기사 필기

파이팅혼공TV 컨텐츠 개발팀 편저

▶ 파이팅혼공TV 유튜브 무료 강의 초단기 합격의 지름길!

이론 | 기출 | CBT 예상문제집

PREFACE
위험물산업기사 머리글

위험물산업기사를 준비하시는 수험생 분들에게 가장 효율적인 시험 대비를 위해 교재를 준비하였습니다.

이 교재의 특성은 다음과 같습니다.

√ 철저히 수험을 위해 준비하였습니다.

실제 시험에서 합격권 점수를 받기 위해 필요한 부분을 충실히 수록하였고, 출제 가능성이 낮은 부분은 과감히 생략하거나 요약하여 서술하였습니다.

출제 비중이 높은 부분은 상세히 설명하여 득점에 부족함이 없도록 하였고, 출제 비중이 낮은 문제는 꼭 필요한 부분만큼만 수록하여 공부 부담을 줄이도록 하였습니다.

√ 충실한 이론을 수록하였습니다.

수험서이지만 필요한 만큼의 이론은 충실히 수록하여 문제풀이에 어려움이 없도록 하였습니다. 또한, 기본 이론을 바탕으로 하여 변형된 문제가 출제되는 경우에도 대비할 수 있도록 충실히 준비하였습니다.

특히 수험생 들이 어려워하는 화학부분도 필요한 이해를 돕기 위한 설명을 충실히 수록하였습니다.

√ 암기를 돕기 위해 최선을 다하였습니다.

위험물산업기사의 경우 상당히 많은 양의 암기를 요구하는 시험입니다. 이를 위해 본 교재는 수험생들이 최대한 요령 있게 암기할 수 있도록 다양한 방법을 준비하였습니다.

교재 전체를 통해 다양한 암기법으로 암기를 도울 것이며, 반복 및 다양한 설명 방법을 통해 시험 직전까지 최대한 수험생들의 머리에 많은 것을 남기기 위해 노력하였습니다.

교재를 통해 꾸준히 따라가신다면 합격할 수 있을 만큼의 기초지식은 잘 암기하실 수 있도록 준비하였습니다.

√ 중요도를 잘 구분하였습니다.

모든 시험은 중요도를 잘 구분해서 공부해야 하고, 앞서 말씀드린 대로 이 교재는 위험물산업기사 시험의 중요도에 따라 그 내용을 잘 구분할 수 있도록 서술, 표시하였습니다.

우선순위에 따라 중요도가 큰 부분부터 완벽히 암기하시고, 그 다음 중요도에 따라 암기 범위를 넓혀 가신다면 좀 더 요령껏 공부하실 수 있으리라 생각합니다.

중요도가 높지 않고 암기량은 많이 필요한 부분이 있다면, 꼭 필요한 부분만 단편적으로 암기하는 것도 수험의 필요한 전략일 것입니다. 어떤 부분이 전체적인 이해 및 암기가 필요한 부분인지, 단편적 암기가 필요한 부분인지 중요도 표시를 통해 구분하실 수 있을 것입니다.

PREFACE

위 험 물 산 업 기 사 머 리 글

√ 눈, 귀, 입으로 공부할 수 있도록 준비했습니다.

이 교재는 함께 진행되는 유투브 무료 강의와 함께 하신다면 학습효과는 배가될 것이라 확신합니다. 책만 읽는 시각적인 학습에 더하여, 유투브를 통한 청각적 /시각적 학습효과, 암기방법을 통해 입으로 반복하는 학습 효과 등을 총동원하여 학습에 도움이 되도록 준비하였습니다. 유투브 강의는 교재와 함께 수험생들의 학습에 가능한 한 많은 도움이 되도록 충실하고, 효율적으로 준비하였습니다.

어렵고 이해되지 않고 암기되지 않았던 부분이 이해되고 암기되는 놀라운 경험을 하실 수 있을 것이라 확신합니다.

√ 문제 풀이를 충실히 준비하였습니다.

어차피 시험은 문제를 잘 풀어야 합격하는 것입니다. 모든 이론 설명은 문제 풀이과정에서 좀 더 입체적으로 다가올 것입니다. 본 교재는 문제 풀이를 충실히 하여 이론적으로 이해했던 부분을 더 잘 이해하여 정답을 찾을 수 있도록 최선을 다하였습니다.

기출문제뿐만 아니라, CBT대비 문제도 충실히 수록하였으니 이 교재의 설명과 함께 준비하신다면 충분히 합격권에 도달할 수 있으리라 확신합니다.

√ 마지막으로,

 모든 것을 암기하거나 이해하지 못해도 시험장 들어갈 때까지 포기하지 마시고 최대한 공부한 것을 풀어낼 수 있도록 하시 길 바랍니다. 혹, 어렵거나 보지 못한 문제가 나온다 할지라도 그것은 다른 수험생에게도 마찬가질 것이라는 점을 잊지 마시고, 아는 문제를, 공부한 부분을 틀리지 않고 잘 쓰고 나온다는 점에 중점을 맞추시면 좋은 결과가 있으리라 생각합니다.
 감사합니다.

파이팅혼공TV 컨텐츠 개발팀

CONTENTS

위 험 물 산 업 기 사 목 차

기본 이론 정리

I. 일반화학

1. 물질
- 물질의 분류 ………………………… 012
- 물질의 상태 : 고체, 액체, 기체 ……… 013
- 물질의 성질 ………………………… 015
- 용액 ………………………………… 016

2. 주기율표와 원소의 주기적 성질
- 원자 ………………………………… 019
- 주기율표 …………………………… 020
- 오비탈 전자 ………………………… 021
- 원소의 특성 ………………………… 023
- 팔전자 규칙(옥텟 규칙) …………… 023

3. 화학물질의 단위인 몰과 화학반응식
- 원자량 ……………………………… 024
- 몰 …………………………………… 024
- 화학반응의 양적인 배수 관계……… 025

4. 화학결합
- 이온 결합 …………………………… 026
- 이온결합물질의 특성 ……………… 027
- 다원자이온 ………………………… 027
- 금속결합 …………………………… 028
- 공유 결합 …………………………… 028
- 배위결합 …………………………… 030
- 결합에너지 ………………………… 030
- 전기음성도 ………………………… 030
- 극성 ………………………………… 031

5. 분자의 구조
- 루이스 구조 ………………………… 033
- 결합의 구조 ………………………… 034

6. 화학평형
- 화학평형 …………………………… 035
- 평형 이동 : 르 샤를리에 원리……… 035
- 촉매 ………………………………… 036

7. 산과 염기

- 전해질/비전해질 ·· 036
- 산과 염기 ··· 037
- pH척도 ·· 039
- 중화 반응 ··· 039
- 완충용액 ·· 041

8. 산화 환원반응

- 산화와 환원 ··· 041
- 산화수 ··· 041

9. 전기화학

- 화학 전지 ··· 043
- 전지의 종류 ··· 043
- 전기 분해 ··· 044

10. 탄소화합물

- 유/무기화합물 ··· 045
- 탄화수소 ··· 045
- 탄화 수소 유도체 ····································· 047

Ⅱ. 화재예방과 소화방법

1. 연소

- 연소의 3요소 ··· 051
- 연소의 종류 ··· 052
- 기타 개념 ··· 053

3. 화재

- 화재의 종류 ··· 054
- 화재의 특수현상 ······································ 054

4. 폭발

- 폭발의 종류 ··· 055
- 폭발속도에 따른 분류 ····························· 056

5. 소화(불을 끄는 것)

- 소화의 종류 ··· 056
- 소화약제 ··· 057
- 소화기 ··· 059

CONTENTS
위험물산업기사 목차

6. 소방시설
- 소화설비 ········· 060
- 경보설비 ········· 062
- 피난설비 ········· 063

7. 소화난이도 및 소방시설 적응성
- 소화난이도 ········· 064
- 소화설비의 적응성 ········· 068

Ⅲ. 위험물

1. 위험물
- 정의 및 분류 ········· 071
- 기타 개념 ········· 071
- 위험물 종류 개관 ········· 072
- 각각의 위험물 ········· 082

2. 위험물의 저장, 운반, 취급 등의 관리
- 위험물의 저장/취급/운반 ········· 96
- 위험물 제조소 등의 시설 ········· 104

3. 위험물안전관리법령 사항
- 제조소 등의 설치 등 ········· 121
- 예방규정 ········· 122
- 정기점검 ········· 122
- 자체소방대 ········· 123
- 행정처분 ········· 124
- 벌칙 ········· 124

기출 문제 풀이

1. 2016년 1회 …………………………… 126
2. 2016년 2회 …………………………… 140
3. 2016년 3회 …………………………… 155
4. 2017년 1회 …………………………… 170
5. 2017년 2회 …………………………… 184
6. 2017년 3회 …………………………… 197
7. 2018년 1회 …………………………… 210
8. 2018년 2회 …………………………… 223
9. 2018년 3회 …………………………… 237
10. 2019년 1회 …………………………… 250
11. 2019년 2회 …………………………… 264
12. 2019년 3회 …………………………… 277
13. 2020년 1회 …………………………… 292
14. 2020년 2회 …………………………… 306

CBT 대비 및 기출 모의고사

- 1회 …………………………… 322
- 2회 …………………………… 336
- 3회 …………………………… 351
- 4회 …………………………… 364
- 5회 …………………………… 379
- 6회 …………………………… 393
- 7회 …………………………… 408

I
기본이론정리

위험물산업기사 **필기**

일반화학

1. 물질

1 물질의 분류

물질은 **혼합물과 순물질**로 분류된다.

1) 혼합물

① 다른 순물질이 물리적으로 섞여 있는 것으로 **물리적 방법으로 분리가 가능**하다.
② **균일 혼합물(설탕물, 소금물), 불균일 혼합물(우유, 흙탕물, 화강암)로 분류된다.**
③ 균일 혼합물은 모두 균일하게 혼합되어 있어 각 부분마다 차이가 없는 경우이고, 불균일 혼합물은 그러하지 못한 혼합물을 일컫는다.
④ **재결정** : 수용액 속에 다른 **불순물**이 있는 경우 **용해도의 차이**를 통해 분리시킬 수 있는데, **온도변화**를 주어, **용해도가 다른 물질이 결정이 되어 분리**되도록 하는 방법이다.

> 예 질산칼륨 수용액에 염화나트륨이 있는 경우 염화나트륨을 분리할 때 사용된다.

2) 순물질

① **원소와 화합물**로 분류되는데, 쉽게 생각하면 하나의 원소로 이루어진 **홑원소 물질(Fe, O_2)**과 여러가지 원소로 이루어진 **화합물(NaCl)**이 있다.
② 순물질은 **물질 고유의 성질**을 가지는데, **끓는점, 어는점, 밀도** 등의 **물리적 성질**과, 물질 각각의 **화학적 성질**을 가진다.
  ㄱ. 끓는점 : **액체가 끓어올라 기체**가 되는 온도, **액체의 증기압과 외부 압력이 같게 되는 점**을 의미한다.
  • 여러물질이 혼합되어 있는 액체인 경우 끓는점의 차이를 통해 물질을 분리할 수 있다.
  ㄴ. 어는점 : **액체의 물질이 얼기 시작**하는 온도를 의미하며, **고체상의 물질이 액체상의 물질과 평형**에 있을 때의 온도이다.
  ㄷ. 화합물은 화학적 방법에 의해 분리가 가능하다.
③ 원소와 화합물과 관련해서 배수비례의 법칙을 기억한다.
배수비례의 법칙 : 여러 원소는 서로 결합하여 화합물을 이루는데, 2종류의 원소가 서로 화합하여 2종류 이상의 화합물을 만들 때, 한 원소의 일정량과 결합하는 다른 원소의 질량비는 항상 정수비를 이룬다는 법칙이다.

> 예 H_2O 와 H_2O_2, SO_2와 SO_3 등

2 물질의 상태 : 고체, 액체, 기체

1) 기체 법칙

① 보일의 법칙

ㄱ. **부피는 온도가 일정할 때 압력에 반비례**한다. $V = k/P$ (V는 부피, P는 압력, k는 상수)

따라서 P와 V의 곱은 언제나 일정한 상수가 된다.($VP = K$)

따라서, $P_1V_1 = P_2V_2$가 성립한다.

> **? 문제**
>
> Q. 1기압에서 2L의 부피를 차지하는 어떤 이상기체를 온도의 변화 없이 압력을 4기압으로 하면 부피는 얼마가 되겠는가?
>
> A. $P_1V_1 = P_2V_2$가 성립한다. $1 \times 2 = 4 \times$ 구하는 부피. 0.5L이다.

② 샤를의 법칙

ㄱ. **부피는 압력이 일정할 때 절대온도에 비례한다.** $V = k_2T$(**T는 절대온도**, k_2는 상수, **절대온도는 섭씨(℃)에 273을 더하면** 된다)

V/T는 언제나 일정한 상수이다. $\left(\dfrac{V}{T} = K_2\right)$

따라서 $V_1/T_1 = V_2/T_2$가 성립한다.

③ 보일의 법칙과 샤를의 법칙을 합해서 보일-샤를의 법칙 $P_1V_1/T_1 = P_2V_2/T_2$가 성립한다.

④ 아보가드로 법칙

ㄱ. 모든 기체는 온도, 압력이 같다면 같은 부피에 같은 수의 분자를 가진다는 법칙으로 부피는 몰수에 비례한다는 법칙 $V = kn$(n은 몰수, k는 상수)이 도출된다.

V/n는 언제나 일정한 상수이다. $\left(\dfrac{V}{n} = K\right)$

따라서 $V_1/n_1 = V_2/n_2$가 성립한다.

💡 상식적으로 부피는 온도에 비례하고 압력에 반비례하며, 몰수가 많을수록 커진다는 것을 기억하면 된다. 이해가 어렵다면 공식만 암기하자!

⑤ 이상기체 방정식

ㄱ. 이상기체 방정식은 위의 여러가지 기체의 법칙을 합해 놓은 것이다(이상기체란 분자들 사이에 인력을 무시한 가상의 기체이다. 실제에서도 온도가 높고, 압력이 낮아 분자사이에 거리가 멀면, 인력이 작게 작용하므로 이상기체와 비슷해진다).

ㄴ. V=nRT/P (R은 기체상수, 0.082L·atm/k·mol), n=w/M (w는 기체의 질량, M은 기체의 분자량)
　　즉 부피는 몰수와 온도에 비례하고 압력에 반비례한다는 의미이다.
　　부피, 온도가 일정하다면 압력과 몰수는 비례한다는 의미이기도 하다.
　　(V는 부피, T는 절대온도, P는 압력)
　　ㄷ. 문제를 풀 때, 구하는 부피의 단위가 리터이면, 질량은 g, 몰수는 mol로 맞추고, m^3이면 질량은 kg, 몰수는 kmol로 맞추고 구하면 된다.
　　압력의 경우 1기압, 2기압 단위로 출제되나, 단위가 mmHg인 경우, 760mmHg=1기압이므로 단위를 변환하여 대입하면 된다. 즉 750mmHg인 경우 750/760 기압으로 대입하면 된다.
⑥ 돌턴의 부분 압력의 법칙
　　ㄱ. 기체 전체 혼합물의 압력은 각 성분들의 부분 압력의 합이라는 법칙이다.
　　　즉, A기체와 B기체가 섞여 있는 경우, 두 기체의 혼합물의 압력은 A기체의 압력과 B기체의 압력을 합한 값이 된다는 의미이다.
　　ㄴ. 문제를 예시로 설명하자.
　　질소 2몰과 산소 3몰이 혼합된 기체의 전체 압력이 10인 경우, 질소의 압력은 4기압이고, 산소의 압력은 6기압이라는 뜻이다.
　　각 기체의 부분 압력을 구하는 식은
　　질소의 부분압력=전체압력×(질소의 몰수 / 전체 기체의 몰수)

2) 기체분자의 확산속도

① 기체의 운동에너지는 시료의 절대온도에 비례한다.
② 동일한 온도에서 여러 기체들의 **운동에너지는 동일**한데, **에너지는 같다면, 각 기체에 있어 무거운 입자의 속도는 느리고, 가벼운 입자의 속도는 빠르다**는 것을 도출해 낼 수 있다.
　이를 통해 두 기체의 확산 속도와 질량 간의 관계를 도출해 내었는데, 그레이엄의 확산속도 법칙이라 하고 그 식은 아래와 같다.
　$V1/V2 = \sqrt{d2/d1} = \sqrt{M2/M1}$ (V1, V2:각 기체의 확산속도, d1, d2는 각 기체의 밀도, M1, M2:각 기체의 분자량)
　위 식을 통해 미지의 기체의 분자량을 구할 수 있다.

3 물질의 성질

1) 물리적 / 화학적 성질

① 물질은 물리적 성질과 화학적 성질을 가진다.
② **물리적 변화란 물질의 상태는 변화하나 그 조성이 변하지 않는 것**을 의미한다.

> 예 소금이 물에 녹지만, 물이 증발하면 다시 소금이 남는 것, 부탄은 가스로도 액체의 형태로도 존재하지만(즉 상태는 변화하지만), 그 조성이 변하지 않는 것

③ **화학적 변화란 물질의 조성 자체가 변하여 새로운 물질**이 만들어지는 것을 의미한다.

> 예 대부분의 화학반응

2) 상변화

에너지(주로 열)을 흡수하거나 방출하여 물질의 상태가 바뀌는 물리적 변화

> 예 용융(녹는 것) : 고체가 액체로 변화
> 응고(어는 것) : 액체가 고체로 변화
> 기화 : 액체가 기체로 변화

3) 열량 측정

① **비열** : 물질 1g을 1℃ 올리는데 필요한 열량을 말하며 물의 비열은 1cal/g℃이다.
② **열용량** : 물질의 온도를 1℃ 올리는데 필요한 열량 : 비열과 물질의 질량을 곱한 값
③ 열량 측정방법

현열(물질이 **상태 변화 없이 온도**가 **올라가는데 필요한 열량**) + 잠열(물질의 **온도변화가 없이 상태가 변화**하는데 필요한 열량)

ㄱ. 현열은 "질량 × 비열 × 온도변화"로 구하고
ㄴ. 잠열은 "상태변화에 필요한 기화열 혹은 융해열(kcal/kg 혹은 cal/g℃) × 질량"로 구한다.

4) 상도표

물질이 상태들 간의 관계를 나타낸 그래프이다.

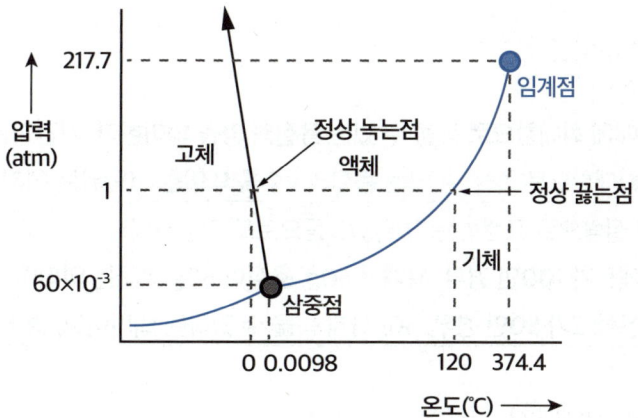

4 용액

1) 정의
① **용액은 두가지 이상 물질이 균일하게 혼합**되어 있는 상태의 물질이다.
② **용질은 녹아들어간 소량의 물질**을 의미한다.
③ **용매는 녹이는 물질로 다량의 물질**이다.

2) 용액의 농도
① 질량 백분율 : 용질g수/용액g수×100 % w/w

> **? 문제**
>
> Q. 황산구리결정($CuSO_4 \cdot 5H_2O$) 25g을 물 100g에 넣는 경우 몇 %의 황산구리 용액이 되는가? ($CuSO_4$의 분자량은 160g/mol)
> A. 용액의 농도는 용질의 질량 / 용액의 질량이다.
> 용액의 질량은 125g이나 용질의 질량은 추가한 황산구리결정에서 황산구리가 얼마만큼 차지하는지를 구해 찾을 수 있다.
> 황산구리의 분자량은 160g/mol이고 H_2O 5개의 질량은 90(18g/mol×5)이므로 전체 250g 중에 160g이 있다는 의미이므로 25g 중는 황산구리가 차지하는 질량은 다음 식으로 구할 수 있다.
> 160 : 250 = x : 25
> X는 16g이고 농도를 구하면 16/125×100. 12.8%이다.

② 몰농도(M) : 1L용액에 녹아있는 용질의 몰수 : 용질의 몰수(mol) / 용액의 부피(L)
③ 몰랄농도 : 1000g(1kg)의 용매에 녹아있는 용질의 몰수 : 용질의 몰수(mol) / 용매의 질량(kg)
④ ppm : (용질의 질량 / 용액의 질량) 의 백만분율, 즉, (용질의 질량 / 용액의 질량)×10^6

3) 용해도
① 개념
ㄱ. **정해진 온도에서 용매에 최대한으로 녹을 수 있는 용질의 양을 의미한다. 시간과는 무관하다.**
ㄴ. **통상 용매 100g에 최대한으로 녹을 수 있는 용질의 g수를 의미한다**(단위는 여러가지가 있을 수 있다. 용매의 부피에 따른 용질의 질량으로 표현하는 경우, g/L 등으로도 가능하다).
즉, **용액100g의 용해도가 100인 경우, 용매가 50g, 용질이 50g 있다는 의미**이다.
용매가 100g이고, 용해도가 50인 경우, 50g까지 녹을 수 있다는 의미이고, 총 150g의 용액이 될 수 있다는 뜻이다.
ㄷ. 비극성 분자는 비극성 용매에 잘 녹는다 : CCl_4 / C_6H_6
ㄹ. 극성 분자는 극성 용매에 잘 녹는다 : C_2H_5OH / H_2O
ㅁ. 이온화합물은 극성 용매에 잘 녹는다 : NaCl / H_2O

ㅂ. 몰용해도의 경우 리터당 녹을 수 있는 몰수이므로 mol/L로 표시한다. 즉 일정한 몰농도가 된다(따라서 몰농도와 단위가 동일하다).

ㅅ. **용해도 곱은 최대로 녹았을 경우의 양이온의 몰농도와 음이온의 몰농도의 곱을 의미한다.**

용해도곱상수를 알아야 하는데, 이는 곧 용해도만큼 녹았을 경우의 평형상수를 의미한다.

평형상수를 구하는 식은 aA + bB → cC + dD라는 반응이 있을 때,

K = $[C]^c[D]^d$ / $[A]^a[B]^b$인데,

평형상수를 구하는 경우, 반응물은 고체이므로, 평형 상수 계산에 1로 계산한다.

따라서, K = $[C]^c[D]^d$ 로 계산한다. *(분자가 1이되어 분모, 즉 몰농도의 곱만 남았으므로 용해도곱상수라고 하나, 일반적인 평형상수식과 다르지 않다)*

ㅇ. 참고로 알아 둘 것은 '해리도'이다.

해리도는 해리 즉, **분해된 분자의 수와 분해되기 전의 분자의 수의 비율**이다. 얼마나 분해 되었느냐의 척도이다.

약산의 경우 물에 아주 조금 분해되는데, 그 해리도를 구하는 공식이 있다.

a = $\sqrt{Ka/c}$ 이다(a는 해리도, Ka는 해리상수, c는 몰농도이다).

② 용해도에 영향을 주는 요소

ㄱ. 온도 : 고체의 경우 **온도가 높아지면 용해도도 증가하는 경향이 있으나 반드시 그러한 것은 아니다.**

여기서 기억할 것은 어떤 고체가 용해되는 **변화가 흡열반응인 경우**

즉 **"열 + 물질 → 용해" 라는 식이 성립한다.**

용해가 되면 용액의 온도가 내려간다는 의미이며, 열이 더 들어갈수록 더 용해가 된다는 의미이다.

따라서 이러한 경우 온도가 높아지면 용해가 더 잘된다는 의미이다.

> **? 문제**
>
> **Q.** 60℃에서 KNO_3의 포화용액 100g을 10℃로 냉각시키는 경우 석출되는 KNO_3의 양은? (단, 60℃, 100g KNO_3 / 100g H_2O의 용해도, 10℃ 20g KNO_3 / 100g H_2O의 용해도를 가진다)
>
> **A.** 60℃일 때 용해도에 따르면 KNO_3 과 H_2O의 용질, 용매의 비율은 1:1이다.
> 10℃일 때 용해도에 따르면 KNO_3 과 H_2O의 용질, 용매의 비율은 1:5이다.
> 문제에서 60℃ 용액이 100g이므로 용질, 용매의 비율은 1:1이므로 50g:50g으로 이루어져 있다.
> 10℃ 비율은 1:5이므로 온도변화에 따라 용매의 질량은 변하지 않으므로 용매의 질량 50g이고, 용질의 질량은 10g이다. 따라서 석출되는 양은 40g이다.
> 이렇듯 석출양을 구하는 경우, 용매의 양은 변하지 않는 점을 기억하고, 온도변화에 따른 비율을 찾으면 문제를 풀 수 있다.
> 기체의 경우 온도가 높아지면 잘 녹지 않는다.

ㄴ. 압력 : 고체는 압력에 영향을 받지 않으나 **기체는 압력이 증가하면 용해도도 증가한다. 압력이 감소하면 용해도는 감소한다.** *(사이다병 따면 거품이 나오는 것 기억하자)*

4) 용액의 종류

① 포화/불포화 용액

ㄱ. 포화용액 : **정해진 온도**에서 **녹을 수 있는 최대량이 녹아 있는 용액**(용해도만큼 용질이 녹아 있는 용액)

ㄴ. 불포화용액 : 용해할 수 있는 양보다 적은 양의 용질이 녹아 있는 용액

② 콜로이드 용액

ㄱ. 참용액 : 입자 지름이 10^{-7}cm 이하의 용액, 보통의 용액이다.

ㄴ. 콜로이드 용액 : 지름이 **$10^{-7} \sim 10^{-5}$cm 정도의 용질의 입자**를 "**콜로이드**"라 하는데, 이러한 콜로이드 입자가 분산되어 있는 용액을 콜로이드 용액이라고 한다.

ㄷ. 물과의 친화성에 따라 분류하면

- **소수 콜로이드**가 있는데, 콜로이드 입자중 소량의 전해질에 의해 엉김이 생기는 콜로이드이다(먹물, 수산화철).
- **친수 콜로이드**는 전해질이 다량으로 첨가되어야만 엉김이 생기는 콜로이드이다(아교, 녹말).

위와 같이 소수콜로이드의 경우 엉김이 잘 생기므로 친수콜로이드를 추가하여 엉김을 방지하는데, 이러한 친수콜로이드를 보호콜로이드라 하고, 그 예로는 먹물에서 **아교가 탄소입자의 분산에 보호콜로이드**가 된다.

ㄹ. **브라운 운동** : 콜로이드 용액에서 관찰되는 **콜로이드 입자의 불규칙한 운동**을 말한다.

ㅁ. **투석** : 반투막을 이용하여 **콜로이드 입자를 전해질이나 작은 분자로부터 분리 정제**하는 것을 말한다.

③ 묽은 용액의 총괄성

ㄱ. 총괄성이란 입자의 특징이 아니라, 용액 속에 녹아 있는 입자의 수에 따라 달라지는 용액의 고유한 성질을 의미한다.

ㄴ. 일반적으로 아래의 성질을 가진다.

- **증기압 내림** : 순수한 용매에 비해 용액의 증기압은 낮아진다. *(증발하는 분자의 압력(증기가 되려는 힘)을 증기압으로 이해하자)*
- **끓는점 오름** : 순수한 용매에 비해 용액의 끓는점은 높아진다.
- **어는점 내림** : 순수한 용매에 비해 용액의 어는점은 낮아진다.

(쉽게 설명하면 순수한 물보다 설탕이 입자가 같이 녹아 있는 용액이 되면, 물입자가 설탕의 입자에 방해를 받아 덜 날아가게 되고, 공기중으로 입자가 덜 날아가면, 공기중의 활동 입자수가 줄어들게 되므로 증기압이 내려가게 된다.

끓는점은 그 물질의 증기압이 대기압과 같아지는 지점을 의미하는데, 위와 같이 증기압이 낮아졌으므로 대기압만큼 끌어 올리기 위해서는 더 많은 에너지가 필요하다. 따라서 끓는점이 상승한다)

그냥 위의 세가지 현상을 잘 기억하도록 하자.

즉 이러한 현상은 용액내에 입자가 많을수록(즉, 농도가 더 높을 수록) 더 심하게 발생하게 되는데,

- 어는점 내림을 살펴보면,

  어는점 온도의 변화 = $m \times K_f$ 로 표시가 가능하다(m는 몰랄농도, K_f는 어는점 내림상수).

- 끓는점 오름은,

  끓는점 온도의 변화 = $m \times K_b$ 로 표시가 가능하다(m는 몰랄농도, K_b는 끓는점 오름상수).

- 증기압 내림은,
  증기압의 변화 = $X \times P_1^0$ (X는 용질의 몰분율, P_1^0는 같은 온도에서 순용매의 증기압)(**몰분율이란 해당 물질의 몰수 / 전체 용액의 몰수이다**)
  (라울의 법칙 : 일정한 온도에서 비휘발성이며, 비전해질인 용질이 녹은 묽은 용액의 증기압력 내림은 일정량의 용매에 녹아 있는 용질의 몰 수에 비례한다)

2. 주기율표와 원소의 주기적 성질

1 원자

1) 원자는 양성자, 중성자로 구성된 핵 부분과 그를 둘러싸고 있는 <u>전자로 이루어져 있다.</u>

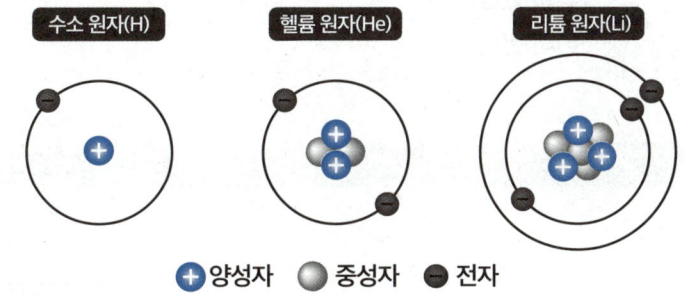

① **양성자의 수와 전자의 수는 같다.** 양성자의 수 혹은 전자의 수가 **원소 번호가 된다.**
② **양성자와 중성자의 무게가 원자의 무게 즉, 질량수가 된다**(전자는 너무 작아서 무시된다).
③ 전자들은 각 그 위치가 있고, 그 **위치에 따라 다른 에너지 값**을 가진다(안쪽 껍질의 전자와 바깥 껍질의 전자가 가지는 위치 에너지가 다르다고 생각하면 된다) : 각 원소들이 가지는 **전자의 에너지 값이 다르므로 각 원소들의 불꽃색이 다르다.**
④ 불꽃색을 기억해 둘 필요가 있다.
   Li : 빨간색, **Na : 노란색, K : 보라색**, Ca : 주황색, Ba : 황록색

2) 동위원소

① **원자번호(양성자수)는 같지만, 중성자 수가 달라서 질량수가 다른 원소를 의미한다.**
② 중성자는 많을수록 안정하지만*(중성자는 풀 같은 것)*, 중성자가 적어서 불안정한 원소가 있는데, 이렇듯 불안정한 원자핵이 붕괴되면서 **알파선(α), 베타선(β), 감마선(χ)등의 방사선**을 방출하고 쪼개지는 원소를 **방사성 원소**라고 한다.

③ 방사선의 종류

종류	전하	투과력
알파선(α)	전기장에서 (-)쪽으로 휘므로 자신은(+) 성격을 가진다.	투과력은 가장 약하다.
베타선(β)	전기장에서 (+)쪽으로 휘므로 자신은(-) 성격을 가진다.	투과력은 알파선보다 강하고, 감마선보다 약하다.
감마선(γ)	X선과 같은 일종의 전자파로, 질량이 없고 전하를 띄지 않는다. 전기장에 휘지 않는다.	파장이 가장 짧고, 투과성이 강하다.

④ 원소의 붕괴 : **방사선 원소는 방사선을 방출하며 붕괴하는데, 그 종류는 아래와 같다.**

종류	원자번호	질량수	비 고
알파(α)붕괴	2감소	4감소	헬륨원자핵(원자번호2, 질량수4) 하나를 방출하는 것이다.
베타(β)붕괴	1증가	변화 없음	
감마(γ)붕괴	변화 없음	변화 없음	

2 주기율표

H																	He
Li	Be											B	C	N	O	F	Ne
Na	Mg											Al	Si	P	S	Cl	Ar
K	Ca				Fe		Ni	Cu	Zn							Br	Kr
																I	
									Hg								

■ 금속　■ 비금속

- H부터 출발하여 원자기호 1번이 된다. Ca가 20번이다. (참고로 Fe는 26번이다)
- 세로줄을 족이라고 하고 왼쪽부터 1족(H, Li, Na, K), 가장 오른쪽은 18족(He, Ne, Ar)이 된다.
- 1족 (수소 제외)인 Li, Na, K 등은 알칼리금속이라고 하고 알칼리금속은 물과 반응하여 수산화 금속 및 수소를 발생시킨다.
- 2족(Be, Mg, Ca 등)을 알칼리토금속이라고 한다.
- 17족을 할로겐원소라 한다.
- 18족을 불활성 **기체**라 한다(모두 기체이다). 가장 안정적으로 다른 원소와 잘 반응하지 않는다(He, Ne, Ar, Kr).
- 3족에서 12족의 원소는 전이금속이라고 해서 하나의 성격으로 분류할 수 없고 개별적으로 다른 성격을 가진다고 이해하자. 따라서 이온이 되는 경우 버리는 전자의 수도 일률적이지 않다.

- 위에는 대부분이 고체이고, 일부가 기체이나, **액체인 물질이 두가지 있다. 브롬(Br)과 수은(Hg)이다. 수은은 금속이면서 액체이다.**
- 1족, 2족은 전자를 잘 버리는 성격이다. 즉 +이온이 된다.
- 15,16,17족은 전자를 잘 가져오는 성격이다. 즉 -이온이 된다.
- **가로줄을 주기라고 하며 전자껍질의 수**라고 생각하면 된다. 2주기는 전자껍질을 2개며, 전자껍질이 몇 번째 인지를 n값으로 표시한다. **n=1이면 첫번째 껍질이고, n=2이면 두번째 껍질, n=3이면 3번째 껍질이다.**
  각 K, L, M으로 부르기도 하며, 주양자 수 라고도 한다. 주양자수가 3이라면 세번째 껍질 M을 의미하는 것이다.
- 1주기는 전자껍질이 하나, 2주기는 2개, 3주기는 3개이다.
- 각 전자껍질에 들어갈 수 있는 최대 전자의 수는 다른데, **1번째 껍질에는 2개, 2번째 껍질에는 8개, 3번째 껍질에는 18개**이다.
- 그럼 각껍질에 전자가 들어있는 구조를 살펴보자.

3 오비탈 전자

- 앞에서 살펴본 원자는 **원자핵과 전자**로 이루어져 있는데, 이러한 전자는 **일정한 껍질을 이루어 분포**되어 있다. 전자가 그 껍질에 들어가는 모양을 오비탈이라고 이해하자. 즉, 전자가 모여 있는 모양이다.
- 오비탈은 s, p, d, f 오비탈이 있는데, **각 오비탈은 종류가 무엇이던 간에 전자가 2개씩 들어간다.**
- **각 껍질에 따른 오비탈의 수는 다음과 같다.**

주양자수(몇번째 껍질인가)	전자껍질	오비탈 개수
1	K	s:1개
2	L	s:1개, p:3개
3	M	s:1개, p:3개, d:5개
4	N	s:1개, p:3개, d:5개, f:7개

- 각 순서대로 존재한다(즉, 전자수가 증가함에 따라, s, p, d, f 순서로 생기는 것이지, s 다음에 바로 d 가 있을 수 없다. s 부터 채워져 온다). **각 오비탈은 어떤 껍질에 존재한다면 s는 1개, p는 3개, d는 5개, f는 7개가 함께 있다.**
  (즉, p가 있다면 반드시 3개가 있고, d가 있다면 반드시 5개가 있는 것이지, p가 4개 있을 수는 없다고 생각하자. 따라서 단순히 s는 전자 2개, p는 전자 6개, d는 전자 10개가 들어간다고 기억할 수 있을 것이다)
- **오비탈의 모양은 s 오비탈은 구형이다.**

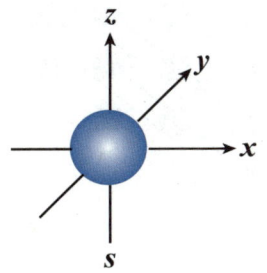

- p오비탈은 x, y, z 축에 따른 아령 모양이다.

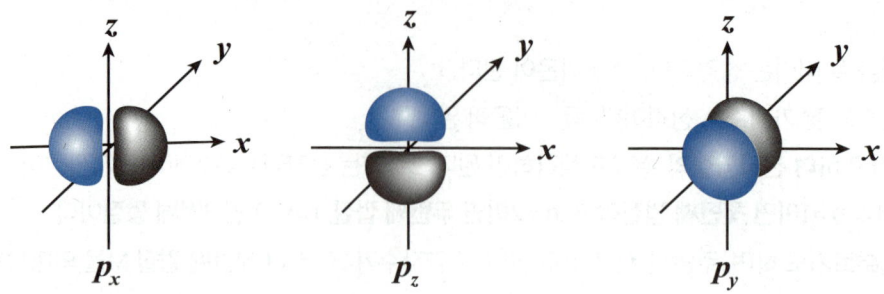

- **첫번째 껍질은 전자가 2개까지만 들어가므로 s오비탈**만 있다. 전자가 10개 있는 경우, 먼저 첫번째 껍질 s에 2개 들어가고 두번째 껍질에 8개까지 들어가므로 두번째 껍질 s에 2개 들어가고 p에 남는 것 6개가 들어간다(p는 3개가 있고, 각 2개씩 들어가므로).
  여기서 유의할 것은 전자가 채워질 때 같은 오비탈일 경우 각 오비탈마다, 하나씩 먼저 채운다는 것이다. 예를 들어 p의 경우 3개가 존재한다. 각 p_x, p_y, p_z 라 하자(p는 전체 6개까지 채우지만, 전자 2개까지 채우는 p가 3개가 존재하는 것이다). 만약 p 에 채워질 전자가 3개가 존재하는 경우, **각 1개씩 먼저 채워진다**(전자가 서로 최대한 같이 있으려 하지 않기 때문이다). p_x 가 전자 2개, p_y 가 전자 1개, p_z 가 전자 0개를 가지고 있는 것이 아니라 각 한 개씩 먼저 가진다는 의미이다.
- 세번째 껍질까지 있다면 첫번째 껍질에 s, 두번째에 s, p, 세번째에, s, p, d가 있다는 의미이다. s는 2개, p는 6개, d는 10개까지 전자를 가지므로 각 전자껍질이 가지는 전자의 수는 앞에서 본 대로 각 2, 8, 18개가 되는 것이다.
- 이들 각 오비탈의 고유의 숫자를 주게되면, 1s(첫번째 껍질의 s), 2s(2번째 껍질의 s), 2p(2번째 껍질의 p), 3s(세번째 껍질의 s), 3p, 3d 등으로 표시하게 된다.
- 전자가 채워지는 순서를 살펴보면, 1s, 2s, 2p, 3s, **3p, 4s, 3d** 순으로 채워진다. 안쪽부터 전자가 채워지는데, 문제는 3p 다음에 3d채우는 것이 아니라, **4s부터 먼저 채우고, 3d를 채우게 되는 것을 유의하자.** 따라서 전자를 3s에 2개, 3p에 6개 합해서 8개를 채우면 안정화되게 되고, 그 이상의 전자가 있으면 최외곽 전자가 8을 넘어가지 않는다. 다음 껍질의 4s에 채우고, 그 다음에 3d에 채우는데, 이 경우 최외곽은 4번째 껍질이 되므로 최외곽 전자의 수가 8을 넘지 않게 되는 것이다. 아래 그림의 화살표 순서대로 전자가 차게 된다.

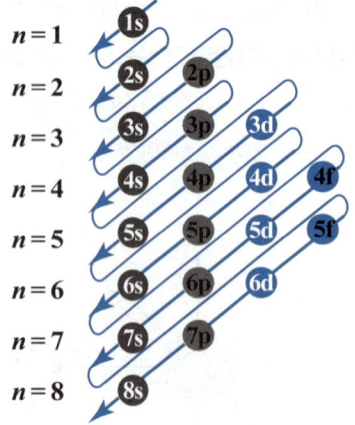

- 수소의 경우 전자가 하나 즉 1s에 하나가 있는 것이다. 하나를 얻거나 잃으면 최외각 전자가 없거나 2로 다 채워져서 안정해진다.
- 규소를 예로 살펴보자. 규소는 전자가 14개인데,

  1s에 2개, 2s에 2개, 2p에 6개, 3s에 2개 우선 채우면 12개 채우고. 나머지 2개는 3p에 채워진다.
  이를 $1s^2 2s^2 2p^6 3s^2 3p^2$ 로 표현한다. 위 첨자는 채워진 전자수를 표시한다.

  위의 그림에서 전자가 채워지는 순서대로 각 전자가 가지는 에너지(에너지 준위)가 점점 증가한다.

- 혼성궤도 함수 : 화학결합을 설명하기 위해 두개 이상의 원자 오비탈을 섞어서 만든 새로운 오비탈로 이해하자. 예를 들어 C의 경우 최외각 전자가 4개이다. 오비탈로 따지면, 2s에 2개, 2p에 2개가 있는데, 2p는 $2p_x$, $2p_y$, $2p_z$ 로 이루어져 있고(p는 전자 2개를 품는 오비탈 3개로 이루어져 있으므로), 전자 2개는 $2p_x$, $2p_y$, $2p_z$ 중, p_x에 1개 p_y에 1개가 있는 것이다.

  C의 경우 4번 공유결합해서 CH_4를 만드는데, 각 H가 내놓은 전자 하나씩과 결합하기 위해서는 C의 전자도 하나씩 떨어져 있으면 좋다. 그런 경우, 2s에서 전자를 내 놓아, 2s에 하나, $2p_x$, $2p_y$, $2p_z$에 각 하나 총 4개의 짝없는 전자형태를 만들어 결합한다. 이러한 형태를 sp^3으로 표현한다(s 1번, p3번 합해서 4번 결합한다고 기억하자).

  위 부분은 설명으로 이해하고, 중요한 것은 혼성궤도함수 하면, 각 물질을 암기하면 된다.

  sp는 $BeCl_2$, 결합각 180도,
  sp^2는 BF_3, 결합각 120도 *(B는 3번만 결합해도 안정해지는 특이한 물질로 기억)*
  sp^3는 CH_4, 결합각 109.5

4 원소의 특성

1) 반지름

① **주기가 늘어날수록 즉 껍질 수가 많을수록 커진다.**
② **같은 주기 내에서는 주기율표에서 오른쪽으로 갈수록 작아진다**(이는 오른쪽으로 갈수록 원소번호가 증가하고, 원소번호의 증가는 곧 양성자가 많아진다는 뜻이다. 양성자가 많아질수록 전자를 잡아당기는 힘이 커져서 반지름이 작아진다).

5 팔전자 규칙(옥텟 규칙)

- **18족처럼 최외각 전자를 8개로 하여 안정화하려는 경향**을 의미한다.

  따라서 1족, 2족은 최외각 전자를 1개, 2개 버리려 하고, 16, 17, 족은 전자를 2개, 1개를 얻어서 안정화하려는 경향이 있다.

- 각 원자는 주기율표에서 가장 가까이에 있는 18족과 같은 전자수를 가지려 한다.
- 특이한 것은 수소인데, 수소는 1족이면서 전자껍질이 1개 밖에 없어(즉 최대 전자를 2개까지 가질 수 있는 전자껍질이 하나 있으므로) 하나만 잃거나 버리면 안정해진다(**수소는 전자 2개만 가지면 팔전자 규칙을 만족한 것으로 본다**).

즉 +이온, -이온이 다 가능해지는데, 이는 마치 전자껍질의 절반에 채워져 있는 것이므로 반응하지 않는 18족을 제외하면 1족부터 17족까지 원자중에 가운데에 있는 **14족 원소와 비슷한 성격을 가진다.**

주기율표 기준 14족보다 오른쪽에 있는 원자와 결합하면 수소는 +이온이 되고, 14족보다 왼쪽에 있는 원자와 결합하면 -이온이 된다. *(머리속으로 주기율표에서 수소는 탄소 바로 위에 있는 것처럼 이해하자)*

3. 화학물질의 단위인 몰과 화학반응식

1 원자량

- 원자량은 **탄소 원자를 12로 기준**으로 하였을 경우 다른 원자의 비율에 해당한다.
- 각 **원소의 질량은 양성자, 중성자의 무게를 합한 것**에 해당하며 전자의 경우 무시할 수 있을 정도로 작아 고려하지 않는다.
  ① **양성자의 수 = 전자의 수 = 원소 번호**
  ② **질량수 = 양성자수 + 중성자수**
  따라서 **원자의 무게에서 양성자의 무게를 빼면 중성자의 무게가 된다.**
- **원칙적으로 짝수일 때 원자번호의 2배이다. 홀수일 때는 원자번호의 2배에 1을 더한다.**
  ① 예를 들어 탄소(C)의 경우 원자번호는 6, 원자량은 12이다.
     나트륨(Na)의 경우 원자번호는 11, 원자량은 11의 2배에 1을 더한 23이다.
  ② 이 원칙의 예외가 있으니 예외를 잘 기억하자.
     ㄱ. <u>수소(H) 원자번호 1이나 원자량이 1</u>
     ㄴ. <u>베릴륨(Be) 원자번호 4이나 원자량이 9</u>
     ㄷ. <u>질소(N) 원자번호 7이나 원자량이 14</u>
     ㄹ. <u>염소(Cl) 원자번호 17이나 원자량이 35.5</u>
     ㅁ. <u>아르곤(Ar) 원자번호 18이나 원자량이 40이다.</u>
  ③ 탄소의 경우 원자 번호는 6, 질량은 12이고, 주기율표에 $^{12}_{6}C$로 표시된다.

2 몰

- **입자 6.02×10^{23}개를 묶은 단위**
- 위의 물질의 **원자량은 해당 원자가 1몰일 때의 g**을 의미한다. 즉 g을 붙이면 된다. 염소 원자가 1몰만큼 있을 때(개수로는 6.02×10^{23}) 질량은 35.5g이 된다.
- **기체의 경우 모든 물질은 온도 압력이 동일할 때 같은 부피를 가지는데, 표준상태(0℃, 1기압)에서 22.4L의 부피를 가진다.**
  1kmol은 1mol의 1000배 이므로 그 부피도 22.4m³ 이다.

3 화학반응의 양적인 배수 관계

- 화학반응은 반응물의 양을 알면 생성물의 양을 예측할 수 있다.
- 가장 중요한 것이 aA + bB → cC + dD의 식이 생성되는데, 이 a, b, c, d는 모두 정수비가 된다는 것이다.
- (   ) + (   ) → (   ) + (   ) 식의 반응식을 떠올리면 된다.

  탄화알루미늄이 물과 반응했더니 수산화알루미늄과 메탄이 생성된다라는 식이다.

  $Al_4C_3 + 12H_2O \rightarrow 4Al(OH)_3 + 3CH_4$

  탄화알루미늄 1개와 물 12개가 반응하면 수산화알루미늄 4개와 메탄 3개가 나오게 된다.

- 미정계수방정식

  위의 예에서 만약 **각 몇 개씩이 반응하는지 문제에 안 나와 있다면 구해야 한다.** 그 방법이 미정계수 방정식이다. 방법은 간단하다.

  각 물질이 몇 개씩인지 모르므로 각 a개, b개, c개, d개로 두고 계산한다. **화살표를 사이에 두고 총 원자량은 같다**는 것을 기억하면 구할 수 있다.

> ✍️ **예를 들어 계산해 보기**
>
> $aAl_4C_3 + bH_2O \rightarrow cAl(OH)_3 + dCH_4$ 로 두고 계산하면,
>
> Al의 개수는 4a = c
>
> C는 3a = d
>
> H는 2b = 3c + 4d
>
> O는 b = 3c
>
> a에 1부터 대입해서 a, b, c, d의 각 비를 구하고 정수가 되도록 하면 된다.
>
> a가 1이면 c는 4, d는 3, b는 12가 된다.
>
> $Al_4C_3 + 12H_2O \rightarrow 4Al(OH)_3 + 3CH_4$ 가 되고 각 물질의 개수를 알 수 있게 된다.

- 화학반응식 중 연소반응을 기억해 두자(반응 물질에 C, H, O가 있다면 대부분 물과 이산화탄소가 나온다).

> **예** 메탄: $CH_4 + 2O_2 \rightarrow CO_2 + 2H_2O$
>
> 에탄: $2C_2H_6 + 7O_2 \rightarrow 4CO_2 + 6H_2O$
>
> 프로판: $C_3H_8 + 5O_2 \rightarrow 3CO_2 + 4H_2O$

4. 화학결합

1 이온 결합

1) 이온이란

① 이온이란 원자가 전자를 1개 이상 얻거나 잃게 될 때 생성되는 전자를 가진 입자를 말한다.

따라서 +, - 값을 가지게 된다.

원자는 중성에서 전자를 얻으면 전자가 - 값이므로 -이온이 되고, 전자를 버리면 +이온이 된다.

앞에서 살펴본 주기율표에서 각 원자의 번호는 양성자의 수이자 곧 전자의 수이므로, 만약에 하나가 뺏기면 +1, 두개가 뺏기면 +2 이온이 되고, 하나를 얻으면 -1, 두개를 얻으면 -2 이온이 된다.

② <u>이온화 경향이라는 것이 있는데, 전자를 잘 버리는 경향을 의미하고, 곧 반응성이 큰 물질을 의미한다. 그 순서를 암기해 둔다.</u>

<u>K > Ca > Na > Mg > Al > Zn(아연) > Fe > Ni > Sn(주석) > Pb(납) > H > Cu > Hg(수은) > Ag(은) > Pt(백금) > Au(금)</u>

암기방법 암기가 어렵지 않다. 칼칼나막 알아철 니주납 수소 동 수은 은 백금, 금이다. 뒤에 금은동이 있다는 것 기억하고 앞에는 두문자로 암기한다.

이온화 경향의 차이에 의하면 A 물질이 B물질보다 이온화 경향이 큰 경우, A 물질은 B이온과 반응하여 자신은 전자를 잃어 이온이 되고, B이온을 환원시킨다는 의미이다.

$A + B^+ \rightarrow A^+ + B$

③ 이온화에너지를 기억해 둔다.

원자가 이온이 되기 위해서는 **에너지가 투입되어 전자 하나를 분리**해야 한다. 이처럼 원자를 이온화 시키기 위해 필요한 에너지를 이온화 에너지라고 한다. 바닥상태(정상적인 전자배치 상태)에 있는 원자로부터 **전자 하나를 떼어내는데 필요한 에너지**이다.

ㄱ. **이온이 되기 쉽다는 것**은 그 만큼 전자를 잃기 쉽다는 의미이고, **이온화 에너지가 낮다**는 뜻이다.

④ 문제는 위에 이온화 경향 순서에 안나오는 물질이 있는 경우 반응성 묻는 문제가 나올 수 있다.

이 경우, 주기율표에서 왼쪽 아래로 갈수록 반응성이 커지는 경향을 기억하면 된다. 즉 K와 같은 족이지만 더 아래에 있는 루비듐(Rb)이 반응성이 더 크다(즉, 전자를 더 쉽게 잃으려 한다는 의미이다).

2) 이온 결합

① 이온 결합이란 **양이온과 음이온의 정전기적 인력**에 의한 결합을 의미한다.

② <u>**1, 2족의 금속의 양이온과 15, 16, 17족의 비금속의 음이온의 결합을 의미하며 결합력이 강하다.**</u>

③ 다원자이온의 경우 양이온, 음이온이 되는 경우 어떻게 되는지 살펴본다.

ㄱ. <u>**양이온의 경우 NH_4는 +1**</u>인 암모늄이온이 있다.

ㄴ. 음이온의 경우 훨씬 많은데, 아래 표를 살펴보면 된다.

이온	이름	-가	이온	이름	-가
ClO_2^-	아염소산이온	-1	MnO_4^-	과망간산이온	-1
ClO_3^-	염소산이온	-1	HCO_3^-	탄산수소이온	-1
ClO_4^-	과염소산이온	-1	CH_3COO^-	아세트산이온	-1
IO_3^-	요오드산이온	-1	**SO_4^{2-}**	**황산이온**	**-2**
BrO_3^-	브롬산이온	-1	CO_3^{2-}	탄산이온	-2
NO_3^-	**질산이온**	**-1**	CrO_4^{2-}	크롬산이온	-2
NO_2^-	아질산이온	-1	$Cr_2O_7^{2-}$	중크롬산이온	-2
OH^-	수산화이온	-1	PO_4^{3-}	인산이온	-3
CN^-	시안화이온	-1			

2   이온결합물질의 특성 (쉽게 기억을 위해 NaCl(소금)의 특성을 기억하자)

- **단단하고 잘 휘지 않으나 큰 압력을 받으면 잘 부서진다.**
- **이온결합은 결합력이 강하므로 끓는 점이 비교적 높다.**
- **고체상태에서는 전기가 안 통하나 용융되어 액체가 되거나 수용액이 되면 전기가 통한다.**
- 물과 같은 극성을 띄는 용매에 잘 녹는다(예외 : $CaCO_3$는 잘 안녹는다).
- 이온결합 물질의 용해도(잘 녹는지 여부)에 대해 알아 둔다. (참고만 한다. 중요표시한 부분만 기억해도 된다)
  다음의 법칙을 기억하면 된다. 1번부터 먼저 적용된다.
  ① 이온결합시
    ㄱ. **알칼리금속 또는 암모늄 양이온을 포함하면 무조건 용해된다.**
    ㄴ. 질산이온(NO_3^-), 아세트산이온(CH_3COO^-), 염소산이온(ClO_3^-) 포함하면 용해된다.
    ㄷ. 염화이온(Cl^-), 브로민화이온(Br^-), 아이오딘화이온(I^-)을 포함하면 용해된다. 단, Ag^+, Hg_2^{2+}, Pb^{2+}와 결합하면 침전된다(즉, **AgCl은 침전한다**).
    ㄹ. 황산이온(SO_4^{2-})을 포함하면 용해된다. 단, Ag^+, Hg_2^{2+}, Pb^{2+}, Ca^{2+}, Sr^{2+}, Ba^{2+}와 결합하면 침전한다.

3   다원자이온

- 이온은 단원자의 형태도 있지만 여러 개의 원자들이 공유결합한 경우도 있다.
- 이름을 잘 기억해 둘 필요가 있다.
- 특히 산소가 여러 개 있는 경우 잘 기억해야 한다.
  기준이 되는 것을 기억하고 산소 원자의 수에 따라 법칙을 기억한다.

① 염소산 이온은 ClO_3^- 인데, 산소가 3개 있는 것을 기준으로 하나가 적으면 아염소산 ClO_2^-, 두개가 적으면 차아염소산 ClO^-, 기준보다 하나 더 많으면 과염소산 ClO_4^- 이온이 된다.
② 이러한 이온이 결합하면 그 물질의 이름도 이에 따른다. $HClO_2$ 아염소산이 된다.
③ 질산 이온은 NO_3^- 인데, 산소가 하나 적은 것은 아질산 이온 NO_2^- 이 된다.
④ 황산 이온은 SO_4^- 인데, 산소가 하나 적은 것은 아황산 이온 SO_3^- 이 된다.
⑤ 기준에서 하나 적으면 '아'가 붙고, 하나 더 많으면 '과'가 붙는 것 기억한다.

4 금속결합

- 금속은 **양이온과 자유전자들 사이의 정전기적 인력**에 의해 결합하고 있다.
- **자유전자는 특정 양이온에 고정되어 있지 않고**, 양이온 사이를 자유롭게 움직이고 있다. 이를 전자바다형태라고 한다.

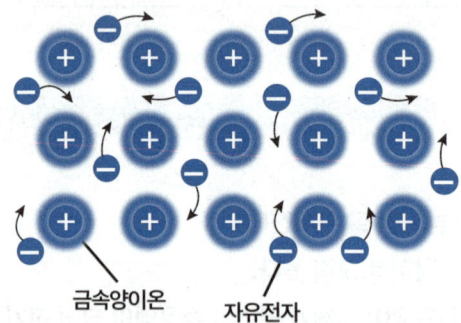
금속양이온   자유전자

- 금속은 이러한 특성으로 인해 전기를 잘 통하는 물질이 되는 것이다.
- 금속은 상온에서 대부분 고체이나, **액체인 것도 있다(수은)**.

5 공유 결합

- 비금속 원자들이 팔전자규칙(H, He의 경우에는 첫번째 전자껍질 2개)를 만족시키기 위해 **전자를 공유하는 결합**
- 수소의 경우 전자를 뺏거나 잃지 않고, 그냥 공유해서 마치 각각 최외곽 전자 2개를 가진 것처럼 결합한다.

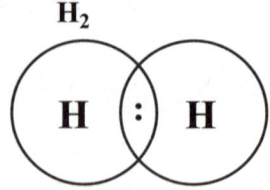

- 불소의 경우 최외각전자가 7개인데, 하나씩을 공유해서 마치 각각 8개의 전자를 가진것처럼 결합한다.

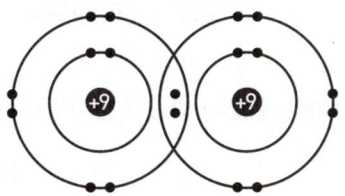

플루오린 분자 (F_2)

1) 이중결합

이산화탄소의 경우 탄소는 최외각 전자가 4개, 산소는 6개인데, **산소는 탄소와 2쌍을 공유**하면, **마치 산소, 탄소 모두 8개의 전자를 가진 것처럼 결합**하게 된다. 이때 탄소는 각각의 산소와 2쌍씩을 공유하게 된다. 산소와 탄소는 2쌍을 공유하므로 이중결합이라 한다.

$$CO_2$$

$$\overset{..}{\underset{..}{O}} = C = \overset{..}{\underset{..}{O}}$$

2) 삼중결합

① 질소의 경우 최외곽전자가 5개인데, 세쌍을 공유하면(즉 각각 3개의 전자를 내놓으면), 마치 8개의 전자를 가진 것처럼 된다 이를 삼중결합이라고 한다.

질소(N_2)

$$:N \equiv N:$$

N의 입장에서 보면 줄이 세개(공유전자가 3쌍)이므로 자기가 6개의 전자를 공유하고 있고 공유하지 않은 전자 2개를 별도로 가지고 있는 것이 된다.

② 삼중결합의 다른 예는 **아세틸렌이 있다(C_2H_2)**.

$$H - C \equiv C - H$$

③ 위의 그림에서 알 수 있듯이 **이중결합의 경우 두개의 선으로, 삼중결합의 경우 세개의** 선으로 연결하여 표시한다.

6 배위결합

- 배위결합이란 전자를 반씩 내어놓는 일반적인 공유 결합과 달리 **한쪽이 전자쌍 전부를 내어 놓고 다른 한쪽은 내어 놓지 않는 결합**을 의미한다.
- **대표적인 것이 $NH_3 + H^+ \rightarrow NH_4^+$ 결합이다.** 질소의 비공유 전자쌍과 수소이온의 결합이다.

$$
\begin{array}{c}
H \\
| \\
H-N: \\
| \\
H
\end{array}
\quad + \quad H^+ \quad \rightarrow \quad
\left[
\begin{array}{c}
H \\
| \\
H-N-H \\
| \\
H
\end{array}
\right]^+
$$

　　　암모니아　　　수소 이온　　　　암모늄 이온

암모니아에서 질소는 최외각 전자가 5개 이므로 비공유 전자쌍 1쌍을 제외한 나머지 3개의 전자로 수소와 세번 공유결합을 한 형태이다. 여기에 수소 양이온은 전자가 하나도 없으므로 암모니아의 비공유 전자쌍에 결합하면 수소 이온은 최외각 전자 2개를 다 채울 수 있다. **NH_4^+는 공유결합과 배위결합을 모두 가지고 있다.**

7 결합에너지

- **기체상태에서 분자 1몰의 결합을 끊기 위해 필요한 에너지**를 의미하고, 이 에너지가 크다는 뜻은 그 만큼 결합력이 강하다는 뜻이다.
- 결합력은 결합한 **원자간에 거리가 가깝고(반지름이 작을수록), 전기음성도가 클수록** 강하다.
- 따라서 같은 족이라면 **낮은 주기**가 더 강하게 된다.
- 결합의 종류에 따른 결합력은 **공유결합, 이온결합, 수소결합** 순으로 강하다.

8 전기음성도

- 전기음성도란 **화합물에서 한 원자가 자기쪽으로 전자를 잡아당기는 힘**을 의미한다. 주기율표에서 **오른쪽 위로 갈 수록 강**하며, 왼쪽 아래로 갈수록 약하다.
- 따라서, **F, O, N이 가장 강하다.** F가 가장 강하다(참고로 그 순서는 F O N Cl Br C S I H P 순이다).
- 이러한 **전기 음성도가 매우 강한 원자(F, O, N)와 수소가 공유결합**하는 경우, 전자가 F, O, N쪽으로 강하게 쏠리게 된다. 따라서, F, O, N 등은 강한 -성질을, H는 강한 +성질을 가지게 된다. 이 분자의 **강한 +의 성질을 가지는 H쪽에 다른 분자**(같은 것일 수도, 다른 것일 수도 있다)**의 강한 -성질을 가지는 부분이 서로 당기는 경우 그 결합을 수소 결합**이라고 한다.
- 그냥 이해하기 쉽게 전기음성도가 큰 물질 즉 F, O, N과 수소가 결합한 경우 수소 결합이 발생할 수 있다고 생각하면 된다.
- 수소 결합이 있는 경우의 특징은 비등점(끓는점)이 높게 된다.

9 극성

- 원자가 결합하면 위에서 살펴본 전기음성도가 다르므로 비록 공유 결합이라도 공유한 전자가 전기음성도가 강한 원자쪽으로 쏠리게 되어 있다. 따라서 -성질을 가지는 전자를 더 가깝게 당기는 원자는 -의 극성을 가지게 된다.

  예 HCl, 이는 공유 결합인데, Cl쪽으로 공유전자가 쏠려서 Cl쪽이 - 극, H쪽이 + 극을 띠게 된다.

- 이러한 **쏠림현상(극성)**의 정도를 정량적으로 나타낸 것을 쌍극자 모멘트라고 한다.
- 쌍극자 모멘트가 0이라는 말은 같은 원자끼리 결합하는 경우와 같이 전자간에 쏠림이 없는 경우이다.

  다른 원자끼리 결합한 분자의 경우, 원자들 간에는 극성을 띠나, 분자의 결합모양을 전체로 보면, 완전히 대칭이거나, 입체적으로 한쪽 방향으로 쏠림이 없어서 분자의 특정 부분이 -, +성격을 가지지 않게 되는데, 이러한 경우 비극성 분자라 한다.

  그 예를 보면 이해가 쉬울 것이다.

  CO_2의 경우 O가 C보다 전기음성도가 강하여 O쪽이 -를 띨 수 있으나 그러한 구조가 대칭이므로 무극성 분자가 된다.

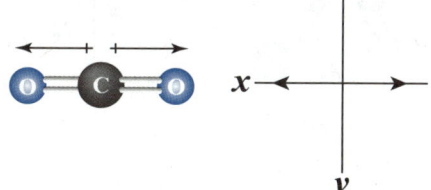

원자간 결합은 극성이나 그것이 상쇄되어 무극성 분자이다.

④ **CCl_4, 사염화 탄소**의 경우 C를 중심으로 정사면체를 이루고 있어 어느 한 방향으로 극성을 가지지 않는다.

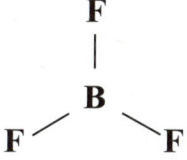

사염화 탄소 ($\mu = 0$)

⑤ **BF_3는 평면 정삼각형 구조**를 가져서 어느 한쪽으로 쏠리지 않아 극성을 가지지 않는다(참고로 BF_3에서 F는 각 B와 한쌍의 전자공유로 모두 8개를 가지게 되어 안정화되며, B는 최외각전자를 3개 가지는 물질로 3쌍 공유하면 총 6개만 가지게 되는데, B는 6개만 가져도 안정화되는 특이한 물질이다. 팔전자규칙의 특이한 예외로 기억하면 된다).

```
       F
       |
       B
      / \
     F   F
```

⑥ 무극성 분자(쌍극자 모멘트 0), 위 3가지 꼭 기억하자.
- 반면, H_2O는 결합각이 일직선이 되지 않으므로 극성 분자가 된다.

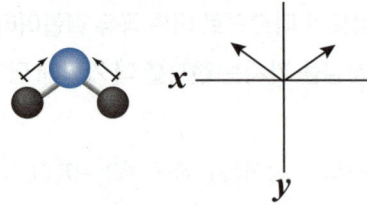

극성이 상쇄되지 않으므로 극성 분자이다.
- 같은 물질이라도 결합하는 모양에 따라 극성을 띄거나 극성을 띄지 않는 경우가 있다.
  (분자식이 같으면서 구조가 다른 물질을 이성질체라고 한다)(참고로 동소체를 알아두자. 동소체는 같은 단일의 원자로 이루어진 물질을 의미한다. 예 탄소의 경우 흑연, 다이아몬드 등)
  디클로로에틸렌이 그 예이다.
  그림을 통해 보면 이해가 쉬울 것이다.

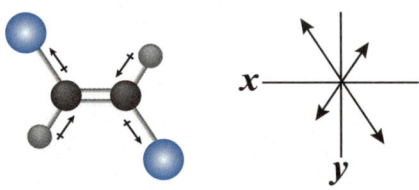

trans - $C_2H_2Cl_2$, 극성들이 서로 반대방향으로 상쇄되어 무극성이다.

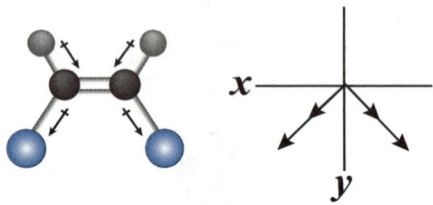

cis - $C_2H_2Cl_2$, 극성들이 서로 상쇄되지 못하므로 극성이다.
위의 두 가지의 $C_2H_2Cl_2$를 기하이성질체라고 하며, 극성, 비극성 분자를 모두 가질 수 있는 예에 해당한다.
(그냥 이러한 문제가 나오면 $C_2H_2Cl_2$같은 모양을 기억하자. C를 중심으로 이중결합하고, 한쪽에 H, 다른쪽에 다른 원소들이 붙어서 만들어질 수 있다)
$CH_3CH = CHCH_3$도 $C_2H_2Cl_2$ 처럼 양쪽에 Cl대신에 CH_3 가 붙어 있는 형태로, 기하 이성질체가 된다.

5. 분자의 구조

1 루이스 구조

- **공유결합시 원자들이 어떻게 전자를 공유하고 있는지 점 선으로 나타낸 그림**으로 이해하면 된다.
- 그리는 방법을 예를 들어 설명한다.

  C_2H_2

  ① **1단계 : 분자에 있는 전체 원자가 전자를 구한다**(각 원자의 최외각 전자의 합을 구한다).

  C는 전자가 4개, H는 1개이므로 $4×2 + 1×2 = 10$개이다.

  ② **2단계 : 원자 사이를 단일 결합으로 연결한다**(이때 중심에 두어야 하는 원자는 **수소를 제외하고 전기음성도가 낮은** 원자를 놓는다. 전기음성도가 낮다는 것은 결합을 더 많이 한다는 의미이므로 가운데 놓는 것이다). 문제에서는 수소를 제외하고는 탄소 밖에 없으므로 탄소를 중심원소로 놓는다.

  $$H - C - C - H$$

  순으로 놓고 연결하면 된다. - 선 하나는 단일 결합으로 공유전자쌍 한쌍이 있다는 의미이다.

  ③ **3단계 : 1단계에서 구한 전자수에서 2단계에서 연결한 단일 결합한 전자만큼을 뺀다.**

  10 - 6 (공유결합을 3번했으니 전자 6개가 사용되었다) = 4

  그 전자를 **전기음성도가 큰 중심원자가 아닌 말단 원자에게 배치하여 8전자 규칙을 맞춘다**(문제에서 수소는 이미 2개로 최외각 전자가 모두 찼으므로 배치하지 못한다).

  ④ **4단계 : 3단계 이후에 남은 전자가 있다면 중심원자에 배치한다**(단, 3주기 이상의 원소인 경우 전자를 8개 이상 가질 수도 있다).

  $$H - \ddot{C} - \ddot{C} - H$$

  탄소에 각 한쌍씩 배치하였다.

  ⑤ **5단계 : 만약 중심원자가 팔전자 규칙을 만족하지 못하면 다중결합을 만든다.**

  4단계에서 각 C는 총 6개의 전자만 가지고 있으므로 팔전자 규칙을 만족하지 못해 다중결합 해야 한다.
  따라서, 각 탄소에 주었던 전자쌍을 가운데로 모아서 다중결합시킨다.

  $$H - C \equiv C - H$$

  C 끼리 삼중결합하는 구조가 완성된다.
  위의 법칙에 따라 CH_2O를 그리면
  이 때, O가 가진 **공유결합에 참여하지 않는 전자쌍(··)을 비공유 전자쌍**이라 한다. O의 경우 두쌍을 가지고 있다.

  $$\begin{matrix} H \\ \\ H \end{matrix} \! \! \! \diagdown \! \! \! \diagup \, C = \ddot{\ddot{O}} \longrightarrow 비공유$$

2 결합의 구조

- 분자에서 중심원자 주위의 전자들은 서로 반발(모두 -값이므로) 하기 때문에 가능한한 멀리 있으려고 한다.
- 이러한 원리에 따라서 분자의 결합 구조가 달라진다.

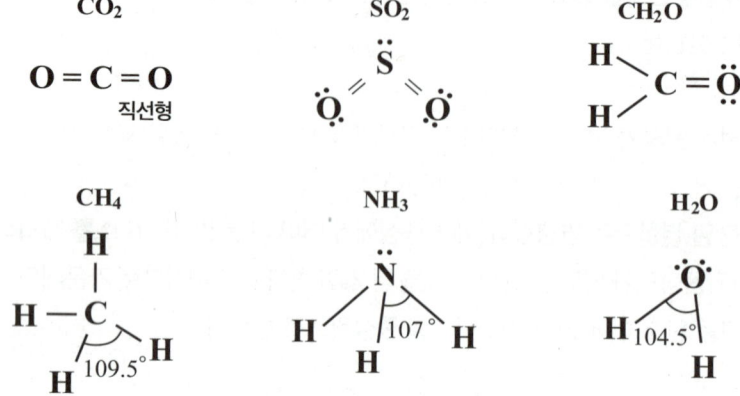

① **직선형**(CO_2, H_2, **$BeCl_2$** 등) 결합각이 180도이다.
② **삼각뿔(NH_3), 결합각이 107도**이다.
③ 정사면체(CCl_4, CH_4), 결합각이 109.5도 등이 있다.

사염화 탄소 ($\mu = 0$)

④ **BF_3 (평면 정 삼각형), 결합각이 120도**이다.

6. 화학평형

1 화학평형

- 화학반응은 **정반응**이 있고, 가역반응인 경우 **역반응**이 있다.
- **aA + bB → cC + dD**의 반응에서 화살표 오른쪽으로 이동하는 반응이 정반응이고, 그 반대의 반응이 역반응이다. 양쪽방향의 반응은 지속적으로 일어나는데, **양 반응의 속도가 동일해서 마치 변화가 없는 것처럼 보이는 상태가 있는데, 그 상태가 화학평형이다.**

즉, 화학평형이란 마치 더 이상의 반응이 일어나지 않는 것처럼 보이는 상태를 의미한다.

예를 들어 A → 2B 라는 반응이 있다고 하자, 반응물 A를 반응시키면 반응이 나타나서, 생성물 B물질이 생성되고, 시간이 지나면 마치 더 이상의 반응이 없는 것 처럼 보이는 상태가 나타난다. 그러나 사실은 대부분의 화학반응은 반응물(A)에서 생성물(B)이 생기는 정반응과, 생성물(B)이 다시 반응물(A)이 되는 역반응은 계속 진행되고 있고, 그 두 반응의 속도가 동일해서 마치 아무것도 반응하지 않는 상태인 것처럼 보이는 것이다.

- 반응의 속도는 단일반응인 경우 그 물질의 몰농도에 계수만큼 제곱한 값에 비례하는데, 비례한다는 표현을 **V(속도)=k(상수)×[물질]^n([물질]은 그 물질의 몰농도)로 쓸 수 있다.**
(n의 값은 실험을 통해 알 수 있으나, 단일 반응인 경우 화학식의 계수를 바로 쓸 수 있다)

따라서 정반응의 속도 = k_f [A] 이고, 역반응의 속도 = k_r [B]^2 이 된다.

평형상태에는 두 반응의 속도가 같으므로 k_f [A] = k_r [B]^2 이고, 곧 k_f / k_r = [B]^2/ [A]이 성립한다.

k_f/k_r 를 평형일 때 상수 K로 표시하면 K = [B]^2/ [A]이고 평형일 때 상수 K를 구할 수 있게 된다.

이해가 어렵다면 평형상수 공식만 기억하면 문제를 풀 수 있다.

aA + bB → cC + dD라는 반응이 있을 때,

K = [C]^c[D]^d / [A]^a[B]^b 공식이 성립한다.

[A], [B], [C], [D] 는 각 물질의 몰농도 이다(평형상수의 계산의 경우 어떤 물질이 **고체, 또는 액체이면 계산에 넣지 않는다). 그냥 1로 계산한다.** 즉 A가 고체라면 계산은 K = [C]^c[D]^d / [B]^b 이 된다.

만약 어떤 물질의 농도를 위 식에 대입하여 그 값이 K보다 크다면, 평형상수의 분자([C]^c[D]^d)의 양이 더 크다는 의미이므로, 평형을 이루기 위해서는 C, D의 물질의 농도가 내려가야 한다. 그렇다면, 역반응이 일어날 것을 알 수 있다.

2 평형 이동 : 르 샤를리에 원리

- 평형에 이른 물질에 **외부적 자극이 있으면, 평형을 다시 이루도록(자극을 완화하도록)** 반응하는 원리이다.
- 외부자극에 대해 살펴보자.
  ① 농도변화
  위에서 반응물의 농도가 높아지면, 그 농도를 낮추어 평형을 이루기 위해, 생성물이 더 많이 발생하게 된다(즉 정반응이 일어난다).

② 압력 변화

압력이 증가하면, 기체의 부피가 작아지는 방향으로 반응한다. 부피는 몰수에 비례하므로, A + 2B → 2C의 반응인 경우, 압력이 증가하면 반응전 기체의 몰수 3몰(1+2몰)에서 부피를 줄이기 위해 정반응으로 반응하여 2몰(기체 C의 몰수)의 기체가 되려한다.

③ 부피 변화

부피가 감소하면 이는 곧 압력이 증가하므로, 위의 예에서 정반응이 일어난다.

④ 온도변화

반응에 있어 흡열반응일 경우, 온도가 높아지면, 열을 더 많이 흡수하여 정반응이 일어난다.

열 + A → B 의 반응은 흡열반응이고, 온도가 높아지면, 즉 열이 가해지면, 정반응이 일어난다.

발열반응 경우, 그 반대이다.

온도의 변화만이 평형상수를 바꿀 수 있다. 흡열반응에서 열이 가해지면, 평형상수는 커지고, 열이 방출되면 작아진다.

3 촉매

- **촉매는 반응에 참여하지 않고, 반응을 촉진**시키는 물질을 말한다. 반응전과 후에 나타나지 않는다.
- 프리델-크래프츠 반응

$$C_6H_6 + CH_3Cl \xrightarrow{AlCl_3} C_6H_5CH_3 + HCl$$

촉매가 AlCl₃가 사용된다는 것 기억할 것

7. 산과 염기

1 전해질/비전해질

1) 전해질

① 물에 용해되어 전기를 전도할 수 있는 이온의 용액을 생성시키는 물질이다.

② 주로 NaCl, KBr 과 같은 이온결합 물질, HCl같은 화합물이다(쉽게 이온으로 나누어지는 물질을 생각하면 된다).

2) 비전해질

① 비전해질 물질은 물에 용해되지만 이온이 되지 못하는 물질이다.

② 설탕, 포도당과 같은 물질이다.

앞서 **살펴본 물질이 물에 녹았을 때 끓는점이 올라가는 현상과 관련하여 비전해질 물질보다, 전해질 물질이 끓는점이 상승하는 효과를 더 가져온다. 입자가 여러 개의 이온으로 쪼개져서 더 많아지기 때문이다.**

2 산과 염기

1) 아레니우스의 산

① 아레니우스의 산 : 수용액 상태에서 H^+를 내놓는 물질

$Zn + 2HCl \rightarrow Zn^{2+} + 2Cl^- + H_2$, 이 반응에서 HCl은 H^+를 내놓기 때문에 산이 된다.

② 아레니우스의 염기 : 수용액 상태에서 OH^-를 내놓는 물질

2) 브뢴스테드 – 로우리의 산

① 브뢴스테드 - 로우리의 산 : 양성자(H^+)를 줄 수 있는 물질

② 브뢴스테드 - 로우리의 염기 : 양성자(H^+)를 받을 수 있는 물질

③ 아레니우스의 산과 크게 다른 것은 없다.

한가지 유의해야 할 것은 물이다.

ㄱ. $HCl + H_2O \rightarrow H_3O^+ + Cl^-$

- 이 경우 물은 H^+를 받아서 염기가 된다.

ㄴ. $NH_3 + H_2O \rightarrow NH_4^+ + OH^-$

- 이 반응에서는 물이 H^+를 주어서 산이 된다.
- 브뢴스테드 - 로우리의 산 염기 개념에서는 물은 산, 염기 다 가능하다는 점을 기억하자.

④ 이러한 **양쪽성 물질에는 산화물**도 있다. 그 대표적인 것이 Al_2O_3이다(양쪽성 산화물).

금속물질의 산화물은 대부분 염기성이고, 비금속 물질의 산화물은 산성이다.

염기성산화물 : Na_2O, MgO, BaO, CaO

산성산화물 : NO_2, CO_2, SO_2

💡 일일이 다 외우지 않아도 금속이 있는지 모양만 봐도 알 수 있다. 문제에서 쉽게 고를 수 있으니 모양을 잘 기억하자

⑤ 양쪽성 물질은 주기율표에서 **중간지점(13, 14족 근처)에 위치**한다는 점을 기억하자(Al, Zn, Pb).

3) 루이스의 산

루이스의 산, 염기는 브뢴스테드 - 로우리의 산, 염기에서 확장되어,

① 루이스의 산 : 비공유 전자쌍을 받는 물질까지도 루이스의 산이다(대표적인 물질은 BF_3이다).

② 루이스의 염기 : 비공유 전자쌍을 **주는 물질**까지도 루이스의 염기이다.

따라서 루이스의 염기가 되기 위해서는 비공유 전자쌍을 가지고 있어야 가능하다.

대표적인 물질이 NH_3이다.

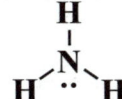

💡 암기가 어렵다면 루이스 염기는 NH_3, 루이스 산은 BF_3 라고 기억하자. 둘이 결합하는 형태 기억하자

4) 산과 염기의 구분

① 산과 염기를 구분하는 문제가 가끔 출제 된다.

② 산은 기본적으로 이름이 모두 ~산이다. 그리고 강산의 경우 HOO형식으로 되어 있다는데, **HCl, HI, HBr 이 세가지와 H_2SO_4 처럼 산소가 있는 경우 산소의 수 - 수소의 수가 2보가 크거나 같다면 강산**이다.

③ 염기는 대부분 뒤에 OH가 붙어 있다. **강염기의 경우 1,2족 원자와 OH가 붙어 있다($NaOH, Ca(OH)_2$)**. 따라서 그 1,2족과 OH가 붙은 것이 아닌 것은 강염기가 아니다.

④ 그 외에는 약산(**HCl, HI, HBr, 위의 산소의 수 - 수소의 수가 2 이상인 것**을 제외한 산)이거나 약염기인데 아래 표와 같다. **약염기는 대부분 NH를 가진다고 기억하자. 다만, 그 예외가 있는데, HNO_2는 아질산이고, NH를 가지나 약염기가 아니라 약산이다.** 다만 문제에서 NH를 가진 중성 물질이 나올 수도 있다(니트로벤젠, $C_6H_5NO_2$). 약산과 약염기는 아래와 같다.

약산	화학식	약염기	화학식
플루오린화수소산	HF	암모니아	NH_3
폼산(포름산)	HCOOH	피리딘	C_5H_5N
아질산	HNO_2	**아닐린**	**$C_6H_5NH_2$**
벤조산	C_6H_5COOH	에틸아민	$C_2H_5NH_2$
아세트산	CH_3COOH	디메틸아민	C_2H_7N

요약하면, 강산(HCl, HI, HBr, 산소가 있는 경우 산소 - 수소의 수가 2이상인산), 강염기(1,2족과 OH가 붙은 것)을 기억하고, 나머지는 약산/약염기인데, 대표적인 것으로 위 표를 기억하자.

5) 기타 개념

① 전리도 : 전리도란 산과 염기의 분자가 **물에 얼마만큼 전리하는 가(얼마만큼 이온화 되는가)**의 척도이다(15%이온화 되는 경우 전리도가 15이다). **전리도가 높을수록 H^+, OH^- 이온을 더 많이 내어놓아 더 강한 산성, 염기성**을 가지게 되는 것이다. 전리도가 많이 높은 물질을 강산, 또는 강염기라 한다.
전리도는 같은 전해질에서 **온도가 높을수록 농도가 낮을수록 높아진다.**

② 지시약

ㄱ. 용액의 산성, 염기성을 알려주는 화학물질이다.

ㄴ. 대표적인 것은 아래와 같다.

지시약	리트머스	페놀프탈레인	메틸오렌지	메틸레드
산성	**적색**	<u>무색</u>	**적색**	적색
중성	자색	**무색**	**황색**	주황색
염기성	청색	**적색**	**황색**	황색

- 중요한 것은 페놀프탈레인의 경우 오직 염기성에만 반응한다는 것이다.

3 pH척도

- pH란 수소이온(H^+)의 몰농도를 -log한 것이다. 즉, $-\log[H^+]$ 이다.
- pOH란 수산화이온(OH^-)의 몰농도를 -log 한 것이다. 즉, $-\log[OH^-]$ 이다.
- pH에서 1의 차이는 몰농도 10배이다. 따라서 pH1은 pH3보다 몰농도가 100배이다.
- 중성인 물의 경우 수소 양이온의 몰농도(표시는 $[H^+]$로 한다)는 1×10^{-7} 이다. 이 경우 OH^- 도 동일하게 1×10^{-7} 이다. -log를 하게 되면 모두 각 7이 된다. **중성의 pH값은 7이다. 7을 기준으로 낮으면 산성, 높으면 알칼리성이다. pH값이 낮을수록 산성이 강하고, 높을수록 알칼리성이 강해진다.**
- 기억해야 하는 것은 어떤 용액에서 $[H^+] \times [OH^-] = 1 \times 10^{-14}$ 이다. 즉 **pH + pOH = 14**가 된다.

4 중화 반응

- 산(H^+)와 염기(OH^-)가 만나 물(H_2O)과 염을 만드는 반응이다.
- **염이란 산과 염기가 만나 생성되는 물질 중에 물을 제외한 물질을 뜻한다.**
- 이러한 염이 산성을 띄느냐 염기성을 띄느냐의 문제가 있는데, 내부에 H^+가 남아 있으면 산성염이고, OH^-가 남아 있으면 염기성 염이다.

만약 그렇지 않다면 반응한 산과 염기의 강도에 따라 달라진다(강한 것을 따라간다).

① **강산 + 약염기의 경우는 그 염은 산성,**

② **약산 + 강염기의 경우는 염기성,**

③ **강 + 강 혹은 약 + 약의 경우는 중성**을 띈다.

참고로 **강산과 강염기가 만나 만들어진 염은 가수분해를 일으키지 않는다.**

- 산(H^+)와 염기(OH^-)가 1 : 1로 반응한다. 즉 **산과 염기의 반응하는 개수는 동일하다**는 뜻이다.
- 두 물질이 섞여서 중화반응을 하는 경우 두 물질은 부피와 농도가 다르지만 반응하는 산과 염기의 수는 1 : 1로 동일하다. 이 점을 꼭 기억하면 관련된 문제를 풀 수 있다.

> 📌 **예를 들어 계산해 보기**
>
> A물질은 1리터에 산(H^+)이 2개 들어있고, B물질은 1리터에 염기(OH^-) 1개 들어있다고 가정하면, 산과 염기는 1:1 반응하므로 A물질은 0.5리터만 있으면 산(H^+) 1개 내놓을 수 있고, B물질은 1리터가 있어야 염기(OH^-) 1개를 내놓을 수 있다. 즉 **농도가 진한 물질은 적게 있어도 되고 농도가 낮은 물질은 더 많이 있어야 1:1로 반응시킬 수 있는 것**이다.
> 수식으로 나타내면
> **중화반응에 참여하는 H^+의 수 = 중화반응에 참여하는 OH^-의 수 이므로**
> 곧, 2/L × 0.5L = 1/L × 1L 가 된다.
> **이 공식이 NV = N'V' 이다. (V는 부피, N은 노르말농도)**
> 여기에서 **노르말농도는 보통, 용질의 g당량수 / 용액 1L**로 표현하는데, 1L용액 속에 얼마만큼 H^+, OH^- 가 들어있는지를 의미한다(즉 노르말 농도가 높다는 것은 그 만큼 1L용액 속에 H^+, OH^- 가 많이 들었다는 뜻이다).
> **g당량수 = 용질의 질량(g) / 당량무게(g/eq)** 인데, 당량무게란 분자량을 당량으로 나눈 값이다. **당량이란 해당 분자 하나가 내 놓는 H^+ 혹은 OH^-의 수**라고 생각하면 쉽다.
> 따라서 g당량수는 현재 해당 물질에 들어있는 H^+ 혹은 OH^-의 수라고 생각하고 계산하면 쉽다.
> 황산(H_2SO_4)의 경우 H^+를 두개 내 놓으므로 당량은 2이고, 당량무게는 98(분자량)/2(당량) = 49가 된다. 만약 황산이 2L에 196g만큼 있다면 용질의 g당량수는 196/49 즉 4가 되고, 황산의 노르말 농도는 2N이 된다. 황산의 몰농도는 1M이 된다. 1리터에 황산자체는 1몰 있지만 그 황산이 내놓는 H^+는 2개 이므로 노르말 농도는 2가 된다는 의미이다.
> 따라서 **몰농도 × 당량 = 노르말 농도**의 식이 성립한다.
> **(이해가 어렵다면 NV = N'V'만 잘 기억해도 문제를 풀 수 있다)**
> **농도를 모르는 황산 용액 200mL를 중화시키기 위한 0.1N의 NaOH 400mL가 필요한 경우 황산의 몰농도는?**
> **노르말농도 곱하기 부피는 현재 그 물질이 가진 H^+ 혹은 OH^-의 수이고, 왼쪽변의 H^+수와 오른쪽 변의 OH^-의 수가 같으므로**
> **NV = N'V'이 되고, 황산의 노르말 농도 × 200 = 0.1 × 400, 황산의 노르말 농도는 0.2 이다.**
> **황산의 당량은 2이므로 몰농도는 0.2/2 = 0.1이 된다.**

- 중화반응이 아닌 경우에도,
  어떤 물질에 단순히 물만 부으면 H^+ 혹은 OH^-의 수는 변하지 않는다.
  물 첨가전 H^+ 혹은 OH^- = 물 첨가 후 H^+ 혹은 OH^-
  NV = N'V' 공식이 가능하다.

> 📌 **예를 들어 계산해 보기**
>
> 물 붓기 전 1리터당 2g 당량수 만큼 농도로 3리터가 있는 경우, 총 H^+는 6개이고,
> 물을 3리터 추가하면 농도는 반으로 줄 것이고, 총 부피는 6리터가 된다.
> 물을 붓기 전이나 후나 총 H^+수는 같다.
> 2 × 3 = 1 × 6

5 완충용액

- 완충용액이란 **소량의 산이나 염기가 더해져도 pH의 변화가 거의 없는 용액**을 의미한다.
- CH_3COONa(초산나트륨)과 CH_3COOH(아세트산)가 있다.

8. 산화 환원반응

1 산화와 환원

- 산화는 산소와 결합하는 반응, 전자를 잃는 반응을 의미한다.
- 환원은 산소를 잃는 반응, 전자를 얻는 반응을 의미한다.
- **산화는 산소를 얻거나, 전자를 잃거나 수소를 잃는 반응이다(-값을 가진 전자를 잃는 것이므로 아래에서 살펴볼 산화수가 +쪽으로 커진다). 옆에서 산화를 일으키도록 하는 물질을 산화제라고 한다. 따라서 산화제는 자신은 환원되고, 다른 물질을 산화시킨다.**
- **환원은 산소를 잃거나, 전자를 얻거나, 수소를 얻는 반응이다(-값을 가진 전자를 얻는 것이므로 아래에서 살펴볼 산화수가 작아진다). 옆에서 환원을 일으키는 물질을 환원제라고 한다. 환원제는 자신은 산화되고, 다른 물질을 환원시킨다.**

  💡 *기억은 산화는 산소를 얻는 것으로 기억하고 나머지는 모두 잃는 반응으로 기억하자*

2 산화수

- 산화수란 공유결합에서 모든 전자가 전기음성도가 큰 원자에 속해있다고 가정하였을 경우, 원자에 임의로 할당된 전하를 의미한다. *(이온 결합 시 전자를 받는 수와 연관하여 생각하면 된다. 1족은 +1, 2족은 +2, 15족은 -3, 16족은 -2, 17족은 -1)*
- 실제 공유결합은 완전히 전자를 잃거나 얻는 것이 아니지만 마치 이온결합처럼 완전히 뺏겼다고 가정한다는 의미이다.

> **예** 물을 보면 H_2O로 그 공유결합의 형태는 $\begin{smallmatrix} & \ddot{\text{O}}: \\ \text{H}: & \\ & \text{H} \end{smallmatrix}$ 이다.

산소가 수소의 전자를 완전히 뺏지 않고 서로 공유하고 있다. 하지만 전기음성도가 산소가 더 크므로 공유 전자가 산소쪽으로 쏠려 있는데, 마치 완전히 뺏긴 것으로 보고 계산한다는 의미이다.

산소의 경우 통상 이온인 경우 -2이고, 수소의 경우 +1 이므로 산소, 수소의 산화수는 각 -2, +1이 된다.

H_2O는 현재 -, + 성격을 가지고 있지 않으므로 **각 산화수를 모두 더하면 0이 된다.**

$-2 \times 1 + 1 \times 2 = 0$

만약 -가를 가진 이온이라면 산화수의 합이 그 -가가 되고, +가를 가졌다면 그 합이 +가가 된다.

$Cr_2O_7^{2-}$ 의 경우 산화수의 합은 -2가 된다. (-2×7) + (Cr의 산화수 $\times 2$) = -2이므로 Cr의 산화수는 +6이다.

- **아래는 주기율표에 상의 족에 따른 산화수이다. 일단 이 정도는 기억하자.**

H(+1)																	He(0)
Li(+1)	Be(+2)											B(+3)	C(+4)	N(-3)	O(-2)	F(-1)	Ne(0)
Na(+1)	Mg(+2)											Al(+3)	Si(+4)	P(-3)	S(-2)	Cl(-1)	Ar(0)
K(+1)	Ca(+2)				Fe(+3)			Ni	Cu	Zn							
									Ag(+1)								

단, 위의 표의 산화수도 자신보다 더 전기음성도가 큰 물질을 만나면 -도 +가 될 수 있다(-3이 +5로 변할 수 있다는 뜻이다).

즉 주어진 분자식에서 전기음성도가 가장 강한 것을 먼저 구하자.

- **산화수를 통해 알 수 있는 것이 있는데, 어떤 원자가 산화 되었느냐, 환원되었느냐를 알 수 있다.**

산화는 전자를 잃는 것이고, 환원은 전자를 얻는 건인데, 산화수가 증가하면 전자를 잃는 것이므로 산화된 것이고, 산화수가 감소하면 전자를 얻은 것이므로 환원된 것이다.

단, 산화수와 관련해서 유의할 것이 있다.

하나의 원자로만 구성된 경우 0이 된다.

산소의 경우 대부분의 화합물에서 -2이나, 과산화물인 경우에는 -1이 된다. H_2O_2는 과산화 수소인데, 이때 산소의 산화수는 -1이 된다.

9. 전기화학

1 화학 전지

- **전자의 자발적 이동**을 이용해서 전류를 흐르게 하는 전지이다.
- **금속의 이온화 경향의 차이를 이용**한 것이다. 즉, 같은 용액에 이온화 경향의 차이가 있는 두 금속을 담근 후 도선으로 연결한 경우 **이온화 경향이 큰 물질은 전자를 내 놓고, 양이온**으로 변해 용액으로 들어가고, **음성도가 약한 금속은 전자를 얻게** 되는 것이다.
- **전자를 잃는 즉 산화반응을 하는 곳이 (-)극이고, 그 반대, 즉 환원반응이 일어나는 곳이 (+)극이다.** 따라서 이온화 경향이 큰 금속이 (-)극이 되는 것이다.

2 전지의 종류

1) 볼타전지

① 화학전지의 대표적인 것이 볼타 전지이다.

(-)Zn | H$_2$SO$_4$ | Cu(+) 형태를 가진다.

이온화경향이 더 큰 Zn판이 (-)극이 되고, 더 작은 Cu판이 (+)극이 된다.
두 금속을 연결하여 액체인 묽은 황산(H$_2$SO$_4$, 이는 이온화 되어 H$^+$, SO$_4^{2-}$ 로 존재한다)에 넣으면, **(-)극에서 이온화 경향이 큰 Zn은 전자를 잃고(산화가 일어난다)** Zn^{2+}이온이 되어 묽은 황산속으로 들어가고, 전자(2e$^-$)는 연결된 도선을 통해 **(+)극으로 이동하여 그 곳(+극)에서는 H$^+$와 결합(환원이 일어난다)**하여 H$_2$가 발생한다.

여기서 **연결된 도선을 통해 (-)극에서 (+)극으로 전자가 이동하게 되고, 전류는 그 반대로 흐르게 된다.**

다만 볼타전지는 곧바로 전류가 감소하는데, 그 이유는 **(+)극에서 수소가 발생하면서, 구리판에 붙어 H$^+$의 환원을 방해하는데 이를 분극현상**이라 한다.

이러한 분극 현상을 감소시키기 위해 감극제를 넣는데, 강한 산화제가 사용된다. **이산화망간(MnO$_2$)**, 과산화수소(H$_2$O$_2$) 등이 있다.

② 다니엘전지 : **(-)Zn | ZnSO$_4$ || CuSO$_4$ | Cu(+)**

Zn + Cu^{2+} → Zn^{2+} + Cu : 즉, (-)극에서 Zn은 양이온으로 녹아들어가고, (+)극에서는 구리가 석출되어 나온다.

2) 납축 전지

① 납축전지는 충전이 가능한 전지로 **납(Pb)을 -극, 이산화납(PbO$_2$)을 +극**으로 하고 **황산(H$_2$SO$_4$)**을 전해질로 만든 전지이다.

방전시키면
- 극에서 산화반응으로 Pb + SO$_4^{2-}$ → PbSO$_4$ + 2e$^-$
+ 극에서 환원반응으로 PbO$_2$ + 4H$^+$ + SO$_4^{2-}$ + 2e$^-$ → PbSO$_4$ + 2H$_2$O

양극에서 모두 PbSO$_4$가 나온다.

② 최종 $PbO_2 + Pb + 2H_2SO_4 \rightarrow 2PbSO_4 + 2H_2O$

③ 충전시키면 그 반대인

$2PbSO_4 + 2H_2O \rightarrow PbO_2 + Pb + 2H_2SO_4$

3 전기분해

1) 패러데이의 전기 분해 법칙

① 물질의 전기 분해 시 **석출되는 물질의 양은 투입된 전기량에 비례**한다.

② 일정한 전기량에서는 생성되는 물질의 양은 당량(분자량/이온의 전하량)에 비례한다.

③ 사실 이 법칙보다 알아야 할 것은 일정한 전하가 투입되었을 때 석출되는 물질의 양을 구하는 것이 중요하다. *(위의 법칙 자체는 크게 신경쓰지 않고 아래 문제를 잘 푸는 것이 중요하다)*

> **예를 들어 계산해 보기**
>
> 황산구리 용액 10A의 전류를 1시간 통하면 구리는 몇 g 나오는가? (구리의 원자량은 63)
> 먼저 1F의 기준을 알아야 한다. **1F는 전자 1몰의 전하량이고 96500C(쿨롱)이다.**
> **1C = 1A × 1초**에 해당한다.
> 황산구리에 전류를 통하면 황산이 되어 나오는데, 이는 구리이온 Cu^{2+}가 전자 2개를 얻어 Cu가 되어 나오는 과정이다.
> 반응비를 살펴보면 $Cu^{2+} + 2e^- \rightarrow Cu$이 된다.
> 즉 전자 2몰이 있으면 구리 1몰이 나온다는 뜻이다.
> 그럼 전자가 몇 몰이 있는지 알면 되는데, 전자 1몰의 전하량은 1F, 96500C인데, 문제에서 전류량은 10A × 3600초, 즉 36000C이다.
> 2 : 1 = 36000/96500 : 생성되는 구리의 몰수
> 식을 세울 수 있으므로 생성되는 구리의 몰수는 0.1865몰이고 1몰이 63g이므로 0.1865몰은 11.75g이 된다.

2) 물분해

- 1패러데이의 전기량으로 물을 전기분해하는 경우 생성되는 산소기체의 부피(L)는?(표준상태) 의 문제가 출제 된다.
  1F(패러데이)는 전자 1몰의 전기량이므로 전자 1몰이 투입되면 발생되는 산소의 몰수를 알면 된다.
  물분해의 반응식은 $2H_2O \rightarrow 2H_2 + O_2$이다.
  (-)극에서는 수소가 발생되고, (+)극에서는 산소가 발생되는데, 각 극에서 반응식은 아래와 같다.
  ① (-)극 $4H_2O + 4e^- \rightarrow 2H_2 + 4OH^-$
  ② (+)극 $2H_2O \rightarrow O_2 + 4H^+ + 4e^-$
  두 극은 같은 그릇에 있는 것으로 하나의 반응식이다. 따라서 위 아래를 합하면
  $6H_2O + 4e^- \rightarrow 2H_2 + (4OH^- + 4H^+,$ 이는 곧 $4H_2O) + O_2 + 4e^-$

양쪽에서 겹치는 것을 제거하면(즉, 4e⁻와 4H₂O 제거한다)

2H₂O → 2H₂ + O₂의 알짜 반응식만 남는다. 최종 반응식에서 사용된 전자의 수는 안 나오나 위에서 살펴보듯이 전자 4몰이 반응하면, 수소2몰, 산소1몰이 생성됨을 알 수 있다.

즉, **전자 4몰이 이동하여 -극에서 수소 2몰을 +극에서 산소 1몰**을 발생시킨다. *(다른 것은 다 기억못 해도 이 부분 꼭 기억하자)*

전자4몰이 들어가서 수소 2몰, 산소 1몰을 만들게 되므로, 반응비는 4 : 2 : 1이다.

1패러데이는 전자 1몰에 해당하는 전류이므로, 전자 1몰이 들어가면 산소는 0.25몰 발생하게 된다.

기체 1몰의 부피는 표준상태에서 22.4L이므로 0.25몰은 5.6L이다.

10. 탄소화합물

1 유/무기화합물

- 유기화합물 : 유기라는 말은 생물에서 얻어진 것이라는 뜻에서 유래하였으나 현대에서는 꼭 그런 것 만은 아니다. 따라서 유기화합물은 탄소와 수소를 기본으로 하는 화합물을 뜻한다고 이해하자.
- 무기화합물 : 탄소, 수소를 제외한 그 외의 원소들로 이루어진 화합물을 의미한다. 주로 금속에 해당한다.

현재 많이 사용되고 있는 특정 금속에 대해서는 공부해 두어야 한다. *(기출문제 등에 출제되는 것은 공부해 두어야 한다)*

① 철

ㄱ. **적철광(Fe_2O_3), 자철광(Fe_3O_4)을 제련**하여 철을 얻는다.

ㄴ. 이러한 자철광을 생성하는 방법을 알아둔다.

$$3Fe + 4H_2O \rightarrow Fe_3O_4 + 4H_2$$

② 물질의 반감기라는 개념을 이해해 두어야 한다.

어떤 물질의 초기 양이 절반으로 줄어드는데 걸리는 시간을 의미한다.

$m = M(1/2)^{t/T}$ (m : 남은 질량, M : 초기 질량, T : 반감기, t : 경과시간)

2 탄화수소

- 탄화수소는 포화탄화수소와 불포화 탄화수소가 있다.
- **포화탄화수소는 탄소와 탄소가 단일 결합으로 이루어져 있는 탄화수소로, 알케인(C_nH_{2n+2})이 있다.**
- 불포화탄화수소는 단일 **결합 외의 결합**을 가진 탄화수소로, 알켄, 알카인, 방향족 화합물이 있다.

1) 포화탄화수소

① 앞에서 살펴본대로 알케인(C_nH_{2n+2})이 있다. 명칭은 뒤에 '~에인'이 붙는다.

ㄱ. CH_4 : 메테인(메탄)

```
    H
    |
H - C - H
    |
    H
```

ㄴ. C_2H_6 : 에테인(에탄)

```
  H   H
  |   |
H-C - C-H
  |   |
  H   H
```

ㄷ. C_3H_8 : 프로페인(프로판)

```
  H   H   H
  |   |   |
H-C - C - C-H
  |   |   |
  H   H   H
```

이렇게 계속 나간다.

- C가 4개로 연결되어 있으면 뷰테인(부탄)
- **C가 5개로 연결되어 있으면 펜테인(펜탄)**
- C와 H가 모두 단일 결합으로 이루어져 있다.

② 이성질체

ㄱ. **구조이성질체 : 분자식은 같으나 원자가 결합하는 순서가 달라 물리, 화학적 성질이 다른 분자**

ㄴ. 광학이성질체 : 분자식은 같으나 서로 다른 구조를 가지며, 서로 거울상의 구조를 갖는 분자

2) 불포화 탄화수소

① **알켄(C_nH_{2n}), 이중결합을 가졌다.** 에텐(C_2H_4, 관용명은 에틸렌), 프로텐(C_3H_6, 관용명은 프로필렌) 등이 있다.

② 알카인(C_nH_{2n-2}), 삼중결합을 가졌다. 에타인(C_2H_2, 관용명은 아세틸렌) 등이 있다.

3) 방향족 탄화수소

벤젠(C_6H_6)고리를 하나 이상 가진 향이 나는 탄화수소이다.

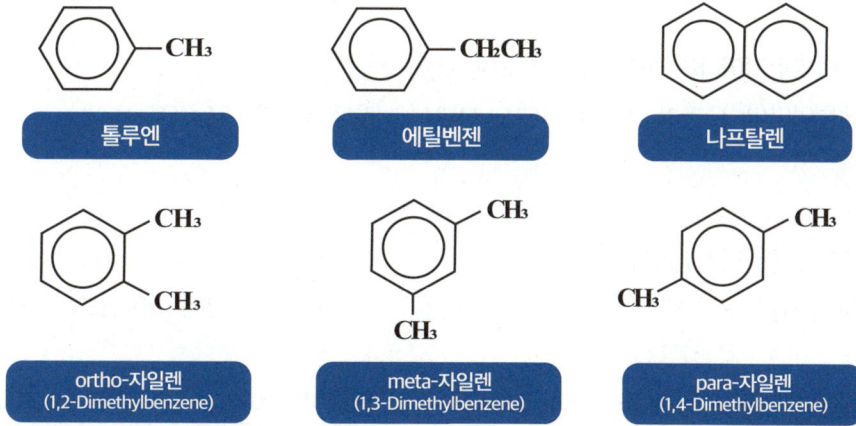

3 탄화 수소 유도체

위에서는 탄화수소를 알아보았다. 이러한 탄화수소에서 수소의 일부 또는 전부가 다른 작용기로 **치환(화합물 중의 원자, 이온, 작용기 등이 다른 원자, 이온, 작용기 등으로 바뀌는 반응)**된 형태가 있는데, 이를 탄화수소유도체라 한다. 따라서 위의 C, H 외에 다른 원자가 화합하게 되는 것이다.

1) 작용기

작용기를 알아 둔다.

① 히드록시기 : 알코올이다(R‑OH). 메탄올(CH_3OH), 에탄올(C_2H_5OH)이 있다.

$$-\text{OH}$$

② 에테르(에터) 결합 : 에테르(R‑O‑R`)이다. 디메틸에테르(CH_3OCH_3), 디에틸에테르($C_2H_5OC_2H_5$)

$$-\text{O}-$$

③ 포르밀기 : 알데히드이다(R‑CHO). 포름알데히드(HCHO), 아세트알데히드(CH_3CHO)

$$-\overset{\overset{\text{O}}{\|}}{\text{C}}-\text{H}$$

④ 카르복시기 : 카르복시산이다(R‑COOH). 포름산(HCOOH), 아세트산(CH_3COOH)

$$-\overset{\overset{\text{O}}{\|}}{\text{C}}-\text{O}-\text{H}$$

⑤ 아미노기 : 아민이다(R-NH₂). 메틸아민(CH_3NH_2), 아닐린($C_6H_5NH_2$)

$$-NH_2$$

⑥ 니트로화합물 : 니트로기이다(-NO₂), TNT($C_6H_2(NO_2)_3CH_3$)
⑦ 카르보닐기 : 케톤이다(R-CO-R`). 아세톤(CH_3COCH_3), 에틸메틸케톤($CH_3COC_2H_5$)

$$-\overset{\overset{O}{\|}}{C}-$$

⑧ 펩타이드(펩티드) 결합을 알아 둔다.
   이는 아미노기(-NH₂)와 카르복시기(-COOH)가 반응하여 형성하는 결합인데, 아마이드기(-CONH-)결합을 가지는 결합이다.
   나일론, 단백질(알부민)의 결합에 들어있다(-CONH-결합, 펩타이드, 나일론 단백질을 기억한다).

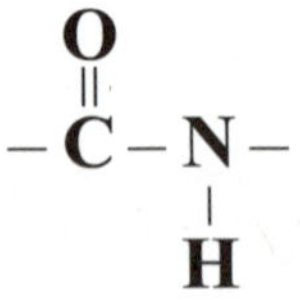

$$-\overset{\overset{O}{\|}}{C}-\overset{}{\underset{H}{N}}-$$

2) 지방족 탄화수소 유도체

① 알코올 : 포화 탄화수소의 수소 원자가 히드록시기(-OH)로 치환된 물질이다.
   쉽게 말해 알케인에서 수소가 (-OH)로 바뀐 형태이다.

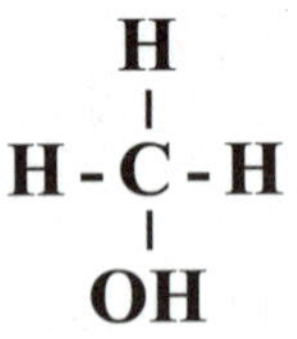

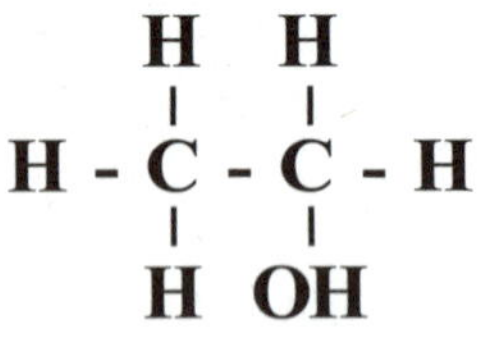

이때, **OH에 붙은 탄소에 알킬기(C_nH_{2n+1}, 주로 R로 표현)가 붙은 수에 따라 알코올의 "차"수가 결정된다.**
알킬기가 하나 있으면 1차, 2개면 2차가 된다.
위의 그림의 오른쪽에는 OH에 붙은 C의 왼쪽으로 알킬기인 CH_3가 1개 붙어 있으므로 1차 알코올이 된다.
(위의 그림 왼쪽의 메탄올은 OH에 붙은 탄소에 알킬기가 붙어 있지 않으므로 0차 알코올이라 한다.)
또한 OH가 몇 개인가에 따라 알코올의 "가"수가 결정된다. OH가 하나면 1가, 2개면 2가, 3개면 3가가 된다.
ㄱ. 1가 알코올은 에틸알코올, 메틸알코올 등이 있다.
ㄴ. 2가 알코올은 **에틸렌글리콜($C_2H_4(OH)_2$)**이 있는데, 무색 투명의 액체로 **부동액**의 원료로 쓰인다.

② 알코올의 산화반응

ㄱ. 1차 이하 알코올은 1차 산화되면 알데히드(RCHO)가 되고, 2차산화되면, 카르복시산(RCOOH)이 된다.

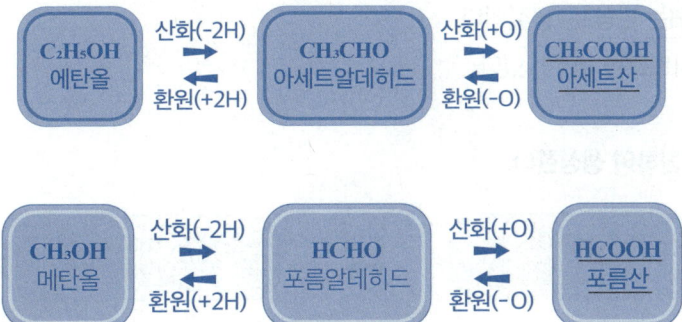

ㄴ. **2차 알코올은 산화되면 카르보닐기를 가진 케톤(RCOR`, 예 아세톤)이 된다.**

(RCHO, RCOOH, RCOR` 이런 모양을 잘 기억하자. 문제에서 그 모양만 찾으면 된다)

③ 에테르

ㄱ. 알코올(ROH)에서 히드록시기의 수소가 알킬기로 치환된 물질(ROR`)이다.

ㄴ. 대표적인 물질로 디에틸에테르($C_2H_5OC_2H_5$)가 있다.

- **에탄올 2분자를 축합반응(물분자 하나가 떨어져 나가서 결합하는 반응)**시켜 만든다.

- **인화점 -45℃이고, 휘발성, 인화성이 크다.**
- **알코올에 잘 녹는다.**

④ 카르복시산

포화탄화수소의 수소원자를 카르복시기(-COOH)로 치환한 화합물이다. RCOOH로 표시된다.

위에서 살펴본대로 알코올의 산화반응, 알데히드의 산화반응로 만들어진다.

지방산을 알아둘 필요가 있는데, 탄소 원자가 사슬형으로 연결되어 있는 카르복시산을 일컫는 말이다. **지방을 가수분해(물을 더해 분해시킨다는 의미)**하면 글리세린과 지방산(카르복시산)으로 만들어지기 때문에 지방산이라는 이름을 가지게 되었다.

3) 방향족 탄화수소 유도체 *(C6H6에서 변형된 형태로 기억하면 된다)*

① 페놀류

ㄱ. **벤젠고리에 히드록시기(-OH)가 직접결합한 화합물이다.**

ㄴ. 대표적인 것에 페놀이 있다.

ㄷ. 페놀(C_6H_5OH)은 벤젠으로부터 직접 유도될 수 없고, **톨루엔, 니트로벤젠 등을 통해 합성**할 수 있다.

ㄹ. **페놀류는 염화철(Ⅲ)($FeCl_3$) 수용액과 정색반응(색깔을 내는 반응)을 일으킨다.**

② 방향족 니트로 화합물
　ㄱ. 벤젠 고리에 수소 원자가 니트로기로 **치환반응(화합물 중의 원자, 이온, 작용기 등이 다른 원자, 이온, 작용기 등으로 바뀌는 반응)**된 물질이다.
　ㄴ. 니트로벤젠, 트리니트로톨루엔이 있다.
③ 아닐린($C_6H_5NH_2$)
　　니트로벤젠을 수소 환원하여 생성한다.

화재예방과 소화방법

1. 연소

가연물이 산소 등의 공기 속에서 **타는 현상(따라서 연소속도는 산화속도이다)**

1 연소의 3요소

가연물, **산**소공급원, **점**화원 (연소는 가산점으로 암기)

1) 가연물

① 목재, 석탄, 플라스틱, 금속 등 주로 산화되기 쉬운 물질을 말한다.
② **가**연물이 되기 쉬운 조건(**발화점이 낮아지는 조건**으로 문제에 나오기도 한다)
  ㄱ. **발**열량이 클 것(에너지를 많이 뿜어낸다)
  ㄴ. **열**전도율이 작을 것(열이 전달 안 되어야 온도가 상승하기 쉽다)
  ㄷ. **산**소 친화력이 클 것(연소란 산소와의 반응을 의미하므로 산소를 잘 만나야 잘 탄다)
  ㄹ. **표면**적이 넓을 것(산소와 접하는 면적이 넓어야 잘 탄다. 따라서 기체, 액체, 고체의 순으로 가연물이 되기 쉬운 것이다. 덩어리 보다 분말이 더 위험하다)
  ㅁ. **활**성화 에너지가 작을 것(활성화에너지가 작으면 반응이 쉽게 이루어진다는 의미이다)
  ㅂ. 화학적 **활**성도가 클 것
  ㅅ. **연**쇄반응을 일으킬 수 있는 것
    (**가발연산전면활활** 로 암기 연산군 가발이 앞에서 **활활** 타는 장면 연상하기)

2) 산소공급원

① 산소공급물질은 대표적으로 **공기중의 산소**가 있다.
  ㄱ. 그 외에도 **제1류, 제6류 위험물은 모두 산화성**(즉 주로 산소를 포함하고 있다는 의미로 **다른 물질을 산화**시킨다, 산화란 산소를 얻는 것이다. 산화성 물질은 다른 물질에 산소를 얻게 한다는 의미이다)이므로 산소공급원이 된다. 제5류 위험물도 자기 반응성 물질로 산소를 포함하고 있으므로 산소공급원이 된다.
  ㄴ. **공기중 산소, 1,5,6류 위험물**을 기억하면 된다.

ㄷ. 이론산소량 : 물질을 연소시키기 위해 필요한 이론적 산소량이다.
- 산식은
1) 중량기준일 때 $O = 2.667C + 8(H - \frac{1}{8}O') + S$

오른쪽 변의 C, H, O', S는 연소하는 물질속(가연물)에 있는 탄소 수소 산소 황의 양이다.

예로 탄소 70%, 수소 20%, 황10%로 된 물질 1kg을 완전 연소하기 위해 필요한 산소의 양을 구하는 문제이다. 각 700g, 200g, 100g을 대입하면 되고 O'는 0을 대입한다.

단순히 탄소 30g 완전연소 위해 필요한 산소를 구하는 문제라면 위 식에 탄소만 있으니, 2.667에 30을 곱한 값이 된다. H, O', S 값은 0이므로 신경쓸 필요 없다.

2) 부피기준일 때 $O = 1.867C + 5.6(H - O') + 0.7S$

ㄹ. 이론공기량은 : 위 물질을 태우는데 필요한 공기를 구하는 문제이다.

산소가 공기 중에 23%의 중량으로 있다고 가정하면 1 : 0.23 = 필요한 공기 : 이론산소량이되고, 즉 이론산소량을 0.23으로 나누면 된다.

산소가 공기 중에 21%의 부피로 있다고 가정하면 부피 이론산소량을 0.21로 나누면 된다.

3) 점화원

① **불, 정전기 불꽃, 충격 불꽃, 마찰, 스파크 등이다(참고로 기화열은 아니다).**
② **정전기**의 경우 점화원이 되므로 **정전기 방지 방법**을 알아 두어야 한다(**특히 4류 위험물인 경우 정전기 방지대책이 매우 중요하다**).

ㄱ. **저장, 취급설비를 접지**(땅에 접한다)
ㄴ. **실내공기 이온화**
ㄷ. 실내습도 **상대습도 70% 이상**으로 유지

2 연소의 종류

① 기체의 연소(어떤 연소가 기체 연소인지 정도 알면 될 듯하다)
확산연소, 폭발연소 등이 있다.
② 액체의 연소
증발연소(알코올, 에테르, 석유 등 **가연성 액체의 증발**로 인한 증기가 **공기와 만나서** 타는 연소), 다른 연소도 있으나 액체의 특성을 생각해서 유추하면 될 듯하다(**중유의 경우 분해연소한다**).
③ **고체의 연소**
가장 중요하다(무엇이 어떤 연소 인지 암기해야 한다).

ㄱ. **표면연소 : 목탄(숯), 코크스, 금속분** 등
ㄴ. **분해연소 : 석탄, 목재, 종이, 섬유, 플라**스틱 등
ㄷ. **증발연소 : 나프탈렌, 장뇌, 황(유황), 양초(파라핀), 왁스, 알코올**
ㄹ. **자기연소 : 주로 5류 위험물**(이는 물질내에 산소를 가진 자기연소 물질이다, 주로 **니트로기**를 가지고 있다)

3 기타 개념

1) 인화점

① **가연성물질**이 점화원과 만났을 때 불이 붙는 최저온도

② 가연성 증기가 연소범위 하한에 도달하는 최저온도

③ **낮을수록 인화 위험이 크다**(인화점 이상이면 인화될 위험이 있다는 의미)

④ **인화점이 상온보다 낮은 4류 위험물은 주의를 요한다.** 즉 상온에서 점화원이 있으면 불이 잘 붙는 다는 의미이기 때문이다(1석유류, 2석유류, 3석유류, 4석유류, 동식물류 순으로 인화점이 낮다, 특수인화물의 경우 인화점이 대체로 낮으나 반드시 위의 순서에 해당하지는 않는다)

특수인화물인 경우 **이**소프랜은 섭씨 -54도, 이소**펜**탄은 -51도, **디**에틸에테르 <u>-45</u>, 아세트**알**데히드 -38, 산화**프**로필렌 -37, **이**황화탄소 **-30℃** <u>순서 외워두면 좋다(**이펜디알프리(이)**).</u> 디에틸에테르부터, 이황화탄소까지는 인화점 온도도 기억해야 한다.

<u>아세톤(-18도), 벤젠(-11도), 톨루엔(4도)의 인화점도 기억한다.</u>

2) 착화점(발화점)

① <u>점화원 없이 축적된 열만으로 불이 붙는 최저 온도</u>(쉽게 말해 불없이 열로 불이 붙는 온도, 따라서 당연히 인화점보다 높다)

② <u>발화점 달라지는 요인</u>

ㄱ. 공간의 **형태/크기**(공간이 작으면 가스농도가 높아진다), 가열속도, 가연가스와 공기조성비, 수분, 열전도율, 열축적, 공기의 유동 등이 영향을 미친다.

ㄴ. 자연발화 발생조건은 **주위 온도가 높고, 습도가 높고, 표면적이 넓고, 발열량이 크고 열전도율이 작으면 잘 발생한다.**

ㄷ. 자연발화 방지하기 위해서는 **주위 온도를 낮게, 통풍을 잘 시키고, 습도를 낮추고, 열축적을 막고, 불활성가스를 주입**해 산소농도를 낮추어야 한다.

ㄹ. 자연발화의 형태는 아래와 같다.

산화열	건성유, 석탄, 고무분말에 의한 발화
분해열	셀룰로이드에 의한 발화
흡착열	활성탄, 목탄분말에 의한 발화
미생물	퇴비, 먼지 속의 미생물에 의한 발화

ㅁ. **이황화탄소의 경우 섭씨 90도, 황린은 섭씨 34도**, 이 두 물질은 발화점이 낮은 편이다.

3) 연소범위

① 연소가 발생할 수 있는 공기 중의 가연물의 비율의 상한과 하한

② 즉, 휘발유의 경우 범위가 1.2 - 7.6%인데, 공기가 98.8% 이고 휘발유가 1.2% 인 경우부터 공기가 92.4%이고

휘발유가 7.6% 사이의 휘발유 농도까지 연소가 발생할 수 있다는 의미이다.
③ **하한이 낮을수록, 상한이 높을수록 범위가 넓을수록 연소 가능성이 있으므로 더 위험하다**(하한이 낮으면 공기 중에 해당 물질이 조금만 있어도 연소가 된다는 의미이고, 상한이 높으면 공기 중에 해당 물질이 상당히 많아도 여전히 연소가 된다는 의미이다. 해당 물질의 연소범위의 상한보다 높은 비율로 물질이 있다면 오히려 공기가 부족해 연소가 안 일어난다는 의미이다. 따라서 상한이 높은 물질일수록 위험하다).
④ 위험도는 (H-L)/L로 구한다(H는 상한, L은 하한). 상한과 하한의 차이가 클수록 위험하다.
고온체의 색깔(**담암적, 암적, 적 / 황 / 휘적, 황적, 백적 / 휘백** 으로 암기, 크게 /를 사이에 두고 적/황/적/백인데, 다시 위와 같이 세부적으로 나누어진다. 또한 온도 보다는 **순서를 기억**하는 것이 더 중요하다)

색깔	담암적	암적	적	황	휘적	황적	백적	휘백
온도(°C)	522	700	850	900	950	1100	1300	1500

2. 화재

1 화재의 종류

화재급수	명칭	물질	표현색
A급화재	일반화재	목재, 종이, 섬유, 플라스틱, 석탄 등	백색
B급화재	유류화재	4류 위험물, 유류, 가스, 페인트	황색
C급화재	전기화재	전선, 전기기기, 발전기 등	청색
D급화재	금속화재	철분, 마그네슘, 알루미늄분등 금속분	무색

- 위의 표 <u>반드시 암기</u>해야 한다('<u>일류전속</u>'으로 암기하고 옆 칸 내용 암기하면 된다).
- 화재는 발화기 → **성장기**(여기까지 주로는 연료지배형 화재) → **플래시오버** → **최성기**(여기는 저온장기형 화재) → **감쇠기** 순서이다.
- **고온단기형** 화재는 높은 온도, 단기의 화재로 주로 **목조 건축물**이고, **저온장기형**은 낮은 온도, 장기의 화재로 **내화건축물**에 해당한다.

2 화재의 특수현상

1) **유류**탱크 관련

① **보일오버(Boil Over)**: **유류**탱크 화재 시 파손된 **탱크 밑면에 고여 있는 물**이 열을 받아 증발하면서 상부의 유류를 밀어 올려 분출하는 현상
② 슬롭오버

2) 가스탱크 관련

블레비(BLEVE): 액화가스가 탱크 내부에서 가열되어 증기가 팽창하며 강도가 약해진 탱크 부분에서 폭발하는 현상

3) 건축물 관련

플래시오버(Flash Over): 성장기와 최성기 사이의 현상으로 **건축물** 화재시 미연소 가연물이 열에 분해되어 가연성 가스를 발생시키고, 이것이 **산소와 만나** 건물 내부 **전체로 화재가 확산(국부에서 전실화재로)**되는 현상, **내장재, 개구부**의 크기에 영향을 받는다.

3. 폭발

1 폭발의 종류

1) 분진폭발

① **고체의 분진이 일정 농도 이상 공기중**에 있을 때 점화원에 의해 착화에너지를 얻어 폭발하는 현상으로 입자가 **가벼워야** 분진폭발이 가능하다.
② 분진폭발을 일으키는 물질: **알루미늄, 마그네슘, 유황가루, 철분, 적린** 등의 금속물질과 **밀가루, 전분** 등의 곡물류로 **모두 가볍고 작다.**
③ 분진폭발을 일으키지 않는 물질: **시멘트, 모래, 석회석 가루,** 탄산칼슘 등 모두 **무겁다.**
④ 분진폭발의 예방
    ㄱ. **습식**공정(물로 가루가 안 날리게 하는 것이다), 물과 반응하는 경우 **휘발성이 적은 유류**를 사용
    ㄴ. 배관 연결부위 등은 **밀폐**
    ㄷ. 가연성 분진취급장치는 **밀폐**

2) 분해폭발

가스가 분해되어 폭발하는 현상으로 **과산화수소, 히드라진, 아세틸렌, 에틸렌** 등을 기억한다.

3) 중합폭발

중합열에 의해 폭발하는 현상으로 **시안화수소, 염화비닐** 등

4) 산화폭발

LPG, LNG

2 폭발속도에 따른 분류

1) 폭연(폭발시 연소파의 전파속도)
속도 0.1 - 10m/s

2) 폭굉
속도 1000 - 3500m/s 로 음속보다 빠르다.
① 폭굉유도거리 : 폭굉이 일어날 때까지의 거리이며 **짧을수록 폭발이 더 잘되는 의미**이다.
② 폭굉유도거리가 짧아지는 조건(읽어보면 이해될 것이다)
　ㄱ. **정상 연소속도가 큰 혼합가스 일수록**
　ㄴ. **관지름이 가늘수록**
　ㄷ. **압력이 높을수록**
　ㄹ. **점화원의 에너지가 클수록**

4. 소화(불을 끄는 것)

1 소화의 종류(연소의 3요소인 가연물, 산소공급원, 점화물과 연관하여 기억한다)

① **제거소화** : **가연물을 제거하는 소화**이다.
　소화약제를 별도로 쓰지 않고, 가스 화재 시 벨브를 잠그는 것 등이다.
② 질식소화 : **산소공급원**의 산소농도를 낮추는 소화이다. *(따라서 산소를 포함하고 있는 물질에는 효과가 없다)*
　주소화약제는 이산화탄소를 이용하며, 이산화탄소 소화약제, **포소화약제**, **분말소화약제** 등이다.
③ 냉각소화 : **가연물의 온도**를 낮추는 소화이다.
　주소화약제는 물이며, **강화액소화약제** 등이다.
④ 억제소화 : 연소 **연쇄반응**을 차단하는 소화이다.
　할로겐원소를 사용하며, **화학적 소화**, **부촉매(억제) 소화**이다.
⑤ 희석소화 : **가연물질의 농도를 낮추는** 소화이다(산소농도를 낮추는 질식소화와는 구분된다).
　아래에서는 각각의 소화약제를 설명하는데, 각각의 소화약제가 **반드시 하나의 소화효과만 가지는 것은 아니라는 점**을 기억해야 한다.

2 소화약제

1) 분말소화약제

① 주로 **질식소화효과, 부촉매효과**를 가진다.

② **이산화탄소, 질소**가 가압용가스로 사용된다.

③ **분말의 종류(매우 중요)**

종류	성분	적응화재	열분해반응식	색상
제1종분말	$NaHCO_3$ (탄산수소나트륨)	B, C	$2NaHCO_3$ → $Na_2CO_3 + CO_2 + H_2O$	백색
제2종분말	$KHCO_3$ (탄산수소칼륨)	B, C	$2KHCO_3$ → $K_2CO_3 + CO_2 + H_2O$	담회색
제3종분말	$NH_4H_2PO_4$ (제1인산암모늄 = 인산이수소암모늄)	A, B, C	$NH_4H_2PO_4$ → HPO_3(메타인산) + NH_3(암모니아) + H_2O	담홍색
제4종분말	$KHCO_3 + (NH_2)_2CO$ (탄산수소칼륨 + 요소)	B, C	$2KHCO_3 + (NH_2)_2CO$ → $K_2CO_3 + 2NH_3 + 2CO_2$	회색

1종분말소화약제는 비누화반응을 일으키고, **질식($CO_2 + H_2O$), 억제소화**(부촉매, Na_2CO_3), **열분해에 따른 냉각**효과를 가진다.

1,2,3종 모두 물이 나오며, **1,2종은 이산화탄소, 3종은 질식소화가스인 메타인산(HPO_3, 부착성막을 만듦(방진효과))이 나온다.**

2) 물소화약제

① 주로 **냉각소화**효과이다.

② **구하기 쉽고 인체에 무해**하다.
   (다만 피연소물질에 직접 닿아서 그 물질에는 피해가 발생한다)

③ **증발(기화)잠열이 크므로 냉각효과가 크며, 비열이 크다.**

④ 물이므로 겨울에 **얼기 쉽다.** 따라서 **강화액소화제**를 사용한다.

   ㄱ. **강화액소화**제는 **탄산칼륨(K_2CO_3)**을 첨가하여 **어는점을 낮춘** 소화약제로, pH12 이상(염기성)이다.

   ㄴ. **어는 점이 낮아지는 것은 물의 표면장력이 약화**되기 때문이다.

   ㄷ. 물의 동결현상 방지 위해 **에틸렌글리콜** 사용한다.

⑤ **전기화재, 금속분화재**에 효과 없고, **유류화재**시에 연소범위를 확대시키므로 적합하지 **않다**(비수용성, 비중이 1보다 작은 물질은 연소범위를 확대시킨다).

⑥ **무상주수** 하는 경우 **질식소화**(기화되어 팽창이 크게 되므로), **유화소화**(기름위에 막을 형성하여 소화시키는 효과)가 있다.

3) 포소화약제

① **CO_2를 발생**, 거품을 발생시켜 소화하며, 물에 거품발생시키는 약제를 첨가하여 만드므로 **질식효과**, **냉각효과**를 가진다.

② **화학포 약제**와 **기계포(공기포)** 약제로 구분한다.

ㄱ. **화학포 약제**는 **황산알루미늄(내약제, $Al_2(SO_4)_3$)** 과 **탄산수소나트륨(외약제, $NaHCO_3$)** 의 화학반응을 통해 **CO_2**를 발생시킨다.

- $Al_2(SO_4)_3 \cdot 18H_2O + 6NaHCO_3 \rightarrow 3Na_2SO_4$(황산나트륨)) + $2Al(OH)_3$(수산화알루미늄) + $6CO_2$ + $18H_2O$

ㄴ. 기포안정제로 사포닌, 계면활성제, 카제인 등이 사용된다.

ㄷ. 기계포(공기포) 소화약제에는 단백포(유류화재용 동결방지제로 에틸렌글리콜), 수성막포(플루오르계 계면활성제로 유류화재용), 내알코올포(수용성 액체(아세톤)화재, 알코올류화재용(다른 포는 알코올로 포가 파괴된다)), (다른 기계포 약제도 있으나 화학포 외에는 기계포로 기억하면 된다)

③ **수성막포**는 분말소화약제와 병용(**트윈에이전트 시스템**)하면 소화효과를 증진시킨다.

4) 이산화탄소

① 불활성 기체로 전기전도성이 없으므로 **전기화재**에 유효하다.

② **질식효과, 냉각효과**가 주된 효과이다(질식효과 이므로 **밀폐된 공간**에서 효과적이나 질식의 위험이 있다).

③ **금속화재**에 쓰면 탄소가 발생 폭발하므로 쓰면 **안 된다**.

④ 공기중 **산소의 농도를 15% 이하**로 낮추어 소화하는 **질식효과와 희석소화효과**가 있다(이산화탄소는 산소와 반응하지 않는다).

ㄱ. 산소농도를 낮추기 위한 이산화탄소의 농도식은 CO_2의 농도(%) = (21 - O_2%) / 21 × 100

ㄴ. 공기중 산소농도를 14%로 낮추어 소화하기 위한 공기중 이산화탄소의 농도는?
(21 - 14) / 21 × 100 로 구하면 된다.

⑤ **비전도성, 불연성** 기체로 사용 후 이산화탄소 바로 사라지므로 **오염이 없고 장기보관**이 가능하다.

⑥ **자체 압력에 의해 방출한다.**

⑦ 압축된 기체가 좁은 관을 통과하면서 온도를 하강시키는 **줄-톰슨 효과**에 의해 드라이아이스(주성분은 CO_2이다)를 발생시킨다.

5) 할로겐화합물

① 냉각, 연소반응을 **억제하는 부촉매(억제)** 효과로 소화하며 화학적효과이다.

② **공기보다 무거워야 하며, 전기절연성, 증발성** 등을 갖추어야 한다.

③ **유류, 전기**화재(부도체이므로 사용 가능하다)에 사용된다.

④ 전역방출 또는 국소방출방식인 경우 가압가스는 **질소**이다.

⑤ 할론넘버를 이해해야 한다.

ㄱ. 1301처럼 네개의 숫자로 이루어져 있고, 각 숫자는 **순서대로 C, F, Cl, Br의 숫자**를 의미한다. 따라서 1301은 CF_3Br이다.

할론넘버	분자식	방사압력	소화기	소화효과	독성
1301	CF_3Br	0.9MPa	MTB 또는 BTM	▲ 좋음	▼ 강함
1211	CF_2ClBr	0.2MPa	BCF		
2402	$C_2F_4Br_2$	0.1MPa			
1011	CH_2ClBr				
104	CCl_4				

ㄴ. 할론 1301은 **오존층을 가장 많이 파괴**하나, **소화효과가 가장 좋고, 독성이 가장 낮다, 공기보다 무겁다**(브롬의 원자량은 80이다).

ㄷ. 상온에서 **1301, 1211은 기체이나 2402는 액체**이다.
- 전역방출방식 할로겐소화약제의 분사헤드의 방사압력은 **할론2402를 방사하는 것은 0.1MPa 이상, 할론 1211을 방사하는 것은 0.2MPa 이상, 할론1301을 방사하는 것은 0.9MPa** 이상
- 전역방출방식 또는 국소방출방식의 할로겐화합물소화설비의 **가압용가스용기는 질소가스가 충전되어 있어야 하고, 방호구역 외에 설치해야 함**

ㄹ. 할론 104는 사염화탄소를 가지며, **포스겐가스($COCl_2$)를 발생시켜 환경을 오염**시키므로 사용하면 안된다.

6) 불활성 가스

① **질식효과**이다.
② **네온, 아르곤, 질소가스, 이산화탄소 등의 불활성 기체**를 혼합하여 사용한다(불활성가스 '네아질탄'으로 기억). (질소는 산소와 반응하지만 흡열반응, 즉 열을 흡수한다)
③ 대표적으로 IG-541 (질소, 아르곤 이산화탄소가 52:40:8 비율로 섞인 기체이다), IG-55(질소, 아르곤이 50:50비율로 섞인 기체이다), IG-100(질소 100%) *(각각 질알탄, 질알, 질로 암기한다)*

3 소화기

① 수동식소화기는 **방호대상물로부터 소형은 보행거리 20m 이하, 대형은 30m 이하**가 되도록 설치해야 한다.
② 제조소 등에서 **전기설비 설치 시 100m² 마다 소형수동식소화기 1개 이상** 설치해야 한다.
③ 소화기 사용 방법

  ㄱ. **적응화재에 따라**
  ㄴ. **방출거리 내에서**
  ㄷ. **바람을 등지고 풍상에서 풍하 방향으로**
  ㄹ. **양옆으로 비로 쓸 듯이 골고루** 사용한다.

④ 소화기의 표시 : **A - 2(A는 적응화재, 2는 능력단위)**

5. 소방시설

1 소화설비

① 크게 수계 소화설비와 가스계 소화설비가 있다.
② **수계는 옥내소화전/옥외소화전 설비, 스프링클러, 물분무소화, 포소화** 설비가 있고 **가스계는 이산화탄소, 불활성 기체 소화와 할로겐화합물소화** 설비가 있다. 그 외에도 분말 소화설비(인산염류, 탄산수소염류, 그 밖의 것) 있다.
③ 소요단위(**아래표 매우 중요**)
  ㄱ. 소화설비 설치 대상 건축물 등의 **규모 또는 위험물의 양에 따른 기준단위**
  ㄴ. **1소요 단위에 해당하는 건물** 등에 대해 최소 1능력단위를 가진 만큼의 소화설비가 갖추어져야 한다는 점을 기억하자.

구분	내화구조	비내화구조
위험물	위험물의 지정수량×10	
제조소 및 취급소	100m²	50m²
저장소	150m²	75m²

옥외설치된 공작물은 외벽이 내화구조인 것으로 간주한다.
④ 능력단위
  소요단위에 대응하는 소화설비의 능력 기준이다(아래표 매우 중요).

소화설비	물통	수조와 물통 3개	수조와 물통 6개	마른 모래와 삽 1개	팽창질석, 팽창진주암(삽1개)
용량	8L	80L	190L	50L	160L
능력단위	0.3	1.5	2.5	0.5	1.0

> **? 문제**
>
> **Q.** 메틸알코올 8000리터에 대해 삽을 포함한 마른모래를 몇 리터 설치해야 하는가?
> **A.** 메틸알코올은 4류위험물로 지정수량이 400리터이다. 위의 소요단위에 관한 표를 보면 소요단위는 지정수량의 10배이므로 4000리터가 되는데 8000리터는 2소요단위가 된다. 마른모래의 능력단위는 50리터당 0.5이므로 2가 되기위해서는 200리터가 필요하다. 즉, 소요단위가 2단위면, 해당 소화설비도 2능력단위만큼 준비해야 한다.

⑤ 옥내소화전설비(수계)
   ㄱ. 소화전함은 접근이 쉽고 **화재 피해를 받을 우려가 적은 곳**에 설치한다.
   ㄴ. **비상전원을 설치하여 45분 이상** 작동해야 한다.
   ㄷ. 각 건축물의 층마다 하나의 **호스접속구까지의 수평거리가 25m 이하**가 되도록 설치해야 한다(접속구로부터 너무 멀면 안 된다).
   ㄹ. 개폐밸브 및 호스접속구는 **바닥면으로부터 1.5m 이하** 높이에 설치해야 한다(밸브가 너무 높으면 안 된다).
   ㅁ. 가압송수장치의 **시동을 알리는 표시등은 적색**으로 한다.
   ㅂ. 수원의 수량은 옥내소화전이 **가장 많이 설치된 층의 설치개수에 7.8m³**을 곱한양이 되어야 한다(**설치개수가 5이상인 경우 5에 7.8 m³**을 곱한다).
   ㅅ. 각 층 기준 동시사용 시 각 노즐선단의 **방수 압력 350kPa** 이상이고 방수량이 **분당 260리터** 이상이 되어야 한다(즉, 2개 라면 방수량이 1분당 260리터×2 이상이 되어야 한다. 다만 5개 이상인 경우 260에 5를 곱한다).
   ㅇ. 압력수조를 이용한 가압송수장치인 경우 그 압력은 아래의 수식에 의한 값 이상이어야 한다.
   - **P = P1 + P2 + P3 + 0.35(MPa)**
   - P : 구하는 압력(필요압력)(MPa)
   - **P1 : 소방용 호수의 마찰손실수두압(MPa)**
   - **P2 : 배관의 마찰손실수두압(MPa)**
   - **P3 : 낙차의 환산수두압(MPa)**
   - 옥내소화전설비의 기준에서 펌프를 이용한 가압송수장치의 경우 **펌프의 전양정**(낮은 곳에서 높은 곳으로 올릴 때 펌프에 필요한 압력) **H는 H = h1 + h2 + h3 + 35m이다.**
   - H는 전양정, h1은 소방용 호스의 마찰손실수두, h2는 배관의 마찰손실수두, h3는 낙차

⑥ 옥외소화전설비
   ㄱ. 건축물을 방호대상으로 할 경우 1, 2층에 한한다.
   ㄴ. 수원의 양은 설치개수에 **13.5m³를 곱한다(4개이상일 경우 4개가 기준이다)**.
   ㄷ. **방수압력은 동시 사용시 각 350kPa 이상 방수량은 분당 450리터 이상**이 되어야 한다.
   ㄹ. 개폐밸브, 호스접속구는 지반면으로부터 1.5m 이하의 높이에 설치할 것
   ㅁ. 옥외소화전함과 옥내소화전의 거리는 **보행거리 5m 이내**여야 한다.

⑦ 스프링클러설비
   ㄱ. 폐쇄형 헤드의 경우 30개 헤드를 동시 사용할 경우 각 선단의 송수량은 **방수압력 100kPa로 80L/분의 방수량**을 충족시켜야 한다.
   그 설치장소의 평상시 최고 주위온도에 따라 아래표에 따른 표시온도의 것으로 설치해야 한다.

설치장소의 최고 주위 온도	표시온도
39℃ 미만	**79℃ 미만**
39℃ 이상 64℃ 미만	79℃ 이상 121℃ 미만
64℃ 이상 106℃ 미만	121℃ 이상 162℃ 미만
106℃ 이상	162℃ 이상

　　ㄴ. 폐쇄형 스프링클러 급배기용 덕트폭이 1.2m를 초과하면 **덕트 아랫부분에도 헤드를 설치해**야 한다.
　　ㄷ. 개방형 스프링클러 헤드의 경우 **수동식 개방밸브를 조작하는데 필요한 힘은 15kg 이하**가 되어야 한다.
　　ㄹ. 개방형 스프링클러 헤드의 반사판으로부터 하방으로 0.45m, 수평방향으로 0.3m의 공간을 보유할 것
　　ㅁ. 스프링클러는 **화재를 초기에 진압할 수 있는 장점**이 있으나, **초기 시설비용이 많이 든다는 단점**이 있다.
⑧ 물분무소화설비
　　ㄱ. **2개 이상의 방사구역**을 두는 경우 방사구역이 **상호 중복**되도록 해야 한다.
　　　방사구역은 150m² 이상이어야 하나 방호대상물 **표면적이 그 이하인 경우 그 당해 표면적**으로 한다.
　　ㄴ. 고압 전기설비가 있는 경우 전기설비와 분무헤드 및 배관 사이에 전기절연을 위해 필요한 공간을 두어야 한다.
　　ㄷ. 스트레이너 및 일제개방밸브는 제어밸브(**제어밸브 위치는 바닥으로부터 0.8미터 이상 1.5미터 이하의 위치**)의 하류측 부근에 스트레이너, 일제개방밸브의 순으로 설치한다.
　　ㄹ. 수원의 수위가 수평회전식펌프보다 **낮은 위치에 있는 가압송수장치의 물올림장치는 단독**으로 설치한다.
⑨ 포소화설비
　　ㄱ. 포헤드 방식인 경우 방호대상물 표면적 **9m² 당 1개 이상**의 헤드를 설치한다.
　　ㄴ. 기동장치는 **수동식, 자동식 둘다 가능**하다.
⑩ 이산화탄소소화설비는 **국소방출방식**인 경우 소화약제 방출시간은 30초 이내로 균일하게 방사해야 하고 저압식 저장용기에는 **액면계 및 압력계와 2.3MPa 이상 1.9MPa 이하의 압력**에서 작동하는 압력경보장치를 설치해야 한다.
⑪ 불활성가스 소화설비 저장용기 설치 기준
　　ㄱ. **40℃이하인 장소, 방호구역 외**에 설치한다.
　　ㄴ. 저장용기에는 **안전장치(용기밸브에 설치되어 있는 것을 포함함)를 설치**해야 한다.
⑫ 분말소화설비
　　ㄱ. 분말소화설비의 가압용 또는 축압용 가스는 **질소 또는 이산화탄소**이다.
　　ㄴ. 가압식의 분말소화설비에는 **2.5MPa 이하의 압력으로 조정할 수 있는 압력조정기**를 설치할 것

2　경보설비

① 종류 : 자동화재탐지설비, 자동화재속보설비, 비상경보설비(비상벨, 단독경보형 감지기 등), 비상방송설비, 누전경보기, 확성장치 등이 있다.

② 제조소 등에 따라 설치해야 하는 경보설비

제조소 등의 구분	제조소의 규모, 저장 또는 취급하는 위험물의 종류 및 최대수량	경보설비
제조소 및 일반취급소	• **연면적이 500m² 이상**인 것 • 옥내에서 **지정수량 100배 이상**을 취급하는 경우	**자동화재탐지설비**
옥내저장소	• **지정수량 100배** 이상 저장 또는 취급하는 경우 • 저장창고 연면적이 150m²를 초과하는 경우 • **처마높이가 6m 이상인 단층건물**의 경우	**자동화재탐지설비**
옥내탱크저장소	• **단층건물외 건축물에 설치된 경우 소화난이도등급I에 해당**하는 경우	**자동화재탐지설비**
주유취급소	• **옥내주유취급소**	**자동화재탐지설비**
옥외탱크저장소	• 특수인화물, 1석유류, 알코올류 저장/취급하는 경우로 탱크용량이 1000만리터 이상인 것	자동화재탐지설비 자동화재속보설비
위의 자동화재탐지설비 설치대상에 해당하지 아니하는 경우 (이송취급소는 제외)	• **지정수량의 10배 이상**을 저장 또는 취급하는 경우(즉, 지정수량 10배 이상 저장, 취급하면 경보설비를 적어도 하나는 설치해야 한다. 경보설비 설치 기준 지정수량 10배로 기억한다)	자동화재탐지설비, 비상경보설비, 확성장치 또는 비상방송설비 **중 1종 이상**

(자동화재탐지설비 대상이 중요하다. 자동화재탐지설비외 다른 경보설비를 설치해도 되는 것은 같은 문제가 나온다) 이송취급소의 이송기지에는 비상벨장치 및 확성장치를 설치한다.

③ 자동화재탐지설비 설치 기준

ㄱ. 경계구역이 건축물 그 밖의 공작물의 **2 이상의 층에 걸치지 아니하도록 할 것**(단, 하나의 경계구역이 500m² 이하이고 당해 경계구역이 두 개의 층에 걸치는 경우, 계단, 경사 등인 경우는 가능)

ㄴ. 하나의 **경계구역은 600m² 이하로 하고 그 한변의 길이는 50m**(광전식분리기의 경우 100m) 이하로 할 것. 다만, 주요한 출입구에서 **그 내부의 전체를 볼 수 있는 경우 경계구역 1000m² 이하**로 가능

ㄷ. **비상전원**을 설치할 것

ㄹ. 일반점검표상 자동화재탐지설비의 구성인 감지기, 중계기, 수신기 등의 점검 내용은 변형/손상유무, 기능 적부 등이다. 점검내용 중 경계구역 일람도의 적부 항목은 오직 **수신기(통합조작반)**에만 있다(수신기 하면 경계구역 일람도의 적부로 기억한다).

3 **피난설비**(피난설비 하면 유도등으로 기억한다)

• 주유취급소 중 건축물의 **2층 이상의 부분을 점포·휴게음식점 또는 전시장**의 용도로 사용하는 것에 있어서는 당해 건축물의 2층 이상으로부터 주유취급소의 부지 밖으로 통하는 출입구와 당해 출입구로 통하는 통로·계단 및 출입구에 **유도등**을 설치한다.

• 옥내주유취급소에 있어서는 당해 사무소 등의 출입구 및 피난구와 당해 피난구로 통하는 통로·계단 및 출입구에 **유도등**을 설치한다.

6. 소화난이도 및 소방시설 적응성

1 소화난이도(위험물안전관리법 시행규칙 별표17)

1) Ⅰ 등급

제조소 등의 구분	제조소 등의 규모, 저장 또는 취급하는 위험물의 품명 및 최대수량 등
제조소 일반취급소	• **연면적 1,000m² 이상**인 것 • **지정수량의 100배 이상**인 것(고인화점위험물만을 100℃ 미만의 온도에서 취급하는 것 및 제48조의 위험물을 취급하는 것은 제외) • 지반면으로부터 6m 이상의 높이에 위험물 취급설비가 있는 것(고인화점위험물만을 100℃ 미만의 온도에서 취급하는 것은 제외) • 일반취급소로 사용되는 부분 외의 부분을 갖는 건축물에 설치된 것(내화구조로 개구부 없이 구획된 것, 고인화점위험물만을 100℃ 미만의 온도에서 취급하는 것 및 별표 16 Ⅹ의 2의 화학실험의 일반취급소는 제외)
주유취급소	• 별표 13 Ⅴ제2호에 따른 **면적의 합이 500m²를 초과**하는 것
옥내저장소	• **지정수량의 150배 이상**인 것(고인화점위험물만을 저장하는 것 및 제48조의 위험물을 저장하는 것은 제외) • 연면적 150m²를 초과하는 것(150m² 이내마다 불연재료로 개구부없이 구획된 것 및 인화성고체 외의 제2류 위험물 또는 인화점 70℃ 이상의 제4류 위험물만을 저장하는 것은 제외) • **처마높이가 6m 이상인 단층건물**의 것 • 옥내저장소로 사용되는 부분 외의 부분이 있는 건축물에 설치된 것(내화구조로 개구부없이 구획된 것 및 인화성고체 외의 제2류 위험물 또는 인화점 70℃ 이상의 제4류 위험물만을 저장하는 것은 제외)
옥외탱크저장소	• **액표면적이 40m² 이상**인 것(제6류 위험물을 저장하는 것 및 고인화점위험물만을 100℃ 미만의 온도에서 저장하는 것은 제외) • **지반면으로부터 탱크 옆판의 상단까지 높이가 6m 이상**인 것(**제6류 위험물을 저장**하는 것 및 고인화점위험물만을 100℃ 미만의 온도에서 저장하는 것은 **제외**) • 지중탱크 또는 해상탱크로서 지정수량의 100배 이상인 것(제6류 위험물을 저장하는 것 및 고인화점위험물만을 100℃ 미만의 온도에서 저장하는 것은 제외) • 고체위험물을 저장하는 것으로서 지정수량의 100배 이상인 것
옥내탱크저장소	• 액표면적이 40m² 이상인 것(제6류 위험물을 저장하는 것 및 고인화점위험물만을 100℃ 미만의 온도에서 저장하는 것은 제외) • **바닥면으로부터 탱크 옆판의 상단까지 높이가 6m 이상인 것**(**제6류 위험물을 저장**하는 것 및 고인화점위험물만을 100℃ 미만의 온도에서 저장하는 것은 **제외**) • 탱크전용실이 단층건물 외의 건축물에 있는 것으로서 인화점 38℃ 이상 70℃ 미만의 위험물을 지정수량의 5배 이상 저장하는 것(내화구조로 개구부 없이 구획된 것은 제외한다)

옥외저장소	• 덩어리 상태의 유황을 저장하는 것으로서 경계표시 내부의 면적(2 이상의 경계표시가 있는 경우에는 각 경계표시의 내부의 면적을 합한 면적)이 100m² 이상인 것 • 별표 11 III의 위험물을 저장하는 것으로서 지정수량의 100배 이상인 것
암반탱크저장소	• **액표면적이 40m² 이상**인 것(제6류 위험물을 저장하는 것 및 고인화점위험물만을 100℃ 미만의 온도에서 저장하는 것은 제외) • 고체위험물만을 저장하는 것으로서 지정수량의 100배 이상인 것
이송취급소	• 모든 대상

2) Ⅰ 등급에 설치해야 하는 소화설비

① 자세한 사항은 위 별표17에 나와있으나 기출 된 필요한 부분만 살펴본다.

② 옥내저장소의 경우 **처마높이가 6m 이상**인 단층건물 또는 다른 용도 부분이 있는 건축물의 옥내저장소: **스프링클러 또는 이동식 외의 물분무등소화설비**

※ 물분무등소화설비 종류

물분무등소화설비	물분무소화설비	
	포소화설비	
	불활성가스소화설비	
	할로겐화합물소화설비	
	분말소화설비	인산염류 등
		탄산수소염류 등
		그밖의 것

옥내저장소의 그 밖의 경우: 옥외소화전설비, 스프링클러설비, 이동식 외의 물분무등소화설비 또는 이동식 포소화설비(포소화전을 옥외에 설치하는 것에 한한다)

③ 옥외탱크저장소의 경우,

ㄱ. 지중탱크 또는 해상탱크 외의 것으로 인화점 70℃ 이상의 제4류 위험물만을 저장취급 하는 것: **물분무소화설비 또는 고정식 포소화설비,** 이동식 외 할로겐화합물 소화설비

ㄴ. 유황만을 저장, 취급하는 경우: **물분무소화설비**

④ 암반탱크저장소의 경우 인화점 70℃ 이상의 제4류 위험물만을 저장취급 하는 것: **물분무소화설비 또는 고정식 포소화설비**

3) Ⅱ 등급

제조소 등의 구분	제조소 등의 규모, 저장 또는 취급하는 위험물의 품명 및 최대수량 등
제조소 일반취급소	• **연면적 600m² 이상**인 것 • **지정수량의 10배 이상**인 것(고인화점위험물만을 100℃ 미만의 온도에서 취급하는 것 및 제48조의 위험물을 취급하는 것은 제외) • 별표 16 Ⅱ·Ⅲ·Ⅳ·Ⅴ·Ⅷ·Ⅸ·Ⅹ 또는 Ⅹ의 2의 일반취급소로서 소화난이도 등급Ⅰ의 제조소 등에 해당하지 아니하는 것(고인화점위험물만을 100℃ 미만의 온도에서 취급하는 것은 제외)
옥내저장소	• 단층건물 이외의 것 • 별표 5 Ⅱ 또는 Ⅳ 제1호의 옥내저장소 • 지정수량의 10배 이상인 것(고인화점위험물만을 저장하는 것 및 제48조의 위험물을 저장하는 것은 제외) • 연면적 150m² 초과인 것 • 별표 5 Ⅲ의 옥내저장소로서 소화난이도 등급Ⅰ의 제조소 등에 해당하지 아니하는 것
옥외탱크저장소 옥내탱크저장소	• 소화난이도등급 Ⅰ의 제조소 등 외의 것(고인화점위험물만을 100℃ 미만의 온도로 저장하는 것 및 **제6류 위험물만을 저장하는 것은 제외**)
옥외저장소	• 덩어리 상태의 유황을 저장하는 것으로서 경계표시 내부의 면적(2 이상의 경계표시가 있는 경우에는 각 경계표시의 내부의 면적을 합한 면적)이 5m² 이상 100m² 미만인 것 • 별표 11 Ⅲ의 위험물을 저장하는 것으로서 지정수량의 10배 이상 100배 미만인 것 • 지정수량의 100배 이상인 것(덩어리 상태의 유황 또는 고인화점위험물을 저장하는 것은 제외)
주유취급소	• **옥내주유취급소**로서 **소화난이도등급 Ⅰ의 제조소 등에 해당하지 아니하는 것**
판매취급소	• 제2종 판매취급소

4) Ⅱ 등급 제조소 등에 설치해야 하는 소화설비

제조소 등의 구분	소화설비
제조소 옥내저장소 옥외저장소 주유취급소 판매취급소 일반취급소	방사능력범위 내에 당해 건축물, 그 밖의 공작물 및 위험물이 포함되도록 대형수동식소화기를 설치하고, 당해 위험물의 **소요단위의 1/5 이상**에 해당되는 능력단위의 소형수동식소화기 등을 설치할 것
옥외탱크저장소 옥내탱크저장소	대형식수동소화기 및 소형수동식소화기를 **각각 1개 이상** 설치할 것

5) Ⅲ 등급

제조소 등의 구분	제조소 등의 규모, 저장 또는 취급하는 위험물의 품명 및 최대수량 등
제조소 일반취급소	• 제48조의 위험물을 취급하는 것 • 제48조의 위험물 외의 것을 취급하는 것으로서 소화난이도등급Ⅰ 또는 소화난이도등급Ⅱ의 제조소 등에 해당하지 아니하는 것
옥내저장소	• 제48조의 위험물을 취급하는 것 • 제48조의 위험물 외의 것을 취급하는 것으로서 소화난이도등급Ⅰ 또는 소화난이도등급Ⅱ의 제조소 등에 해당하지 아니하는 것
지하탱크저장소 간이탱크저장소 이동탱크저장소	• 모든 대상
옥외저장소	• 덩어리 상태의 유황을 저장하는 것으로서 경계표시 내부의 면적(2 이상의 경계 표시가 있는 경우에는 각 경계표시의 내부의 면적을 합한 면적)이 5m² 미만인 것 • 덩어리 상태의 유황 외의 것을 저장하는 것으로서 소화난이도등급Ⅰ 또는 소화 난이도 등급Ⅱ의 제조소 등에 해당하지 아니하는 것
주유취급소	• 옥내주유취급소 외의 것으로서 소화난이도등급Ⅰ의 제조소 등에 해당하지 아니하는 것
제1종 판매취급소	• 모든 대상

6) Ⅲ 등급 제조소 등에 설치해야 하는 소화설비

그밖의 제조소 등의 경우 : **소형수동식 소화기** 등(능력단위의 수치가 건축물 그 밖의 공작물 및 위험물의 소요단위의 수치에 이르도록 설치할 것. 다만, **옥내소화전설비, 옥외소화전설비, 스프링클러설비, 물분무등소화설비 또는 대형수동식소화기를 설치한 경우**에는 당해 소화설비의 방사능력범위내의 부분에 대하여는 수동식소화기등을 그 능력단위의 수치가 **당해 소요단위의 수치의 1/5이상이 되도록 하는 것 족하다**)

2 소화설비의 적응성

- 어떤 소화 설비가 어떤 화재에 대해 효과적인지에 대한 문제이다.
- **아래 표**에서 살펴보면 된다(위 시행규칙 표17에 자세한 내용이 있다). (**매우중요**하다)

소화설비의 구분			대상물 구분									
			건축물 그밖의 공작물	전기설비	제1류위험물		제2류위험물			제3류위험물		제4류위험물	제5류위험물	제6류위험물
					알칼리금속 과산화물 등	그밖의 것	철분, 마그네슘 금속분 등	인화성 고체	그밖의 것	금수성 물품	그밖의 것			
옥내/옥외소화전설비			○			○		○	○		○		○	○
스프링클러설비			○			○		○	○		○	△	○	○
물분무등소화설비		물분무소화설비	○	○		○		○	○		○	○	○	○
		포소화설비	○			○		○	○		○	○	○	○
		불활성가스소화설비		○				○				○		
		할로겐화합물소화설비		○				○				○		
	분말소화설비	인산염류 등	○	○		○		○	○			○		○
		탄산수소염류 등		○	○		○	○		○		○		
		그 밖의 것			○		○			○				
대형/소형수동식소화기		봉상수소화기	○			○		○	○		○		○	○
		무상수소화기	○	○		○		○	○		○		○	○
		봉상강화액소화기	○			○		○	○		○		○	○
		무상강화액소화기	○	○		○		○	○		○	○	○	○
		포소화기	○			○		○	○		○	○	○	○
		이산화탄소소화기		○				○				○		△
		할로겐화합물소화기		○				○				○		
	분말소화기	인산염류소화기	○	○		○		○	○			○		○
		탄산수소염류소화기		○	○		○	○		○		○		
		그 밖의 것			○		○			○				
기타		물통 또는 수조	○			○		○	○		○		○	○
		건조사			○	○	○	○	○	○	○	○	○	○
		팽창질석/팽창진주암			○	○	○	○	○	○	○	○	○	○

△는 제4류 위험물의 경우 장소의 살수기준면적에 따라 스프링클러설비의 **살수밀도**가 다음표에 정하는 기준 이상인 경우 적응성이 있음을, 6류위험물의 경우 **폭발의 위험이 없는 장소에 한하여 이산화탄소소화기**가 적응성이 있음을 각각 표시한다.

살수기준면적(m²)	방사밀도(ℓ/m²분)		비고
	인화점 38°C 미만	인화점 38°C 이상	
279 미만	16.3 이상	12.2 이상	살수기준면적은 내화구조의 벽 및 바닥으로 구획된 하나의 실의 바닥면적을 말하고, 하나의 실의 바닥면적이 465m² 이상인 경우의 살수기준면적은 465m²로 한다. 다만, 위험물의 취급을 주된 작업내용으로 하지 아니하고 소량의 위험물을 취급하는 설비 또는 부분이 넓게 분산되어 있는 경우에는 방사밀도는 8.2ℓ/m²분 이상, 살수기준 면적은 279m² 이상으로 할 수 있다.
279 이상 372 미만	15.5 이상	11.8 이상	
372 이상 465 미만	13.9 이상	9.8 이상	
465 이상	**12.2 이상**	**8.1 이상**	

제조소 등에 **전기설비**(전기배선, 조명기구 제외)가 설치된 경우 **면적 100m²**마다 소형수동소화기 1개를 설치해야 한다.

암기요령(위의 표를 함께 보면서 암기한다)

1. 소화설비의 구분와 관련해서, 크게 **설비, 소화기, 기타**로 나누어진다.
2. **설비**의 구분에서는 크게 3가지로 기억한다. (1) **물관련설비(옥내/옥외소화전, 스프링클러, 물분무소화설비, 포소화설비)**, (2) 불활성가스, 할로겐화합물 (3) **분말(인산염류, 탄산수소염류, 그 밖의 것)**을 순서대로 잘 외운다.
3. **소화기**는 (1) **물관련**에는 **수(봉상, 무상), 강화액(봉상강화액, 무상강화액), 포소화기**가 있고 (2) **이산화탄소(불활성가스의 대표), 할로겐화합물** 소화기, (3) **분말(인산염류, 탄산수소염류 그 밖의 것)**로 나누어짐을 외운다. 위의 2번과 대응하여 암기하면 된다.
4. 기타에는 **물통 수조, 건조사, 팽창질석/팽창진주암**이 있다. 건조사, 팽창질석/팽창진주암 등은 간이소화용구에 해당한다.
5. 1, 2, 3 위험물 중 **물을 쓸 수 없는** 경우 3가지(**알칼리금속과산화물 등, 철분/마그네슘/금속분 등, 금수성물품**)는 **탄산수소염류(설비, 소화기), 건조사(마른모래), 팽창질석, 팽창진주암 사용** 외에는 없다는 것을 외운다. 2류 위험물 중 **5황화린, 7황화린은 주수금지이다**(3황화린은 주수가능하다).
6. 1, 2, 3 위험물 중 **"그 밖의 것"** 3가지는 **물소화설비(4가지 : 옥내/외소화전, 스프링클러, 물분무, 포소화)**가 된다는 것 암기하고, 소화기의 경우도 **물소화기(봉상수, 무상수, 봉상강화액, 부상강화액, 포소화기)**는 다 된다.
기타(물통, 건조사, 팽창질석 등)도 다 된다. "그 밖의 것"은 1, 2, 3류 위험물은 기본적으로 동일하다. **다만, 1, 2류 경우는 인산염류 등** 소화설비만 하나 더 되고, 따라서 소화기에서도 인산염류등 소화기가 더 된다. 결론은 1, 2, 3 위험물의 경우 그 밖의 경우 모두 동일하나, 1, 2의 경우는 인산염류만 하나 더 된다.
7. **5류 위험물은 위의 3류 위험물의 "그 밖에 것"과 완전히 동일**하다.
8. **6류 위험물은 위의 1, 2류 위험물의 "그 밖에 것"과 동일하나 이산화탄소소화기의 경우 세모가 하나 더 있다.**
9. **건축물 및 공작물은 위의 1, 2류 위험물의 그 밖에 것과 건조사, 팽창질석/팽창진주암만 빼고 동일**하다.
10. **2류 위험물 인화성 고체는 그냥 다 된다**고 기억한다. **4류 위험물은 2류 인화성고체와 유사**하나 **물관련 설비의 반(옥내/외소화전은 안되고 스프링클의 경우 세모)이 다르다.** 따라서 **소화기도 반만 되고, 기타의 경우도 물통 수조는 안 된다.**
11. **전기설비는 물관련 설비에서 물분무소화설비만 되고 나머지 설비에서는 다 된다**고 암기한다. **소화기의 경우 물관련 소화기에서 무상수, 무상강화액만 되고 나머지 소화기에서는 다 된다**고 암기한다. 기타에서는 안 된다.
12. 다음으로는 이미 위에서 다 암기한 내용이지만, 가로로 보면 편리한 것 몇가지만 본다.
    - 위의 (2) 불활성가스, 할로겐화합물 소화설비는 전기설비, 인화성고체, 4류 위험물만 된다. 소화기의 경우도 동일하다. 다만 이산화탄소 소화기의 경우 6류 위험물에 대해서는 세모이다.
    - 건조사, 팽창질석/팽창진주암은 건축물 기타 공작물과 전기설비에서만 안되고 나머지는 다 된다.
13. 물을 쓸 수 있다는 점은 물과 만나도 위험하지 않다는 의미이다(**예를 들면, 5류 위험물 물과 반응 위험이 크다 라고 하면 틀린 문장이다**).

SECTION 03 위험물

1. 위험물

1 정의 및 분류

위험물이란 **인화성 또는 발화성** 등의 성질을 가지는 것으로 **대통령령**으로 정하는 물질을 말한다.

1) 분류

명칭	성상	위험성 시험
제1류 위험물	산화성 고체	산화성, 충격민감성 시험
제2류 위험물	가연성 고체(유황, 철분, 마그네슘분, 금속분, 고형알코올 등)	착화성, 인화성 시험
제3류 위험물	금수성 물질 및 자연발화성 물질	금수성, 자연발화성 시험
제4류 위험물	인화성 액체(주로 유류)	인화성
제5류 위험물	자기반응성 물질(폭발성 물질)	폭발성, 가열분해성 시험
제6류 위험물	산화성 액체	산화성 시험

① 복수성상일 때 기준
  ㄱ. 산화성 고체 및 가연성 고체의 성상을 모두 가지는 경우 : 가연성 고체
  ㄴ. 산화성 고체 및 자기반응성 물질의 성상을 모두 가지는 경우 : 자기반응성 물질
  ㄷ. 가연성 고체 및 자연발화성 물질 및 금수성물질 성상을 모두 가지는 경우 : 자연발화성 물질 및 금수성 물질
  ㄹ. 자연발화성 물질 및 금수성물질 및 인화성액체 성상을 모두 가지는 경우 : 자연발화성 물질 및 금수성물질
  ㅁ. 인화성 액체 및 자기반응성 물질의 성상을 모두 가지는 경우 : 자기반응성 물질
  [암기방법] 암기 요령은 자연발화성 및 금수성이 섞여 있으면 무조건 **자연발화성 및 금수성 물질**이고, **그 외에는 위험물 분류 상 큰 숫자**를 따라가면 된다.

2 기타 개념

① 지정수량 : 위험물의 종류별로 위험성을 고려하여 **대통령령**으로 정하는 수량을 말하며, **작을 수록 더 위험**하다는 의미이다(지정수량 이상이어야 법 규제 대상이다).
  ㄱ. 여러 물질이 있는 경우, 각 물질의 지정양을 지정수량으로 나눈 값을 합한 값이 전체 물질의 지정수량이 되고, 그 합한 **지정수량이 1이상이면 위험물안전관리법의 규제 대상이 된다**(1미만이면 시/도 조례에 따라 규제된다).

> 예 지정수량이 각 10, 50, 100kg인 세 물질 A, B, C 가, 각 5, 20, 60kg 있을 때,
> A, B, C 각 물질을 지정수량으로 나눈 값을 각 구하면 0.5, 0.4, 0.6 이고 합하면 1.5가 되고, 이 값이 세 혼합물질의 지정수량이 된다. 1이상이므로 위험물안전관리법 규제대상이다.

② 위험등급 : 위험물에 따라 정한 위험의 정도이며, Ⅰ, Ⅱ, Ⅲ 등급이 있고, **낮을수록 위험하다.**
③ 혼합저장
  ㄱ. 위험물은 서로 혼합하여 저장할 수 있는 경우가 있다(단 **지정수량의 10% 이하의 위험물은 제외**이다).
  단순히, **423, 524, 61**을 기억하자. 4류는 2류, 3류와 혼재 가능하고, 5류는 2류, 4류와 혼재 가능하며, 6류는 1류와 혼재 가능하다.

> 예 4류와 혼재 가능한 것은 2, 3, 5류가 된다. 5류와 혼재 가능한 것은 2류, 4류, 이고 1류와 혼재 가능한 것은 6류이다. 4류는 2류, 3류와 혼재 가능하나 2류와 3류는 서로 혼재 못한다.

3 위험물 종류 개관

1) 제1류 위험물

구분	품명	해당 대표 위험물	분자식	지정 수량	위험 등급
산화성 고체	**아**염소산염류	아염소산나트륨	$NaClO_2$	50Kg	Ⅰ등급
	염소산염류	염소산칼륨	$KClO_3$		
		염소산나트륨	$NaClO_3$		
	과염소산염류	**과염소산칼륨**	$KClO_4$		
		과염소산나트륨	$NaClO_4$		
	무기과산화물	과산화칼륨	K_2O_2		
		과산화나트륨	Na_2O_2		
		과산화칼슘	CaO_2		
		과산화마그네슘	MgO_2		
	요오드삼염류(아이오딘산염류)	요도드산칼륨	KIO_3	300kg	Ⅱ등급
	브롬산염류(브로민산염류)	브롬산암모늄	NH_4BrO_3		
	질산염류	질산칼륨	KNO_3		
		질산나트륨	$NaNO_3$		
		질산암모늄	NH_4NO_3		
	과망간산염류(과망가니즈산염류)	과망간산칼륨	$KMnO_4$	1000kg	Ⅲ등급
	중크롬산염류(다이크로뮴산염류)	**중크롬산칼륨**	$K_2Cr_2O_7$		

구분		품명	해당 대표 위험물	분자식	지정 수량	위험 등급
산화성 고체	그 밖에 행안부령으로 정하는 것	차아염소산염류			50kg	I등급
		과요오드산염류(과아이오딘산염류)			300kg	II등급
		과요오드산(과아이오딘산)				
		크롬, 납, 요오드산화물(아이오딘산산화물)	무수크롬산			
		아질산염류				
		염소화이소시아눌산				
		퍼옥소붕산염류				
		퍼옥소이황산염류				

암기 방법

- <u>오(50)염과 무아 / 삼(300)질 요브 / 천(1000)과 중</u> (스님이 오염됨과 무아에 이르렀다가 / 삼질하는 요부를 만났다가 / 결국 하늘과 중(스님) 만 남았다는 스토리로 암기)
- **행안부령으로**

정하는 것도 별도로 암기한다 지정수량은 두 단계로 나뉘고, 지정수량은 50, 300kg이다. 5차 / 3퍼 퍼크과 아염과

- 분자식도 암기한다. 특별한 것 몇 개를 제외하고는 계속 반복된다. "아"는 기준보다 부족하다는 뜻이고, "과"는 기준보다 많다는 뜻이다.
  - 예) 염소산(ClO_3)염류를 기준으로 했을 때, 아염소산은 산소가 하나 부족하고(ClO_2), 과염소산은 산소가 하나 더 많다(ClO_4).
- / 를 기준으로 위험물 등급이 달라지는 것으로 암기하면 된다.
- 각 두문자의 아래에는 어떠한 물질이 있는지 암기해야 한다(분자식도 암기해야 한다. 염소산(ClO_3). 과산화(O_2), 질산(NO_3) 등이 뒤에 붙는 것을 이해하면 어렵지 않게 암기할 수 있다)
- 해당대표위험물은 대표 위험물이다. 그 외에도 있다는 뜻이다.
- 위의 해당위험물은 암기하되 표에 없더라도 **같은 이름으로 시작하면 거기에 해당한다.**
  - 예) 브롬산나트륨($NaBrO_3$)은 위에 표에 없지만 브롬산($-BrO_3$)형태이므로 브롬산염류이다, 요오드산나트륨도 요오드산염류이다.

2) 제2류 위험물

품명		해당 대표 위험물	분자식	지정 수량	위험 등급
가연성 고체	**황**화린(황화인)	삼황화린	P_4S_3	100kg	II
		오황화린	P_2S_5		
		칠황화린	P_4S_7		
	적린	적린	P		
	유황(황)	유황	S		
	철분	철분	Fe	500kg	III
	마그네슘	마그네슘	Mg		
	금속분	알루미늄분	Al		
		아연분	Zn		
	인화성고체	고형알코올		1000kg	

① 제1류 위험물 표와 마찬가지로 잘 암기해야 한다. 암기 요령은 동일하다.

② **백유황적 / 오철금마 천인** (백유황 장군이 적을 물리치기 위해 5섯 마리의 철금말(마)과 천명의 사람(인)을 준비하는 이야기로 기억한다)

③ "인화성고체"라 함은 고형알코올 그 밖에 1기압에서 **인화점이 섭씨 40도 미만인 고체**를 말한다.

④ 위험물등급은 II, III등급 밖에 없다.

3) 제3류 위험물

구분	품명	해당 대표 위험물	분자식	지정 수량	위험 등급
자연발화성 물질 및 금수성 물질	**알**킬알루미늄	트리에틸알루미늄	$(C_2H_5)_3Al$	10kg	I
		트리메틸알루미늄	$(CH_3)_3Al$		
	알킬리튬	메틸리튬	CH_3Li		
	칼륨	칼륨	K		
	나트륨	나트륨	Na		
	황린	황린	P_4	20kg	
	알칼리금속 (칼륨 및 나트륨을 제외함)	리튬	Li	50kg	II
		루비듐	Rb		
		세슘	Cs		
	알칼리토금속	베릴륨	Be		
		칼슘	Ca		
		바륨	Ba		
	유기금속화합물 (알킬알루미늄, 알킬리튬 제외)				
자연발화성 물질 및 금수성 물질	**금**속의 수소화합물	수소화리튬	LiH	300kg	III
		수소화나트륨	NaH		
		수소화칼슘	CaH_2		
	금속의 인화물	인화 칼슘	Ca_3P_2		
	칼슘 또는 알루미늄의 **탄**화물	탄화칼슘	CaC_2		
		탄화알루미늄	Al_4C_3		
	그 밖의 물질	염소화**규**소화합물			

⑤ 표를 잘 외워야 한다.

⑥ 금속이라 하면 앞의 주기율표에서 어떤 것이 있는지 대충은 떠올려야 한다.

> **예** 금속의 인화물은 인화칼슘이 있지만 인화알루미늄 등이 나오면 알루미늄도 금속이고 이것의 인화물인 점을 기억하면 들어보지 못한 물질이라도 주소를 찾아갈 수 있다.

⑦ 앞의 1류, 2류위험물의 경우 산화성 고체, 가연성 고체로 되어 있다. 하지만 3류는 자연발화성 및 금수성 물질, 즉 물질로 되어 있다. 따라서 액체 일수도 고체일수도 있다.

암기방법 **십알 칼알나 이황 / 오알알유 / 삼금금탄규** (나쁜 칼알나가 이황 선생을 오알알유, 삼금금탄규 하며 놀린다)

4) 제4류 위험물

구분	품명	해당 대표 위험물	분자식	지정 수량	위험 등급	수용성
인화성 액체	특수인화물	이황화탄소	CS_2	50L	I등급	X
		디에틸에테르	$C_2H_5OC_2H_5$			
		아세트알데히드	CH_3CHO			O
		산화프로필렌	CH_3CH_2CHO			
	제1석유류	휘발유		200L	II등급	X
		벤젠	C_6H_6			
		톨루엔	$C_6H_5CH_3$			
		메틸에틸케톤	$CH_3COC_2H_5$			
		에틸벤젠				
		시안화수소	HCN	400L		O
		피리딘	C_5H_5N			
		아세톤	CH_3COCH_3			
	알코올류	메틸알코올	CH_3OH	400L		O
		에틸알코올	C_2H_5OH			
	제2석유류	등유		1000L	III등급	X
		경유				
		스티렌				
		클로로벤젠	C_6H_5Cl			
		크실렌				
		의산(포름산)	HCOOH	2000L		O
		초산(아세트산)	CH_3COOH			
		히드라진	N_2H_4			
	제3석유류	중유		2000L		X
		클레오소트유				
		아닐린	$C_6H_5NH_2$			
		니트로벤젠	$C_6H_5NO_2$			
		에틸렌글리콜	$C_2H_4(OH)_2$	4000L		O
		글리세린	$C_3H_5(OH)_3$			
	제4석유류	윤활유(기계유, 기어유, 실린더유)		6000L		

구분	품명		해당 대표 위험물	분자식	지정 수량	위험 등급	수용성
인화성 액체	동식물유	건성유 (요오드값 130 이상)	해바라기기름		10000L	III등급	
			동유				
			아마인유				
			들기름				
			정어리기름				
			대구유				
			상어유				
		반건성유 (요오드값 100~130)	채종유				
			참기름				
			콩기름				
			옥수수기름				
			쌀겨기름				
			면실유				
			청어유				
		불건성유 (요오드값 100 이하)	소기름				
			돼지기름				
			고래기름				
			올리브유				
			야자유				
			피마자유				
			땅콩기름(낙화생유)				

① 표가 크고 복잡하니 나누어서 암기해야 한다.

   ㄱ. 먼저 위험 등급은 **특 / 1,알 / 2,3,4,동** 순서대로 1, 2, 3등급이다.

   ㄴ. 특수인화물은 특 **오(50L) 이디 / 아산**으로 기억한다. "/"을 기준으로 비수용성/수용성 구분된다.

   ㄷ. 1석유류는 일 **이(200L)휘벤에메톨 / 사(400L)시아피포(포름산메틸**, $HCOOCH_3$)

   ㄹ. 알코올류는 **사(400L)알에메** 로 기억한다.

   ㅁ. 2석유류는 이 **일(1000L)등경 크스클**벤(**벤즈알데히드**, C_7H_6O) **/ 이(2000L)아히포**

   ㅂ. 3석유류는 삼 **이(2000L)중아니클 / 사(4000L)글글**

   ㅅ. 4석유류는 사 **육(6000L)윤기실**

   ㅇ. 동식물유는 **모두 지정수량이 10000L이다.**

   [암기방법] 암기는 **정상 동해 대아들, 참쌀면 청옥 채콩, 소돼재고래 피 올야땅**(동해바다에 사는 정상적인 큰(대) 아들이 청옥수수, 채콩으로 참쌀면을 만들고, 소돼지고래 피를 올야땅에 뿌린다로 연상한다)

② 분자식은 쉬운 것부터 외울 것, 특수인화물, 벤젠은 반드시 외우고, 벤젠 C₆H₆에서 H가 하나 빠지고 다른 것이 붙은 형태인 것이 톨루엔, 아닐린이며 기타 이름에 벤젠이 들어가 있는 것들도 함께 외운다. *(표를 크게 그리고 빈칸을 채워가는 식으로 외운다. 반복해서 하면 암기가 가능하다)*

③ 제4류 위험물의 분류 기준을 알아야 한다(1기압에서).

ㄱ. 특수인화물 : **발화점 100℃ 이하 또는(or) 인화점이 -20℃ 이고(and) 비점 40℃ 이하**인 것

ㄴ. 제1석유류 : **인화점이 21℃ 미만인 것**

ㄷ. 제2석유류 : **인화점이 21℃ 이상 70℃ 미만인 것**

ㄹ. 제3석유류 : **인화점이 70℃ 이상 200℃ 미만인 것**

ㅁ. 제4석유류 : **인화점이 200℃ 이상 250℃ 미만인 것**

ㅂ. 알코올류 : 알코올류 하나의 분자를 이루는 탄소 원자수가 1에서 3개까지인 포화 1가 알코올류가 위험물에 해당함

ㅅ. 동식물류 : 동물, 식물에서 추출한 것으로 인화점이 **250℃ 미만인 것**

5) 제5류 위험물

구분	품명	해당 대표 위험물	분자식	지정 수량	위험 등급
자기 반응성 물질	**유**기과산화물	과산화벤조일(벤조일퍼옥사이드)	(C₆H₅CO)₂O₂	10kg	지정 수량 10kg : I 등급 나머지 : II 등급
		메틸에틸케톤퍼옥사이드			
	질산에스테르류	**질산메틸**	**CH₃ONO₂**		
		질산에틸	C₂H₅ONO₂		
		니트로글리콜			
		니트로글리세린	C₃H₅(ONO₂)₃		
		니트로셀룰로오스(질산섬유소)			
		셀룰로이드			
	히드록실아민(하이드록실아민)		NH₂OH	100kg	
	히드록실아민염류 (하이드록실아민염류)				
	니트로화합물 (나이트로화합물)	트리니트로톨루엔(TNT)	C₆H₂(NO₂)₃CH₃	200kg	
		트리니트로페놀(피크린산, TNP)	**C₆H₂(NO₂)₃OH**		
		테트릴			
		디니트로벤젠			
	니트로소화합물 (나이트로소화합물)				
	디아조화합물 (다이아조화합물)				

구분	품명	해당 대표 위험물	분자식	지정 수량	위험 등급
자기 반응성 물질	**히**드라진유도체 (하이드라진유도체)			200kg	지정 수량 10kg :I 등급 나머지 :II 등급
	아조화합물				
	그 외(**질**산구아니딘)				

> **암기방법** 암기는 <u>**십유질 백히히 이백니니 아히디질**</u>

① 질산에스테르류의 경우, 질산에틸/메틸, 니트로로 시작하는 물질이 많다.
　ㄱ. 니트로로 시작하는 물질은 니트로**글리**콜, 니트로글리**세**린, 니트로**셀룰**로오스, **셀룰로이드** 순차로 **글리, 글리세, 셀룰, 셀룰로이드 겹치는 글자를 연상**하여 암기한다.
　ㄴ. **니트로로 시작하는 물질이라고 니트로화합물이 아니다.**
② 니트로화합물은 트리니트로톨루엔, 트리니트로페놀이 중요하며 괄호안 다른 이름도 암기해야 한다.
③ 위험등급은 I, II 등급 두단계로 나뉜다.
④ 5류는 자기반응성 물질, 즉 물질이다. 따라서 고체도 있고 액체도 있어서 구분해서 기억해야 한다(**유기과산화물은 과산화벤조일은 고체, 메틸에틸케톤퍼옥사이드는 액체, 질산에스테르류는 니트로셀룰로오스와 셀룰로오스는 고체, 나머지는 액체, 니트로화합물은 고체이다).**

6) 제6류 위험물

구분	품명	해당 대표 위험물	분자식	지정 수량	위험 등급
산화성액체	과염소산	과염소산	$HClO_4$	300kg	I
	과산화수소	과산화수소	H_2O_2		
	질산	질산	HNO_3		
	그 밖(할로젠간화합물)				

> **암기방법** 암기는 <u>**삼 질할과염산**</u>

① 지정수량은 모두 300kg
② 위험등급도 모두 I등급
③ 위험물의 기준이 중요하다.
　ㄱ. 질산의 경우 **비중이 1.49 이상**인 것만 위험물이다.
　ㄴ. 과산화수소의 경우 **농도 36중량퍼센트 이상**인 것만 위험물이다.

7) 위험물의 특성 비교

위험물	성질	위험성	저장/취급	소화방법
1류 (산화성 고체)	• 무색 또는 백색 고체(결정 또는 분말) • 불연성, 조연성(연소를 도움), 강산화제(다른 물질을 산화시킴), 조해성(스스로 녹는 성질) • 비중이 1보다 큼(물보다 무겁다) • 분해 시 산소발생(물질이 산소를 포함하고 있음)	• 가연물과 접촉하면 폭발/연소 • 알칼리금속과산화물은 물 접촉 금지(산소발생) • 충격, 마찰, 가열하면 위험 • 강산물질과 접촉하면 안 됨	• 가연물과 접촉을 피함 • 밀봉하여 통풍 잘 되는 곳에 보관	• 무기과산화물은 주수금지 • 그 외는 주수(물관련 소화설비, 소화기)
2류 (가연성 고체)	• 무기화합물 • 물에 녹지 않음 • 강환원성(다른 물질을 환원시킴. 즉, 스스로는 산소와 결합해 산화되므로 산소를 가진 1류와 만나면 위험하다.) • 연소속도 빠름 • 대부분 비중이 1보다 큼 • 산소와 결합이 잘됨	• 산화성물질과 접촉금지 • 충격, 마찰, 가열하면 위험 • 철분, 마그네슘, 금속분은 물, 산, 습기 등과 접촉시 발열, 폭발(수소발생) • 분진폭발위험(철분, 금속분)	• 산화성 물질과 멀리 • 가열, 화기 등과 멀리 • 철분, 마그네슘, 금속분은 물과 멀리	• 철분, 마그네슘, 금속분은 주수소화 금지 • 그 외에는 물관련 소화설비 등(주수소화/냉각소화)
3류 (금수성, 자연 발화성 물질)	• 주로 고체(무기물)(알킬알루미늄, 알킬리튬은 액체) • 자연발화성(온도 상승 시 스스로 발화) • 금수성 물질로 물과 반응 시 열을 내고 가연성 가스를 방출(황린은 제외) • 대부분 비중이 1보다 크나 칼륨, 나트륨, 알킬알루미늄, 알킬리튬은 작다.	• 물과 반응하면 위험(가연성 가스 발생) • 자연발화 가능(물, 수분 접촉시) • 산화제 접촉 시 폭발 가능	• 완전 밀봉하여 공기, 물과 접촉 차단 • 알칼리금속은 석유(등유, 석유), 파라핀 속에 보관(나트륨, 칼륨 등) • 산화성 물질과 멀리	• 물관련 소화, 주수소화 금지 • 금수성물질이 아닌 황린만 주수소화 가능

위험물	성질	위험성	저장/취급	소화방법
4류 (인화성 액체)	• 대부분 유기화합물(탄소, 수소포함) • **인화잘되고 가연성** • **비중이 1보다 작다**(물에 뜬다). (예외 **이황화탄소, 2석유류중, 클로로벤젠, 아, 히, 포, 3석유류(중유제외))** • **증기비중은 1보다 크다**(증기는 공기보다 낮은 곳에 머문다.). • **부도체**이다(전기가 안 통하므로 전기가 흐르지 못하는 정전기가 발생하고 **정전기에 의해 인화 가능**). • 4류 위험물 연소는 **증발연소(증기가 가연성)**	• 정전기에 축적 시 위험 • 증기는 공기 중에서 인화 위험 있음	• 화기 등 점화원으로부터 멀리 • 증기 등이 누설되지 않도록 주의 • **정전기 방지 조치** 필요 • **완전 밀전**하여 **통풍 잘 되는 냉암소**에 보관	• **주수소화 금지** (비중이 1보다 작은 물질이 많아 물을 뿌리면 화재가 확대된다)
5류 (자기 반응성 물질)	• **가연성의 유기화합물** • 자기반응성, 자연발화성 • 스스로 **가연물 및 산소를 가지고 있으므로** 자기연소 가능(외부 산소공급 불요) • 대부분 **물에 잘 안 녹으며 습윤 시 안정** • **비중이 1보다 크다.**	• **스스로 연소 가능**하고, **연소속도가 빠름** • 분해하면 산소 발생 • **강산화제, 강산류와 접촉 시 위험** • 충격 마찰 위험	• 충격, 마찰, 가열 피함 • 화재 시 소화 어려우므로 **소분하여 보관** • 용기 파손 등 주의 • 산화제, 환원제 모두 멀리 해야함	• 주수소화 가능
6류 (산화성 액체)	• 무기화합물 • **물에 잘 녹음** • **불연성, 조연성, 강산화제** • 산소를 가지고 있어 분해 시 **산소 발생** • **비중이 1보다 크다.**	• 증기는 유독 • **물과 접촉하면 발열(과산화수소는 제외)** • **가연물**, 환원제와 접촉 피해야 함 • 충격에 의해 크게 위험하지 않다.	• 화기, 직사광선, **가연물, 유기물, 물, 환원제 등과 접촉 금지** • 보관 용기는 내산성으로 한다.	• 주수소화 가능

① 성질, 위험성, 저장방법은 서로 연관되어 있으므로 연관하여 기억하고, 위 표에서 저장방법에 없는 내용일지라도 위험성에 관련 내용이 있으면 그 위험을 피해서 저장해야 한다는 것을 이해해야 한다.
② 소화 방법은 소화설비의 적응성을 완전히 암기하면 어려움이 없이 이해할 수 있을 것이다. 소화설비 적응성이 더 자세히 설명되어 있다.
③ 산화제는 자신은 환원되고 다른 물질을 산화시키며, 환원제는 자신은 산화되고 다른 물질을 환원시키는 물질이다.
④ 산화는 산소를 얻는 현상(혹은 수소/전자를 잃는 현상)이고, 환원은 산소를 잃는 현상(혹은 수소/전자를 얻는 현상)이다. 즉 산화제는 다른 물질에 산소를 얻게 하고 자신은 산소를 잃게 된다.
⑤ 통상 무기물은 C, H를 포함하지 않고, 유기물은 C, H를 포함한다.

4 각각의 위험물

위의 각 위험물의 성질을 비교해서 완벽히 기억하고 아래 각론에서 추가로 기억하면 된다.

1) 제1류 위험물

① 아염소산염류(□ClO_2 형태)

ㄱ. 아염소산나트륨
- 무색의 결정 분말
- 분자식은 $NaClO_2$(뒤에 ClO_3이 붙으면 염소산OO이 되고, ClO_4가 붙으면 과염소산OO이 된다)
- 산성물질과 접속하면 안 된다(반응 시 **이산화염소(ClO_2)**를 발생시킨다).
- **고열로 가열하면 산소를 방출하며 분해한다.**

ㄴ. 아염소산칼륨
- 백색의 결정 분말

② 염소산염류(□ClO_3 형태)

ㄱ. **염소산칼륨**
- 무색, 무취의 분말
- 다량의 산소를 가지므로 **폭약의 원료**로 사용된다.
- **강산화제**로 가연성 물질과 가까이 하면 위험하다.
- 온수, 글리세린에 녹고, **냉수, 알코올에 잘 안 녹는다.**
- **열분해하면 산소를 발생시킨다(완전열분해 시 산소와 염화칼륨이 나온다).**

ㄴ. 염소산나트륨($NaClO_3$)
- **무색, 무취의 결정**
- **물**, 알코올, 에테르에 잘 녹는다.
- **조해성**이 있다(따라서 저장용기는 밀전한다).
- 산과 반응시 유독가스인 **이산화염소(ClO_2)**를 발생시키고 폭발할 수 있다.
- 분해되면 산소발생시킨다.
- **철제를 부식시키므로 철제용기에 보관하지 않고 유리에 보관한다.**

③ 과염소산염류(□ClO_4 형태)

ㄱ. 과염소산칼륨(**$KClO_4$**)
- **백색, 무취의 결정**
- **물**, 알코올, 에테르에 잘 녹지 않는다.
- **분해 시 산소발생한다.**

ㄴ. 과염소산나트륨($NaClO_4$)
- **무색, 무취 결정**
- **물**, 알코올, 아세톤에 녹고 에테르에 잘 녹지 않는다.

- 분해 시 산소발생
- **조해성 있다.**
- 화약제조, **로켓추진체** 등의 용도로 사용된다.

ㄷ. 과염소산암모늄(NH₄ClO₄)
- **무색, 무취 결정**
- **물**, 알코올, 아세톤에 녹고 에테르에 녹지 않는다.
- 분해 시 **산소발생**

④ 무기과산화물(알칼리금속무기과산화물(□₂O₂ 형태)와 그 외의 무기과산화물(□O₂ 형태))
- **과산화수소(H_2O_2)에 수소가 금속으로 치환**된 형태이다.
- **물과 반응하여 산소 발생시키고 발열한다.**

ㄱ. 과산화칼륨(K_2O_2, 알칼리금속과산화물)
- **물, 이산화탄소** 등과 반응하면 **산소**발생시킨다.
- **산과 반응하여 과산화수소** 발생시킨다.
- **분해 시 산소 발생시킨다.**

ㄴ. 과산화나트륨(Na_2O_2 알칼리금속과산화물)
- **순수한 것은 백색이나 보통 황색**의 분말이다.
- **물, 이산화탄소** 등과 반응하면 **산소**발생시킨다.

  $2Na_2O_2 + 2H_2O \rightarrow 4NaOH + O_2$

- **산**과 반응하여 **과산화수소** 발생시킨다.
- 알코올에 잘 녹지 않는다.
- **가열분해시 산소** 발생시킨다.
- CO, CO_2 제거제 제조 때 사용된다.

ㄷ. 과산화바륨(BaO_2)
- 알칼리토금속화합물로 안정한 물질이다.
- 테르밋의 점화용도로 사용된다.

ㄹ. 과산화마그네슘(MgO_2)
- **표백제, 살균제**로 쓰인다.
- **산**과 반응하여 **과산화수소** 발생시킨다.

⑤ 요오드산염류

ㄱ. 요오드산칼륨(KIO_3)
- 무색의 결정 분말
- 물에 녹는다.

⑥ 브롬산염류

ㄱ. 브롬산칼륨($KBrO_3$)
- 물에 녹고, 알코올에 안 녹는다.

⑦ 질산염류 (□NO₃ 형태)

주로, 무색 또는 백색 결정이다. 물에 잘녹고 조해성 있다.

ㄱ. 질산칼륨(KNO₃)
- 무취, **무색 또는 흰색결정**이다.
- <u>흑색화약</u>의 원료이다(흑색화약은 **KNO₃, 유황(S), 숯(목탄, C)**으로 만든다).
- **물, 글리세린에 녹고, <u>알코올 에테르에 녹지 않는다.</u>**
- 조해성있다.
- **가열분해 시 산소를 방출한다.**

ㄴ. 질산나트륨(NaNO₃)
- **무색, 무취의 결정**이다.
- 물에 잘 녹는다.
- **조해성있고 흡습성이 강하다(습기**에 유의한다).
- **열분해 시 산소를 발생시킨다.**

ㄷ. 질산암모늄(NH₄NO₃)
- **무색의 결정**으로 물에 녹으면 열을 흡수해 물의 온도를 낮춘다(**흡열반응** 물질이다).
- **가열분해하여 폭발하면 물, 산소, 질소를 방출시킨다.**

⑧ 과망간산염류(□MnO₄ 가진 형태)

ㄱ. 과망간산칼륨(KMnO₄)
- 물에 녹는 진한 **보라색(흑자색)** 결정이다.
- **진한 황산, 유기물 등**과 만나면 폭발적으로 반응한다.
- <u>금속 또는 유리</u> 용기 사용하여 저장한다.
- 강한살균력 가진다.

ㄴ. 과망간산나트륨
- 적자색의 결정이다.

⑨ 중크롬산염류

ㄱ. 중크롬산칼륨(K₂Cr₂O₇, 다이크로뮴산칼륨)
- <u>**쓴 맛**</u>을 가진다.
- <u>의약품</u>으로 사용된다.
- 알코올에 안 녹는다.

2) 제2류 위험물

① 위험물 기준
- 유황 : 순도 60중량퍼센트 이상이어야 한다.
- **철분 : 철의 분말로서 53마이크로미터 표준체를 통과한 것이 50중량퍼센트 이상이어야 한다.**
- 마그네슘 : 직경 2밀리미터 이상 막대모양은 제외하고, 2밀리미터 체를 통과하지 않는 것은 제외한다.
  즉 **직경 2밀리미터 미만**의 미세 마그네슘만 위험물이다.
- 금속분 : 구리, 니켈은 제외하고, **150마이크로미터 표준체를 통과한 것이 50중량퍼센트 이상**이어야 한다.

② 황화린
- 연소(연소는 산소반응이 당연히 동반된다.)되면 이산화황(SO_2) 발생시킨다.
- **삼황화린은 조해성이 없으나, 오황화린, 칠황화린은 조해성이 있음**
- 황화린이 분해되면 황화수소가 발생한다(오황화린, 칠황화린).

ㄱ. 삼황화린(P_4S_3)
- **황색의 결정**이다.
- **이황화탄소**에 녹는다.
- 연소되면 이산화황과 오산화인(P_2O_5)이 만들어진다.
- 물과 반응하지 않으므로 주수소화 가능

ㄴ. 오황화린(P_2S_5)
- 담황색 결정이다.
- 알코올, **이황화탄소**에 녹는다.
- 연소되면 **이산화황과 오산화인(P_2O_5)**이 만들어진다.
- **물과 반응하여 인산(H_3PO_4)과 황화수소(H_2S, 기체)를 발생시킨다.
  황화수소**는 연소하면 **물과 이산화황**이 만들어지며, **썩은 달걀 냄새가 나며 가연성이며 독성이 있다.**

ㄷ. 칠황화린(P_4S_7)
- **담황색 결정**이다.
- 이황화탄소에 약간 녹는다.
- **물과 반응하면 인산(H_3PO_4), 아인산(H_3PO_3), 황화수소**를 발생시킨다.

③ 유황(S)

ㄱ. 황색의 고체 분말이고 발화점(착화점)은 232.2℃이다.

ㄴ. **물에 녹지 않는다.** 이황화탄소(CS_2)에 녹지 않으나 **단사황, 사방황(동소체)**은 녹는다.

ㄷ. 공기 중에서 **증발연소(가연성 증기**가 발생하여 연소)하며, 푸른빛을 내며 **독성물질**인 **이산화황**을 발생시킨다 (가연성(환원성) 증기이다. 산화성 증기 아니다).

$$S + O_2 \rightarrow SO_2$$

따라서 **물속에 저장하여 가연성 증기 발생을 억제**해야 한다(덩어리 상태이면 옥내저장소에 저장가능함).

ㄹ. **전기부도체**로 전기절연체로 쓰인다, 따라서 **정전기 발생 위험** 높다(정전기 축적 방지 필요).

ㅁ. **분진폭발**의 위험이 있다.

ㅂ. 높은 온도에서 **탄소와 반응하여 이황화탄소** 발생시킨다.

④ 적린(P)

ㄱ. **암적색** 고체 분말이다.

ㄴ. 황린과 동소체(같은 원자를 가진 물질)이다.

ㄷ. **발화점 260℃**인 물질이고, **비교적 안정**하다.

ㄹ. 연소하면 **백색의 오산화인**이 발생한다(황린도 동일).

ㅁ. 3류 위험물인 **황린(P_4)과 특성이 자주 비교**된다.

ㅂ. **황린을 260℃로 가열**하면 적린이 된다.

ㅅ. **황린**은 적린보다 **불안정하고 화학적 활성이 크다.**

ㅇ. 황린은 독성이 있으나, 적린은 없다.

ㅈ. 이황화탄소(CS_2)에 **적린은 녹지 않고, 황린은 녹는다.**

ㅊ. **둘다 물에 녹지 않는다.**

⑤ 철분(Fe)

물과 반응하며 수소를 발생시키며 폭발한다. **주수소화 금지**

⑥ 마그네슘(Mg)

ㄱ. 알칼리토금속이다.

ㄴ. **물, 강산과 반응하여 수소** 발생시키며 폭발한다. **주수소화 금지**

ㄷ. 연소 시 **산화마그네슘**(MgO)을 생성한다.

ㄹ. 이산화탄소와 반응하여 **일산화탄소를 발생시킨다**(따라서 이산화탄소소화기 사용금지, 불이 안 꺼진다).

⑦ 금속분

물과 반응하므로 **주수소화 금지**

ㄱ. 알루미늄분(Al)

- 은백색 경금속이다.
- 공기 중에서 산소와 반응, 연소하며 **산화알루미늄(Al_2O_3)**이 형성되어 막을 만든다.
- **물, 산, 알칼리 등과 반응하며 수소**를 생성시킨다(**묽은 질산에 녹는다**).

ㄴ. 아연분(Zn)

- 은백색 고체분말이다.
- **물, 산, 알칼리와 반응하여 수소**를 발생시킨다, 주수소화금지
- **유리병**에 넣어 건조한 곳에 저장

⑧ 인화성 고체

ㄱ. 상온에서 고체로, **1기압에서 인화점이 40℃ 미만**인 고체를 말한다.

ㄴ. 대표적으로 **고형알코올**이 있다.

3) 제3류 위험물

① 자연발화성, 금수성 물질로 물과 반응하면 가연성 가스를 발생시킨다. 물과 반응 시 가연성 가스를 살펴본다.

ㄱ. **트리에틸알루미늄은 에탄(C_2H_6)**

ㄴ. 트리메틸알루미늄은 메탄(CH_4)

ㄷ. 메틸리튬은 메탄

ㄹ. **황린은 물과 수산화칼륨을 만나면 포스핀(PH_3)(황린은 물과는 원칙적으로 반응하지 않는다)**

ㅁ. **인화칼슘은 포스핀**

ㅂ. 인화알루미늄은 **포스핀**

ㅅ. **탄화칼슘, 탄화리튬, 탄화마그네슘은 아세틸렌(C_2H_2)**

ㅇ. **탄화알루미늄은 메탄**

ㅈ. **탄화망간은 수소와 메탄**

ㅊ. **그 외는 수소**

② 알킬알루미늄(□$_3$Al 형태, 알킬기(C_nH_{2n+1})를 가진다)

탄소수가 1~4까지는 공기와 접촉 시 자연발화의 위험이 있다. 그 5개 이상은 그렇지 않다.

ㄱ. 트리에틸알루미늄((C_2H_5)$_3$Al), 트리메틸알루미늄((CH_3)$_3$Al)

- **무색, 투명한 액체이다.**
- **물, 산, 알코올과 강하게 반응**한다(물, 에탄올과 반응 시 에탄(메탄) 발생).
- **완전 밀봉**하여 보관하며, 용기 윗부분은 **불연성가스(질소, 아르곤, 이산화탄소** 등)을 봉입하여 준다.
- **벤젠, 헥산, 톨루엔 등의 희석제**를 함께 투입한다.

③ 알킬리튬

ㄱ. **주로 가연성의 액체(메틸리튬은 무색의 분말)**

    ☞ tip 3류는 주로 고체, 알킬리튬은 주로 액체, 그러나 그 중에 메틸리튬은 고체

ㄴ. **이산화탄소와 강하게 반응**함

ㄷ. 메틸리튬(CH_3Li 물과 반응하여 **메탄**과 **수산화리튬**을 발생시킨다), 부틸리튬(C_4H_9Li, **가연성 액체**, 휘발성 높음) 등이 있다.

④ 칼륨(K)

ㄱ. **은백색의 광택이 나는 무른 금속으로 물보다 가볍다.**

ㄴ. 불에 타면 **보라색 불꽃**이다.

ㄷ. **물, 알코올**과 강하게 반응하여 **수소를 발생**시킨다.

ㄹ. 물, 공기 중 수분과 접촉을 막기 위해 **석유(등유, 경유), 파라핀** 속에 보관한다.

ㅁ. 물과 반응하면 **수산화칼륨(KOH)과 수소**가 발생된다(수산화칼륨은 가연성가스는 아니다).

ㅂ. 가급적 소량으로 저장한다.

ㅅ. **에틸알코올과 반응하면 칼륨에틸라이드**와 **수소**가 발생한다.

    $2K + 2C_2H_5OH \rightarrow 2C_2H_5OK + H_2$

ㅇ. **이산화탄소**와 반응하면 탄산칼륨과 **탄소**가 나온다.

ㅈ. **연소하면 산화칼륨(K₂O)**이 나온다.
⑤ 나트륨(Na)
  ㄱ. **은백색 광택이 나는 무른 금속**으로 물보다 비중이 작다.
  ㄴ. 불에 타면 **노란색 불꽃**이다.
  ㄷ. **물, 알코올**과 강하게 반응하여 **수소를 발생**시킨다.
  ㄹ. 물, 공기 중 수분과 접촉을 막기 위해 **석유(등유, 경유), 파라핀** 속에 보관한다.
  ㅁ. 물과 반응하면 수산화나트륨(NaOH)과 수소가 나온다.
  ㅂ. **가급적 소량**으로 저장한다.
  ㅅ. 칼륨과 유사하게 에틸알코올과 반응하면 나트륨에틸라이드가 나오고 이산화탄소와 반응하면 탄소가 나온다.
⑥ 황린(P₄, "백린"이라고도 한다.)
  ㄱ. **담황색 또는 백색의 고체로 마늘냄새**가 난다(독성물질).
  ㄴ. **물에 녹지 않고, 반응도 없다.** 따라서 **물속(보호액 pH9)에 저장**한다.
  ㄷ. 이황화탄소, 벤젠, 알코올에 녹는다.
  ㄹ. 화학적 활성이 커서 **불안정하여 자연발화(착화온도가 가장 낮은 편)**할 수 있다(적린보다 불안정).
  ㅁ. **가연성 물질로 산화제와의 접촉을 피해야 한다.**
  ㅂ. 연소하면 **오산화인(P₂O₅)**을 발생시키며 **백색의 연기**이다.
  ㅅ. 공기 중에 **산화되어 오산화인**을 만들기도 한다.
  ㅇ. 물, 수산화칼륨(KOH)를 만나면 **유독성 가스인 포스핀(PH₃)**를 발생시킨다.
⑦ 알칼리금속(칼륨, 나트륨 제외)
  ㄱ. 리튬(Li), 루비듐(Rb)
    • 은백색 광택의 연한 고체이다.
⑧ 알칼리토금속
  ㄱ. 칼슘(Ca), 베릴륨(Be)
    • 칼슘은 물과 반응하면 수산화칼슘과 수소가 발생한다.
⑨ 유기금속화합물(알킬알루미늄, 알킬리튬 제외)
⑩ 금속의 수소화물

물과 반응하면 발열하며 수산화물질과 수소를 발생시킨다.

> 예 수소화리튬은 수산화리튬과 수소를 수소화나트륨은 수산화나트륨과 수소를, **수소화칼슘은 수산화칼슘과 수소**를 발생 시킨다.

  ㄱ. 수소화리튬(LiH)
    • 저장 시 아르곤과 같은 **불활성 기체**를 봉입한다.
  ㄴ. 수소화나트륨(NaH), 수소화칼슘(CaH₂)
⑪ 금속의 인화물
  • **금속의 인화물**은 물과 만나면 대부분 **포스핀 가스**를 만든다. 즉 위험하다.

- 금속의 인화물은 아래의 인화칼슘 외에도 인화알루미늄(독성의 농약), 인화아연(살충제 재료) 등이 있으며, 포스핀가스를 만든다는 특성을 잘 기억하면 될 듯하다.

ㄱ. 인화칼슘(Ca_3P_2)
- 물과 만나면 수산화칼슘($Ca(OH)_2$)과 **유독성 가연성을 띄는 가스인** 포스핀(PH_3)가스를 생성한다.
- **산과 만나면 포스핀가스**를 만든다.
- 상온에서는 비교적 안정하다.

⑫ 칼슘 또는 알루미늄의 탄화물

ㄱ. 탄화칼슘(CaC_2)
- **백색의 입방 결정**이나, **시판용은 흑회색**이다.
- 물과 반응하면 수산화칼슘($Ca(OH)_2$)과 아세틸렌(C_2H_2)가스를 발생시킨다.
  아세틸렌은 가연성가스이며 **연소범위(2.5 - 81%)** 가 넓고 폭발을 일으킨다.
- 고온에서 질소 가스와 반응하여 **석회질소($CaCN_2$)** 가 생성된다.
- 장기보관을 위해서는 **불연성 가스**를 충전한다.

ㄴ. 탄화알루미늄(Al_4C_3)
- 물과 반응하면 수산화알루미늄과 **메탄**(CH_4)을 생성시킨다.

4) 제4류 위험물

① 인화성 액체이다. 증기가 발생하는데 증기비중은 앞에서 살펴본 기체 비중을 구하는 방법으로 각 물질의 **분자량을 29로** 나누면 된다.

② **연소하면 물과 이산화 탄소가 생긴다(예외 : 이황화탄소).**

③ 특수인화물**(연소범위가 넓어 위험하다)**

ㄱ. 이황화탄소(CS_2)
- 무색투명한 액체로 **가연성, 휘발성**이 있다.
- **불쾌한 냄새**가 난다.
- **물에 안 녹고**, 알코올, 에테르, 벤젠 등에 녹는다.
- **인화점이 -30℃, 발화점이 90℃이다(4류 위험물 중 발화점이 가장 낮다).**
- 연소범위가 1 - 44%로 하한이 아주 낮다.
- **증기는 유독하며 신경장애**를 유발한다.
- 연소 시 이산화탄소와 유독 가스인 **이산화황**을 발생시킨다.
  이산화황은 여러 장치를 **부식**시키는 효과 있다.
- 물에 녹지 않으므로 **물속에 저장하여 가연성 증기 발생을 방지**한다.
  다만, 물과 가열반응을 하면 이산화탄소와 **황화수소**가 발생한다.
  $CS_2 + 2H_2O \rightarrow CO_2 + 2H_2S$

- 주수소화 가능하다(물보다 비중이 크므로 가라 않는다. 따라서 질식 효과 있음). 다른 4류 위험물 대부분 주수소화 안된다(소화설비 적응성 표에서 옥내/외소화전 다른 4류 위험물에는 안되나, 이황화탄소는 가능한 점 기억하면 된다).

ㄴ. 디에틸에테르($C_2H_5OC_2H_5$, 일반식은 R - O - R'))

- **휘발성이 강하고 마취작용**이 있는 액체이다.
- **물에 잘 안 녹고 알코올에 잘 녹는다.**
- 유지 등을 잘 녹인다.
- **인화점이 -45℃, 발화점이 180℃, 연소범위가 1.7 - 48%**이다.
  자주나오는 특수인화물 중에는 인화점이 가장 낮으나, 이소펜탄, 이소프렌 같이 인화점이 더 낮은 물질도 있으니, 보기에 이 물질이 나오면 더 낮은 물질을 찾아야 한다.
- 공기와 장시간 접촉 시 산소와 반응하여 **과산화물**이 생성된다.
  방지 위해 저장용기 **40메시(mesh) 구리망**을 넣는다.
  과산화물 검출 시약인 **요오드화칼륨(KI, 아이오딘화칼륨이라고도 한다) 10% 수용액을 넣으면 황색으로 변한다(정색반응)**
  과산화물 제거는 환원철 등이 사용된다.
- **저장용기는 밀봉하되, 여유공간을 두어 마찰을 방지한다(2%공간용적** 확보필요).
- 과산화물 방지를 위해 갈색용기에 보관한다.
- **정전기 방지를 위해 염화칼슘**을 넣는다.
- **에탄올 2분자를 축합반응**(물분자 하나가 떨어져 나가는 반응)시켜 만든다.

ㄷ. 아세트알데히드(CH_3CHO)
- **무색의 액체이나 증기는 자극적 냄새**가 강하다.
- **물, 알코올, 에테르에 녹는다.**
- 인화점 -38℃, **발화점 185℃**이다.
- **연소범위가 4 ~ 60%으로 매우 넓다.**
- **산과 접촉하면 발열하고, 산소와 접촉 시 산화**되기 쉽다.
- 저장 시 용기 안에 **불활성 가스(질소, 이산화탄소, 아르곤)**를 봉입한다.
- **구리, 은, 수은, 마그네슘** 등으로 만든 용기에 보관하면 안 된다(**폭발성 아세틸라이드를 생성한다**).

ㄹ. 산화프로필렌(CH_3CHOCH_2)
- 무색 투명의 액체
- 물, 유기용제(알코올, 에테르 벤젠)에 잘 녹는다.
- 인화점은 -37℃, 발화점은 **465℃**이다.

- 저장 시 용기 안에 **불활성 가스(질소, 이산화탄소, 아르곤)**를 봉입한다.
- **구리, 은, 수은, 마그네슘** 등으로 만든 용기에 보관하면 안 된다(**폭발성 아세틸라이드를 생성한다**).

④ 제1석유류

원유를 가열하여 분별증류 하면 **가솔린, 등유, 경유, 중유** 순으로 분류된다(낮은 온도에서 높은 온도로 분류되어진다).

ㄱ. 휘발유(가솔린 C_5H_{12} - C_9H_{20}, **알칸(C_nH_{2n+2}), 알켄(C_nH_{2n})계 탄화수소**)
- **순수한 것은 무색의 액체**이나 착색하여 사용함(차량용은 오렌지색)
- 인화점 **-43℃에서 -20℃**, 발화점은 **300℃** 이상, **연소범위는 1.4% - 7.6%(크지 않다)**
- **인화성이 크다.**
- **직사광선을 피하고 통풍**이 잘되는 곳에 저장한다.

ㄴ. 벤젠(C_6H_6)
- **무색 투명의 액체이다, 겨울철에는 고체 상태이다.**
- **인화점 -11℃이다.**
- **물에 안 녹고** 알코올, 아세톤, 에테르에 녹는다.
- **휘발성**이 크고 1급 발암물질인 **유독성**의 물질이다, 증기 흡입하면 위험하다.
- **톨루엔**과 함께 **방향족 탄화수소**이다.
- 연소하면 이산화탄소와 물을 발생시킨다.
  $2C_6H_6 + 15O_2 \rightarrow 12CO_2 + 6H_2O$

ㄷ. 메틸에틸케톤($CH_3COC_2H_5$)
- **수지, 유지 등을 녹인다(수지, 섬유소 등의 용기**에 보관불가).

ㄹ. 톨루엔($C_6H_5CH_3$, 메틸벤젠으로도 불린다. **벤젠에서 H하나가 빠지고 CH_3가 붙은 형태**이다)
- 무색 투명한 액체이다.
- 물에 녹지 않으나 알코올, 에테르, 벤젠에 녹는다.
- **인화점이 4℃로** 0℃보다 높다는 사실 기억할 필요 있다.

ㅁ. 아세톤($CH_3COCH_3 = C_3H_6O$)
- **무색 투명한** 액체이다.
- **수용성이므로 물을 통한 희석소화**가 가능하다(**주수소화 가능**).
- **물**, 알코올, 에테르에 **녹는다.**
- **인화점은 -18℃, 끓는점은 56.5℃**이다.
- **휘발성**이 있고, 피부에 닿으면 **탈지작용**을 한다.
- **밀봉하여 냉암소(갈색병)**에 보관한다.

ㅂ. 시안화수소(HCN, 청산)
- 4류 위험물 중 증기가 공기보다 가벼운 유일한 물질이다.

ㅅ. 피리딘(C_5H_5N)
- **인화점이 20℃이다.**
- **약알칼리성이다.**

ㅇ. 시클로헥산
- 고리형 분자구조의 지방족 탄화수소화합물

⑤ 알코올류
- 1분자를 구성하는 탄소원자의 수가 1에서 3개까지인 포화1가알코올만을 4류 위험물의 알코올류이다 (부틸알코올은 이법상 알코올류가 아니다).
  1가 알코올의 의미는 알코올의 형태가 C_nH_m 뒤에 붙은 **OH가 하나**라는 의미이다(참고로 **1차 알코올**은 OH에 결합된 C에 붙은 **알킬기(C_nH_{2n+1}의) 수가 1개**라는 뜻이다.

> 예 CH_3OH, C_2H_5OH 에서 보면, C의 개수가 3개이하이고 OH는 하나이다.

- 알코올류는 4류 위험물 중 **증기비중이 비교적 낮다(메틸알코올 1.1, 에틸알코올 1.59).**
- **인화점은 10도 언저리이다(메탄올 11℃, 에탄올 13℃).**

ㅈ. 메틸알코올(메탄올, CH_3OH)
- **무색 투명한 액체**이고 **휘발성**이 강하다.
- **인화점이 11℃, 연소범위는 7.3 - 36%이다.**
  연소범위를 줄이기 위해 **불활성기체(질소, 아르곤, 이산화탄소)**를 첨가한다.
- **독성이 강해 섭취 시 실명 사망**할 수 있다.
- **메탄올은 산화(산소를 얻거나 수소를 잃는 것)하면 포름알데히드**가 되고, **포름알데히드가 산화되면 포름산**이 된다. 반대로 환원되면 반대로 물질이 만들어진다.

- **알데히드가 환원되면 알코올**이 된다.

ㅊ. 에틸알코올(에탄올, C_2H_5OH)
- **무색 투명한 액체이고, 휘발성 강하다.**
- **끓는점(비점)이 79℃로 물보다 낮다.**
- 에탄올이 산화되어 아세트알데히드가 생성되고, 아세트알데히드가 산화되어 아세트산이 생성된다. 반대로 환원되면 반대로 물질이 만들어진다.

- 연소되면 이산화탄소와 물을 생성시킨다.
  $C_2H_5OH + 3O_2 \rightarrow 2CO_2 + 3H_2O$

⑥ 제2석유류
- ㄱ. 등유 : 인화점 40℃에서 70℃, 발화점 210℃, 등유, 경유는 증기비중이 매우 높다.
- ㄴ. 경우 : **인화점 50℃에서 70℃, 발화점 200℃**
- ㄷ. 클로로벤젠(C_6H_5Cl) : **벤젠에서 H가 하나 빠지고 Cl이 붙은 형태**, DDT의 원료
- ㄹ. 아세트산(CH_3COOH, 초산) : 산성으로 배산성용기에 보관해야 한다.
- ㅁ. 히드라진(N_2H_4) : 과산화수소와 반응하여 질소물을 만든다. 알코올, 물에 녹는다. **로켓의 연료, 플라스틱 발포제에 사용된다.**
- ㅂ. 포름산(의산) : 환원성이 있다.

⑦ 제3석유류
- ㅅ. 아닐린($C_6H_5NH_2$) : 인화점 75℃, **특유의 냄새가 나는 무색의 액체**이다. 강산화제와 접촉하면 폭발 위험 있다.
- ㅇ. 클레오소트유 : 증기는 독성이 있다.
- ㅈ. 에틸렌글리콜($C_2H_4(OH)_2$의 이가알코올) : 무색의 액체이다. 물, 알코올에 잘 녹는다. 부동액의 원료이다(물 소화약제의 동결현상 방지 위해 사용된다).
- ㅊ. 글리세린($C_3H_5(OH)_3$의 삼가알코올) : 화장품, 세척제 등의 원료이다.

⑧ 동식물류
- ㄱ. 앞에서 살펴본 대로 요오드가에 따라 **건성유, 반건성유, 불건성유**로 분류된다.
  (요오드값은 유지 100g에 흡수되는 요오드의 g수를 의미하며, **높을수록 자연발화의 위험이 높다**)
- ㄴ. 건성유는 자연발화의 위험이 있다(불포화결합이 다수 있어 산소와 결합하기 쉽다).
- ㄷ. **행정안전부령으로 정한 용기기준, 저장 기준** 등에 따라 저장되고, 용기 외부에 물품의 **명칭, 수량, 화기엄금 표시**가 있으면 **위험물에서 제외**된다. 다만, 이 경우에도 **운반 시에는 위험물 안전관리법의 적용**을 받는다.

5) 제5류 위험물

① 대부분 물에 녹지 않는다(**물, 알코올 등으로 습윤을 하여 보관하면** 안전해지는 경우가 많다). 대부분 산소를 포함하나 그렇지 않은 것도 있다.

② 유기과산화물
- ㄱ. 과산화벤조일(($C_6H_5CO)_2O_2$, 벤조일퍼옥사이드)
  - 무색, 무미의 **고체 결정이다.**
  - 구조는 O 2개가 -O-O- 형태로 붙어 양쪽에 C_6H_5CO가 붙어 있는 형태이다.
  - **물에 안 녹고, 알코올에, 에테르에 녹는다.**
  - **발화점 80℃**이고, **상온에서 안정적**이다.
  - 산화성 물질로, **환원성 물질, 유기물 등과 격리**해야 하고, 마찰, 충격을 피한다.
  - **건조해지면 위험**하므로 건조방지를 위한 희석제(물, 프탈산디메틸 등)을 첨가한다.
- ㄴ. 메틸에틸케톤퍼옥사이드(MEKPO)
  - 무색의 기름형태이다.
  - 40℃ 이상에서, **무명, 탈지면** 등과 접촉하면 **발화 위험**이 있다.

③ 질산에스테르류

질산(HNO_3)에 수소원자를 알킬기(C_nH_{2n+1})로 치환한 물질이다(**질소**를 모두 포함한다).

ㄱ. 질산메틸(**CH_3ONO_2**)
- 무색 투명의 **액체**이다.
- 물에 안 녹고, **알코올, 에테르에 녹는다.**

ㄴ. 질산에틸(**$C_2H_5ONO_2$**)
- 무색 투명의 **액체**이다.
- **인화성이 크다.**
- **증기는 공기보다 무겁다.**

ㄷ. 니트로글리콜
- 무색의 액체이다.
- 니트로글리세린을 대체하여 겨울철 얼지 않는 다이너마이트를 만들기 위해 사용된다.

ㄹ. 니트로글리세린($C_3H_5(ONO_2)_3$)
- **무색 투명한 액체이나 공업용은 황색**이다.
- 물에 녹지 않고 알코올, 벤젠에 녹는다.
- **규조토에 흡수시켜 다이너마이트**를 만든다.
- 녹는점이 14℃이고, 동절기 얼 수 있으므로 위에서 설명한대로 니트로글리콜로 대체하기도 한다.

ㅁ. 니트로셀룰로오스(질산섬유소)
- 무색의 **고체**이다.
- 셀룰로오스에 진한 질산과 황산을 3 : 1비율로 혼합하여 만든다.
- 물에 안 녹고, **알코올, 벤젠에 녹는다.**
- **질화도(질소의 함유정도로 질산기의 수)에 따라 강면약과 약면약으로 나눈다**(질화도가 높으면 위험하다).
- **열**, 산 등에 의해 **분해**하여 **자연발화 위험이 있어 장기보관하기 어렵다.**
- **물, 알코올과 혼합하여 보관하면 위험성이 낮아진다.**
- **화약의 연료이다.**

ㅂ. 셀룰로이드
- 무색의 고체이다.
- **물에 안 녹고**, 알코올, 에테르에 녹는다.
- **분해열에 따른 자연발화의 위험이 크다.**

④ 니트로화합물
- 물과 반응하지 않는다.
- 니트로기($-NO_2$)를 가지고 있다.

ㄱ. 트리니트로톨루엔($C_6H_2(NO_2)_3CH_3$, **TNT**)
- **담황색의 고체결정이나, 햇빛에 다갈색**으로 변한다.

- 톨루엔에 황산, 질산 반응시켜 나온다.
- 물에 안 녹고, 아세톤, 에테르, 벤젠에 녹는다.
- 조해성, 흡습성이 없다.
- 기폭약을 쓰지 않으면 자연폭발하지 않고, 자연분해의 위험도 적어 장기보관 가능하다.
- 폭약의 원료로 사용된다.
- 분해되면 일산화탄소, 탄소, 질소, 수소가 나온다.
  $2C_6H_2(NO_2)_3CH_3 \rightarrow 12CO + 2C + 3N_2 + 5H_2$

ㄴ. 트리니트로페놀($C_6H_2(NO_2)_3OH$, TNP, 피크린산)
- 무색의 고체결정이나 공업용은 휘황색이다.
- 융점은 120도, 비점은 약 255도이다.
- 페놀에 황산, 질산 반응시켜 나온다.
- 독성이 있고, 쓴맛이 난다.
- 냉수에 안 녹고, 온수, 알코올, 에테르, 벤젠에 녹는다.
- 상온에서 안정하므로 충격, 마찰에도 괜찮으나 금속염 물질과 혼합하면 위험하다.
- 분해하면 탄소, 질소, 수소, 일산화탄소, 이산화탄소가 나온다.
- 철, 구리 같은 금속을 부식시킨다.

ㄷ. 테트릴 : 충격 마찰에 민감하며 트리니트로톨루엔보다 폭발력이 크다.

⑤ 니트로소화합물

니트로소기(-NO)기를 가진 화합물이다.

6) 제6류 위험물

① 과염소산($HClO_4$)

ㄱ. 비중 1.76, 증기비중 약 3.5, 융점 -112℃이다.

ㄴ. 분해되면 염화수소(HCl)와 산소를 만든다.

② 과산화수소(H_2O_2)

ㄱ. 무색의 액체이다.

ㄴ. 물, 알코올, 에테르에 녹고, 석유, 벤젠에 안 녹는다.

ㄷ. 36중량퍼센트(wt%) 이상일 때 위험물질이다.

ㄹ. 상온에서 스스로 분해되어 물과 산소로 분해되며, 햇빛에도 분해된다.

ㅁ. 이산화망간(MnO_2), 산화은(AgO)은 분해의 정촉매(분해를 촉진)로 사용된다.
이러한 분해를 방지하기 위해 분해방지 인산, 요산 같은 안정제가 사용된다.

ㅂ. 60중량퍼센트 이상인 경우 단독으로 폭발할 수 있다.

ㅅ. 3% 용액은 표백제, 살균제 등으로 이용된다.

ㅇ. 저장용기마개에 구멍을 뚫어 보관하며, 갈색병에 보관한다(햇빛 차단위해). *(밀전해서 보관하는 것 아니다)*

③ 질산(HNO₃)
  ㄱ. **무색, 또는 담황색**의 액체이다.
  ㄴ. **강산성**의 산화성 물질로 **부식성**이 강하다.
  ㄷ. **비중이 1.49 이상**인 물질만 위험물이다.
  ㄹ. 수용성이고, **물과 반응하여 발열**한다.
  ㅁ. 햇빛에 의해 분해되므로 **갈색병에 저장, 보관**한다.
    • 공기 중에서 햇빛에 분해되면 갈색의 이산화질소(NO_2)를 생성하며 **독성을 가진 기체**이다(**가열하면 적갈색의 이산화질소**가 나온다).
  ㅂ. 열분해 시 이산화질소, 물, **산소**를 발생시킨다.
  ㅅ. **질산과 염산을 1:3 비율로 제조한 것을 왕수**라고 한다.
④ 할로겐화합물
  ㄱ. 17족인 플루오린(F), 염소(Cl), 브로민(Br), 아이오딘(I)간의 화합물이다.
  ㄴ. 삼불화브롬(BrF_3), 오불화요오드(IF_5) 등이 있다.

2. 위험물의 저장, 운반, 취급 등의 관리

1 위험물의 저장/취급/운반(법 시행규칙 별표 18, 19에 구체적으로 다 나와 있다)

1) 제조소 등의 개념(위험물안전관리법 이하"법")

① 위험물을 저장, 제조 등을 이해하기 위해 필요한 개념을 먼저 살펴본다.
  ㄱ. 위험물 : **인화성 또는 발화성** 등의 성질을 가지는 것으로 **대통령령**으로 정하는 물품이다.
  ㄴ. 지정수량 : 위험물의 종류별 위험성을 고려해서 **대통령령**이 정하는 수량으로 법상 제조소 등의 **설치허가 등에 있어 최저기준**이 되는 수량이다.
  ㄷ. 제조소 등 : **제조소, 저장소 및 취급소**를 말한다.
  ㄹ. 제조소 : 위험물을 **제조할 목적**으로 지정수량 이상의 위험물을 취급하기 위해 법에 따라 **허가** 받은 장소이다.
  ㅁ. 저장소 : 지정수량 이상의 위험물을 저장하기 위해 **대통령령**이 정하는 장소로 법에 따라 허가 받은 곳이다.
  ㅂ. 취급소 : 지정수량 이상의 위험물을 **제조 외의 목적**으로 취급하기 위해 **대통령령**이 정한 장소로 법에 따라 허가 받은 곳이다.
② 종류
  ㄱ. 제조소(제조하는 곳)
  ㄴ. 저장소(저장하는 곳) : 옥내, 옥외, 옥내탱크, 옥외탱크, **이**동탱크, 지**하**탱크, **간**이탱크, **암**반탱크 (옥내/외, 옥내/외탱크, 기억하고 나머지는 이하간암탱크로 기억)
  ㄷ. 취급소(판매하는 곳) : 주유, 판매, 이송, 일반

2) 취급관계자

① 위험물안전관리자

ㄱ. **제조소 등(허가를 받지 아니하는 제조소 등)**과 **이동탱크저장소**(차량에 고정된 탱크에 위험물을 저장 또는 취급하는 저장소를 말한다)를 **제외)의 관계인**은 위험물의 안전관리에 관한 직무를 수행하게 하기 위하여 제조소 등마다 **대통령령**이 정하는 위험물의 취급에 관한 **자격이 있는 자**를 위험물안전관리자로 **선임**하여야 하는데, **위험물을 저장 또는 취급하기 전**에 해야 한다.

ㄴ. 위에 따라 안전관리자를 선임한 **제조소 등의 관계인**은 그 안전관리자를 **해임**하거나 안전관리자가 **퇴직**한 때에는 해임하거나 퇴직한 **날부터 30일 이내**에 다시 안전관리자를 선임하여야 한다.

ㄷ. 안전관리자를 선임한 경우에는 **선임한 날부터 14일 이내**에 행정안전부령으로 정하는 바에 따라 **소방본부장 또는 소방서장**에게 신고하여야 한다.

ㄹ. 안전관리자를 선임한 제조소 등의 관계인은 안전관리자가 여행·질병 그 밖의 사유로 인하여 **일시적으로 직무를 수행할 수 없거나 안전관리자의 해임 또는 퇴직과 동시에 다른 안전관리자를 선임하지 못하는 경우**에는 국가기술자격법에 따른 위험물의 취급에 관한 **자격취득자** 또는 위험물안전에 관한 **기본지식과 경험**이 있는 자로서 **행정안전부령이 정하는 자**를 **대리자(代理者)로 지정**하여 그 직무를 대행하게 하여야 한다. 이 경우 대리자가 안전관리자의 직무를 대행하는 기간은 **30일을 초과할 수 없다.** 행정안전부령에 의하면 안전교육을 받은 자 또는 안전관리자를 지휘, 감독하는 자이다.

① 위험물운송책임자

위험물 운송의 감독 또는 지원을 하는 자를 말한다.

ㄱ. 자격
- 당해 위험물의 취급에 관한 **국가기술자격을 취득하고 관련 업무에 1년 이상 종사한 경력**이 있는 자
- 위험물의 운송에 관한 **안전교육을 수료하고 관련 업무에 2년 이상 종사한 경력**이 있는 자

ㄴ. **위험물운송책임자의 감독, 지원을 받아 운송해야 하는 위험물**
- **알킬알루미늄**
- **알킬리튬**
- **알킬알루미늄 또는 알킬리튬 함유하는 위험물**

ㄷ. 위험물 운송의 감독 지원 방법
- 운송책임자가 이동탱크저장소에 **동승**하여 운송 중인 위험물의 안전확보에 관하여 운전자에게 필요한 감독 또는 지원을 하는 방법, 다만 운전자가 운반책임자의 자격이 있는 경우에는 운송책임자의 자격이 없는 자가 동승할 수 있다.
- 운송의 감독 또는 지원을 위하여 마련한 **별도의 사무실**에 운송책임자가 대기하면서 다음의 사항을 이행하는 방법(**동승하지 않는 것이다**)
  - ⅰ) **운송경로를 미리 파악하고 관할소방관서 또는 관련업체**(비상대응에 관한 협력을 얻을 수 있는 업체를 말한다)에 대한 **연락체계**를 갖추는 것
  - ⅱ) 이동탱크저장소의 **운전자에 대하여 수시로 안전확보 상황을 확인**하는 것

iii) **비상 시의 응급처치에 관하여 조언**을 하는 것
vi) 그 밖에 위험물의 운송 중 **안전확보에 관하여 필요한 정보를 제공하고 감독 또는 지원**하는 것

② 위험물운송자
- **이동탱크저장소**에 의하여 위험물을 운송하는 자를 말한다.
- 참고로 위험물운반자는 위험물을 담은 **용기를 운반하는 자**이다(운반은 **용기, 적재방법, 운반방법**에 관한 기준에 따라야 한다).
- 위험물운송자, 위험물운반자의 자격을 확인하기 위해 **소방공무원 또는 경찰공무원**은 자격증의 제시 요구, 신원확인을 위한 증명서 제시 요구할 수 있다.

ㄱ. 자격
- 「국가기술자격법」에 따른 **위험물 분야의 자격을 취득**할 것
- 위험물안전관리법에 따른 **안전교육을 수료**할 것

ㄴ. 운송 시 준수사항
- 위험물운송자는 운송의 개시전에 이동저장탱크의 배출밸브 등의 밸브와 폐쇄장치 맨홀 및 주입구의 뚜껑 소화기 등의 점검을 충분히 실시할 것
- **위험물운송자는 장거리(고속국도에 있어서는 340km 이상, 그 밖의 도로에 있어서는 200km 이상**을 말한다)에 걸치는 운송을 하는 때에는 2명 이상의 운전자로 할 것. 다만 다음의 에 해당하는 경우에는 그러하지 아니하다(예외).
  i) **운송책임자를 동승**시킨 경우
  ii) 운송하는 위험물이 **제2류 위험물, 제3류 위험물(칼슘 또는 알루미늄의 탄화물**과 이것 만을 함유한 것에 한한다) 또는 **제4류 위험물(특수인화물을 제외**한다) 인 경우)
  iii) 운송도중에 **2시간 이내 마다 20분 이상씩 휴식하는** 경우
- 위험물운송자는 이동탱크저장소를 휴식/고장 등으로 일시 정차시킬 때에는 안전한 장소를 택하고 당해 이동탱크저장소의 안전을 위한 감시를 할 수 있는 위치에 있는 등 운송하는 위험물의 안전확보에 주의할 것
- 위험물운송자는 이동저장탱크로부터 위험물이 현저하게 새는 등 재해발생의 우려가 있는 경우에는 재난을 방지하기 위한 응급조치를 강구하는 동시에 소방관서 그 밖의 관계기관에 통보할 것
- **위험물(제4류 위험물에 있어서는 특수인화물 및 제1석유류**에 한한다)을 운송하게 하는 자는 **위험물안전카드**를 위험물운송자로 하여금 휴대하게 할 것
- 위험물운송자는 위험물안전카드를 휴대하고 당해 카드에 기재된 내용에 따를 것. 다만 재난 그 밖의 불가피한 이유가 있는 경우에는 당해 기재된 내용에 따르지 아니할 수 있다

③ 안전교육 : 안전관리자·탱크시험자·위험물운반자·위험물운송자 등 위험물의 안전관리와 관련된 업무를 수행하는 자로서 **대통령령이 정하는 자**는 해당 업무에 관한 능력의 습득 또는 향상을 위하여 **소방청장이 실시하는 교육**을 받아야 한다.

3) 저장/취급 기준

① 법의 적용제외 : **항공기·선박**(선박법 제1조의2제1항의 규정에 따른 선박을 말한다)·**철도 및 궤도**에 의한 위험물의 저장·취급 및 운반에 있어서는 이 법을 적용하지 아니한다.

② **지정수량 이상의 위험물을 저장소 아닌 장소에서 저장하거나 제조소 등이 아닌 장소에서 취급해서는 안 된다. 다만 90일 이내**, 시, 도의 조례에 따라 관할소방서장의 승인으로 임시적으로 가능

③ 지정수량 미만의 경우, **저장 또는 취급**에 관해서는 **시, 도의 조례**에서 정한 대로 한다(**운반의 경우는 아니다**).

④ 저장소에는 위험물 외에는 저장하면 안 된다. 다만, 옥내/외저장소의 경우 1m 이상 간격을 두는 경우, 옥내/외탱크저장소, 지하, 이동탱크저장소의 경우 구조, 설비에 나쁜 영향을 주지 않으면 위험물 외의 물질은 함께 저장가능하다.

⑤ 유별을 달리하는 위험물끼리는 같이 저장하면 안 된다. 다만, **옥내/외 저장소의 경우 아래와 같은 위험물은 서로 1m 간격을 두고 저장 가능하다.**

　ㄱ. **1류(알칼리금속 과산화물 또는 이를 함유한 것 제외)와 5류**

　ㄴ. **1류와 6류**

　ㄷ. **1류와 3류 중 자연발화성물질(황린을 포함한 것에 한함)**

　ㄹ. **2류 중 인화성 고체와 4류**

　ㅁ. 3류 중 알킬알루미늄 등과 4류(알킬알루미늄 또는 알킬리튬을 함유한 것에 한함)

　ㅂ. 4류 중 유기과산화물 또는 이를 함유한 것과 5류 중 유기과산화물 또는 이를 함유한 것

　[암기방법] 암기는 111234로 되어 있다는 것 기억하고, 1알5, 1 6, 1 3자, 2인4, 3알4알알, 4유5유 로 기억한다.

⑥ 옥내 저장소의 경우 동일 품명위험물이라도 자연발화위험 있는 경우의 위험물을 다량 저장할 경우 지정수량 10배마다 구분하여 0.3m 간격을 둔다.

⑦ 옥내 저장소의 경우 **기계에 의해 하역하는 구조로 된 용기만을 겹쳐 쌓는 경우 6m**, 제4류 위험물 중 **제3석유류, 제4석유류 및 동식물유류**를 수납하는 용기만을 겹쳐 쌓는 경우에 있어서는 **4m**, 그 밖의 경우에 있어서는 **3m** 초과하여 쌓으면 안 된다.

⑧ 옥내 저장소에서 용기 수납하는 경우 온도가 55℃를 넘지 않도록 해야 한다.

⑨ **알킬알루미늄 등**을 저장 또는 취급하는 **이동탱크저장소에는 긴급 시의 연락처, 응급조치에 관하여 필요한 사항을 기재한 서류, 방호복, 고무장갑, 밸브 등을 죄는 결합공구 및 휴대용 확성기**를 비치하여야 한다.

⑩ 알킬알루미늄 등, 아세트알데히드 등 및 디에틸에테르 등을 저장할 때는 다음의 기준을 지켜야 한다.

　ㄱ. **이동저장탱크에 알킬알루미늄등을 저장하는 경우에는 20kPa** 이하의 압력으로 **불활성의 기체**를 봉입하여 둘 것

　ㄴ. **옥외저장탱크·옥내저장탱크 또는 지하저장탱크 중 압력탱크에** 저장하는 아세트알데히드 등 또는 디에틸에테르 등의 온도는 **40℃ 이하로 유지**할 것

　ㄷ. 보냉장치가 있는 이동저장탱크에 저장하는 아세트알데히드 등 또는 디에틸에테르 등의 온도는 당해 위험물의 **비점 이하로 유지**할 것

　ㄹ. 보냉장치가 없는 이동저장탱크에 저장하는 아세트알데히드 등 또는 디에틸에테르 등의 온도는 **40℃ 이하로 유지**할 것

⑪ 옥외저장소의 경우 **아래의 위험물이 옥외에 저장**될 수 있다.
　ㄱ. **2류 위험물 중 유황 또는 인화성 고체**(인화점이 섭씨 0도 이상인 것에 한함)
　ㄴ. 4류 위험물 중 **제1석유류(인화점이 섭씨 0도 이상인 것에 한함), 알코올류, 2석유류, 3석유류, 4석유류**
　ㄷ. **6류 위험물**
　ㄹ. 2류, 4류 위험물 중 특별시, 광역시 또는 도의 **조례**에서 정한 위험물
　ㅁ. 국제해사기구에 관한 협약에 의해 설치된 국제해사기구가 채택한 **국제해상 위험물규칙(IMDG 코드)**에 적합한 용기에 수납된 위험물
⑫ 이동탱크저장소에는 당해 이동탱크저장소의 **완공검사합격확인증 및 정기점검기록**을 비치하여야 한다.
⑬ 위험물의 **취급**과 관련해서 제조과정에서의 기준(읽어만 봐)
　ㄱ. 증류공정에 있어서는 위험물을 취급하는 설비의 내부압력의 변동 등에 의하여 액체 또는 증기가 새지 아니하도록 할 것
　ㄴ. 추출공정에 있어서는 추출관의 내부압력이 비정상으로 상승하지 아니하도록 할 것
　ㄷ. 건조공정에 있어서는 위험물의 온도가 부분적으로 상승하지 아니하는 방법으로 가열 또는 건조할 것
　ㄹ. 분쇄공정에 있어서는 위험물의 분말이 현저하게 부유하고 있거나 위험물의 분말이 현저하게 기계·기구 등에 부착하고 있는 상태로 그 기계·기구를 취급하지 아니할 것
⑭ 위험물의 취급 중 소비에 관한 기준
　ㄱ. 분사도장작업은 **방화상 유효한 격벽** 등으로 구획된 안전한 장소에서 실시할 것
　ㄴ. **담금질 또는 열처리작업은 위험물이 위험한 온도에 이르지 아니하도록** 하여 실시할 것
　ㄷ. 버너를 사용하는 경우에는 **버너의 역화를 방지(유지/아니다)**하고 위험물이 넘치지 아니하도록 할 것
⑮ 주유취급소에서의 취급기준은 아래와 같다.
　ㄱ. 자동차 등에 주유할 때에는 **고정주유설비를 사용하여 직접 주유할 것**(중요기준)
　ㄴ. 이동저장탱크에 급유할 때에는 **고정급유설비를 사용하여 직접 급유**할 것
　ㄷ. 자동차 등에 **인화점 40℃ 미만의 위험물을 주유할 때에는 자동차 등의 원동기를 정지**시킬 것 참고로 경유는 인화점이 40℃보다 높으므로 해당 안 된다. 다만, 연료탱크에 위험물을 주유하는 동안 방출되는 가연성 증기를 회수하는 설비가 부착된 고정주유설비에 의하여 주유하는 경우에는 그러하지 아니하다.
　ㄹ. 고정주유설비 또는 고정급유설비에 접속하는 탱크에 위험물을 주입할 때에는 당해 탱크에 접속된 고정주유설비 또는 고정급유설비의 **사용을 중지하고, 자동차 등을 당해 탱크의 주입구에 접근시키지 아니할 것**
　ㅁ. 고정주유설비 또는 고정급유설비에는 해당 설비에 접속한 전용탱크 또는 간이탱크의 **배관 외의 것을 통하여서는 위험물을 공급하지 아니할 것**
⑯ 이동탱크저장소에서의 취급기준은 아래와 같다.
　ㄱ. 휘발유를 저장하던 이동저장탱크에 등유나 경유를 주입할 때 또는 등유나 경유를 저장하던 이동저장탱크에 휘발유를 주입할 때에는 다음의 기준에 따라 정전기 등에 의한 재해를 방지하기 위한 조치를 해야 한다.
　　• 이동저장탱크의 상부로부터 위험물을 주입할 때에는 위험물의 액표면이 주입관의 끝부분을 넘는 높이가 될 때까지 그 주입관내의 **유속을 초당 1m 이하**로 할 것
　　• 이동저장탱크의 밑부분으로부터 위험물을 주입할 때에는 위험물의 액표면이 주입관의 정상부분을 넘는 높이가 될 때까지 그 주입배관내의 **유속을 초당 1m 이하**로 할 것

- 그 밖의 방법에 의한 위험물의 주입은 이동저장탱크에 가연성증기가 잔류하지 아니하도록 조치하고 안전한 상태로 있음을 확인한 후에 할 것

⑰ **운반용기의 재질은 강판, 알루미늄판, 양철판, 금속판, 유리, 종이 플라스틱, 고무류, 섬유판, 합성섬유, 삼, 짚 또는 나무이다.**

⑱ 운반용기의 최대용적 또는 중량(별표 19 관련)(아래 표는 참고로만 볼 것. 출제비중 낮다)

1. 고체위험물					수납 위험물의 종류								
운반 용기					제1류			제2류		제3류			제5류	
내장 용기		외장 용기			I	II	III	II	III	I	II	III	I	II
용기의 종류	최대용적 또는 중량	용기의 종류	최대용적 또는 중량										
유리용기 또는 플라스틱 용기	10ℓ	나무상자 또는 플라스틱 상자 (필요에 따라 불활성의 완충재를 채울 것)	125kg	O	O	O	O	O	O	O	O	O	O
			225kg		O		O			O			
		파이버판 상자(필요에 따라 불활성의 완충재를 채울 것)	40kg	O	O	O	O	O		O		O	O
			55kg		O		O			O			
금속제 용기	30ℓ	나무상자 또는 플라스틱 상자	125kg	O	O	O	O	O	O	O	O	O	O
			225kg		O		O			O			
		파이버판상자	40kg	O	O	O	O	O		O		O	O
			55kg		O		O			O			
플라스틱 필름포대 또는 종이포대	5kg	나무상자 또는 플라스틱 상자	50kg	O	O	O	O	O					O
	50kg		50kg		O		O						O
	125kg		125kg		O		O						
	225kg		225kg				O						
	5kg	파이버판 상자	40kg	O	O	O	O	O				O	O
	40kg		40kg		O		O	O					O
	55kg		55kg				O	O					
		금속제 용기(드럼 제외)	60ℓ	O	O	O	O	O	O	O	O	O	O
		플라스틱 용기(드럼 제외)	10ℓ		O		O	O		O		O	O
			30ℓ				O	O					O
		금속제드럼	250ℓ	O	O	O	O	O	O	O	O	O	O
		플라스틱드럼 또는 파이버드럼 (방수성이 있는 것)	60ℓ	O	O	O	O	O	O	O	O	O	O
			250ℓ		O		O			O		O	O
		합성수지포대(방수성이 있는 것), 플라스틱필름포대, 섬유포대(방수성이 있는 것) 또는 종이포대(여러겹으로서 방수성이 있는 것)	50kg		O	O	O			O	O		O

1. 고체위험물	
운반 용기	수납 위험물의 종류

비고)
1. "○"표시는 수납위험물의 종류별 각란에 정한 위험물에 대하여 당해 각란에 정한 운반용기가 적응성이 있음을 표시한다.
2. 내장용기는 외장용기에 수납하여야 하는 용기로서 위험물을 직접 수납하기 위한 것을 말한다.
3. 내장용기의 용기의 종류란이 빈칸인 것은 외장용기에 위험물을 직접 수납하거나 유리용기, 플라스틱용기, 금속제용기, 폴리에틸렌포대 또는 종이포대를 내장용기로 할 수 있음을 표시한다.

2. 액체위험물(운반용기 외장용기에 유리는 없다)										
운반 용기				수납위험물의 종류						
내장 용기		외장 용기		제3류			제4류			제5류		제6류
용기의 종류	최대용적 또는 중량	용기의 종류	최대용적 또는 중량	I	II	III	I	II	III	I	II	I
유리 용기	5ℓ	나무 또는 플라스틱상자 (불활성의 완충재를 채울 것)	75kg	○	○	○	○	○	○	○	○	○
			125kg		○	○		○	○		○	
	10ℓ		225kg						○			
	5ℓ	파이버판 상자 (불활성의 완충재를 채울 것)	40kg	○	○	○	○	○	○	○	○	○
	10ℓ		55kg						○			
플라스틱 용기	10ℓ	나무 또는 플라스틱 상자 (필요에 따라 불활성의 완충재를 채울 것)	75kg	○	○	○	○	○	○	○	○	○
			125kg		○	○		○	○		○	
			225kg						○			
		파이버판 상자(필요에 따라 불활성의 완충재를 채울 것)	40kg	○	○	○	○	○	○	○	○	○
			55kg						○			
금속제 용기	30ℓ	나무 또는 플라스틱 상자	125kg	○	○	○	○	○	○	○	○	○
			225kg						○			
		파이버판 상자	40kg	○	○	○	○	○	○	○	○	○
			55kg		○	○		○	○			
		금속제 용기 (금속제 드럼 제외)	60ℓ		○	○		○	○		○	
		플라스틱 용기 (플라스틱 드럼 제외)	10ℓ		○	○		○	○		○	
			20ℓ					○	○			
			30ℓ						○		○	
		금속제 드럼(뚜껑 고정식)	250ℓ	○	○	○	○	○	○	○	○	○
		금속제 드럼(뚜껑 탈착식)	250ℓ					○	○			
		플라스틱 또는 파이버 드럼 (플라스틱 내 용기 부착의 것)	250ℓ		○	○			○		○	

4) 적재방법

① 수납율(운반용기에 얼마만큼 채워야 하는지의 문제)

    ㄱ. **고체위험물**은 운반용기 내용적의 **95% 이하**의 수납율로 수납할 것

    ㄴ. **액체위험물**은 운반용기 내용적의 **98% 이하**의 수납율로 수납하되, 섭씨 **55도**의 온도에서 누설되지 아니하도록 충분한 공간용적을 유지하도록 할 것

    ㄷ. **알킬알루미늄 등(알킬리튬도)**은 운반용기의 **내용적 90% 이하**의 수납율로 수납하되, **50℃의 온도에서 5% 이상의 공간용적을 유지**하도록 할 것

② 피복조치

    ㄱ. **차광성 있는 피복**으로 가릴 위험물 : **1류, 3류 중 자연발화성 물질, 4류 중 특수인화물, 5류, 6류**

    ㄴ. **방수성 있는 피복**으로 덮을 위험물(물을 피해야 하는 것) : **1류 중 알칼리금속 과산화물** 또는 이를 함유한 것, **2류 중 철분, 마그네슘, 금속분** 또는 이를 함유한 것, **3류 중 금수성물질**

    ㄷ. **보냉 컨테이너**에 수납하는 등 온도 관리를 해야 하는 것 : **5류 중 55℃ 이하에서 분해될 우려 있는 것**

5) 운반 용기를 겹쳐 쌓는 경우 3m 이하로 쌓아야 한다.

6) 운반용기 외부 표시 사항

① 위험물의 품명, 위험등급, 화학명 및 **수용성**(수용성 표시는 4류 위험물 중 수용성인 것에 한함)

② 위험물의 수량

③ 위험물에 따른 **주의사항**

1류	1) 알칼리금속과산화물의 경우 : **화기/충격주의, 물기엄금 및 가연물접촉주의**
	2) 그 밖의 것 : 화기/충격주의, 가연물 접촉주의
2류	1) **철분, 마그네슘, 금속분 : 화기주의 물기엄금**
	2) **인화성 고체 : 화기엄금**
	3) 그 밖의 것 : 화기주의
3류	1) **자연발화성 물질 : 화기엄금 및 공기접촉금지**
	2) **금수성물질 : 물기엄금**
4류	**화기엄금**
5류	**화기엄금, 충격주의**
6류	**가연물접촉주의**

※ 제조소의 게시판에 게시할 내용(운반 시 운반용기 주의사항과 관련이 있으니 여기서 살펴본다)

ⅰ) **1류 알칼리금속의 과산화물 : 물기엄금**
   그 밖에 : 없음

ⅱ) **2류 인화성 고체 : 화기엄금**
   철분, 마그네슘, 금속분 및 그 밖에 : 화기주의

ⅲ) **3류 자연발화성 물질 : 화기엄금**
   금수성물질 : 물기엄금

ⅳ) **4류 : 화기엄금**

ⅴ) **5류 : 화기엄금**

ⅵ) 6류 : 없음

> **암기방법**
>
> **물기엄금**은 알칼리금속과산화물과 금수성 물질 두가지
> **화기주의**는 2류 중 인화성 고체를 제외한 물질
> **없음**은 1류 중 알칼리금속과산화물 그 외의 물질과 6류
> **나머지는 모두 화기엄금**이다.
> 위의 운반용기 외부 표시사항은 일단 게시판 내용이 그대로 있고 거기에 내용이 추가된다고 생각하여 암기한다.

7) 기계에 의해 하역하는 구조로 된 운반용기 표시 사항

① 위에서 설명한 운반용기 외부에 표시해야 하는 사항 외에도 추가로 표시해야 하는 것이 있다.

ⅰ) **운반용기의 제조년월 및 제조자의 명칭**
ⅱ) **겹쳐쌓기시험하중**
ⅲ) **운반용기의 종류에 따라 다음의 규정에 의한 중량**
- 플렉서블 외의 운반용기 : 최대총중량(최대수용중량의 위험물을 수납하였을 경우의 운반용기의 전중량을 말한다)
- 플렉서블 운반용기 : 최대수용중량

2 위험물 제조소 등의 시설

1) 위험물 제조소 (별표 4)

① 안전거리 : 제조소(제6류 위험물을 취급하는 제조소를 제외한다)는 건축물의 외벽 또는 이에 상당하는 공작물의 외측으로부터 당해 제조소의 외벽 또는 이에 상당하는 공작물의 외측까지의 사이에 다음 규정에 의한 수평거리 (이하 "안전거리"라 한다)를 두어야 한다.

ㄱ. **유형문화재와 지정문화재 : 50m 이상**
ㄴ. **학교, 병원, 극장 등 다수인 수용 시설(극단, 아동복지시설, 노인보호시설, 어린이집 등) : 30m 이상**
ㄷ. **고압가스, 액화석유가스 또는 도시가스를 저장 또는 취급하는 시설 : 20m 이상**
ㄹ. **주거용인 건축물 등 : 10m 이상**
ㅁ. **사용전압이 35,000V를 초과하는 특고압가공전선 : 5m 이상**
ㅂ. **사용전압이 7,000V 초과 35,000V 이하의 특고압가공전선 : 3m 이상**

> **암기방법** 암기는 532153이고, 문학가주사사로 암기(문학가가 주사 부리다 사망하는 이야기)

② 보유공지 : 저장소를 둘러싼 빈 땅을 의미하며, 안전을 위해 보유하고 있어야 하는 데 위험물의 최대수량에 따라 아래와 같은 기준이 있다.

취급하는 위험물의 최대수량	공지의 너비
지정수량의 **10배 이하**	**3m 이상**
지정수량의 **10배 초과**	**5m 이상**

ㄱ. 제조소의 작업공정이 다른 작업장의 작업공정과 연속되어 있어, 제조소의 건축물 그 밖의 공작물의 주위에 공지를 두게 되면 그 제조소의 **작업에 현저한 지장**이 생길 우려가 있는 경우 당해 제조소와 다른 작업장 사이에 규정상 기준에 따라 **방화상 유효한 격벽(隔壁)**을 설치한 때에는 당해 제조소와 다른 작업장 사이에 제1호의 규정에 의한 **공지를 보유하지 아니할 수 있다.**

③ 표지 및 게시판: 제조소에는 표지 및 게시판을 설치해야 한다.

ㄱ. 표지: **표지의 바탕은 백색으로, 문자는 흑색으로 한 "위험물 제조소"**라는 표지

ㄴ. 게시판: 위에서 설명한 제조소 게시판에 게시할 내용을 참조하고, 추가되는 부분을 살펴본다.
- 게시판에는 저장 또는 취급하는 **위험물의 유별·품명 및 저장최대수량 또는 취급최대수량, 지정수량의 배수 및 안전관리자의 성명 또는 직명**을 기재해야 하고, **게시판의 바탕은 백색, 문자는 흑색**이다.
- **물기엄금의 경우는 청색바탕에 백색문자**로, **화기주의 또는 화기엄금은 적색바탕에 백색문자**로 한다.

ㄷ. 게시판 및 표지의 크기는 한변의 길이가 0.3m 이상, 다른 한변의 길이가 0.6m 이상인 직사각형으로 한다.

종류	바탕	문자
화기엄금(화기주의)	적색	백색
물기엄금	청색	백색
주유중엔진정지	황색	흑색
위험물 제조소 등	백색	흑색
위험물	흑색	황색반사도료

④ 건축물의 구조

ㄱ. **지하층이 없도록 하여야 한다.** 다만, 위험물을 취급하지 아니하는 지하층으로서 위험물의 취급장소에서 새어 나온 위험물 또는 가연성의 증기가 흘러 들어갈 우려가 없는 구조로 된 경우에는 그러하지 아니하다.

ㄴ. **벽·기둥·바닥·보·서까래 및 계단을 불연재료**로 하고, **연소의 우려가 있는 외벽은 출입구 외의 개구부가 없는 내화구조의 벽**으로 하여야 한다. 이 경우 제6류 위험물을 취급하는 건축물에 있어서 위험물이 스며들 우려가 있는 부분에 대하여는 아스팔트, 그 밖에 부식되지 아니하는 재료로 피복하여야 한다.

ㄷ. **지붕은** 폭발력이 위로 방출될 정도의 가벼운 **불연재료**로 덮어야 한다.

ㄹ. **출입구와 비상구에는 60분방화문 또는 30분방화문**을 설치하되, **연소의 우려가 있는 외벽에 설치하는 출입구에는 수시로 열 수 있는 자동폐쇄식의 60분방화문**을 설치하여야 한다.

ㅁ. 위험물을 취급하는 건축물의 창 및 출입구에 유리를 이용하는 경우에는 망입유리(두꺼운 판유리에 철망을 넣은 것)로 하여야 한다.

ㅂ. **액체(*고체 아님*)의 위험물을 취급하는 건축물의 바닥은 위험물이 스며들지 못하는 재료를 사용**하고, 적당한 경사를 두어 그 최저부에 집유설비를 하여야 한다.

⑤ 채광/조명/환기설비
   ㄱ. 채광설비 : 채광설비는 불연재료로 하고, 연소의 우려가 없는 장소에 설치하되 채광면적을 최소로 할 것
   ㄴ. 조명설비
   - 가연성가스 등이 체류할 우려가 있는 장소의 조명등은 방폭등(防爆燈)으로 할 것
   - 전선은 내화·내열전선으로 할 것
   - 점멸스위치는 출입구 바깥부분에 설치할 것. 다만, 스위치의 스파크로 인한 화재·폭발의 우려가 없을 경우에는 그러하지 아니하다.
   ㄷ. 환기설비
   - 환기는 **자연배기방식**으로 할 것
   - 급기구는 당해 급기구가 설치된 실의 **바닥면적 150m² 마다 1개 이상**으로 하되, 급기구의 **크기는 800cm² 이상**으로 할 것. 다만 바닥면적이 150m² 미만인 경우에는 다음의 크기로 하여야 한다.

바닥면적	급기구의 면적
60m² 미만	150cm² 이상
60m² 이상 90m² 미만	300cm² 이상
90m² 이상 120m² 미만	450cm² 이상
120m² 이상 150m² 미만	600cm² 이상

   - **급기구는 낮은 곳에 설치**하고 가는 눈의 구리망 등으로 인화방지망을 설치할 것
   - **환기구는 지붕 위 또는 지상 2m 이상**의 높이에 회전식 고정벤티레이터 또는 루프팬 방식(roof fan : 지붕에 설치하는 배기장치)으로 설치할 것

⑥ 배출설비
   ㄱ. 배출설비는 국소방식으로 하여야 한다. 다만, 다음 각목의 1에 해당하는 경우에는 전역방식으로 할 수 있다.
   - 위험물취급설비가 배관이음 등으로만 된 경우
   - 건축물의 구조·작업장소의 분포 등의 조건에 의하여 전역방식이 유효한 경우
   ㄴ. 배출설비는 배풍기(오염된 공기를 뽑아내는 통풍기)·배출 덕트(공기 배출통로)·후드 등을 이용하여 강제적으로 배출하는 것으로 해야 한다.
   ㄷ. **배출능력은 1시간당 배출장소 용적의 20배 이상인 것으로 하여야 한다.** 다만, 전역방식의 경우에는 바닥면적 1m² 당 18m³ 이상으로 할 수 있다.
   ㄹ. 배출설비의 급기구 및 배출구는 다음 각목의 기준에 의하여야 한다.
   - 급기구는 높은 곳에 설치하고, 가는 눈의 구리망 등으로 인화방지망을 설치할 것
   - 배출구는 지상 2m 이상으로서 연소의 우려가 없는 장소에 설치하고, 배출 덕트가 관통하는 벽부분의 바로 가까이에 화재시 자동으로 폐쇄되는 방화댐퍼(화재 시 연기 등을 차단하는 장치)를 설치할 것
   ㅁ. 배풍기는 강제배기방식으로 하고, 옥내 덕트의 내압이 대기압 이상이 되지 아니하는 위치에 설치하여야 한다.

⑦ 옥외설비의 바닥
   바닥의 최저부에 **집유설비**를 하여야 한다.

⑧ 압력계/안전장치 : 위험물을 가압하거나 압력을 증가시킬 우려가 있는 설비는 압력계 및 아래의 안전장치 설치해야 한다(다만, **파괴판은 위험물의 성질에 따라 안전밸브의 작동이 곤란한 가압설비**에 한한다).
　ㄱ. 자동적으로 압력의 상승을 정지시키는 장치
　ㄴ. 감압측에 안전밸브를 부착한 감압밸브
　ㄷ. 안전밸브를 겸하는 경보장치
　ㄹ. **파괴판**

⑨ 정전기 제거설비 : **정전기 제거설비를 아래의 방법으로 설치해야 한다.**
　ㄱ. **접지**에 의한 방법
　ㄴ. **공기 중의 상대습도를 70% 이상**으로 하는 방법
　ㄷ. **공기를 이온화**하는 방법

⑩ 피뢰설비
　지정수량의 **10배 이상**의 위험물을 취급하는 제조소(**제6류 위험물**을 취급하는 위험물제조소를 **제외**한다)에는 피뢰설비를 설치해야 한다.

⑪ 방유제 : **제조소 옥외에 있는 위험물저장탱크**의 경우 액체위험물을 취급하는 경우 방유제를 설치해야 한다(방유제는 탱크의 물질이 흘러나와서 확대되는 것을 막기위해 설치하는 둑을 의미한다).
　ㄱ. **탱크가 1개 때 : 탱크용량의 50%**
　ㄴ. **탱크가 2개 이상**일 때 : **최대 탱크 용량의 50% + 나머지 탱크 용량 합계의 10%**

⑫ 배관
　ㄱ. 지하에 매설하는 경우 **접합부분에는 점검구** 설치, 금속성 배관 **외면에는 부식방지조치**
　ㄴ. **최대사용압력의1.5배 이상의 압력으로 내압시험** 해야 함
　ㄷ. 지상에 설치 시 **지면에 닿지 않도록** 하며, 지진·풍압·지반침하 및 온도변화에 안전한 구조의 **지지물**에 설치한다.

⑬ 위험물의 성질에 따른 특례
　ㄱ. **알킬알루미늄** 등(알킬알루미늄, 알킬리튬, 또는 이들을 함유한 것)을 취급하는 제조소의 특례
　　• 알킬알루미늄 등을 취급하는 설비의 주위에는 **누설범위를 국한하기 위한 설비**와 누설된 알킬알루미늄등을 안전한 장소에 설치된 저장실에 유입시킬수 있는 설비를 갖출 것
　　• 알킬알루미늄 등을 취급하는 설비에는 **불활성기체를 봉입하는 장치**를 갖출 것
　ㄴ. **아세트알데히드 등**을 취급하는 제조소의 특례
　　• 아세트알데히드 등을 취급하는 설비는 **은·수은·동·마그네슘 또는 이들을 성분으로 하는 합금으로 만들지 아니할 것**
　　• 아세트알데히드 등을 취급하는 설비에는 연소성 혼합기체의 생성에 의한 폭발을 방지하기 위한 **불활성기체 또는 수증기를 봉입하는 장치**를 갖출 것
　　• 아세트알데히드 등을 취급하는 탱크(옥외에 있는 탱크 또는 옥내에 있는 탱크로서 그 용량이 지정수량의 5분의 1 미만의 것을 제외한다)에는 **냉각장치 또는 저온을 유지하기 위한 장치(이하 "보냉장치"라 한다)** 및 연소성 혼합기체의 생성에 의한 폭발을 방지하기 위한 **불활성기체를 봉입하는 장치**를 갖출 것. 다만, 지하에

있는 탱크가 아세트알데히드 등의 온도를 저온으로 유지할 수 있는 구조인 경우에는 냉각장치 및 보냉장치를 갖추지 아니할 수 있다.

ㄷ. 히드록실아민 등을 취급하는 제조소의 특례
- 안전거리에 있어 아래의 산식에 따른 거리를 둔다.

$$D = 51.1\sqrt[3]{N}$$

D : 거리(m)

N : 해당 제조소에서 취급하는 히드록실아민 등의 지정수량의 배수

2) 옥내저장소

① 안전거리

ㄱ. **제조소의 규정**에 따른다.

ㄴ. 다만, 아래의 경우는 안전거리 **안 둘 수 있다.**
- **제4석유류 또는 동식물유류**의 위험물을 저장 또는 취급하는 옥내저장소로서 그 최대수량이 **지정수량의 20배 미만**인 것
- **제6류 위험물**을 저장 또는 취급하는 옥내저장소
- **지정수량의 20배**(하나의 저장창고의 바닥면적이 150m² 이하인 경우에는 50배) **이하**의 위험물을 저장 또는 취급하는 옥내저장소로서 다음의 기준에 적합한 것
  1) 저장창고의 벽·기둥·바닥·보 및 지붕이 내화구조인 것
  2) 저장창고의 출입구에 수시로 열 수 있는 자동폐쇄방식의 60분방화문이 설치되어 있을 것
  3) 저장창고에 창을 설치하지 아니할 것

② 보유공지

저장 또는 취급하는 위험물의 최대수량	공지의 너비	
	벽·기둥 및 바닥이 내화구조로 된 건축물	그 밖의 건축물
지정수량의 5배 이하		0.5m 이상
지정수량의 5배 초과 10배 이하	1m 이상	1.5m 이상
지정수량의 10배 초과 20배 이하	2m 이상	3m 이상
지정수량의 20배 초과 50배 이하	3m 이상	5m 이상
지정수량의 50배 초과 200배 이하	5m 이상	10m 이상
지정수량의 200배 초과	10m 이상	15m 이상

③ 표지 및 게시판

제조소와 동일하다.

④ 건축물의 구조

ㄱ. 독립된 건축물로 하여야 한다.

ㄴ. 지면에서 처마까지의 높이(이하 "처마높이"라 한다)가 6m 미만인 단층건물로 하고 그 바닥을 지반면보다 높게 하여야 한다. 다만, 제2류 또는 제4류의 위험물만을 저장하는 창고로서 다음 각목의 기준에 적합한 창고의 경우에는 20m 이하로 할 수 있다.
- 벽·기둥·보 및 바닥을 내화구조로 할 것
- 출입구에 60분방화문을 설치할 것
- 피뢰침을 설치할 것. 다만, 주위상황에 의하여 안전상 지장이 없는 경우에는 그러하지 아니하다.

ㄷ. 바닥면적
- 다음의 위험물을 저장하는 창고 : 1,000m² 이하
    1) 제1류 위험물 중 아염소산염류, 염소산염류, 과염소산염류, 무기과산화물 그 밖에 지정수량이 50kg인 위험물
    2) 제3류 위험물 중 칼륨, 나트륨, 알킬알루미늄, 알킬리튬 그 밖에 지정수량이 10kg인 위험물 및 황린
    3) 제4류 위험물 중 특수인화물, 제1석유류 및 알코올류
    4) 제5류 위험물 중 유기과산화물, 질산에스테르류 그 밖에 지정수량이 10kg인 위험물
    5) 제6류 위험물
- 위 위험물 외의 위험물을 저장하는 창고 : 2,000m² 이하
- **위 두가지의 위험물을 내화구조의 격벽으로 완전히 구획된 실**에 각각 저장하는 창고 : **1,500m² 이하**

  [암기방법] 암기방법은 **1000m² 인 경우 4류 위험물 중 제1석유류 및 알코올류를 제외하고는 모두 위험등급이 I등급**인 물질이다. 즉 기본적으로 위험등급이 1등급이면 바닥면적이 1000m² 이하이다. 그 외는 2000m²로 기억하고, 격벽인 경우 1,500으로 기억하면 된다.

- 복합용도 건축물의 옥내저장소의 용도에 사용되는 부분의 **바닥면적은 75m² 이하**로 하여야 한다.

ㄹ. 저장창고의 **벽·기둥 및 바닥**은 **내화구조**로 하고, **보와 서까래는 불연재료**로 하여야 한다. 다만, 지정수량의 10배 이하의 위험물의 저장창고 또는 제2류 위험물(인화성고체는 제외한다)과 제4류의 위험물(인화점이 70℃ 미만인 것은 제외한다)만의 저장창고에 있어서는 연소의 우려가 없는 벽·기둥 및 바닥은 불연재료로 할 수 있다.

ㅁ. **지붕**을 폭발력이 위로 방출될 정도의 **가벼운 불연재료**로 하고, 천장을 만들지 않아야 한다.

ㅂ. **출입구**에는 **60분방화문 또는 30분방화문**을 설치하되, **연소의 우려가 있는 외벽**에 있는 출입구에는 **수시로 열 수 있는 자동폐쇄식의 60분방화문**을 설치하여야 한다.
- **연소의 우려가 있는 외벽**이란 다음의 선을 기산점으로 **3m(2층 이상은 5m) 이내**에 있는 제조소 등의 외벽을 말한다.
    1) 제조소 등의 설치된 **부지의 경계선**
    2) 제조소 등의 인접한 **도로의 중심선**
    3) 제조소 등의 외벽과 동일부지 내의 **다른 건물의 외벽간의 중심선**

ㅅ. 바닥을 물이 스며 나오지 않는 구조로 해야 하는 경우
- 1류 위험물 중 **알칼리금속의 과산화물** 또는 이를 함유하는 것
- 2류 위험물 중 **철분·금속분·마그네슘** 또는 이중 어느 하나 이상을 함유하는 것
- 3류 위험물 중 **금수성물질**
- **4류** 위험물

ㅇ. 액상의 위험물 저장하는 경우의 바닥
- 바닥은 위험물이 스며들지 아니하는 구조
- 적당한 경사
- 최저부에 **집유설비**

ㅈ. 채광/조명/환기 : 제조소와 동일, **인화점이 70℃ 미만인 위험물**의 저장창고에 있어서는 내부에 체류한 가연성의 증기를 지붕 위로 **배출하는 설비**를 설치해야 한다.

ㅊ. **지정수량의 10배** 이상의 저장창고(제6류 위험물의 저장창고를 **제외**한다)에는 **피뢰침**을 설치해야 한다. 저장창고는 각층의 바닥을 지면보다 높게 하고, 바닥면으로부터 상층의 바닥(상층이 없는 경우에는 처마)까지의 높이(이하 **"층고"라 한다)를 6m 미만**으로 하여야 한다.
- 하나의 저장창고의 **바닥면적 합계는 1,000m² 이하**로 하여야 한다.
- 저장창고의 벽·기둥·바닥 및 보를 내화구조로 하고, 계단을 불연재료로 하며, 연소의 우려가 있는 외벽은 출입구 외의 개구부를 갖지 아니하는 벽으로 하여야 한다.
- 2층 이상의 층의 바닥에는 개구부를 두지 아니하여야 한다. 다만, 내화구조의 벽과 60분방화문 또는 30분방화문으로 구획된 계단실에 있어서는 그러하지 아니하다.

⑤ 위험물의 성질에 따른 옥내저장소의 특례

ㄱ. **지정과산화물(5류 위험물 중 유기과산화물** 또는 이를 함유한 것으로 지정수량 **10kg인 것)**
- 저장창고는 바닥면적 **150m² 이내마다 격벽**으로 완전하게 구획할 것. 이 경우 당해 격벽은 두께 30cm 이상의 철근콘크리트조 또는 철골철근콘크리트조로 하거나 두께 40cm 이상의 보강콘크리트블록조로 하고, 당해 저장창고의 양측의 외벽으로부터 1m 이상, 상부의 지붕으로부터 50cm 이상 돌출하게 하여야 한다.
- **외벽은 두께 20cm 이상의 철근콘크리트조나 철골철근콘크리트조** 또는 두께 30cm 이상의 보강콘크리트블록조로 할 것
- 지붕의 **서까래의 간격은 30cm 이하**로 할 것
- **출입구에는 60분방화문**을 설치할 것
- **저장창고의 창은 바닥면으로부터 2m 이상의 높이**에 두되, 하나의 벽면에 두는 창의 면적의 합계를 당해 벽면의 면적의 80분의 1 이내로 하고, **하나의 창의 면적을 0.4m² 이내로 할 것**

3) 옥외저장소

① 안전거리 : 제조소와 동일
② 주위에 경계표시 해야 한다.
③ 보유공지 : 위의 경계표시 주위 아래의 표에 따라 보유공지 있어야 한다.

저장 또는 취급하는 위험물의 최대수량	공지의 너비
지정수량의 10배 이하	3m 이상
지정수량의 10배 초과 20배 이하	5m 이상
지정수량의 20배 초과 50배 이하	9m 이상
지정수량의 50배 초과 200배 이하	12m 이상
지정수량의 200배 초과	15m 이상

다만, 제4류 위험물 중 제4석유류와 제6류 위험물을 저장 또는 취급하는 옥외저장소의 보유공지는 다음 표에 의한 공지의 너비의 3분의 1 이상의 너비

④ 옥외저장소 중 경계표시 안쪽에서 **덩어리 유황만을 저장, 취급**하는 경우
　ㄱ. 하나의 경계표시의 **내부의 면적은 100m² 이하**일 것
　ㄴ. 2 이상의 경계표시를 설치하는 경우에 있어서는 각각의 경계표시 내부의 면적을 **합산한 면적은 1,000m² 이하**로 할 것
　ㄷ. 경계표시는 불연재료로 만드는 동시에 유황이 새지 아니하는 구조로 할 것
　ㄹ. 경계표시의 **높이는 1.5m 이하**로 할 것

4) 옥외탱크저장소

옥외탱크저장소 중 최대수량이 100만리터 이상인 것을 특정옥외탱크저장소라 한다. 특정옥외저장탱크의 경우 지반은 **지표면으로부터 깊이 15m까지의 지질**이 소방청장이 고시하는 것 이외의 것이어야 한다.

① 안전거리
　저장소와 동일(**옥내/외저장소, 옥외탱크저장소** 외의 저장소는 안전거리 규제대상 아니다. 취급소도 **일반취급**소만 안전거리 규제 대상이다)

② 보유공지
　화재확산 방지, 피난, 소화활동 용이를 위한 목적이다.

저장 또는 취급하는 위험물의 최대수량	공지의 너비
지정수량의 500배 이하	3m 이상
지정수량의 500배 초과 1,000배 이하	5m 이상
지정수량의 1,000배 초과 2,000배 이하	9m 이상
지정수량의 2,000배 초과 3,000배 이하	12m 이상
지정수량의 3,000배 초과 4,000배 이하	15m 이상
지정수량의 4,000배 초과	당해 탱크의 수평단면의 최대지름(가로형인 경우에는 긴 변)과 높이 중 큰 것과 같은 거리 이상. 다만, 30m 초과의 경우에는 30m 이상으로 할 수 있고, 15m 미만의 경우에는 15m 이상으로 하여야 한다.

ㄱ. 6류 위험물 외의 위험물의 경우 옥외저장탱크를 동일한 방유제 안에 2개 이상 설치하는 경우 위 보유공지의 3분의 1이상으로 할 수 있다(단, 너비는 3m 이상이어야 한다).

ㄴ. **6류 위험물인 경우 위 보유공지의 3분의 1이상으로 할 수 있다(단, 너비는 1.5m 이상이어야 한다).**

ㄷ. 6류 위험물인 경우 동일구내 2개 이상 설치할 경우 보유공지의 3분의 1의 3분의 1로 할 수 있다(단, 너비는 1.5m 이상이어야 한다).

ㄹ. 탱크 <u>원주 1m당 37리터로 20분간</u> 물을 분수할 수 있는 <u>물분무설비</u>가 있으면 보유공지의 2분의 1이상의 공지로 할 수 있다.

③ 외부구조 및 설비

ㄱ. 옥외저장탱크는 특정옥외저장탱크 및 준특정옥외저장탱크 외에는 **두께 3.2mm 이상의 강철판** 또는 소방청장이 정하여 고시하는 규격에 적합한 재료로 제작해야 하고, **압력탱크**(최대상용압력이 대기압을 초과하는 탱크를 말한다) **외의 탱크**는 **충수시험**, **압력탱크는 최대상용압력의 1.5배의 압력으로 10분간 실시하는 수압시험**에서 각각 새거나 변형되지 아니하여야 한다.

ㄴ. 옥외저장탱크중 압력탱크외의 탱크(제4류 위험물의 옥외저장탱크에 한한다)에 있어서는 밸브없는 통기관 또는 대기밸브부착 통기관을 다음 각목에 정하는 바에 의하여 설치하여야 하고, 압력탱크에 있어서는 규정에 의한 안전장치를 설치하여야 한다.

- **밸브없는 통기관(열려있다)**
  1) **지름은 30mm 이상**일 것
  2) **끝부분은 수평면보다 45도 이상 구부려** 빗물 등의 침투를 막는 구조로 할 것
  3) 인화점이 38℃ 미만인 위험물만을 저장 또는 취급하는 탱크에 설치하는 통기관에는 화염방지장치를 설치하고, 그 외의 탱크에 설치하는 통기관에는 40메쉬(mesh) 이상의 구리망 또는 동등 이상의 성능을 가진 **인화방지장치**를 설치할 것. 다만, 인화점이 70℃ 이상인 위험물만을 해당 위험물의 인화점 미만의 온도로 저장 또는 취급하는 탱크에 설치하는 통기관에는 인화방지장치를 설치하지 않을 수 있다.
  4) 가연성의 증기를 회수하기 위한 밸브를 통기관에 설치하는 경우에 있어서는 당해 통기관의 밸브는 저장탱크에 위험물을 주입하는 경우를 제외하고는 항상 개방되어 있는 구조로 하는 한편, 폐쇄하였을 경우에 있어서는 **10kPa 이하**의 압력에서 개방되는 구조로 할 것. 이 경우 개방된 부분의 유효단면적은 777.15mm^2 이상이어야 한다.

- **대기밸브부착 통기관(닫혀있다가 5kPa 압력으로 작동한다)**
  1) **5kPa 이하의 압력차이로 작동할 수 있을 것**
  2) 인화점이 38℃ 미만인 위험물만을 저장 또는 취급하는 탱크에 설치하는 통기관에는 화염방지장치를 설치하고, 그 외의 탱크에 설치하는 통기관에는 40메쉬(mesh) 이상의 구리망 또는 동등 이상의 성능을 가진 **인화방지장치**를 설치할 것. 다만, 인화점이 70℃ 이상인 위험물만을 해당 위험물의 인화점 미만의 온도로 저장 또는 취급하는 탱크에 설치하는 통기관에는 인화방지장치를 설치하지 않을 수 있다.

ㄷ. 옥외저장탱크의 펌프설비
- 펌프설비의 주위에는 **너비 3m 이상의 공지**를 보유할 것
- 펌프 및 이에 부속하는 전동기를 위한 건축물 그 밖의 공작물(이하 "펌프실"이라 한다)의 벽·기둥·바닥 및 보는 불연재료로 할 것
- 펌프실의 지붕을 폭발력이 위로 방출될 정도의 가벼운 불연재료로 할 것
- 펌프실의 창 및 출입구에는 60분방화문 또는 30분방화문을 설치할 것
- 펌프실의 창 및 출입구에 유리를 이용하는 경우에는 망입유리로 할 것
- 펌프실의 **바닥의** 주위에는 높이 0.2m 이상의 턱을 만들고 바닥은 콘크리트 등 위험물이 스며들지 아니하는 재료로 적당히 경사지게 하여 그 **최저부에는 집유설비**를 설치할 것
- 펌프실 외의 장소에 설치하는 펌프설비에는 그 직하의 **지반면의 주위**에 높이 **0.15m 이상의 턱**을 만들고 당해 지반면은 콘크리트 등 위험물이 스며들지 아니하는 재료로 적당히 경사지게 하여 그 최저부에는 집유설비를 할 것. **4류 위험물**(온도 20℃의 물 100g에 용해되는 양이 1g 미만인 것에 한한다)의 경우 직접 배수구에 유입하지 아니하도록 집유설비에 **유분리장치**를 설치하여야 한다.

④ 게시판
"옥외저장탱크 주입구"에도 게시판을 백색바탕, 흑색문자로 표시한다.

⑤ 방유제
인화성액체위험물(이황화탄소를 제외한다)은 아래와 같이 방유제를 설치해야 한다.

ㄱ. 용량
- **탱크가 하나**일 때 : 탱크 용량의 **110% 이상**
- **탱크가 2기 이상**일 경우 : 탱크 중 중량 **최대인 것의 110% 이상**
- **인화성 없는 액체위험물**의 경우 : 위 두가지의 경우 모두 110%를 **100%**로 한다.

ㄴ. **방유제는 높이 0.5m 이상 3m 이하, 두께 0.2m 이상**, 지하매설깊이 1m 이상으로 할 것

ㄷ. 방유제내의 **면적은 8만m² 이하**로 할 것

ㄹ. 방유제내의 설치하는 옥외저장탱크의 **수는 10 이하**로 할 것

ㅁ. 방유제는 옥외저장탱크의 지름에 따라 그 **탱크의 옆판으로부터 다음에 정하는 거리를 유지**할 것. 다만, 인화점이 200℃ 이상인 위험물을 저장 또는 취급하는 것에 있어서는 그러하지 아니하다.
- 지름이 15m 미만인 경우에는 **탱크 높이의 3분의 1 이상**
- 지름이 15m 이상인 경우에는 **탱크 높이의 2분의 1 이상**

5) 옥내탱크저장소

① 옥내탱크(이하 "옥내저장탱크"라 한다.)는 **단층건축물에 설치된 탱크전용실**에 설치할 것
② **옥내저장탱크와 탱크전용실의 벽과의 사이 및** 옥내저장탱크의 상호간에는 **0.5m 이상의 간격**을 유지할 것
③ 옥내저장탱크의 용량(동일한 탱크전용실에 옥내저장탱크를 2 이상 설치하는 경우에는 각 탱크의 용량의 합계를 말한다)은 **지정수량의 40배 이하일 것**, **4석유류 및 동식물유류 외의 제4류 위험물**에 있어서 당해 수량이 20,000ℓ를 초과할 때에는 **20,000ℓ 이하**일 것

④ 옥내탱크저장소 중 **탱크전용실을 단층건물 외의 건축물**에 설치하는 경우
  ㄱ. 대상 물질
  - 제2류 위험물 중 황화린·적린 및 덩어리 유황
  - 제3류 위험물 중 황린
  - 제6류 위험물 중 질산
  - 제4류 위험물 중 인화점이 38℃ 이상인 위험물

  ㄴ. 기준
  이 경우 옥내저장탱크는 탱크전용실에 설치해야 한다. 다만, **제2류 위험물 중 황화린·적린 및 덩어리 유황, 제3류 위험물 중 황린, 제6류 위험물 중 질산**의 탱크전용실은 **건축물의 1층 또는 지하층**에 설치해야 한다.

6) 지하탱크저장소(별표 8)

① 지면하에 설치된 탱크전용실에 설치하여야 한다. 다만, 제4류 위험물의 지하저장탱크가 다음 아래의 기준에 적합한 때에는 그러하지 아니하다.
  ㄱ. 당해 탱크를 지하철·지하가 또는 지하터널로부터 수평거리 10m 이내의 장소 또는 지하건축물내의 장소에 설치하지 아니할 것
  ㄴ. 당해 탱크를 그 수평투영의 세로 및 가로보다 각각 0.6m 이상 크고 두께가 0.3m 이상인 철근콘크리트조의 뚜껑으로 덮을 것
  ㄷ. 뚜껑에 걸리는 중량이 직접 당해 탱크에 걸리지 아니하는 구조일 것
  ㄹ. 당해 탱크를 견고한 기초 위에 고정할 것
  ㅁ. 당해 탱크를 지하의 가장 가까운 벽·피트(pit : 인공지하구조물)·가스관 등의 시설물 및 대지경계선으로부터 0.6m 이상 떨어진 곳에 매설할 것

② **탱크전용실**은 지하의 가장 가까운 **벽·피트·가스관 등의 시설물 및 대지경계선**으로부터 **0.1m 이상 떨어진 곳**에 설치하고, **지하저장탱크와 탱크전용실의 안쪽과의 사이는 0.1m 이상의 간격을 유지**하도록 하며, 당해 탱크의 주위에 마른 모래 또는 습기 등에 의하여 응고되지 아니하는 **입자지름 5mm 이하의 마른 자갈분**을 채워야 한다.

③ 지하저장탱크의 윗부분은 **지면으로부터 0.6m 이상 아래**에 있어야 한다.

④ 지하저장탱크를 **2 이상 인접해 설치**하는 경우에는 **그 상호간에 1m**(당해 2 이상의 지하저장탱크의 **용량의 합계가 지정수량의 100배 이하인 때에는 0.5m) 이상의 간격을 유지**하여야 한다. 다만, 그 사이에 **탱크전용실의 벽이나 두께 20cm 이상의 콘크리트 구조물이 있는 경우에는 그러하지 아니하다.**

⑤ 게시판 및 표지는 제조소와 동일하게 표시하면 된다.

⑥ **압력탱크**(최대상용압력이 46.7kPa 이상인 탱크를 말한다) 외의 탱크에 있어서는 **70kPa**의 압력으로, **압력탱크에 있어서는 최대상용압력의 1.5배의 압력으로 각각 10분간 수압시험을 실시**하여 새거나 변형되지 아니하여야 한다.

⑦ 통기관은 지면으로부터 4m 이상 높이에 설치해야 한다.

⑧ 지하저장탱크의 주위에는 당해 탱크로부터의 **액체위험물의 누설을 검사하기 위한 관을 다음의 각목의 기준에 따라 4개소 이상** 적당한 위치에 설치하여야 한다.

ㄱ. 이중관으로 할 것. 다만, 소공이 없는 상부는 단관으로 할 수 있다.
ㄴ. 재료는 금속관 또는 경질합성수지관으로 할 것
ㄷ. 관은 탱크전용실의 바닥 또는 탱크의 기초까지 닿게 할 것
ㄹ. 관의 밑부분으로부터 탱크의 중심 높이까지의 부분에는 소공이 뚫려 있을 것. 다만, 지하수위가 높은 장소에 있어서는 지하수위 높이까지의 부분에 소공이 뚫려 있어야 한다.
ㅁ. 상부는 물이 침투하지 아니하는 구조로 하고, 뚜껑은 검사시에 쉽게 열 수 있도록 할 것

⑨ 탱크전용실은 벽·바닥 및 뚜껑을 다음 각 목에 정한 기준에 적합한 철근콘크리트구조 또는 이와 동등 이상의 강도가 있는 구조로 설치하여야 한다
ㄱ. 벽·바닥 및 뚜껑의 두께는 0.3m 이상일 것
ㄴ. 벽·바닥 및 뚜껑의 내부에는 지름 9mm부터 13mm까지의 철근을 가로 및 세로로 5cm부터 20cm까지의 간격으로 배치할 것
ㄷ. 벽·바닥 및 뚜껑의 재료에 수밀(액체가 새지 않도록 밀봉되어 있는 상태)콘크리트를 혼입하거나 벽·바닥 및 뚜껑의 중간에 아스팔트층을 만드는 방법으로 적정한 방수조치를 할 것

⑩ 아래와 같은 방법으로 **과충전을 방지하는 장치**를 설치하여야 한다.
ㄱ. 탱크용량을 초과하는 위험물이 주입될 때 자동으로 그 주입구를 폐쇄하거나 위험물의 공급을 자동으로 차단하는 방법
ㄴ. **탱크용량의 90%가 찰 때 경보음을 울리는 방법**

⑪ 강제이중벽탱크
ㄱ. 탱크의 본체와 외벽의 사이에 3mm 이상의 감지층을 두어야 한다.
ㄴ. 탱크본체와 외벽 사이의 감지층 간격을 유지하기 위한 스페이서를 설치하여야 한다.
- 스페이서는 탱크의 고정밴드 위치 및 기초대 위치에 설치하여야 한다.
- **재질은 원칙적으로 탱크본체와 동일한 재료로 설치**하여야 한다.

7) 간이탱크저장소(별표 9)

① 하나의 간이탱크저장소에 설치하는 간이저장탱크는 **그 수를 3 이하로 하고**, 동일한 품질의 위험물의 간이저장탱크를 2 이상 설치하지 아니하여야 한다.
② **두께 3.2mm 이상의 강판**으로 흠이 없도록 제작하여야 하며, **70kPa의 압력으로 10분간의 수압시험**을 실시하여 새거나 변형되지 아니하여야 한다.
③ 간이저장탱크의 **용량은 600ℓ 이하이어야 한다.**
④ 간이저장탱크는 움직이거나 넘어지지 아니하도록 지면 또는 가설대에 고정시키되, 옥외에 설치하는 경우에는 그 탱크의 주위에 너비 1m 이상의 공지를 두고, 전용실안에 설치하는 경우에는 탱크와 전용실의 벽과의 사이에 0.5m 이상의 간격을 유지하여야 한다.

8) 이동탱크저장소(별표 10)

① 상치장소

ㄱ. 옥외에 있는 상치장소는 화기를 취급하는 장소 또는 인근의 건축물로부터 5m 이상(인근의 건축물이 1층인 경우에는 3m 이상)의 거리를 확보하여야 한다. 다만, 하천의 공지나 수면, 내화구조 또는 불연재료의 담 또는 벽 그 밖에 이와 유사한 것에 접하는 경우를 제외한다.

ㄴ. 옥내에 있는 상치장소는 벽·바닥·보·서까래 및 지붕이 내화구조 또는 불연재료로 된 건축물의 1층에 설치하여야 한다.

② 구조

ㄱ. **탱크**(맨홀 및 주입관의 뚜껑을 포함한다)는 **두께 3.2mm 이상의 강철판** 또는 이와 동등 이상의 강도·내식성 및 내열성이 있다고 인정하여 소방청장이 정하여 고시하는 재료 및 구조로 위험물이 새지 아니하게 제작할 것

ㄴ. **압력탱크**(최대상용압력이 46.7kPa 이상인 탱크를 말한다) **외**의 탱크는 **70kPa의 압력**으로, **압력탱크**는 **최대상용압력의 1.5배의 압력으로 각각 10분간의 수압시험**을 실시하여 새거나 변형되지 아니할 것. 이 경우 수압시험은 용접부에 대한 **비파괴시험과 기밀시험으로 대신**할 수 있다.

ㄷ. 내부에 **4,000ℓ 이하마다 3.2mm 이상의 강철판** 또는 이와 동등 이상의 강도·내열성 및 내식성이 있는 금속성의 것으로 칸막이를 설치

ㄹ. 안전장치

상용압력이 20kPa 이하인 탱크에 있어서는 20kPa 이상 24kPa 이하의 압력에서, 상용압력이 **20kPa를 초과하는 탱크에 있어서는 상용압력의 1.1배 이하**의 압력에서 작동하는 것으로 설치

ㅁ. 방파판(브레이크시 쏠림 방지)
- **두께 1.6mm 이상의 강철판** 또는 이와 동등 이상의 강도·내열성 및 내식성이 있는 금속성의 것으로 할 것
- 하나의 구획부분에 2개 이상의 방파판을 이동탱크저장소의 진행방향과 평행으로 설치하되, 각 방파판은 그 높이 및 칸막이로부터의 거리를 다르게 할 것
- 하나의 구획부분에 설치하는 각 방파판의 면적의 합계는 당해 구획부분의 최대 수직단면적의 50% 이상으로 할 것. 다만, 수직단면이 원형이거나 짧은 지름이 1m 이하의 타원형일 경우에는 40% 이상으로 할 수 있다.

ㅂ. 방호틀
- 두께 2.3mm 이상의 강철판 또는 이와 동등 이상의 기계적 성질이 있는 재료
- 정상부분은 부속장치보다 50mm 이상 높게 하거나 이와 동등 이상의 성능이 있는 것으로 할 것

③ **이동저장탱크의 외부 도장**

구분	1류	2류	3류	4류	5류	6류
도장 색상	회색	**적색**	**청색**	적색권장	**황색**	**청색**

ㄱ. 탱크의 앞면과 뒷면을 제외한 면적의 40% 이내의 면적은 다른 유별의 색상 외의 색상으로 도장 가능하다.

암기방법 회적청(적)황청으로 암기한다.

④ 표지, 그림문자, UN번호 기준
  ㄱ. 표지
    • 위치 : 전면 상단 및 후면 상단(이동탱크저장소), 전면 및 후면(위험물 운반 차량)
    • **색상 및 문자 : 흑색 바탕에 황색의 반사 도료로 "위험물"이라 표기할 것**
  ㄴ. UN번호, 그림문자

황색 사각형 안에 번호를 표기한다. 휘발유의 경우 1203번

인화성 액체의 경우의 그림문자이다.

  ㄷ. 위험물 표지, UN번호, 그림문자를 위에서부터 아래의 순서로 게시한다.
    • 위험물 중 **알킬알루미늄 또는 알킬리튬**을 저장하는 이동탱크저장소에는 **긴급시의 연락처·응급조치에 관하여 필요한 사항을 기재한 서류** 및 **고무장갑·밸브 등의 결합 공구**와 **확성기**를 비치하여야 한다.
    • 알킬알루미늄 등을 저장, 취급하는 경우
        – 탱크용량은 1900L미만
        – 탱크외부는 적색으로 도장

9) 주유취급소(취급소의 종류는 4가지 : 주유, 판매, 일반, 이송) *(주판일이로 암기)*

① 주유공지/급유공지
  ㄱ. 주유취급소의 고정주유설비의 주위에는 주유를 받으려는 자동차 등이 출입할 수 있도록 **너비 15m 이상, 길이 6m 이상의 콘크리트 등**으로 포장한 공지(이하 **"주유공지"**라 한다)를 보유하여야 하고, 고정급유설비를 설치하는 경우에는 고정급유설비의 호스기기의 주위에 필요한 공지(이하 "급유공지"라 한다)를 보유하여야 한다.
  ㄴ. 그 공지의 **바닥은 주위 지면보다 높게 하고, 그 표면을 적당하게 경사지게** 하여 새어나온 기름 그 밖의 액체가 공지의 외부로 유출되지 아니하도록 **배수구·집유설비 및 유분리장치**를 하여야 한다.
② 표지, 게시판
  ㄱ. 제조소기준에 따라 "위험물 주유취급소"라는 표지를 한다.
  ㄴ. **황색바탕에 흑색문자**로 **"주유중엔진정지"**라는 표시를 한 게시판을 설치하여야 한다.
③ 탱크 용량(원칙적으로 아래의 것만 가능)
  ㄱ. 자동차 등에 주유하기 위한 **고정주유설비**에 직접 접속하는 전용탱크로서 **50,000ℓ 이하**의 것

ㄴ. **고정급유설비**에 직접 접속하는 전용탱크로서 **50,000ℓ 이하**의 것

　　ㄷ. **보일러** 등에 직접 접속하는 전용탱크로서 **10,000ℓ 이하**의 것

　　ㄹ. 자동차 등을 점검·정비하는 작업장 등(주유취급소안에 설치된 것에 한한다)에서 사용하는 폐유, 윤활유 등의 위험물을 저장하는 탱크로서 용량이 **2,000ℓ 이하**인 탱크

　　ㅁ. 간이저장탱크 600L

　　ㅂ. 고속도로 주유취급소의 경우 고정주유설비에 직접 접속하는 경우 **60,000ℓ까지 가능**

　④ 고정주유설비

　　ㄱ. 주유취급소에는 자동차 등의 연료탱크에 직접 주유하기 위한 고정주유설비를 설치하여야 한다.

　　ㄴ. 펌프기기는 주유관 끝부분에서의 최대배출량이 **제1석유류의 경우에는 분당 50ℓ** 이하, **경유의 경우에는 분당 180ℓ 이하, 등유의 경우에는 분당 80ℓ 이하**인 것으로 할 것. 다만, 이동저장탱크에 주입하기 위한 고정급유설비의 펌프기기는 최대배출량이 분당 300ℓ 이하

　　ㄷ. 고정주유설비의 **중심선을 기점으로 하여 도로경계선까지 4m 이상 거리**를 유지할 것

　⑤ **건축물 등의 제한**(아래의 건물 등을 제외하고는 안 된다. 상식적으로 생각하면 된다)

　　ㄱ. 주유 또는 등유, 경유를 옮겨 담기 위한 작업장

　　ㄴ. 주유취급소의 업무를 행하기 위한 사무소

　　ㄷ. 자동차 등의 점검 및 간이정비를 위한 작업장

　　ㄹ. 자동차 등의 세정을 위한 작업장

　　ㅁ. 주유취급소에 출입하는 사람을 대상으로 한 점포, 휴게음식점 또는 전시장

　　ㅂ. 주유취급소의 관계자가 거주하는 주거시설

　　ㅅ. 전기자동차용 충전설비(전기를 동력원으로 하는 자동차에 직접 전기를 공급하는 설비를 말한다. 이하 같다)

　　ㅇ. 그 밖의 소방청장이 정하여 고시하는 건축물 또는 시설

　⑥ 담 또는 벽

　　ㄱ. 주위에는 자동차 등이 출입하는 쪽 외의 부분에 높이 2m 이상의 내화구조 또는 불연재료의 담 또는 벽을 설치하여야 한다.

　　ㄴ. 다음 각 목의 기준에 모두 적합한 경우에는 담 또는 벽의 일부분에 방화상 유효한 구조의 유리를 부착할 수 있다.

　　　• 유리를 부착하는 위치는 주입구, **고정주유설비 및 고정급유설비로부터 4m 이상** 거리를 둘 것

　　　• 유리를 부착하는 방법은 다음의 기준에 모두 적합할 것

　　　　1) 주유취급소 내의 **지반면으로부터 70cm를 초과하는 부분**에 한하여 유리를 부착할 것

　　　　2) 하나의 유리판의 **가로의 길이는 2m 이내**일 것

　　　　3) 유리판의 테두리를 금속제의 구조물에 견고하게 고정하고 해당 구조물을 담 또는 벽에 견고하게 부착할 것

　　　　4) 유리의 구조는 접합유리(두장의 유리를 두께 0.76mm 이상의 폴리비닐부티랄 필름으로 접합한 구조를 말한다)로 하되, 「유리구획 부분의 내화시험방법(KS F 2845)」에 따라 시험하여 비차열 30분 이상의 방화성능이 인정될 것

　　　• 유리를 부착하는 범위는 전체의 담 또는 벽의 길이의 10분의 2를 초과하지 아니할 것

10) 판매취급소

① 저장 또는 취급하는 위험물의 수량이 **지정수량의 20배 이하인 판매취급소**(제1종 판매취급소), 지정수량의 40배 이하면 제2종 판매취급소가 된다.

② 1종 판매취급소의 기준

ㄱ. 제1종 판매취급소는 건축물의 1층에 설치할 것

ㄴ. 위험물을 **배합하는 실은 다음에 의할 것**

- **바닥면적은 6m² 이상 15m² 이하**로 할 것
- 내화구조 또는 불연재료로 된 벽으로 구획할 것
- 바닥은 위험물이 침투하지 아니하는 구조로 하여 적당한 경사를 두고 집유설비를 할 것
- 출입구에는 수시로 열 수 있는 **자동폐쇄식의 60분방화문**을 설치할 것
- **출입구 문턱의 높이는 바닥면으로부터 0.1m 이상**으로 할 것
- 내부에 체류한 가연성의 증기 또는 가연성의 미분을 지붕 위로 방출하는 설비를 할 것

11) 이송취급소

① 배관을 통해 위험물을 공급하며, 계량기에 의해 계량된 양에 따라 금액을 정산하는 방식이다.

② 설치장소 : 아래의 장소 이외여야 한다.

ㄱ. 철도 및 도로의 터널 안

ㄴ. 고속국도 및 자동차전용도로의 차도, 갓길 및 중앙분리대

ㄷ. 호수, 저수지 등으로서 수리의 수원이 되는 곳

ㄹ. 급경사지역으로서 붕괴의 위험이 있는 지역

③ 하천 또는 수로의 밑에 배관을 매설하는 경우에는 배관의 외면과 계획하상과의 거리는 아래와 같다.

ㄱ. **하천을 횡단하는 경우 : 4.0m**

ㄴ. 수로를 횡단하는 경우

1) 하수도 또는 운하 : 2.5m
2) 그 외의 좁은 수로 : 1.2m

④ 밸브는 해당 밸브의 관리에 관계하는 자가 아니면 수동으로 개폐할 수 없어야 한다.

⑤ 비파괴시험 : 배관 등의 용접부는 비파괴시험을 실시하여 합격할 것. 이 경우 이송기지내의 지상에 설치된 배관 등은 **전체 용접부의 20% 이상을 발췌**하여 시험할 수 있다.

⑥ 경보설비

ㄱ. **이송기지**에는 **비상벨장치 및 확성장치**를 설치할 것

ㄴ. 가연성증기를 발생하는 위험물을 취급하는 펌프실 등에는 가연성증기 경보설비를 설치할 것

12) 탱크의 용량

① 탱크의 용량은 당해 탱크의 **내용적에서 공간용적을 뺀 용적**으로 한다.

② 내용적은 아래와 같이 계산한다.

ㄱ. 타원형 탱크

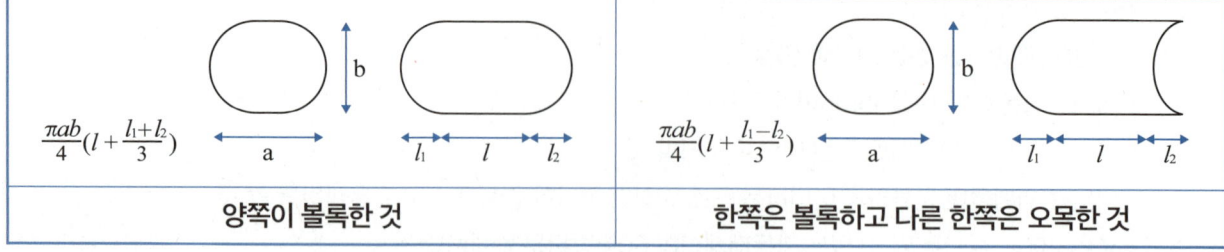

ㄴ. 원통형 탱크

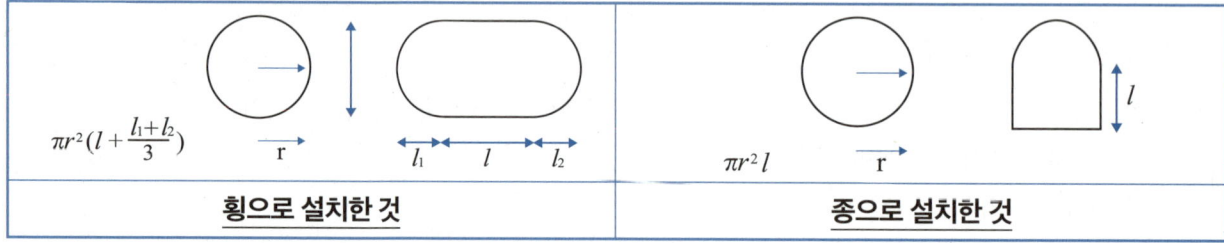

③ 공간용적은 탱크의 일정 여유공간을 확보해서 폭발, 과주입 등을 대비하는 것이다.

④ 탱크의 공간용적은 탱크용적의 **100분의 5 이상 100분의 10 이하로 한다.**

⑤ 소화설비를 설치한 것에 있어서는 당해 소화설비의 소화약제 **방출구로부터 0.3미터 이상 1미터 미만** 사이의 용적으로 한다.

⑥ 암반탱크의 경우 탱크 내에 용출하는 **7일 간의 지하수 양**에 상당하는 용적과 해당 탱크의 내용적의 **100분의 1의 용적** 중에서 큰 용적으로 한다.

3. 위험물안전관리법령 사항

1 제조소 등의 설치 등

1) 설치 및 변경

① 제조소 등을 **설치**하고자 하거나, 제조소 등의 **위치·구조 또는 설비** 가운데 행정안전부령이 정하는 사항을 **변경**하고자 하는 때 관할하는 특별시장·광역시장·특별자치시장·도지사 또는 특별자치도지사(이하 "**시·도지사**"라 한다)의 **허가를 받아야 한다.**

ㄱ. **위치·구조 또는 설비 등 변경** 시 허가 받지 아니하면 **시·도지사는 허가 취소, 사용정지 명령** 가능하다.

② 제조소 등의 **위치·구조 또는 설비의 변경없이** 당해 제조소 등에서 저장하거나 취급하는 위험물의 **품명·수량 또는 지정수량의 배수를 변경**하고자 하는 자는 변경하고자 하는 날의 <u>1일 전까지</u> **행정안전부령**이 정하는 바에 따라 **시·도지사에게 신고**하여야 한다.

③ 아래의 어느 하나에 해당하는 제조소 등의 경우에는 **허가를 받지 아니하고** 당해 제조소 등을 설치하거나 그 위치·구조 또는 설비를 변경할 수 있으며, **신고를 하지 아니하고** 위험물의 품명·수량 또는 지정수량의 배수를 변경할 수 있다.

ㄱ. 주택의 난방시설(공동주택의 중앙난방시설을 제외한다)을 위한 저장소 또는 취급소

ㄴ. **농예용·축산용 또는 수산용**으로 필요한 난방시설 또는 건조시설을 위한 **지정수량 20배 이하의 저장소(취급소 아니다)**

2) 탱크안전성능검사

① 제조소 등의 설치 또는 그 위치·구조 또는 설비의 변경에 관하여 따른 허가를 받은 자가 위험물탱크의 설치 또는 그 위치·구조 또는 설비의 변경공사를 하는 때에는 규정에 따른 완공검사를 받기 전에 시·도지사가 실시하는 탱크안전성능검사를 아래와 같이 받아야 한다.

ㄱ. **기초·지반검사**: 옥외탱크저장소의 액체위험물탱크 중 그 용량이 100만리터 이상인 탱크

ㄴ. **충수(充水)·수압검사**: 액체위험물을 저장 또는 취급하는 탱크

ㄷ. **용접부검사**: 옥외탱크저장소의 액체위험물탱크 중 그 용량이 100만리터 이상인 탱크

ㄹ. **암반탱크검사**: 액체위험물을 저장 또는 취급하는 암반내의 공간을 이용한 탱크

3) 완공검사

① 제조소 등의 설치를 마쳤거나 그 위치·구조 또는 설비의 변경을 마친 때에는 시·도지사가 행하는 완공검사를 받아야 해당 시설을 사용할 수 있다.

② 완공검사 신청서는 **시·도지사, 소방서장, 한국소방산업기술원**에 제출한다.

4) 지위승계

제조소 등의 설치자가 사망하거나 그 제조소 등을 양도·인도한 때 또는 법인인 제조소 등의 설치자의 합병이 있는 때에는 그 상속인, 제조소 등을 양수·인수한 자 또는 합병 후 존속하는 법인이나 합병에 의하여 설립되는 법인 등이 그 지위를 승계하고 승계한 날부터 **30일 이내에 시·도지사에게** 그 사실을 **신고**해야 한다.

5) 용도폐지

용도를 폐지한 경우 용도를 폐지한 날부터 **14일 이내에 시·도지사**에게 신고해야 한다.

2 예방규정

- **대통령령이 정하는 제조소 등의 관계인**은 당해 제조소 등의 화재예방과 화재 등 재해발생시의 비상조치를 위하여 행정안전부령이 정하는 바에 따라 예방규정을 정하여 당해 제조소 등의 사용을 시작하기 전에 **시·도지사, 또는 소방서장에게 제출**하여야 한다. 예방규정을 변경한 때에도 또한 같다.
- 대통령령이 정하는 제조소 등, 즉 <u>예방규정을 정해야 하는 제조소 등</u>은 아래와 같다.
  ① 지정수량의 **10배 이상의 위험물을 취급하는 제조소**
  ② 지정수량의 **100배 이상의 위험물을 저장하는 옥외저장소**
  ③ 지정수량의 **150배 이상의 위험물을 저장하는 옥내저장소**
  ④ 지정수량의 **200배 이상의 위험물을 저장하는 옥외탱크저장소**
  ⑤ **암반탱크저장소**
  ⑥ **이송취급소**
  ⑦ **지정수량의 10배 이상의 위험물을 취급하는 일반취급소**. 다만, 제4류 위험물(특수인화물을 제외한다)만을 지정수량의 50배 이하로 취급하는 일반취급소(제1석유류·알코올류의 취급량이 지정수량의 10배 이하인 경우에 한한다)로서 다음 각목의 어느 하나에 해당하는 것을 제외한다.
  ㄱ. 보일러·버너 또는 이와 비슷한 것으로서 위험물을 소비하는 장치로 이루어진 일반취급소
  ㄴ. 위험물을 용기에 옮겨 담거나 차량에 고정된 탱크에 주입하는 일반취급소

3 정기점검

- 대통령령이 정하는 제조소 등의 관계인은 그 제조소 등에 대하여 **연 1회 이상** 행정안전부령이 정하는 바에 따라 규정에 따른 기술기준에 적합한지의 여부를 정기적으로 점검하고 점검결과를 기록하여 보존하여야 한다.
- 정기점검 대상 제조소 등은 아래와 같다.
  ① **위의 예방규정 대상 제조소 등**
  ② **지하탱크저장소**
  ③ **이동탱크저장소**
  ④ 위험물을 취급하는 탱크로서 지하에 매설된 탱크가 있는 제조소·주유취급소 또는 일반취급소

4 자체소방대

1) 자체소방대 지정 대상
① **제조소 또는 일반취급소**에서 취급하는 **제4류 위험물**의 최대수량의 합이 지정수량의 **3천 배 이상**인 경우
② **옥외탱크저장소**에 저장하는 제4류 위험물의 최대수량이 **지정수량의 50만 배 이상**인 경우

2) 화학소방자동차 및 자체소방대원의 수

사업소의 구분	화학소방자동차	자체소방대원의 수
1. 제조소 또는 일반취급소에서 취급하는 제4류 위험물의 최대수량의 합이 지정수량의 **3천 배 이상 12만 배 미만**인 사업소	1대	5인
2. 제조소 또는 일반취급소에서 취급하는 제4류 위험물의 최대수량의 합이 지정수량의 **12만 배 이상 24만 배 미만**인 사업소	2대	10인
3. 제조소 또는 일반취급소에서 취급하는 제4류 위험물의 최대수량의 합이 지정수량의 **24만 배 이상 48만 배 미만**인 사업소	3대	15인
4. 제조소 또는 일반취급소에서 취급하는 제4류 위험물의 최대수량의 합이 지정수량의 **48만 배 이상**인 사업소	4대	20인
5. **옥외탱크저장소**에 저장하는 제4류 위험물의 최대수량이 지정수량의 **50만 배 이상**인 사업소	2대	10인

화학소방자동차에는 행정안전부령으로 정하는 소화능력 및 설비를 갖추어야 하고, 소화활동에 필요한 소화약제 및 기구(방열복 등 개인장구를 포함한다)를 비치하여야 한다.

3) 화학소방자동차에 갖추어야 하는 소화능력 및 설비의 기준

포수용액을 방사하는 화학소방자동차의 대수는 영 제18조제3항의 규정에 의한 화학소방자동차의 **대수의 3분의 2 이상**으로 하여야 한다.

화학소방자동차의 구분	소화능력 및 설비의 기준
포수용액 방사차	포수용액의 방사능력이 매분 2,000ℓ 이상일 것
	소화약액탱크 및 소화약액혼합장치를 비치할 것
	10만ℓ 이상의 포수용액을 방사할 수 있는 양의 소화약제를 비치할 것
분말 방사차	분말의 방사능력이 매초 35kg 이상일 것
	분말탱크 및 가압용가스설비를 비치할 것
	1,400kg 이상의 분말을 비치할 것
할로겐화합물 방사차	할로겐화합물의 방사능력이 매초 40kg 이상일 것
	할로겐화합물탱크 및 가압용가스설비를 비치할 것
	1,000kg 이상의 할로겐화합물을 비치할 것

화학소방자동차의 구분	소화능력 및 설비의 기준
이산화탄소 방사차	이산화탄소의 방사능력이 매초 40kg 이상일 것
	이산화탄소저장용기를 비치할 것
	3,000kg 이상의 이산화탄소를 비치할 것
제독차	**가성소오다 및 규조토를 각각 50kg** 이상 비치할 것

5 행정처분

1) 행정처분의 기준

위반행위	근거 법조문	행정처분기준 1차	2차	3차
(1) **변경허가를 받지 않고, 제조소 등의 위치·구조 또는 설비를 변경한 경우**	법 제12조 제1호	**경고 또는 사용정지 15일**	사용정지 60일	허가취소
(2) **완공검사**를 받지 않고 제조소 등을 사용한 경우	법 제12조 제2호	**사용정지 15일**	사용정지 60일	허가취소
(3) 안전조치 이행명령을 따르지 않은 경우	법 제12조 제2호의2	경고	허가취소	-
(4) 수리·개조 또는 이전의 명령을 위반한 경우	법 제12조 제3호	사용정지 30일	사용정지 90일	허가취소
(5) **위험물안전관리자를 선임하지 않은 경우**	법 제12조 제4호	**사용정지 15일**	사용정지 60일	허가취소
(6) 대리자를 지정하지 않은 경우	법 제12조 제5호	사용정지 10일	사용정지 30일	허가취소
(7) 정기점검을 하지 않은 경우	법 제12조 제6호	사용정지 10일	사용정지 30일	허가취소
(8) 정기검사를 받지 않은 경우	법 제12조 제7호	**사용정지 10일**	사용정지 30일	허가취소
(9) 저장·취급기준 준수명령을 위반한 경우	법 제12조 제8호	사용정지 30일	사용정지 60일	허가취소

2) 긴급사용정지명령

시·도지사, 소방본부장 또는 소방서장은 **공공의 안전을 유지하거나 재해의 발생을 방지**하기 위하여 긴급한 필요가 있다고 인정하는 때에는 제조소 등의 관계인에 대하여 당해 제조소 등의 사용을 일시정지하거나 그 사용을 제한할 것을 명할 수 있다.

6 벌칙

- **제조소 등 또는 허가를 받지 않고** 지정수량 이상의 위험물을 저장 또는 취급하는 장소에서 **위험물을 유출·방출 또는 확산**시켜 **사람의 생명·신체 또는 재산에 대하여 위험**을 발생시킨 자는 1년 이상 10년 이하의 징역
  ① 위와 같은 행위로 사람을 **상해(傷害)**에 이르게 한 때에는 **무기 또는 3년 이상의 징역**
  ② 위와 같은 행위로 **사망**에 이르게 한 때에는 **무기 또는 5년 이상의 징역**
- **업무상 과실**로 제조소 등에서 **위험물을 유출·방출 또는 확산**시켜 **사람의 생명·신체 또는 재산에 대하여 위험**을 발생시킨 자는 **7년 이하의 금고 또는 7천만 원 이하의 벌금**에 처한다.
  ① 위와 같은 행위로 사람을 **사상(死傷)**에 이르게 한 자는 **10년 이하의 징역 또는 금고나 1억 원 이하의 벌금**

II
기출문제풀이

위험물산업기사 필기

SECTION 01
2016 | 1회

제1과목 | 일반화학

001 산화에 의하여 카르보닐기를 가진 화합물을 만들 수 있는 것은?

① $CH_3-CH_2-CH_2-COOH$

② $CH_3-CH-CH_3$
         $|$
         OH

③ $CH_3-CH_2-CH_2-OH$

④ CH_2-CH_2
     $|$ $|$
     OH OH

답 ②

해 2차 알코올은 산화되면 카르보닐기를 가진 케톤(RCOR`, 예:아세톤)이 된다.
OH에 붙은 탄소에 알킬기(C_nH_{2n+1}, 주로 R로 표현)가 붙은 수에 따라 알코올의 "차"수가 결정된다.
2번이 2차 알코올이다.

002 최외각 전자가 2개 또는 8개로써 불활성인 것은?

① Na과 Br   ② N와 Cl
③ C와 B   ④ He와 Ne

답 ④

해 불활성기체는 18족 원소이다. He, Ne, Ar, Kr 등이 있다.

003 27℃에서 500mL에 6g의 비전해질을 녹인 용액의 삼투압은 7.4기압이었다. 이 물질의 분자량은 약 얼마인가?

① 20.78   ② 39.89
③ 58.16   ④ 77.65

답 ②

해 비전해질의 삼투압 공식은 다음과 같다(반트호프의 법칙).
삼투압 = nRT / V
R은 기체상수
T는 절대온도
V는 부피
n은 몰수 즉, w/M(w는 질량, M은 분자량)
대입하면, 6 × 0.082 × 300 / 7.4×0.5 = 39.89g/mol

004 염(salt)을 만드는 화학반응식이 아닌 것은?

① $HCl+NaOH \rightarrow NaCl+H_2O$

② $2NH_4OH+H_2SO_4 \rightarrow (NH_4)_2SO_4+2H_2O$

③ $CuO+H_2 \rightarrow Cu+H_2O$

④ $H_2SO_4+Ca(OH)_2 \rightarrow CaSO_4+2H_2O$

답 ③

해 산(H^+)와 염기(OH^-)가 만나 물(H_2O)과 염을 만드는 반응을 중화반응이라 한다.
염이란 산과 염기가 만나 생성되는 물질 중에 물을 제외한 물질을 뜻한다.
3번은 산과 염기의 반응이 아니다.

005   d 오비탈이 수용할 수 있는 최대 전자의 총수는?

① 6 ② 8
③ 10 ④ 14

답 ③

해 s는 2개, p는 6개, d는 10개까지 전자를 가질 수 있다.

006 H_2O가 H_2S보다 비등점이 높은 이유는?

① 이온결합을 하고 있기 때문에
② 수소결합을 하고 있기 때문에
③ 공유결합을 하고 있기 때문에
④ 분자량이 적기 때문에

답 ②

해 전기음성도가 큰 원자와 수소가 결합하는 경우 수소결합하고, 비등점이 높다
두 물질 다 공유결합한다.

H—Ö—H

H—S̈—H

다만, 전기음성도가 더 큰 물질인 O와 H가 결합한 H_2O가 수소 결합을 한 것이고, 끓는점도 높게 된다.

007   물 200g에 A 물질 2.9g을 녹인 용액의 빙점은? (단, 물의 어는점 내림 상수는 1.86℃·kg/mol이고, A물질의 분자량은 58이다)

① -0.465℃ ② -0.932℃
③ -1.871℃ ④ -2.453℃

답 ①

해 물의 어는점은 0℃이나, 그러나 A물질이 들어가면서 어는점내림이 발생한다.
어는점온도의 변화 = m × K_f 로 표시가 가능하다.
(m는 몰랄농도, K_f는 어는점내림상수)
위의 식에 의해 어는점 온도변화를 알 수 있는데, 이를 위해서는 몰랄농도를 구해야 한다.
몰랄농도는 = 용질의 몰수(mol) / 용매의 질량(kg)이고,
즉, (2.9/58) / 0.2 = 0.25가 된다.
0.25 × 1.86 = 0.456℃이다. 즉, 0.465℃의 어는점온도변화, 즉 어는점이 내려갔다는 뜻이다.
원래 물의 어는점이 0℃이므로, 이용액의 어는점은 -0.465℃이다.

008   20℃에서 4L를 차지하는 기체가 있다. 동일한 압력 40℃에서는 몇 L를 차지하는가?

① 0.23 ② 1.23
③ 4.27 ④ 5.27

답 ③

해 샤를의 법칙:부피는 압력이 일정할 때 절대온도에 비례한다. V = kT(T는 절대온도, 절대온도는 섭씨(℃)에 273을 더하면 된다)
V/T는 언제나 일정한 상수이다.
따라서 $V_1/T_1 = V_2/T_2$가 성립한다.
4 / 293 = V_2 / 313, V_2 는 약 4.27이다.

009 다음의 그래프는 어떤 고체물질의 용해도 곡선이다. 100℃ 포화용액(비중 1.4) 100mL를 20℃의 포화 용액으로 만들려면 몇 g의 물을 더 가해야 하는가?

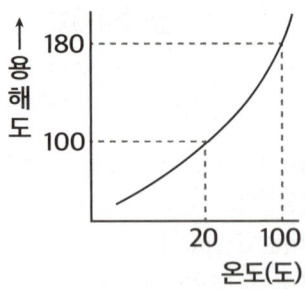

① 20g ② 40g
③ 60g ④ 80g

답 ②

해 20℃에서 용해도가 100인 용액이 되어야 한다. 용해도는 통상 용매 100g에 최대한으로 녹을 수 있는 용질의 g수를 의미한다. 용해도가 100 이므로 용질과 용매의 질량이 동일한 용액이 되면 된다. 용질의 양은 물을 추가하기 전과 동일하므로 100℃에서의 용질의 양을 구하면 된다. 비중이 1.4라는 말은 물에 비해 단위 부피에 따른 질량이 1.4배라는 뜻이다. 물은 1리터가 1kg이므로 이 포화용액은 1리터당 1.4kg이 된다. 현재 100mL가 있으므로 이 용액의 질량은 140g이 된다. 용해도가 180 이므로 용질과 용매의 질량비는 180:100, 즉 9:5가 된다. 용액의 질량이 140g이므로 용질은 90g, 용매는 50g이 있는 것이다. 20℃에서 용질의 양과 용매(물)의 양이 동일하기 위해서는 물도 90g이 있어야 한다. 이미 50g이 있으므로 40g만 추가하면 된다.

010 0.01N NaOH 용액 100mL에 0.02N HCl 55mL를 넣고 증류수를 넣어 전체 용액을 1000mL로 한 용액의 pH는?

① 3 ② 4
③ 10 ④ 11

답 ②

해 pH란 수소이온(H^+)의 몰농도를 -log한 것이다. 즉, $-\log[H^+]$ 이다.

즉, 위의 1000mL의 용액속의 수소이온의 몰농도를 구하면 된다. 그런데, NaOH와 HCl은 서로 중화반응을 일으키므로 같은 수의 OH^- 이온과 H^+ 이온은 반응하여 물이 되어 버린다. 그 반응비는 1:1인데, 만약 반응하여 물이 되지 않고 남아있는 H^+ 이온이 있다면 그 이온의 몰농도의 -log값이 이 용액의 pH가 될 것이다. 우선, 각 OH^- 이온과 H^+ 이온의 몰수를 구하고, 같은 몰수만큼 반응하므로 반응 한 몰수만큼 제외한 몰수를 기준으로 몰농도를 구하면 된다. **몰농도×당량=노르말 농도**의 식이 성립하는데, **당량이란 해당 분자 하나가 내 놓는 H^+혹은 OH^-의 수**라고 생각하면 쉽다. 당량이 모두 1이므로, 노르말 농도는 곧 몰농도가 된다. OH^-의 몰수를 구하면 0.01M는 1리터에 0.01몰만큼 있다는 의미이므로, 0.1L에는 0.001몰이 있다. H^+의 몰수를 구하면 0.02M는 1리터 0.02몰만큼 있다는 의미이므로 0.055L에는 0.0011몰이 있다. 같은 몰수인 0.001몰만큼 반응하여 물이되어 사라지고 H^+이온만 0.0001몰이 남아 있다. **몰농도(M) = 1L용액에 녹아있는 용질의 몰수 = 용질의 몰수(mol) / 용액의 부피(L)** 0.0001몰 / 1L = 10^{-4}이 되고, -log값을 취하면 4가 된다.

011 다음 물질 중 C_2H_2와 첨가반응이 일어나지 않는 것은?

① 염소 ② 수은
③ 브롬 ④ 요오드

답 ②

해 첨가반응이란 이중 또는 삼중결합을 포함한 탄소 화합물이 그 결합 중에 하나를 끊고 다른 원자나 분자등을 첨가시키는 반응이다. 즉, 3중결합인 경우 2중결합을 남겨두고(2중 결합한 경우 단일결합만 남겨두고), 나머지 각 전자를 다른 결합에 사용하는 경우이다. C_2H_2인 경우 탄소끼리 3중결합하고 각 탄소가 H와 공유와 공유 결합하고 있는 형태이다. 3중결합 중 하나를 끊어 이중결합하고, 각 탄소가 다른 물질과 공유결합을 하기 위해서는 그 다른물질이 전기음성도가 커서 결합 하나를 끊고 새로운 결합을 할 정도가 되어야 한다. 염소, 브롬, 요오드는 17족 원소로 전기음성도가 비교적 높으나, 수은은 양이온이 되려는 성향이 강하고, 전기음성도가 낮다.

012 에틸렌(C_2H_4)을 원료로 하지 않은 것은?

① 아세트산 ② 염화비닐
③ 에탄올 ④ 메탄올

답 ④

해 메탄올의 연료는 메탄이다.

013 표준상태에서 11.2L의 암모니아에 들어 있는 질소는 몇 g인가?

① 7 ② 8.5
③ 22.4 ④ 14

답 ①

해 표준상태에서 기체 11.2L는 0.5몰이다(표준상태에서 기체 1몰은 22.4L이므로). NH_3의 분자량은 17인데, 질소는 14이다. 0.5몰일 경우 질소는 7g이 있는 것이다.

014 n그램(g)의 금속을 묽은 염산에 완전히 녹였더니 m몰의 수소가 발생하였다. 이 금속의 원자가를 2가로 하면 이 금속의 원자량은?

① n/m ② 2n/m
③ n/2m ④ 2m/n

답 ①

해 원자가가 2가인 금속이면, +2 양이온이 된다.
즉, 17족인 염산과 만나면 1:2로 반응하게 된다.
이 금속을 X라 하고 반응식을 쓰면,
$X + 2HCl \rightarrow XCl_2 + H_2$이 된다. X와 수소는 1:1반응비인데, 즉 수소가 m몰 나오면, X의 몰수도 m몰이라는 의미이다. 몰수는 반응물의 질량을 원자량로 나눈 값이므로,
n/원자량 = m 이라는 식이 만들어지고,
원자량은 n/m이 된다.

015 에탄(C_2H_6)을 연소시키면 이산화탄소(CO_2)와 수증기(H_2O)가 생성된다. 표준상태에서 에탄 30g을 반응시킬 때 발생하는 이산화탄소와 수증기의 분자수는 모두 몇 개인가?

① 6×10^{23}개 ② 12×10^{23}개
③ 18×10^{23}개 ④ 30×10^{23}개

답 ④

해 미정계수방정식에 의해 풀면,
$2C_2H_6 + 7O_2 \rightarrow 4CO_2 + 6H_2O$의 반응식을 얻을 수 있다.
에탄의 분자량은 30g/mol이므로 30g을 반응시키면 1몰이 반응하는 경우이고, 이때 이산화탄소는 2몰, 수증기는 3몰이 발생하게 된다.
총 5몰이고, 1몰의 분자의 수는 6.02×10^{23} 개이므로 5몰인 경우, 30×10^{23} 개이다.

016 3가지 기체 물질 A, B, C가 일정한 온도에서 다음과 같은 반응을 하고 있다.
평형에서 A, B, C가 각각 1몰농도, 2몰농도, 4몰농도이라면 평형상수 K의 값은?

$$A + 3B \rightarrow 2C + 열$$

① 0.5 ② 2
③ 3   ④ 4

답 ②

해 평형상수 공식에 의해 풀이할 수 있다.
평형상수를 구하는 식은 aA + bB → cC + dD라는 반응이 있을 때,
K= $[C]^c[D]^d / [A]^a[B]^b$인데, [ ]는 몰농도를 나타낸다.
각 물질의 몰농도는 각 1몰농도, 2몰농도, 4몰농도가 된다. 기체의 물질만 해당하므로, 공식에 대입하면
$4^2 / 1 \times 2^3$ 이므로 2가 된다.

017 다음 화합물들 가운데 기하학적 이성질체를 가지고 있는 것은?

① $CH_2=CH_2$ ② $CH_3-CH_2-CH_2-OH$
③ $\begin{matrix} CH_3 \\ CH_3 \end{matrix} C=C \begin{matrix} CH_3 \\ CH_3 \end{matrix}$ ④ $CH_3-CH=CH-CH_3$

답 ④

해 분자식이 같으면서 구조가 다른 물질을 이성질체라고 한다.
그냥 이러한 문제가 나오면 $C_2H_2Cl_2$ 같은 모양을 기억하자. C 2개가 이중결합하고, 각 C에 H와 다른 원소들이 붙어서 만들어질 수 있다.

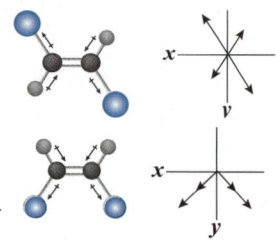

$CH_3CH=CHCH_3$도 $C_2H_2Cl_2$처럼 양쪽에 Cl대신에 CH_3가 붙어 있는 형태로, 기하 이성질체가 된다.

018 pH에 대한 설명으로 옳은 것은?

① 건강한 사람의 혈액의 pH는 5.7이다.
② pH 값은 산성용액에서 알칼리성용액보다 크다.
③ pH가 7인 용액에 지시약 메틸오렌지를 넣으면 노란색을 띤다.
④ 알칼리성용액은 pH가 7보다 작다.

답 ③

해 혈액의 pH는 약염기 상태로 7이 넘는다.
pH 값은 7보다 낮으면 산성이고, 크면 알칼리성이다. 따라서 pH값은 알칼리성용액이 더 크다.
지시약 색깔은 다음과 같다.

지시약	리트머스	페놀프탈레인	메틸오렌지	메틸레드
산성	적색	무색	적색	적색
중성	자색	무색	황색	주황색
염기성	청색	적색	황색	황색

중요한 것은 페놀프탈레인의 경우 오직 염기성에만 반응한다는 것이다.

019 25g의 암모니아가 과잉의 황산과 반응하여 황산암모늄이 생성될 때 생성된 황산암모늄의 양은 약 얼마인가? (단, 황산암모늄의 몰질량은 132g/mol이다)

① 82g ② 86g
③ 92g ④ 97g

답 ④

해 반응식은 $2NH_3 + H_2SO_4 \rightarrow (NH_4)_2SO_4$이다. **양이온의 경우 NH_4는 +1, 황산이온은 SO_4^{2-}이므로 황산암모늄은** $(NH_4)_2SO_4$의 화학식을 가짐을 알 수 있다.
암모니아와 황산암모늄의 대응몰수는 2:1이다. 암모니아 25g은 약 1.47몰이다(암모니아의 분자량은 17g/mol) 따라서, 황산암모늄은 0.735몰이 발생하는데,
1몰이 132g이므로 발생하는 하는 양은 약 97g이다.

020 일반적으로 환원제가 될 수 있는 물질이 아닌 것은?

① 수소를 내기 쉬운 물질
② 전자를 잃기 쉬운 물질
③ 산소와 화합하기 쉬운 물질
④ 발생기의 산소를 내는 물질

답 ④

해 산화는 산소를 얻거나, 전자를 잃거나 수소를 잃는 반응이다(-값을 가진 전자를 잃는 것이므로 아래에서 살펴볼 산화수가 커진다). 옆에서 산화를 일으키도록 하는 물질을 산화제라고 한다. 따라서 산화제는 자신은 환원되고, 다른 물질을 산화시킨다.
환원은 산소를 잃거나, 전자를 얻거나, 수소를 얻는 반응이다(-값을 가진 전자를 얻는 것이므로 아래에서 살펴볼 산화수가 작아진다). 옆에서 환원을 일으키도록 하는 물질을 환원제라고 한다. 환원제는 자신은 산화되고, 다른 물질을 환원시킨다.
산소를 발생시키는 물질은 자신은 환원되고 다른 물질을 산화시키는 산화제이다.

제2과목 | 화재예방과 소화방법

021 위험물제조소에서 옥내소화전이 1층에 4개, 2층에 6개가 설치되어 있을 때 수원의 수량은 몇 L 이상이 되도록 설치하여야 하는가?

① 13000
② 15600
③ 39000
④ 46800

답 ③

해 수원의 수량은 옥내소화전이 **가장 많이 설치된 층의 설치 개수에 7.8m³을 곱한양이 되어야 한다**(설치개수가 5이상인 경우 5에 7.8 m³을 곱한다).
따라서 7800L × 5 = 39000L

022 최소 착화에너지를 측정하기 위해 콘덴서를 이용하여 불꽃 방전 실험을 하고자 한다. 콘덴서의 전기용량을 C, 방전전압을 V, 전기량을 Q 라 할 때 착화에 필요한 최소전기에너지 E를 옳게 나타낸 것은?

① $E = \frac{1}{2}CQ^2$
② $E = \frac{1}{2}C^2V$
③ $E = \frac{1}{2}QV^2$
④ $E = \frac{1}{2}CV^2$

답 ④

해 $E = \frac{1}{2}QV = \frac{1}{2}CV^2$
E는 전기불꽃에너지, Q는 전기량, V는 방전전압, C는 전기용량

023 다음 위험물의 저장창고에 화재가 발생하였을 때 소화방법으로 주수소화가 적당하지 않은 것은?

① $NaClO_3$
② S
③ NaH
④ TNT

답 ③

해 금속의 수소화물은 물과 반응 시 수소를 발생시키며 반응하므로 주수소화가 적당하지 않다.

024 주유취급소에 캐노피를 설치하고자 한다. 위험물안전관리법령에 따른 캐노피의 설치기준이 아닌 것은?

① 캐노피의 면적은 주유취급소 공지면적의 1/2 이하로 할 것
② 배관이 캐노피 내부를 통과할 경우에는 1개 이상의 점검구를 설치할 것
③ 캐노피 외부의 배관이 일광열의 영향을 받을 우려가 있는 경우에는 단열재로 피복할 것
④ 캐노피 외부의 점검이 곤란한 장소에 배관을 설치하는 경우에는 용접이음으로 할 것

답 ①

해 주유취급소에 캐노피를 설치하는 경우에는 다음 각목의 기준에 의하여야 한다.
가. 배관이 캐노피 내부를 통과할 경우에는 1개 이상의 점검구를 설치할 것
나. 캐노피 외부의 점검이 곤란한 장소에 배관을 설치하는 경우에는 용접이음으로 할 것
다. 캐노피 외부의 배관이 일광열의 영향을 받을 우려가 있는 경우에는 단열재로 피복할 것

025 화재발생 시 소화방법으로 공기를 차단하는 것이 효과가 있으며, 연소물질을 제거하거나 액체를 인화점 이하로 냉각시켜 소화할 수도 있는 위험물은?

① 제1류 위험물
② 제4류 위험물
③ 제5류 위험물
④ 제6류 위험물

답 ②

해 질식소화가 효과가 있고, 냉각소화할 수도 있는 물질을 고르는 문제이다.
제1, 5, 6류 위험물은 산소를 포함하고 있으므로 질식소화가 효과가 크지 않다. 또한 제1류 위험물은 고체이다. 제4류 위험물은 질식소화 효과가 있고, 인화점 이하려 온도를 떨어뜨리면 냉각소화도 가능하다.

026 위험물안전관리법령상 물분무소화설비가 적응성이 있는 위험물은?

① 알칼리금속과산화물
② 금속분·마그네슘
③ 금수성물질
④ 인화성고체

답 ④

해 알칼리금속과산화물, 금속분, 마그네슘, 금수성물질은 모두 물과 반응하므로 물분무소화설비가 금지된다.

027 다음 제1류 위험물 중 물과의 접촉의 가장 위험한 것은?

① 아염소산나트륨
② 과산화나트륨
③ 과염소산나트륨
④ 중크롬산암모늄

답 ②

해 과산화나트륨은 알칼리금속과산화물로 물과 접촉하면 산소를 발생시키며 반응하므로 물과 접촉하면 위험하다.

028 불활성가스소화약제 중 "IG-55"의 성분 및 그 비율을 옳게 나타낸 것은? (단, 용량비 기준이다)

① 질소 : 이산화탄소=55 : 45
② 질소 : 이산화탄소=50 : 50
③ 질소 : 아르곤=55 : 45
④ 질소 : 아르곤=50 : 50

답 ④

해 IG-55는 질소, 아르곤이 50:50비율로 섞인 기체이다.

029 드라이아이스의 성분을 옳게 나타낸 것은?

① H_2O
② CO_2
③ H_2O+CO_2
④ $N_2+H_2O+CO_2$

답 ②
해 드라이아이스는 이산화탄소가 주성분이다.

030 분말 소화약제를 종별로 주성분을 바르게 연결한 것은?

① 1종 분말약제 - 탄산수소나트륨
② 2종 분말약제 - 인산암모늄
③ 3종 분말약제 - 탄산수소칼륨
④ 4종 분말약제 - 탄산수소칼륨+인산암모늄

답 ①

해

종류	성분	적응화재	열분해반응식	색상
제1종 분말	$NaHCO_3$ (탄산수소나트륨)	B, C	$2NaHCO_3$ $\rightarrow Na_2CO_3+CO_2+H_2O$	백색
제2종 분말	$KHCO_3$ (탄산수소칼륨)	B, C	$2KHCO_3$ $\rightarrow K_2CO_3+CO_2+H_2O$	담회색
제3종 분말	$NH_4H_2PO_4$ (제1인산암모늄)	A, B, C	$NH_4H_2PO_4$ $\rightarrow HPO_3$(메타인산) $+NH_3$(암모니아) $+H_2O$	담홍색
제4종 분말	$KHCO_3+(NH_2)_2CO$ (탄산수소칼륨+요소)	B, C	$2KHCO_3+(NH_2)_2CO$ $\rightarrow K_2CO_3+2NH_3+2CO_2$	회색

031 할론 2402를 소화약제로 사용하는 이동식 할로겐화물소화설비는 20℃의 온도에서 하나의 노즐마다 분당 방사되는 소화약제의 양(kg)을 얼마 이상으로 하여야 하는가?

① 5
② 35
③ 45
④ 50

답 ③

해 이동식할로젠화합물소화설비는 하나의 노즐마다 온도 20℃에서 1분당 할론 2402의 경우 45kg 이상 방사할 수 있어야 한다.

032 이산화탄소소화약제에 대한 설명으로 틀린 것은?

① 장기간 저장하여도 변질, 부패 또는 분해를 일으키지 않는다.
② 한랭지에서 동결의 우려가 없고 전기 절연성이 있다.
③ 밀폐된 지역에서 방출 시 인명피해의 위험이 있다.
④ 표면화재보다는 심부화재에 적응력이 뛰어나다.

답 ④

해 **비전도성 불연성** 기체로 사용 후 이산화탄소 바로 사라지므로 **오염이 없고 장기보관**이 가능하다.
질식효과, 냉각효과가 주된 효과이다(질식효과 이므로 **밀폐된 공간에서 효과적이나 질식의 위험이 있다**).
표면화재에 더 효과적이다. 심부화재의 경우 완전히 소화가 되지 않을 수도 있다.

033 위험물안전관리법령에 따른 옥내소화전설비의 기준에서 펌프를 이용한 가압송수장치의 경우 펌프의 전양정 H는 소정의 산식에 의한 수치 이상이어야 한다. 전양정 H를 구하는 식으로 옳은 것은? (단, h1은 소방용 호스의 마찰손실수두, h2는 배관의 마찰손실수두, h3는 낙차이며, h1, h2, h3의 단위는 모두 m이다)

① H=h1+h2+h3
② H=h1+h2+h3+0.35m
③ H=h1+h2+h3+35m
④ H=h1+h2+0.35m

답 ③

해 전양정을 구하는 식은 H = h1 + h2 + h3 + 35m이다.
H는 전양정, h1은 소방용 호스의 마찰손실수두, h2는 배관의 마찰손실수두, h3는 낙차

034 위험물안전관리법령상 전기설비에 적응성이 없는 소화설비는?

① 포소화설비
② 불활성가스소화설비
③ 물분무소화설비
④ 로겐화합물소화설비

답 ①

해 포소화설비 전기설비에 적응성이 없다.
물관련 소화설비에서는 물분무소화설비만 된다.

035 가연물에 대한 일반적인 설명으로 옳지 않은 것은?

① 주기율표에서 0족의 원소는 가연물이 될 수 없다.
② 활성화 에너지가 작을수록 가연물이 되기 쉽다.
③ 산화 반응이 완결된 산화물은 가연물이 아니다.
④ 질소는 비활성 기체이므로 질소의 산화물은 존재하지 않는다.

답 ④

해 0족, 즉 18족은 불활성기체로 가연물이 아니다.
가연물이 되기 좋은 조건, 활성화에너지가 작을수록 더 좋다. 더 쉽게 활성화된다는 의미이기 때문이다.
질소는 비활성기체이나, 질소산화물(NO_2, NO_3 등)은 존재한다.

036 분말소화약제로 사용되는 탄산수소칼륨(중탄산칼륨)의 착색 색상은?

① 백색
② 담홍색
③ 청색
④ 담회색

답 ④

해 *분말소화약제 57페이지 표 참고*

037 자연발화가 잘 일어나는 조건에 해당하지 않는 것은?

① 주위 습도가 높을 것
② 열전도율이 클 것
③ 주위 온도가 높을 것
④ 표면적이 넓을 것

답 ②

해 자연발화 발생조건은 **주위 온도가 높고, 습도가 높고, 표면적이 넓고, 발열량이 크고 열전도율이 작으면 잘 발생한다.**

038 제1석유류를 저장하는 옥외탱크저장소에 특형 포방출구를 설치하는 경우, 방출률은 액표면적 $1m^2$ 당 1분에 몇 리터 이상이어야 하는가?

① 9.5L ② 8.0L
③ 6.5L ④ 3.7L

답 ②

해 제1석유류는 인화점이 21℃ 미만이므로 특형인 경우 방출률은 8이다. (특형은 8, 나머지는 4이다)

포방출구의 종류 위험물의 구분	I형		II형		특형		III형		IV형	
	포수용액량 ($ℓ/m^2$)	방출율 ($ℓ/m^2$ min)	포수용액량 ($ℓ/m^2$)	방출율 ($ℓ/m^2$ min)	포수용액량 ($ℓ/m^2$)	방출율 ($ℓ/m^2$ min)	포수용액량 ($ℓ/m^2$)	방출율 ($ℓ/m^2$ min)	포수용액량 ($ℓ/m^2$)	방출율 ($ℓ/m^2$ min)
제4류위험물중 인화점이 21℃ 미만인 것	120	4	220	4	240	8	220	4	220	4
제4류위험물중 인화점이 21℃ 이상 70℃ 미만인 것	80	4	120	4	160	8	120	4	120	4
제4류위험물중 인화점이 70℃ 이상인 것	60	4	100	4	120	8	100	4	100	4

039 물의 특성 및 소화효과에 관한 설명으로 틀린 것은?

① 이산화탄소보다 기화 잠열이 크다.
② 극성분자이다.
③ 이산화탄소보다 비열이 작다.
④ 주된 소화효과가 냉각소화이다.

답 ③

해 물의 비열은 1cal/g·℃이나, 이산화탄소는 0.2cal/g·℃ 이다.

040 알코올 화재 시 수성막포 소화약제는 내알코올포 소화약제에 비하여 소화효과가 낮다. 그 이유로서 가장 타당한 것은?

① 소화약제와 섞이지 않아서 연소면을 확대하기 때문에
② 알코올은 포와 반응하여 가연성가스를 발생하기 때문에
③ 알코올이 연료로 사용되어 불꽃의 온도가 올라가기 때문에
④ 수용성 알코올로 인해 포가 소멸되기 때문에

답 ④

해 수용성인 경우(아세톤, 알코올류화재)에는 **내알콜포가 효과적이다(다른 포는 파괴된다)**

제3과목 | 위험물의 성질과 취급

041 TNT의 폭발, 분해 시 생성물이 아닌 것은?

① CO ② N_2
③ SO_2 ④ H_2

답 ③

해 분해되면 **일산화탄소, 탄소, 질소, 수소**가 나온다.
$C_6H_2(NO_2)_3CH_3 \rightarrow 12CO + 2C + 3N_2 + 5H_2$

042 위험물 운반용기 외부표시의 주의사항으로 틀린 것은?

① 제1류 위험물 중 알칼리금속의 과산화물 : 화기·충격주의, 물기엄금 및 가연물접촉주의
② 제2류 위험물 중 인화성 고체 : 화기엄금
③ 제4류 위험물 : 화기엄금
④ 제6류 위험물 : 물기엄금

답 ④

해 위험물에 따른 **주의사항**
- 1류
    1) 알칼리금속과산화물의 경우 : **화기/충격주의, 물기엄금 및 가연물접촉주의**
    2) 그 밖의 것 : 화기/충격주의, 가연물 접촉주의
- 2류
    1) **철분, 마그네슘, 금속분 : 화기주의 물기엄금**
    2) **인화성 고체 : 화기엄금**
    3) 그 밖의 것 : 화기주의
- 3류
    1) **자연발화성 물질 : 화기엄금 및 공기접촉엄금**
    2) **금수성물질 : 물기엄금**
- 4류 : **화기엄금**
- 5류 : **화기엄금, 충격주의**
- 6류 : 가연물접촉주의

043 위험물제조소 건축물의 구조 기준이 아닌 것은?

① 출입구에는 60분방화문 또는 30분방화문을 설치할 것
② 지붕은 폭발력이 위로 방출될 정도의 가벼운 불연재료로 덮을 것
③ 벽·기둥·바닥·보·서까래 및 계단을 불연재료로 출입구 외의 개구부가 없는 내화구조의 벽으로 하여야 한다.
④ 산화성고체, 가연성고체 위험물을 취급하는 건축물의 바닥은 위험물이 스며들지 못하는 재료를 사용할 것

답 ④

해 **벽·기둥·바닥·보·서까래 및 계단을 불연재료**로 하고, **연소의 우려가 있는 외벽은 출입구 외의 개구부가 없는 내화구조의 벽**으로 하여야 한다. 이 경우 제6류 위험물을 취급하는 건축물에 있어서 위험물이 스며들 우려가 있는 부분에 대하여는 아스팔트 그 밖에 부식되지 아니하는 재료로 피복하여야 한다. **지붕**은 폭발력이 위로 방출될 정도의 가벼운 **불연재료**로 덮어야 한다. **출입구와 비상구에는 60분방화문 또는 30분방화문**을 설치하되, **연소의 우려가 있는 외벽에 설치하는 출입구에는 수시로 열 수 있는 자동폐쇄식의 60분방화문**을 설치하여야 한다. **액체의 위험물**을 취급하는 건축물의 **바닥은 위험물이 스며들지 못하는 재료**를 사용하고, 적당한 경사를 두어 그 최저부에 집유설비를 하여야 한다.

044 위험물안전관리법령에 따른 제1류 위험물과 제6류 위험물의 공통적 성질로 옳은 것은?

① 산화성 물질이며 다른 물질을 환원시킨다.
② 환원성 물질이며 다른 물질을 환원시킨다.
③ 산화성 물질이며 다른 물질을 산화시킨다.
④ 환원성 물질이며 다른 물질을 산화시킨다.

답 ③

해 제1류 위험물은 산화성고체이고, 제6류 위험물은 산화성 액체이다. 모두 산화성이며, 산화성은 다른 물질을 산화시키고 자신은 환원되는 물질을 의미한다.

045 다음의 2가지 물질을 혼합하였을 때 위험성이 증가하는 경우가 아닌 것은?

① 과망간산칼륨+황산
② 니트로셀룰로오스+알코올수용액
③ 질산나트륨+유기물
④ 질산+에틸알코올

답 ②

해 산화성 물질인 제1류, 제6류 위험물은 강산과 만나면 반응하며, 에틸알코올, 유기물 등의 가연성 물질과 만나면 반응하여 위험할 수 있다.
제5류 위험물인 니트로셀룰오스는 알코올수용액과 반응하지 않고 물, 알코올과 혼합하여 보관하면 위험성이 낮아진다.

046 이황화탄소의 인화점, 발화점, 끓는점에 해당하는 온도를 낮은 것부터 차례대로 나타낸 것은?

① 끓는점 < 인화점 < 발화점
② 끓는점 < 발화점 < 인화점
③ 인화점 < 끓는점 < 발화점
④ 인화점 < 발화점 < 끓는점

답 ③

해 인화점이-30℃, 발화점이 90℃(제4류 위험물 중 가장 낮다)이고, 끓는점은 46℃이다.

047 다음 중 증기비중이 가장 큰 것은?

① 벤젠 ② 아세톤
③ 아세트알데히드 ④ 톨루엔

답 ④

해 증기비중은 분자량을 29로 나눈 값이 되므로 분자량이 가장 큰 물질이 증기비중이 가장 크다.
벤젠(C_6H_6):78
아세톤($CH_3COCH_3 = C_3H_6O$): 58
아세트알데히드(CH_3CHO): 44
톨루엔($C_6H_5CH_3$,): 92

048 제3류 위험물의 운반 시 혼재할 수 있는 위험물은 제 몇 류 위험물인가? (단, 각각 지정수량의 10배인 경우이다)

① 제1류 ② 제2류
③ 제4류 ④ 제5류

답 ③

해 423 524 61. 따라서 3류 위험물과 혼재가능한 위험물은 제4류 위험물이다.

049 외부의 산소공급이 없어도 연소하는 물질이 아닌 것은?

① 알루미늄의 탄화물　② 히드록실아민
③ 유기과산화물　　　　④ 질산에스테르

답 ①

해 산소공급이 없어도 연소하기 위해서는 산소를 포함하고 있는 물질이어야 한다. 알루미늄의 탄화물(Al_4C_3)은 제3류 위험물로 산소를 포함하고 있지 않다. 통상 산소공급 없이 연소하는 물질은 제5류 위험물을 주로 가리킨다. 나머지 물질은 모두 제5류 위험물로 산소를 포함하고 있다.

050 트리에틸알루미늄(triethyl aluminium) 분자식에 포함된 탄소의 개수는?

① 2　　　② 3
③ 5　　　④ 6

답 ④

해 $(C_2H_5)_3Al$에서 탄소는 6개 있다.

051 과산화나트륨의 위험성에 대한 설명으로 틀린 것은?

① 가열하면 분해하여 산소를 방출한다.
② 부식성 물질이므로 취급 시 주의해야 한다.
③ 물과 접촉하면 가연성 수소 가스를 방출한다.
④ 이산화탄소와 반응을 일으킨다.

답 ③

해 과산화나트륨은 제1류 위험물 알칼리금속과산화물로서 물과 반응하면 산소를 발생시킨다.

052 위험물안전관리법령에 따른 제4류 위험물 중 제1석유류에 해당하지 않는 것은?

① 등유　　　　② 벤젠
③ 메틸에틸케톤　④ 톨루엔

답 ①

해 등유는 제2석유류에 해당한다.
1석유류는 일 **이(200L)휘벤에메톨 / 사(400L)시아피포(포름산메틸**, $HCOOCH_3$)
2석유류는 이 **일(1000L)등경 크스클**벤(벤즈알데히드, C_7H_6O) / **이(2000L)아히포**

053 물과 접촉 시 발생되는 가스의 종류가 나머지 셋과 다른 하나는?

① 나트륨　　　② 수소화칼슘
③ 인화칼슘　　④ 수소화나트륨

답 ③

해 금속, 금속의 수소화물은 물과 접촉시 수소를 발생시킨다. 인화칼슘은 포스핀가스를 발생시킨다.

054 위험물의 운반용기 재질 중 액체위험물의 외장용기로 사용할 수 없는 것은?

① 유리　　② 나무
③ 파이버판　④ 플라스틱

답 ①

해 액체위험물인 경우 내장용기로 유리는 가능하나, 외장용기로 유리는 사용할 수 없다.

055 1기압 27℃에서 아세톤 58g을 완전히 기화시키면 부피는 약 몇 L가 되는가?

① 22.4
② 24.6
③ 27.4
④ 58.0

답 ②

해 이상기체방정식에 의해 풀면 된다.
V=nRT/P (R은 기체상수, 0.082L·atm/k·mol), n=w/M (w는 기체의 질량, M은 기체의 분자량)
아세톤(CH_3COCH_3)의 분자량은 58g/mol이므로 (12+1×3+12+16+12+1×3)이므로 58g은 1몰이다.
v = 1 × 0.082 × 300 / 1 = 24.6L이다.

056 옥외저장탱크·옥내저장탱크 또는 지하저장탱크 중 압력탱크에 저장하는 아세트알데히드 등의 온도는 몇 ℃ 이하로 유지하여야 하는가?

① 30
② 40
③ 55
④ 65

답 ②

해 **옥외저장탱크·옥내저장탱크 또는 지하저장탱크 중 압력탱크에** 저장하는 아세트알데히드 등 또는 디에틸에테르 등의 온도는 **40℃ 이하로 유지**해야 한다.

057 염소산칼륨이 고온에서 완전 열분해할 때 주로 생성되는 물질은?

① 칼륨과 물 및 산소
② 염화칼륨과 산소
③ 이염화칼륨과 수소
④ 칼륨과 물

답 ②

해 열분해하면 산소를 발생시킨다(완전열분해 시 산소와 염화칼륨이 나온다).
$2KClO_3 \rightarrow 2KCl + 3O_2$

058 셀룰로이드류를 다량으로 저장하는 경우, 자연발화의 위험성을 고려하였을 때 다음 중 가장 적합한 장소는?

① 습도가 높고 온도가 낮은 곳
② 습도가 온도가 모두 낮은 곳
③ 습도가 온도가 모두 높은 곳
④ 습도가 낮고 온도가 높은 곳

답 ②

해 습도가 높고, 온도가 높으면 발화위험이 높아지므로 습도가 낮고, 온도가 낮아야 발화위험이 낮다.

059 연소반응을 위한 산소 공급원이 될 수 없는 것은?

① 과망간산칼륨
② 염소산칼륨
③ 탄화칼슘
④ 질산칼륨

답 ③

해 산소공급원은 공기중 산소, 산소를 포함하는 제1류, 제5류, 제6류 위험물이 될 수 있다.
탄화칼슘은 제3류 위험물로 산소를 가지고 있지 않다.

060 다음 제4류 위험물 중 인화점이 가장 낮은 것은?

① 아세톤
② 아세트알데히드
③ 산화프로필렌
④ 디에틸에테르

답 ④

해 인화점은 특수인화물이 다른 제4류 위험물 보다 낮다. 그 중에서 특수인화물인 경우 **이**소프렌은 -54도, 이소**펜**탄은 -51도, **디**에틸에테르 **-45**, 아세트**알**데히드 -38, 산화**프**로필렌 -37, **이**황화탄소 **-30℃ 순서 외워두면 좋다(이펜디알프리(이))**, 디에틸에테르, 이황화탄소는 인화점 온도도 기억해야 한다. 아세톤(-18도), 벤젠(-11도), 톨루엔(4도)의 인화점도 기억한다.

2016 | 2회

제1과목 | 일반화학

001 대기압하에서 열린 실린더에 있는 1mol의 기체를 20℃에서 120℃까지 가열하면 기체가 흡수하는 열량은 몇 cal인가? (단, 기체 몰열용량은 4.97cal/mol·℃이다)

① 97
② 100
③ 497
④ 760

답 ③

해 열용량 = 물질의 온도를 1℃ 올리는데 필요한 열량 = 비열과 물질의 질량을 곱한 값이 기체 1몰을 1℃ 올리는데 필요한 열량이 4.97cal/mol·℃이다. 따라서 100℃의 온도변화가 있으므로 몰열용량에 100을 곱하면 된다.

002 벤조산은 무엇을 산화하면 얻을 수 있는가?

① 톨루엔
② 니트로벤젠
③ 트리니트로톨루엔
④ 페놀

답 ①

해 톨루엔을 산화시켜서 얻는다.

003 페놀 수산기(-OH)의 특성에 대한 설명으로 옳은 것은?

① 수용액이 강알칼리성이다.
② -OH기가 하나 더 첨가되면 물에 대한 용해도가 작아진다.
③ 카르복실산과 반응하지 않는다.
④ $FeCl_3$용액과 정색 반응을 한다.

답 ④

해 페놀류는 벤젠고리에 히드록시기(-OH)가 직접결합한 화합물이다.
페놀류는 염화철(Ⅲ)($FeCl_3$) 수용액과 정색반응(색깔을 내는 반응)을 일으킨다.
물에 약간 녹으며 수용액이 산성이다.
카르복실산과 반응하며 에스테르가 된다.
-OH기가 더 첨가되면 용해도가 커진다.

004 원자에서 복사되는 빛은 선 스펙트럼을 만드는데 이것으로부터 알 수 있는 사실은?

① 빛에 의한 광전자의 방출
② 빛이 파동의 성질을 가지고 있다는 사실
③ 전자껍질의 에너지의 불연속성
④ 원자핵 내부의 구조

답 ③

해 전자껍질의 에너지 불연속성을 알 수 있다.

005 물(H_2O)의 끓는점이 황화수소(H_2S)의 끓는점 보다 높은 이유는?

① 분자량이 작기 때문에
② 수소결합 때문에
③ pH가 높기 때문에
④ 극성 결합 때문에

답 ②

해 전기음성도가 큰 원자와 수소가 결합하는 경우 수소결합 하고, 비등점이 높다.
두 물질 다 공유결합한다.

$$H-\overset{..}{\underset{..}{O}}-H$$

$$H-\overset{..}{\underset{..}{S}}-H$$

해 다만, 전기음성도가 더 큰 물질인 O와 결합한 H_2O가 수소결합을 한 것이고, 수소결합하면 끓는점도 높게 된다.

006 다음에서 설명하는 물질의 명칭은?

- HCl과 반응하여 염산염을 만든다.
- 니트로벤젠을 수소로 환원하여 만든다.
- $CaOCl_2$ 용액에서 붉은 보라색을 띤다.

① 페놀
② 아닐린
③ 톨루엔
④ 벤젠술폰산

답 ②

해 아닐린에 대한 설명이다.

$C_6H_5NO_2 \xrightarrow{수소환원} C_6H_5NH_2$

007 NH_4Cl에서 배위결합을 하고 있는 부분을 옳게 설명한 것은?

① NH_3의 N-H 결합
② NH_3와 H^+과의 결합
③ NH_4^+과 Cl^-과의 결합
④ H^+과 Cl^-과의 결합

답 ②

해 배위결합
배위결합이란 전자를 반씩 내어놓는 일반적인 공유 결합과 달리 한쪽이 전자쌍 전부를 내어 놓고 다른 한쪽은 내어 놓지 않는 결합을 의미한다.
대표적인 것이 $NH_3 + H^+ \rightarrow NH_4^+$ 결합이다.
질소의 비공유 전자쌍과 수소이온의 결합이다.

$$H-\underset{H}{\overset{H}{N}}: + H^+ \rightarrow \left[H-\underset{H}{\overset{H}{N}}-H\right]^+$$

암모니아   수소 이온   암모늄 이온

008 질산칼륨을 물에 용해시키면 용액의 온도가 떨어진다. 다음 사항 중 옳지 않은 것은?

① 용해 시간과 용해도는 무관하다.
② 질산칼륨의 용해 시 열을 흡수한다.
③ 온도가 상승할수록 용해도는 증가한다.
④ 질산칼륨 포화용액을 냉각시키면 불포화용액이 된다.

답 ④

해 용해도는 정해진 온도에서 용매에 최대한으로 녹을 수 있는 용질의 양을 의미한다. **시간과는 무관하다.** 어떤 고체가 용해가 되면 용액의 온도가 내려간다는 의미는 용해되는 변화가 흡열반응이라는 뜻이다. 즉 "열+물질→용해" 라는 식이 성립한다. 열이 더 들어갈수록 더 용해가 된다는 의미이다. 따라서 이러한 경우 온도가 높아지면 용해가 더 잘된다는 의미이다. 온도가 낮아지면 용해도가 떨어지므로, 포화상태를 넘어서는 과포화상태가 된다.

009 어떤 비전해질 12g을 물 60.0g에 녹였다. 이 용액이 -1.88℃의 빙점 강하를 보였을 때 이 물질의 분자량을 구하면? (단, 물의 몰랄 어는점 내림 상수 Kf=1.86℃/m이다)

① 297　　② 202
③ 198　　④ 165

답 ③

해 어는점 내림을 살펴보면,
어는점온도의 변화 = $m \times K_f$ 로 표시가 가능하다.
(m는 몰랄농도, K_f는 어는점내림상수)
몰랄농도:1000g(1kg)의 용매에 녹아있는 용질의 몰수:
용질의 몰수(mol) / 용매의 질량(kg)
식을 세우면 (12 / 이 물질의 분자량) / 0.06 × 1.86 = 1.88 이다. 계산하면 약 197.87이다.

---

010 다음은 열역학 제 몇 법칙에 대한 내용인가?

> 0K(절대영도)에서 물질의 엔트로피는 0이다.

① 열역학 제0법칙　　② 열역학 제1법칙
③ 열역학 제2법칙　　④ 열역학 제3법칙

답 ④

---

011 분자구조에 대한 설명을 옳은 것은?

① BF_3는 삼각 피라미드형이고, NH_3는 선형이다.
② BF_3는 평면 정삼각형이고, NH_3는 삼각 피라미드형이다.
③ BF_3는 굽은형(V형)이고, NH_3는 삼각 피라미드형이다.
④ BF_3평면 정삼각형이고, NH_3는 선형이다.

답 ②

해

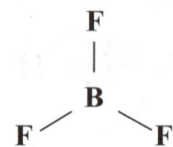

BF_3는 평면 정삼각형 구조를 가진다.

NH_3는 삼각뿔(삼각피라미드)형으로 결합각이 107도이다.

---

012 중크롬산이온($Cr_2O_7^{2-}$)에서 Cr의 산화수는?

① +3　　② +6
③ +7　　④ +12

답 ②

해 산화수는 전기음성도가 큰 것, 이온화 경향이 큰 것부터 계산하면 쉽다. O=-2, Cr을 x로 두면,
x × 2 + (-2 × 7) = -2이다.
X = +6

013 다음의 반응에서 환원제로 쓰인 것은?

$$MnO_2 + 4HCl \rightarrow MnCl_2 + 2H_2O + Cl_2$$

① Cl_2
② $MnCl_2$
③ HCl
④ MnO_2

답 ③

해 환원은 산소를 잃거나, 전자를 얻거나, 수소를 얻는 반응이다(-값을 가진 전자를 얻는 것이므로 아래에서 살펴볼 산화수가 작아진다). 옆에서 환원을 일으키는 물질을 환원제라고 한다. 환원제는 자신은 산화되고, 다른 물질을 환원시킨다. 문제에서 MnO_2는 산소를 잃는다. 즉 환원이 되었다. 자신이 환원이 되었으면 옆에 물질이 환원을 도운 환원제가 된다.

014 디클로로벤젠의 구조 이성질체 수는 몇 개인가?

① 5
② 4
③ 3
④ 2

답 ③

해 구조이성질체 : 분자식은 같으나 원자가 결합하는 순서가 달라 물리, 화학적 성질이 다른 분자

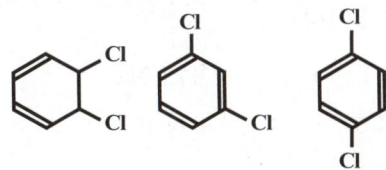

o-디클로로벤젠 m-디클로로벤젠 p-디클로로벤젠

총 3가지이다.

$C_6H_4Cl_2$

015 17g의 NH_3와 충분한 양의 황산이 반응하여 만들어지는 황산암모늄은 몇 g인가? (단, 원소의 원자량은 H : 1, N : 14, O : 16, S : 32이다)

① 66g
② 106g
③ 115g
④ 132g

답 ①

해 반응식은 $2NH_3 + H_2SO_4 \rightarrow (NH_4)_2SO_4$이다. **양이온의 경우 NH_4는 +1, 황산이온은 SO_4^{2-}이므로 황산암모늄은** $(NH_4)_2SO_4$의 화학식을 가짐을 알 수 있다.
암모니아와 황산암모늄의 대응몰수는 2:1이다. 암모니아 17g은 약 1몰이다(암모니아의 분자량은 17g/mol) 따라서, 황산암모늄은 0.5몰이 발생하는데, 1몰이 132g이므로 발생하는 하는 양은 약 66g이다.

016 다음 화학 반응으로부터 설명하기 어려운 것은?

$$2H_2(g) + O_2(g) \rightarrow 2H_2O(g)$$

① 반응물질 및 생성물질의 부피비
② 일정 성분비의 법칙
③ 반응물질 및 생성물질의 몰수비
④ 배수비례의 법칙

답 ④

해 배수비례의 법칙은 2종류의 원소가 서로 화합하여 2종류 이상의 화합물을 만들 때, 한 원소의 일정량과 결합하는 다른 원소의 질량비는 항상 정수비를 이룬다는 법칙이다.

예 H_2O와 H_2O_2, SO_2와 SO_3 등이다.

위 반응식은 배수비례의 법칙과 무관하다.

017 시약의 보관방법을 옳지 않은 것은?

① Na : 석유 속에 보관
② NaOH : 공기가 잘 통하는 곳에 보관
③ P₄(황린) : 물속에 보관
④ HNO₃ : 갈색병에 보관

답 ②

해 Na, K 등은 석유 속에 보관하여 물과의 접촉을 피해야 한다. 물과 반응하기 때문이다. NaOH는 조해성을 가지므로, 공기중에 물을 흡수하여 녹아버린다. 공기 중에 보관하면 안 된다. 황린은 보호액(pH9) 속에 보관한다. 물과 반응하지 않는다. HNO₃는 햇빛에 분해되어 이산화질소를 생성하므로 갈색병에 보관한다.

018 볼타전지에서 갑자기 전류가 약해지는 현상을 "분극현상"이라 한다. 이 분극현상을 방지해주는 감극제로 사용되는 물질은?

① MnO₂
② CuSO₃
③ NaCl
④ Pb(NO₃)₂

답 ①

해 볼타전지는 곧바로 전류가 감소하는데, 그 이유는 (+)극에서 수소가 발생하면서, 구리판에 붙어 H⁺의 환원을 방해하는데 이를 분극현상이라 한다.
이러한 분극 현상을 감소시키기 위해 감극제를 넣는데, 강한 산화제가 사용된다. **이산화망간(MnO₂)**, 과산화수소(H₂O₂) 등이 있다.

019 다음 중 비공유 전자쌍을 가장 많이 가지고 있는 것은?

① CH₄
② NH₃
③ H₂O
④ CO₂

답 ④

해 루이스 구조를 이해해서 구조를 그려보면 알 수 있다.
CO₂는 Ö = C = Ö 로 비공유 전자쌍이 4쌍이다.
CH₄는 비공유 전자쌍이 없다.

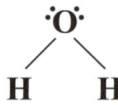

H₂O는 비공유 전자쌍이 2쌍이다.

NH₃는 비공유 전자쌍이 1개이다.

020 원자가 전자배열이 as²ap²인 것은?
(단, a = 2, 3이다)

① Ne, Ar
② Li, Na
③ C, Si
④ N, P

답 ③

해 원자가 전자배열은 최외각 전자의 배열이므로,
a가 2라면, 2s²2p²는 2번째 전자껍질에 s오비탈에 전자 2개, p오비탈에 전자 2개가 있다는 뜻으로 최외각 전자가 4이다. 곧 탄소를 의미한다.
3이라면 마찬가지로 최외각전자가 4개인 3주기 원소를 의미한다. Si이다.

제2과목 | 화재예방과 소화방법

021 위험제조소 등에 설치된 옥외소화전설비는 모든 옥외소화전(설치개수가 4개 이상인 경우는 4개의 옥외소화전)을 동시에 사용할 경우에 각 노즐선단의 방수압력은 몇 kPa 이상이어야 하는가?

① 250 ② 300
③ 350 ④ 450

답 ③

해 옥외소화전설비의 경우 방수압력은 동시 사용시 **각 350kPa 이상** 방수량은 **분당 450리터 이상**이 되어야 한다.

022 위험물취급소의 건축물 연면적이 500m²인 경우 소요단위는? (단, 외벽은 내화구조이다)

① 2단위 ② 5단위
③ 10단위 ④ 50단위

답 ②

해 외벽이 내화구조인 취급소는 100m² 가 1소요단위이다. 따라서 500m²이면 5소요단위이다.

종류	내화구조	비내화구조
위험물	위험물의 지정수량×10	
제조소 및 취급소	100 m²	50 m²
저장소	150 m²	75 m²

옥외설치된 공작물은 외벽이 내화구조인 것으로 간주한다.

023 위험물안전관리법령에서 정한 다음의 소화설비 중 능력단위가 가장 큰 것은?

① 팽창진주암 160L(삽 1개 포함)
② 수조 80L(소화전용물통 3개 포함)
③ 마른 모래 50L(삽 1개 포함)
④ 팽창질석 160L(삽 1개 포함)

답 ②

해 수조 80L와 물통3개인 경우 능력단위가 1.5로 가장 크다.

소화설비	물통	수조와 물통3개	수조와 물통6개	마른모래와 삽1개	팽창질석, 팽창진주암(삽1개)
용량	8L	80L	190L	50L	160L
능력단위	0.3	1.5	2.5	0.5	1.0

024 다음 ( )에 알맞은 수치를 옳게 나열한 것은?

옥내소화전설비는 각 층을 기준으로 하여 당해 층의 모든 옥내소화전(설치개수가 5개 이상인 경우는 5개의 옥내소화전)을 동시에 사용할 경우에 각 노즐 선단의 방수압력이 (ㄱ)kPa 이상이고 방수량이 1분당 (ㄴ)L 이상의 성능이 되도록 할 것

① ㄱ: 350, ㄴ: 260 ② ㄱ: 260, ㄴ: 350
③ ㄱ: 450, ㄴ: 260 ④ ㄱ: 260, ㄴ: 450

답 ①

해 각 층 기준 동시사용 시 각 노즐선단의 **방수 압력 350kPa** 이상이고 방수량이 **분당 260리터** 이상이 되어야 한다(즉, 2개 라면 방수량이 1분당 260리터 × 2 이상이 되어야 한다. 다만 5개 이상인 경우 260에 5를 곱한다).

025 소화약제 제조 시 사용되는 성분이 아닌 것은?

① 에틸렌글리콜 ② 탄산칼륨
③ 인산이수소암모늄 ④ 인화알루미늄

답 ④

해 **강화액소화제**는 **탄산칼륨(K_2CO_3)**을 첨가하여 **어는점을 낮춘** 소화약제로, pH12 이상(염기성)이다. 물의 동결현상 방지 위해 **에틸렌글리콜** 사용한다.
인산이수소암모늄은 제1인산암모늄의 다른 이름으로 제3종분말소화약제이다.
인화알루미늄은 제3류 위험물 중 금속의 인화물이다.

026 가연성 가스나 증기의 농도를 연소한계(하한) 이하로 하여 소화하는 방법은?

① 희석 소화 ② 제거 소화
③ 질식 소화 ④ 냉각 소화

답 ①

해 농도를 연소한계로 이하로 낮추는 방법을 희석소화라 한다. 제거소화는 가연물 자체를 제거하는 방법이고, 질식소화는 산소공급원을 제거하는 방법이다.

027 다음 중 물을 소화약제로 사용하는 가장 큰 이유는?

① 기화잠열이 크므로
② 부촉매 효과가 있으므로
③ 환원성이 있으므로
④ 기화하기 쉬우므로

답 ①

해 물은 **증발(기화)잠열이 크므로 냉각효과**가 크며, 비열이 크다.

028 열의 전달에 있어서 열전달 면적과 열전도도가 각각 2배로 증가한다면, 다른 조건이 일정한 경우 전도에 의해 전달되는 열의 양은 몇 배가 되는가?

① 0.5배 ② 1배
③ 2배 ④ 4배

답 ④

해 열의 전달양은 전달면적이 클수록 전도도가 클수록 비례하여 증가한다. 각 2배가 증가했으므로 총 4배가 증가한다.

029 위험물안전관리법령상 제3류 위험물 중 금수성 물질 이외의 것에 적응성이 있는 소화설비는?

① 할로겐화합물소화설비
② 불활성가스소화설비
③ 포소화설비
④ 분말소화설비

답 ③

해 제3류 위험물 중 금수성 물질 이외의 물질은 주수소화가 가능하다. 포소화설비는 적응성이 있으나 나머지는 없다.

030 불활성가스소화약제 중 IG-100의 성분을 옳게 나타낸 것은?

① 질소 100%
② 질소 50%, 아르곤 50%
③ 질소 52%, 아르곤 40%, 이산화탄소 8%
④ 질소 52%, 이산화탄소 40%, 아르곤 8%

답 ①

해 IG-100은 질소 100%인 소화약제이다.

031 강화액소화기에 대한 설명으로 옳은 것은?

① 물의 유동성을 크게 하기 위한 유화제를 첨가한 소화기이다.
② 물의 표면장력을 강화한 소화기이다.
③ 산 알칼리 액을 주성분으로 한다.
④ 물의 소화효과를 높이기 위해 염류를 첨가한 소화기이다.

답 ④

해 **강화액소화**제는 **탄산칼륨(K_2CO_3)**을 첨가하여 **어는점을 낮춘** 소화약제로, pH12 이상(염기성)이다. **어는 점이 낮아지는 것은 물의 표면장력이 약화되기 때문**이다.

032 마그네슘에 화재가 발생하여 물을 주수하였다. 그에 대한 설명으로 옳은 것은?

① 냉각소화 효과에 의해서 화재가 진압된다.
② 주수된 물이 증발하여 질식소화 효과에 의해서 화재가 진압된다.
③ 수소가 발생하여 폭발 및 화재 확산의 위험성이 증가한다.
④ 물과 반응하여 독성가스를 발생한다.

답 ③

해 마그네슘 등의 금속은 물과 접촉하면 수소를 발생시키고 폭발하여 위험하다.

033 위험물안전관리법령상 이산화탄소를 저장하는 저압식저장용기에는 용기 내부의 온도를 어떤 범위로 유지할 수 있는 자동냉동기를 설치하여야 하는가?

① 영하 20℃~영하 18℃
② 영하 20℃~0℃
③ 영하 25℃~영하 18℃
④ 영하 25℃~0℃

답 ①

해 이산화탄소를 저장하는 저압식저장용기에는 용기내부의 온도를 영하 20℃ 이상 영하 18℃ 이하로 유지할 수 있는 자동냉동기를 설치해야 한다.

034 제1종 분말소화 약제의 소화효과에 대한 설명으로 가장 거리가 먼 것은?

① 열분해 시 발생하는 이산화탄소와 수증기에 의한 질식효과
② 열분해 시 흡열반응에 의한 냉각효과
③ H^+이온에 의한 부촉매 효과
④ 분말 운무에 의한 열방사의 차단효과

답 ③

해 **1종분말소화약제는 비누화반응**을 일으키고, **질식(CO_2 + H_2O), 억제소화**(부촉매, Na_2CO_3), **열분해에 따른 냉각**효과를 가진다. H^+가 부촉매효과 있는 것 아니다.

035 불꽃의 표면온도가 300℃에서 360℃로 상승하였다면 300℃ 보다 약 몇 배의 열을 방출하는가?

① 1.49배　② 3배
③ 7.27배　④ 10배

답 ①

해 방출되는 열은 표면온도(절대온도)의 4제곱에 비례한다 (슈테판-볼츠만 법칙).
절대온도로 바꾸면 573^4과 633^4의 배수 관계를 찾으면 된다. $633^4/573^4$를 계산하면 약 1.489가 된다.

036 위험물안전관리법령상 연소의 우려가 있는 위험물제조소의 외벽의 기준으로 옳은 것은?

① 개구부가 없는 불연재료의 벽으로 하여야 한다.
② 개구부가 없는 내화구조의 벽으로 하여야 한다.
③ 출입구 외의 개구부가 없는 불연재료의 벽으로 하여야 한다.
④ 출입구 외의 개구부가 없는 내화구조의 벽으로 하여야 한다.

답 ④

해 **벽·기둥·바닥·보·서까래 및 계단을 불연재료**로 하고, **연소의 우려가 있는 외벽은 출입구 외의 개구부가 없는 내화구조의 벽**으로 하여야 한다.

037 위험물안전관리법령상 이산화탄소소화기가 적응성이 있는 위험물은?

① 트리니트로톨루엔　② 과산화나트륨
③ 철분　　　　　　　④ 인화성고체

답 ④

해 이산화탄소소화기는 전기설비, 제2류 위험물 중 인화성고체, 제4류 위험물 등에 적응성이 있다. 트리니트로톨루엔은 제5류 위험물, 과산화나트륨은 제1류, 철분은 제2류 위험물 중 철분, 마그네슘, 금속분 등으로 이산화탄소소화기에 적응성이 없다.

038 제4류 위험물의 소화방법에 대한 설명 중 틀린 것은?

① 공기차단에 의한 질식소화가 효과적이다.
② 물분무소화도 적응성이 있다.
③ 수용성인 가연성액체의 화재에는 수성막포에 의한 소화가 효과적이다.
④ 비중이 물보다 작은 위험물의 경우는 주수소화가 효과가 떨어진다.

답 ③

해 수용성인 가연성액체에 수성막포는 망가지므로, 내알코올포, 알코올화재용포를 사용해야 한다.

039 트리에틸알루미늄의 화재 발생 시 물을 이용한 소화가 위험한 이유를 옳게 설명한 것은?

① 가연성의 수소가스가 발생하기 때문에
② 유독성의 포스핀 가스가 발생하기 때문에
③ 유독성의 포스겐 가스가 발생하기 때문에
④ 가연성의 에탄가스가 발생하기 때문에

답 ④

해 트리에틸알루미늄은 물과 만나면 에탄을 발생시키고, 트리메틸알루미늄은 물과 만나면 메탄을 발생시킨다.

040 인화점이 70℃ 이상인 제4류 위험물을 저장·취급하는 소화난이도등급 Ⅰ의 옥외탱크저장소(지중탱크 또는 해상탱크 외의 것)에 설치하는 소화설비는?

① 스프링클러소화설비
② 물분무소화설비
③ 간이소화설비
④ 분말소화설비

답 ②

해 인화점 70℃ 이상의 제4류 위험물만을 저장취급 하는 것: **물분무소화설비 또는 고정식 포소화설비**, 이동식외 할로겐화합물 소화설비

제3과목 | 위험물의 성질과 취급

041 다음 중 물과 반응하여 수소를 발생하지 않는 물질은?

① 칼륨
② 수소화붕소나트륨
③ 탄화칼슘
④ 수소화칼슘

답 ③

해 금속 및 금속의 수소화물은 물과 만나면 수소를 발생시킨다. 탄화칼슘은 아세틸렌(C_2H_2)

042 위험물안전관리법령에서 정하는 제조소와의 안전거리의 기준이 다음 중 가장 큰 것은?

①「고압가스 안전관리법」의 규정에 의하여 허가를 받거나 신고를 하여야 하는 고압가스저장시설
② 사용전압이 35000V를 초과하는 특고압가공전선
③ 병원, 학교, 극장
④「문화재보호법」의 규정에 의한 유형문화재와 기념물 중 지정문화재

답 ④

해
가. 유형문화재와 지정문화재: 50m 이상
나. 학교, 병원, 극장 등 다수인 수용 시설(극단, 아동복지시설, 노인보호시설, 어린이집 등): 30m 이상
다. 고압가스, 액화석유가스 또는 도시가스를 저장 또는 취급하는 시설: 20m 이상
라. 주거용인 건축물 등: 10m 이상
마. 사용전압이 35,000V를 초과하는 특고압가공전선: 5m 이상
바. 사용전압이 7,000V 초과 35,000V 이하의 특고압가공전선: 3m 이상

암기법 암기는 532153이고, 문학가주사사로 암기(문학가가 주사 부리다 사망하는 이야기)

043 다음과 같이 위험물을 저장할 경우 각각의 지정수량 배수의 총합은 얼마인가?

- 클로로벤젠 : 1000L
- 동식물유류 : 5000L
- 제4석유류 : 12000L

① 2.5 ② 3.0
③ 3.5 ④ 4.0

답 ③

해 지정수량은 각 제2석유류인 클로로벤젠은 1000L(**일(1000L)등경 크스클**벤(벤즈알데히드, C_7H_6O) / **이(2000L)아히포**), 동식물유류는 10000L, 제4석유류는 6000L(**육(6000L)윤기실**)
배수는 각 1, 0.5, 2이다.

044 과산화나트륨이 물과 반응할 때의 변화를 가장 옳게 설명한 것은?

① 산화나트륨과 수소를 발생한다.
② 물을 흡수하여 수소를 발생한다.
③ 산소를 방출하며 수산화나트륨이 된다.
④ 서서히 물에 녹아 과산화나트륨의 안전한 수용액이 된다.

답 ③

해 무기과산화물과 물이 만나면 수소화물질과 산소를 발생시킨다.

045 제4석유류를 저장하는 옥내탱크저장소의 기준으로 옳은 것은? (단, 단층건물에 탱크전용실을 설치하는 경우이다)

① 옥내저장탱크의 용량은 지정수량의 40배 이하일 것
② 탱크전용실은 벽, 기둥, 바닥, 보를 내화구조로 할 것
③ 탱크전용실에는 창을 설치하지 아니할 것
④ 탱크전용실에 펌프설비를 설치하는 경우에는 그 주위에 0.2m 이상의 높이로 턱을 설치할 것

답 ①

해 옥내저장탱크의 용량(동일한 탱크전용실에 옥내저장탱크를 2 이상 설치하는 경우에는 각 탱크의 용량의 합계를 말한다)은 **지정수량의 40배 이하로 할 것**
탱크전용실은 벽, 기둥, 바닥은 내화구조, 보는 불연재료로 하고, 창 및 출입구는 60분 또는 30분 방화문으로 한다.
탱크전용실에 펌프설비를 설치하는 경우 불연재료로 된 턱을 탱크전용실 문턱 높이 이상으로 한다

046 짚, 헝겊 등을 다음의 물질과 적셔서 대량으로 쌓아 두었을 경우 자연 발화의 위험성이 제일 높은 것은?

① 동유 ② 야자유
③ 올리브유 ④ 피자마유

답 ①

해 발화의 위험성이 가장 높은 것은 건성유인 동유이다. 나머지는 모두 불건성유이다.

047 위험물안전관리법령상 다음 암반탱크의 공간 용적은 얼마인가?

> 가. 암반탱크의 내용적 100억 리터
> 나. 탱크 내에 용출하는 1일 지하수의 양 2천만 리터

① 2천만 리터 ② 2억 리터
③ 1억4천만 리터 ④ 100억 리터

답 ③

해 암반탱크의 경우 탱크 내에 용출하는 **7일 간의 지하수 양**에 상당하는 용적과 해당 탱크의 내용적의 **100분의 1의 용적** 중에서 큰 용적으로 한다.
2천만리터 × 7과 100분의 1인 1억리터 중에 큰 용적이 공간용적이다.

048 위험물 주유취급소의 주유 및 급유 공지의 바닥에 대한 기준으로 옳지 않은 것은?

① 주위 지면보다 낮게 할 것
② 표면을 적당하게 경사지게 할 것
③ 배수구, 집유설비를 할 것
④ 유분리장치를 할 것

답 ①

해 주유/급유 공지의 **바닥은 주위 지면보다 높게** 하고, 그 표면을 적당하게 **경사지게** 하여 새어나온 기름 그 밖의 액체가 공지의 외부로 유출되지 아니하도록 **배수구 집유설비 및 유분리장치**를 하여야 한다.

049 제4류 위험물의 일반적인 성질 또는 취급 시 주의사항에 대한 설명 중 가장 거리가 먼 것은?

① 액체의 비중은 물보다 가벼운 것이 많다.
② 대부분 증기는 공기보다 무겁다.
③ 제1석유류~제4석유류는 비점으로 구분한다.
④ 정전기 발생에 주의하여 취급하여야 한다.

답 ③

해 제1석유류부터 제4석유류까지는 인화점으로 구분한다.

050 다음 중 지정수량이 나머지 셋과 다른 금속은?

① Fe분 ② Zn분
③ Na ④ Mg

답 ③

해 철분, 아연분(금속분), 마그네슘은 모두 지정수량이 500kg(**백유황적 / 오철금마 천인**)이나 나트륨은 10kg이다(**십알 칼알나 이황 / 오알알유 / 삼금 금탄규**).

051 위험물안전관리법령상 HCN의 품명으로 옳은 것은?

① 제1석유류 ② 제2석유류
③ 제3석유류 ④ 제4석유류

답 ①

해 시안화수소는 제4류 위험물 중 제1석유류이다.

052 위험물안전관리법령상 위험물 운반 시에 혼재가 금지된 위험물로 이루어진 것은? (단, 지정수량의 1/10 초과이다)

① 과산화나트륨과 유황
② 유황과 과산화벤조일
③ 황린과 휘발유
④ 과염소산과 과산화나트륨

답 ①

해 423 524 61
과산화나트륨은 제1류 위험물인데, 제2류 위험물인 유황과 혼재할 수 없다.
유황(제2류)과 과산화벤조일(제5류), 황린(제3류)과 휘발유(제4류), 과염소산(제6류)과 과산화나트륨(제1류)는 혼재 가능하다.

053 다음은 위험물안전관리법령상 위험물의 운반에 기준 중 적재방법에 관한 내용이다. ( ) 알맞은 내용은?

( ) 위험물 중 ( )℃ 이하의 온도에서 분해될 우려가 있는 것은 보냉 컨테이너에 수납하는 등 적정한 온도관리를 할 것

① 제5류, 25   ② 제5류, 55
③ 제6류, 25   ④ 제6류, 55

답 ②

해 **보냉 컨테이너**에 수납하는 등 온도 관리를 해야 하는 것: **5류 중 55℃ 이하에서 분해될 우려 있는 것**

054 위험물안전관리법령상 다음 사항을 참고하여 제조소의 소화설비의 소요단위의 합을 옳게 산출한 것은?

가. 제조소 건축물의 연면적은 3,000m²
나. 제조소 건축물의 외벽은 내화구조이다.
다. 제조소 허가 지정수량은 3,000배이다.
라. 제조소의 옥외 공작물은 최대수평투영면적은 500m²이다.

① 335   ② 395
③ 400   ④ 440

답 ①

해 외벽이 내화구조인 제조소는 100m²가 1소요단위 이므로 3000m²는 30소요단위이다.
위험물의 경우 지정수량의 10배가 1소요단위 이므로 3000배는 300소요단위이다.
옥외공작물은 외벽이 내화구조인 것으로 간주하므로 내화구조인 제조소인 경우 100m²가 1소요단위 이므로 500m²는 5소요단위이다.
모두 합하면 335

종류	내화구조	비내화구조
위험물	위험물의 지정수량×10	
제조소 및 취급소	100 m²	50 m²
저장소	150 m²	75 m²

옥외설치된 공작물은 외벽이 내화구조인 것으로 간주한다.

055 다음은 위험물안전관리법령에 관한 내용이다. ( )에 알맞은 수치의 합은?

> - 위험물안전관리자를 선임한 제조소 등의 관계인은 그 안전관리자를 해임하거나 안전관리자가 퇴직한 때에는 해임하거나 퇴직한 날부터 ( )일 이내에 다시 안전관리자를 선임하여야 한다.
> - 제조소 등의 관계인은 당해 제조소 등의 용도를 폐지한 때에는 총리령이 정하는 바에 따라 제조소 등의 용도를 폐지한 날부터 ( )일 이내에 시·도지사에게 신고하여야 한다.

① 30 ② 44
③ 49 ④ 62

답 ②

해 위에 따라 안전관리자를 선임한 **제조소 등의 관계인**은 그 안전관리자를 **해임**하거나 안전관리자가 퇴직한 때에는 해임하거나 퇴직한 **날부터 30일 이내**에 다시 안전관리자를 **선임**하여야 한다.
안전관리자를 선임한 경우에는 **선임한 날부터 14일 이내**에 행정안전부령으로 정하는 바에 따라 **소방본부장 또는 소방서장**에게 신고하여야 한다.

056 오황화린에 관한 설명으로 옳은 것은?

① 물과 반응하면 불연성기체가 발생된다.
② 담황색 결정으로서 흡습성과 조해성이 있다.
③ P_5S_2로 표현되며 물에 녹지 않는다.
④ 공기 중에서 자연발화 한다.

답 ②

해 제2류 위험물로 물과 반응하면 인산과 황화수소를 발생시키는데, 황화수소는 가연성기체이다.
P_2S_5표현된다.

057 위험물의 운반에 관한 기준에서 위험물의 적재 시 혼재가 가능한 위험물은? (단, 지정수량의 5배인 경우이다)

① 과염소산칼륨 - 황린
② 질산메틸 - 경유
③ 마그네슘 - 알킬알루미늄
④ 탄화칼슘 - 니트로글리세린

답 ②

해 423 524 61
질산메틸(제5류)와 경유(제4류)는 혼재 가능하다.
과염소산칼륨(제1류)와 황린(제3류), 마그네슘(제2류)과 알킬알루미늄(제3류), 탄화칼슘(제3류)과 니트로글리세린(제5류)는 모두 혼재 불가하다.

058 다음 중 물과 접촉 시 유독성의 가스를 발생하지는 않지만 화재의 위험성이 증가하는 것은?

① 인화칼슘 ② 황린
③ 적린   ④ 나트륨

답 ④

해 인화칼슘은 포스핀(유독성)을 발생시키고, 나트륨은 수소를 발생시킨다. 수소는 유독성은 아니나 화재 위험성이 증가하므로 위험하다. 황린, 적린은 물과 반응하지 않는다.

059 이동저장탱크에 저장할 때 불연성 가스를 봉입하여야 하는 위험물은?

① 메틸에틸케톤퍼옥사이드
② 아세트알데히드
③ 아세톤
④ 트리니트로톨루엔

답 ②

해 아세트알데히드 등을 취급하는 탱크에는 **불활성기체를 봉입해야 한다.**

060 인화칼슘의 성질이 아닌 것은?

① 적갈색의 고체이다.
② 물과 반응하여 포스핀 가스를 발생한다.
③ 물과 반응하여 유독한 불연성 가스를 발생한다.
④ 산과 반응하여 포스핀 가스를 발생한다.

답 ③

해 인화칼슘은 물, 산과 반응하여 유독성의 포스핀가스를 만든다. 포스핀가스는 가연성물질이다.

2016 | 3회

제1과목 | 일반화학

001 다음 화학반응에서 밑줄 친 원소가 산화된 것은?

① H_2 + $\underline{Cl}_2$ → 2HCl
② 2$\underline{Zn}$ + O_2 → 2ZnO
③ 2KBr + $\underline{Cl}_2$ → 2KCl + Br_2
④ 2$\underline{Ag}^+$ + Cu → 2Ag + Cu^{2+}

답 ②

해 산화는 산소를 얻거나, 전자를 잃거나 수소를 잃는 반응이다(-값을 가진 전자를 잃는 것이므로 산화수가 커진다.). 옆에서 산화를 일으키도록 하는 물질을 산화제라고 한다. 따라서 산화제는 자신은 환원되고, 다른 물질을 산화시킨다.
Zn은 산소를 얻었으며, 반응전 산화수는 0이나 반응후의 산화수는 +2가 되어 산화수가 커졌다.

002 발연황산이란 무엇인가?

① H_2SO_4의 농도가 98% 이상인 거의 순수한 황산
② 황산과 염산을 1 : 3의 비율로 혼합한 것
③ SO_3를 황산에 흡수시킨 것
④ 일반적인 황산을 총괄하는 것

답 ③

해 SO_3를 진한황산에 녹이면 발연황산이 된다.

003 0.001N-HCl의 pH는?

① 2 ② 3
③ 4 ④ 5

답 ②

해 pH는 그 용액의 H^+의 몰농도를 구한 후 -log를 하면 된다.
몰농도(M) × 당량 = 노르말농도(N) 이고, HCl인 경우 1 가산(H^+를 내놓는 수)이므로 당량은 1이고, 따라서 노르말 농도와 몰농도는 동일하다.
-log를 위하면 3이 된다.

004 0℃의 얼음 20g을 100℃의 수증기로 만드는데 필요한 열량은? (단, 융해열은 80cal/g, 기화열은 539cal/g이다)

① 3600cal ② 11600cal
③ 12380cal ④ 14380cal

답 ④

해 열량 측정방법
현열(물질이 상태 변화 없이 온도가 올라가는데 필요한 열량) + 잠열(물질의 온도변화가 없이 상태가 변화하는데 필요한 열량)
현열은 "질량×비열×온도변화"로 구하고
잠열은 "상태변화에 필요한 기화열 혹은 융해열(kcal/kg 혹은 cal/g) × 질량"로 구한다.
20g의 얼음이 녹는데 필요한 잠열과 물이 되어 100℃까지 올라가는데 필요한 현열과, 그 이후 기화되는데 필요한 잠열을 합하면 된다.
20 × 80 + 20 × 1 × 100 + 20 × 539 = 14380cal

005 다음 중 FeCl₃과 반응하면 색깔이 보라색으로 되는 현상을 이용해서 검출하는 것은?

① CH_3OH ② C_6H_5OH
③ $C_6H_5NH_2$ ④ $C_6H_5CH_3$

답 ②

해 페놀류는 벤젠고리에 히드록시기(-OH)가 직접결합한 화합물이다.
페놀류는 염화철(III)(FeCl₃) 수용액과 정색반응(색깔을 내는 반응)을 일으킨다.
2번이 페놀이다.
순서대로 메틸알코올, 페놀, 아닐린, 톨루엔이다.

006 콜로이드 용액 중 소수콜로이드는?

① 녹말 ② 아교
③ 단백질 ④ 수산화철

답 ④

해 콜로이드 용액:지름이 10^{-7}~10^{-5}cm 정도의 용질의 입자를 "콜로이드"라 하는데, 이러한 콜로이드 입자가 분산되어 있는 용액을 콜로이드 용액이라고 한다.
물과의 친화성에 따라 분류하면
소수 콜로이드가 있는데, 콜로이드 입자중 소량의 전해질에 의해 엉김이 생기는 콜로이드이다(먹물, **수산화철**).
친수 콜로이드는 전해질이 다량으로 첨가되어야만 엉김이 생기는 콜로이드이다(아교, 녹말).

007 다음 중 유리기구 사용을 피해야 하는 화학반응은?

① $CaCO_3 + HCl$ ② $Na_2CO_3 + Ca(OH)_2$
③ $Mg + HCl$ ④ $CaF_2 + H_2SO_4$

답 ④

해 4번의 경우 불화수소(플루오린화수소)를 발생시키는데, 이 물질은 유리와 반응하므로 유리기구를 사용할 수 없다.

008 0℃, 1기압에서 1g의 수소가 들어 있는 용기에 산소 32g을 넣었을 때 용기의 총 내부 압력은? (단, 온도는 일정하다)

① 1기압 ② 2기압
③ 3기압 ④ 4기압

답 ③

해 기체 문제가 나오면 이상기체 방정식을 생각하면 된다.
V=nRT/P (R은 기체상수, 0.082L·atm/k·mol), n=w/M (w는 기체의 질량, M은 기체의 분자량)
즉 부피는 몰수와 온도에 비례하고 압력에 반비례한다는 의미이다.
부피, 온도가 일정하다면 압력과 몰수는 비례한다는 의미이기도 하다.
(V는 부피, T는 절대온도, P는 압력)
산소를 주입하기 전과 후에 온도, 부피는 모두 일정하므로
n전RT / P전 = n후RT / P후 이다.
RT는 동일하므로 없애 주고 계산하면,
0.5 / 1=1.5 / P후이다(수소 1g은 0.5몰이고, 산소 32g은 1몰이므로 산소 주입전 기체의 몰수는 0.5이고, 주입 후 몰수는 1.5가 된다).
산소 주입후의 압력은 3기압이다.
상식적으로 같은 부피의 용기안에서 기체의 몰수가 증가하면 그만큼 압력이 비례하여 증가한다는 점을 생각하면 풀 수 있다.

009 다음의 평형계에서 압력을 증가시키면 반응에 어떤 영향이 나타나는가?

$$N_2(g) + 3H_2(g) \rightleftarrows 2NH_3(g)$$

① 오른쪽으로 진행
② 왼쪽으로 진행
③ 무변화
④ 왼쪽과 오른쪽으로 모두 진행

답 ①

해 압력이 증가하면, 기체의 부피가 작아지는 방향으로 반응한다. 부피는 몰수에 비례하므로, $N_2(g) + 3H_2(g) \rightleftarrows 2NH_3(g)$의 반응인 경우, 압력이 증가하면 반응전 기체의 몰수 4몰(1+3몰)에서 부피를 줄이기 위해 정반응으로 반응하여 2몰의 기체가 되려한다.

010 100mL 메스플라스크로 10ppm 용액 100mL를 만들려고 한다. 1000ppm 용액 몇 mL를 취해야 하는가?

① 0.1
② 1
③ 10
④ 100

답 ②

해 ppm:(용질의 질량 / 용액의 질량) 의 백만분율, 즉, (용질의 질량 / 용액의 질량) × 10^6
10ppm과 1000ppm의 농도 차이는 100배이다. 같은 부피일 경우 1000ppm에 100배 많은 물질이 있다는 뜻이다. 즉, 같은 수의 물질이 필요하기 위해서는 농도가 100배 짙은 물질은 농도가 낮은 물질의 부피의 100분의 1만 있으면 된다.

011 ns^2nP^5의 전자구조를 가지지 않는 것은?

① F(원자번호 9)
② Cl(원자번호 17)
③ Se(원자번호 34)
④ I(원자번호 53)

답 ③

해 p오비탈에 5개가 차 있다는 뜻은 s오비탈에 2개, p오비탈에 5개가 차있다는 의미로 17족 원자임을 뜻한다. 17족이 아닌 것은 Se이다.

012 황산구리 수용액을 전기분해하여 음극에서 63.54g의 구리를 석출시키고자 한다. 10A의 전기를 흐르게 하면 전기분해에는 약 몇 시간이 소요되는가? (단, 구리의 원자량은 63.54이다)

① 2.72
② 5.36
③ 8.13
④ 10.8

답 ②

해 $CuSO_4$의 경우 Cu^{2+}, SO_4^{2-} 로 나눠지는 모양을 생각하면 Cu^{2+}가 Cu로 나오기 위해서는 전자가 2개 필요하다. 즉 대응 비가 전자두개당 구리 하나이다. 그럼 전자가 2몰이 필요한데, 전자 1몰의 전하량은 1F, 96500C인데, 2몰은 193000C이다.
1C=1A×1초인데,
193000 = 10A × X초, 즉 X = 19300초이다.
시간으로 계산하면 1시간은 3600초이므로 19300/3600 = 5.36시간이다.

013 축중합반응에 의하여 나일론-66을 제조할 때 사용되는 주원료는?

① 아디프산과 헥사메틸렌디아민
② 이소프렌과 아세트산
③ 염화비닐과 폴리에틸렌
④ 멜라민과 클로로벤젠

답 ①

014 Ca^{2+} 이온의 전자배치를 옳게 나타낸 것은?

① $1s^2 2s^2 2p^6 3s^2 3p^6 3d^2$
② $1s^2 2s^2 2p^6 3s^2 3p^6 4s^2$
③ $1s^2 2s^2 2p^6 3s^2 3p^6 4s^2 3d^2$
④ $1s^2 2s^2 2p^6 3s^2 3p^6$

답 ④

해 전자가 채워지는 순서를 살펴보면, 1s, 2s, 2p, 3s, **3p, 4s, 3d**, 순으로 채워진다
Ca의 경우 원자번호 20번이고, 전자가 20개이다.
1s에 2개, 2s에 2개, 2p에 6개, 3s에 2개, **3p에 6개, 4s에 2개** 해서 총 20개가 채워진다.
그런데, 2+이온이 되었으므로 전자 두개를 뺏긴 형태이다. 따라서, 마지막 4s에 전자 2개는 채워지지 않는다.
전자배치로 표현하면 $1s^2 2s^2 2p^6 3s^2 3p^6$이 된다.

015 표준상태를 기준으로 수소 2.24L가 염소와 완전히 반응했다면 생성된 염화수소의 부피는 몇 L인가?

① 2.24
② 4.48
③ 22.4
④ 44.8

답 ②

해 반응식은 $H_2 + Cl_2 \rightarrow 2HCl$이 된다. 수소와 염화수소의 반응비는 1:2 몰이다.
표준상태에서 수소 2.24L는 0.1몰이므로, 생성되는 염화수소는 0.2몰이 된다.
0.2몰의 부피는 4.48L이다.

016 어떤 용액의 pH를 측정하였더니 4이었다. 이 용액을 1000배 희석시킨 용액의 pH를 옳게 나타낸 것은?

① pH=3
② pH=4
③ pH=5
④ 6 < pH < 7

답 ④

해 pH에서 1의 차이는 몰농도 10배이다. 따라서 pH1은 pH3보다 몰농노가 100배이다.
1000배 차이는 pH에서 3 차이다. 희석시켰으므로 농도가 낮아진다.
대략 7정도가 될 것이다. 하지만, 실제는 이론적으로 완전히 정수비로 변하지는 않으므로 가장 가까운 4번을 고르는 수밖에 없다.

017 다음 중 물이 산으로 작용하는 반응은?

① $3Fe + 4H_2O \rightarrow Fe_3O_4 + 4H_2$
② $NH_4^+ + H_2O \rightleftharpoons NH_3 + H_3O^+$
③ $HCOOH + H_2O \rightarrow HCOO^- + H_3O^+$
④ $CH_3COO^- + H_2O \rightarrow CH_3COOH + OH^-$

답 ④

해 브뢴스테드-로우리의 산: H^+를 줄 수 있는 물질
브뢴스테드-로우리의 염기: H^+를 받을 수 있는 물질
아레니우스의 산과 크게 다른 것은 없다.
한가지 유의해야 할 것은 물이다.
$HCl + H_2O \rightarrow H_3O^+ + Cl^-$
이 경우 물은 H^+를 받아서 염기가 된다.
$NH_3 + H_2O \rightarrow NH_4^+ + OH^-$
$CH_3COO^- + H_2O \rightarrow CH_3COOH + OH^-$
이 반응에서는 물이 H^+를 주어서 산이 된다.
브뢴스테드-로우리의 산 염기 개념에서는 물은 산, 염기 다 가능하다는 점을 기억하자.

018
물 100g에 황산구리결정($CuSO_4 \cdot 5H_2O$) 2g을 넣으면 몇 % 용액이 되는가? (단, $CuSO_4$의 분자량은 160g/mol이다)

① 1.25% ② 1.96%
③ 2.4%   ④ 4.42%

답 ①

해 용액의 농도는 용질의 질량 / 용액의 질량이다.
용액의 질량은 102g이나 용질의 질량은 추가한 황산구리결정에서 황산구리가 얼마만큼 차지하는지를 구해 찾을 수 있다.
황산구리의 분자량은 160g/mol이고 H_2O 5개의 질량은 90(18 × 5)이므로 전체 2g 중에 황산구리가 차지하는 질량은 다음 식으로 구할 수 있다.
160 : 250 = x : 2
X는 1.28g이고 농도를 구하면 1.28/102 ×100
약 1.25%이다.

019
원소의 주기율표에서 같은 족에 속하는 원소들의 화학적 성질에는 비슷한 점이 많다. 이것과 관련 있는 설명은?

① 같은 크기의 반지름을 가지는 이온이 된다.
② 제일 바깥의 전자 궤도에 들어 있는 전자의 수가 같다.
③ 핵의 양 하전의 크기가 같다.
④ 원자 번호를 8a+b 라는 일반식으로 나타낼 수 있다.

답 ②

해 같은 족은 최외각전자의 수가 같은 경우로 비슷한 성질을 가진다.

020
다음 화합물 중 펩티드 결합이 들어있는 것은?

① 폴리염화비닐   ② 유지
③ 탄수화물   ④ 단백질

답 ④

해 펩타이드(펩티드) 결합을 알아 둔다.
이는 아미노기(-NH_2)와 카르복시기(-COOH)가 반응하여 형성하는 결합인데, 아마이드기(-CONH-)결합을 가지는 결합이다.
나일론, 단백질(알부민)의 결합에 들어있다.
(-CONH-결합, 펩타이드, 나일론 단백질을 기억한다)

$$-\overset{\overset{O}{\|}}{C}-\underset{\underset{H}{|}}{N}-$$

제2과목 | 화재예방과 소화방법

021 제1종 분말소화약제가 1차 열분해되어 표준상태를 기준으로 2m³의 탄산가스가 생성되었다. 몇 kg의 탄산수소나트륨이 사용되었는가? (단, 나트륨의 원자량은 23이다)

① 15 ② 18.75
③ 56.25 ④ 75

답 ①

해 제1종 분말소화약제의 열분해반응식은
$2NaHCO_3 \rightarrow Na_2CO_3 + CO_2 + H_2O$
탄산수소나트륨과 탄산가스의 반응비는 2:1이고, 탄산가스 2m³의 몰수는 2000L/22.4L이다(기체 1몰은 22.4L이므로). 따라서 탄산수소나트륨의 몰수는 2×2000L/22.4L가 된다.
탄산수소나트륨의 분자량은
$23 + 1 + 12 + 16 \times 3 = 84$g/mol이다.
따라서 사용된 탄산수소나트륨은
$2 \times 2000/22.4 \times 84 = 15000$g이다.
kg으로 바꾸면 15kg이 된다.

022 위험물안전관리법령상 방호대상물의 표면적이 70m²인 경우 물분무소화설비의 방사구역은 몇 m²로 하여야 하는가?

① 35 ② 70
③ 150 ④ 300

답 ②

해 **방사구역은 150m² 이상**이어야 하나 방호대상물 **표면적이 그 이하인 경우 그 당해 표면적**으로 한다.

023 위험물안전관리법령상 제4류 위험물의 위험등급에 대한 설명으로 옳은 것은?

① 특수인화물은 위험등급 I, 알코올류는 위험등급 II이다.
② 특수인화물과 제1석유류는 위험등급 I이다.
③ 특수인화물은 위험등급 I, 그 이외에는 위험등급 II이다.
④ 제2석유류는 위험등급 II이다.

답 ①

해 제4류 위험물의 위험등급은 **특 / 1,알 / 2,3,4,동** 순서대로 123등급이다.

024 수성막포소화약제에 대한 설명으로 옳은 것은?

① 물보다 가벼운 유류의 화재에는 사용할 수 없다.
② 계면활성제를 사용하지 않고 수성의 막을 이용한다.
③ 내열성이 뛰어나고 고온의 화재일수록 효과적이다.
④ 일반적으로 불소계 계면활성제를 사용한다.

답 ④

해 수성막포는 **플루오르계** 계면활성제를 사용하며 유류화재용이다.

025 다음 중 증발잠열이 가장 큰 것은?

① 아세톤 ② 사염화탄소
③ 이산화탄소 ④ 물

답 ④

해 물은 증발잠열이 매우 커서 소화약제로 사용된다는 점을 기억하자. 증발잠열은 539cal/g이다.

026 다음 [보기]의 물질 중 위험물안전관리법령상 제1류 위험물에 해당하는 것의 지정수량을 모두 합산한 값은?

[보기]
퍼옥소이황산염류, 요오드산, 과염소산, 차아염소산

① 350 kg
② 400 kg
③ 650 kg
④ 1350 kg

답 ①

해 행안부령으로 정하는 것도 별도로 암기한다. 지정수량은 두 단계로 나뉘고, **지정수량은 50, 300kg이다. 5차 / 3퍼 퍼크과 아염과** 퍼옥소이황산염류와 차아염소산이 이에 해당한다. 지정수량은 각 300kg, 50kg이다. 과염소산은 제6류 위험물이고, 요오드산은 위험물이 아니다.

027 화재 예방을 위하여 이황화탄소는 액면 자체 위에 물을 채워주는데 그 이유로 가장 타당한 것은?

① 공기와 접촉하면 발생하는 불쾌한 냄새를 방지하기 위하여
② 발화점을 낮추기 위하여
③ 불순물을 물에 용해시키기 위하여
④ 가연성 증기의 발생을 방지하기 위하여

답 ④

해 이황화탄소는 물에 녹지 않으므로 **물속에 저장하여 가연성 증기 발생을 방지**한다.

028 다음 위험물을 보관하는 창고에 화재가 발생하였을 때 물을 사용하여 소화하면 위험성이 증가하는 것은?

① 질산암모늄
② 탄화칼슘
③ 과염소산나트륨
④ 셀룰로이드

답 ②

해 탄화칼슘은 물과 접촉하면 아세틸렌을 발생시키며 반응하므로 위험하다.

029 위험물안전관리법령에 따른 불활성가스 소화설비의 저장용기 설치 기준으로 틀린 것은?

① 방호구역 외의 장소에 설치할 것
② 저장용기에는 안전장치(용기밸브에 설치되어 있는 것은 제외)를 설치할 것
③ 저장용기의 외면에 소화약제의 종류와 양, 제조 연도 및 제조자를 표시할 것
④ 온도가 섭씨 40도 이하이고 온도 변화가 적은 장소에 설치할 것

답 ②

해 **40℃ 이하인 장소, 방호구역 외**에 설치한다.
저장용기에는 **안전장치(용기밸브에 설치되어 있는 것을 포함함)를 설치**해야 한다.

030 위험물안전관리법령상 옥내소화전설비의 기준에서 옥내소화전이 개폐밸브 및 호스접속구의 바닥면으로부터 설치 높이 기준으로 옳은 것은?

① 1.2m 이하
② 1.2m 이상
③ 1.5m 이하
④ 1.5m 이상

답 ③

해 개폐밸브 및 호스접속구는 **바닥면으로부터 1.5m 이하** 높이에 설치해야 한다(밸브가 너무 높으면 안 된다).

031 연소 및 소화에 대한 설명으로 틀린 것은?

① 공기 중의 산소 농도가 0%까지 떨어져야만 연소가 중단되는 것은 아니다.
② 질식소화, 냉각소화 등은 물리적 소화에 해당한다.
③ 연소의 연쇄반응을 차단하는 것은 화학적 소화에 해당한다.
④ 가연물질에 상관없이 온도, 압력이 동일하면 한계산소량은 일정한 값을 가진다.

답 ④

해 한계산소량은 가연물질에 따라 다르다.
연소되기 위해 필요한 산소의 최소량(%)이라고 생각하면 된다.

032 소화기에 'B-2'라고 표시되어 있었다. 이 표시의 의미를 가장 옳게 나타낸 것은?

① 일반화재에 대한 능력단위 2단위에 적용되는 소화기
② 일반화재에 대한 무게단위 2단위에 적용되는 소화기
③ 유류화재에 대한 능력단위 2단위에 적용되는 소화기
④ 유류화재에 대한 무게단위 2단위에 적용되는 소화기

답 ③

해 소화기에 표시된 알파벳과 숫자는 적응화재 및 능력단위를 나타낸다.
B는 유류화재를 2는 능력단위를 뜻한다.

033 이산화탄소 소화기의 장단점에 대한 설명으로 틀린 것은?

① 밀폐된 공간에서 사용 시 질식으로 인명피해가 발생할 수 있다.
② 전도성이어서 전류가 통하는 장소에서의 사용은 위험하다.
③ 자체의 압력으로 방출할 수가 있다.
④ 소화 후 소화약제에 의한 오손이 없다.

답 ①

해 **질식효과, 냉각효과**가 주된 효과이다(질식효과 이므로 **밀폐된 공간**에서 효과적이나 질식의 위험이 있다).
불활성 기체로 전기전도성이 없으므로 전기화재에 유효하다.
비전도성 불연성 기체로 사용 후 이산화탄소 바로 사라지므로 **오염이 없고 장기보관**이 가능하다.
자체 압력에 의해 방출한다.

034 위험물안전관리법령상 톨루엔의 화재에 적응성이 있는 소화방법은?

① 무상수(霧狀水)소화기에 의한 소화
② 무상강화액소화기에 의한 소화
③ 봉상수(棒狀水)소화기에 의한 소화
④ 봉상강화액소화기에 의한 소화

답 ②

해 톨루엔은 제4류 위험물 제1석유류에 해당한다. 제4류 위험물은 무상강화액소화기에 대해 적응성이 있다.
소화설비의 구분 68페이지 표 참고

035 위험물안전관리법령상 이동식 불활성가스 소화설비의 호스접속구는 모든 방호대상물에 대하여 당해 방호 대상물의 각 부분으로부터 하나의 호스접속구까지의 수평거리가 몇 이하가 되도록 설치하여야 하는가?

① 5   ② 10
③ 15   ④ 20

답 ③

해 이동식 불활성가스소화설비의 호스접속구는 모든 방호대상물에 대하여 당해 방호 대상물의 각 부분으로부터 하나의 호스접속구까지의 수평거리가 15m 이하가 되도록 설치해야 한다.

036 이산화탄소를 이용한 질식소화에 있어서 아세톤의 한계산소농도(vol%)에 가장 가까운 값은?

① 15   ② 18
③ 21   ④ 25

답 ①

해 일반적인 가연물의 한계산소 농도는 14~15vol%이다.

037 분말소화약제의 소화효과로 가장 거리가 먼 것은?

① 질식효과   ② 냉각효과
③ 제거효과   ④ 방사열 차단효과

답 ③

해 주로 **질식소화효과, 부촉매효과**를 가진다. **열분해에 따른 냉각효과도 있다.** 또한 화재면을 덮기 때문에 방사열을 차단하는 효과도 있다.

038 제2류 위험물의 화재에 대한 일반적인 특징으로 옳은 것은?

① 연소 속도가 빠르다.
② 산소를 함유하고 있어 질식소화는 효과가 없다.
③ 화재 시 자신이 환원되고 다른 물질을 산화시킨다.
④ 연소열이 거의 없어 초기 화재 시 발견이 어렵다.

답 ①

해 **강환원성**(다른 물질을 환원시킴, 즉 스스로는 산소와 결합해 산화되므로 산소를 가진 1류와 만나면 위험하다)이며 **연소속도가 빠르다.**

039 액체 상태의 물이 1기압, 100℃ 수증기로 변하면 체적이 약 몇 배 증가하는가?

① 530~540   ② 900~1100
③ 1600~1700   ④ 2300~2400

답 ③

해 물은 1리터에 1kg의 질량을 가진다. 1kg의 물이 수증기로 변하는 경우 이상기체방정식에 의해 풀면 V=nRT/P (R은 기체상수, 0.082L·atm/k·mol),
n=w/M (w는 기체의 질량, M은 기체의 분자량)
물의 분자량은 18g/mol이므로 대입하면
v = 1000/18 × 0.082 × 373 / 1=1699.22L이다.
1L의 액체 물이 약 1699L의 수증기로 변한 것이다.

040 위험물안전관리법령상 인화성고체와 질산에 공통적으로 적응성이 있는 소화설비는?

① 불활성가스소화설비
② 할로겐화합물소화설비
③ 탄산수소염류분말소화설비
④ 포소화설비

답 ④

해 인화성 고체는 제2류 위험물이고, 질산은 제6류 위험물이다.
소화설비의 구분 68페이지 표 참고

제3과목 | 위험물의 성질과 취급

041 위험물안전관리법령에 따른 위험물제조소의 안전거리 기준으로 틀린 것은?

① 주택으로부터 10m 이상
② 학교로부터 30m 이상
③ 유형문화재와 기념물 중 지정문화재로부터는 30m 이상
④ 병원으로부터 30m 이상

답 ③

해 가. **유형문화재와 지정문화재: 50m 이상**
  나. **학교, 병원, 극장 등 다수인 수용 시설(극단, 아동복지 시설, 노인보호시설, 어린이집 등): 30m 이상**
  다. **고압가스, 액화석유가스 또는 도시가스를 저장 또는 취급하는 시설: 20m 이상**
  라. **주거용인 건축물 등: 10m 이상**
  마. **사용전압이 35,000V를 초과하는 특고압가공전선: 5m이상**
  바. 사용전압이 7,000V 초과 35,000V 이하의 특고압가공전선: 3m 이상

042 적재 시 일광의 직사를 피하기 위하여 차광성이 있는 피복으로 가려야 하는 것은?

① 메탄올   ② 과산화수소
③ 철분   ④ 가솔린

답 ②

해 **차광성 있는 피복**으로 가릴 위험물: **1류, 3류 중 자연발화성 물질, 4류 중 특수인화물, 5류, 6류**
과산화수소는 제6류 위험물이다.

043 제4류 2석유류 비수용성인 위험물 180,000리터를 저장하는 옥외저장소의 경우 설치하여야 하는 소화설비의 기준과 소화기 개수를 설명한 것이다. ( ) 안에 들어갈 숫자의 합은?

> • 해당 옥외저장소는 소화난이도등급 II에 해당하며 소화설비의 기준은 방사능력 범위 내에 공작물 및 위험물이 포함되도록 대형 수동식소화기를 설치하고 당해 위험물의 소요 단위의 ( )에 해당하는 능력단위의 소형수동식소화기를 설치하여야 한다.
> • 해당 옥외저장소의 경우 대형수동식 소화기와 설치하고자 하는 소형 수동식소화기의 능력단위가 2라고 가정할 때 비치하여야 하는 소형수동식 소화기의 최소 개수는 ( )개이다.

① 2.2 ② 4.5
③ 9 ④ 10

답 ①

해 소화난이도등급 II에 해당하는 옥외저장소는 방사능력범위 내에 당해 건축물, 그 밖의 공작물 및 위험물이 포함되도록 대형수동식소화기를 설치하고, 당해 위험물의 소요단위의 1/5 이상에 해 당되는 능력단위의 소형수동식소화기등을 설치해야 한다.
소요단위의 1/5에 해당하는 소형소화기를 설치해야 하므로 위험물인 경우 지정수량의 10배가 1소요단위인데, 제4류 제2석유류 비수용성인 경우 1000L가 지정수량 이므로(일(1000L)등경 크스클벤(벤즈알데히드, C_7H_6O) / 이(2000L)아히포) 열배인 10000L가 소요단위이다. 18만리터를 보관하므로 18소요단위가 된다.
18의 1/5인 3.6능력단위가 되는 소형소화기를 설치해야 한다. 소형소화기 1개의 능력단위가 2이므로 최소 2개를 설치해야 한다. 따라서 각 빈칸은 0.2와 2이므로 합하면 2.2가 된다.

044 위험물안전관리법령상 시·도의 조례가 정하는 바에 따라, 관할소방서장의 승인을 받아 지정수량 이상의 위험물을 임시로 제조소 등이 아닌 장소에서 취급할 때 며칠 이내의 기간동안 취급할 수 있는가?

① 7 ② 30
③ 90 ④ 180

답 ③

해 지정수량 이상의 위험물을 저장소 아닌 장소에서 저장하거나 제조소 등이 아닌 장소에서 취급해서는 안 된다. **다만 90일 이내**, 시·도의 조례에 따라 관할소방서장의 승인으로 임시적으로 가능

045 이동저장탱크로부터 위험물을 저장 또는 취급하는 탱크에 인화점이 몇 ℃ 미만인 위험물을 주입할 때에는 이동탱크저장소의 원동기를 정지시켜야 하는가?

① 21 ② 40
③ 71 ④ 200

답 ②

해 **인화점 40℃ 미만의 위험물을 주입할 때에는 자동차 등의 원동기를 정지**시켜야 한다.

046 위험물안전관리법령에서 정의한 철분의 정의로 옳은 것은?

① "철분"이라 함은 철의 분말로서 53마이크로미터의 표준체를 통과하는 것이 50중량퍼센트 미만인 것은 제외한다.
② "철분"이라 함은 철의 분말로서 50마이크로미터의 표준체를 통과하는 것이 53중량퍼센트 미만인 것은 제외한다.
③ "철분"이라 함은 철의 분말로서 53마이크로미터의 표준체를 통과하는 것이 50부피퍼센트 미만인 것은 제외한다.
④ "철분"이라 함은 철의 분말로서 50마이크로미터의 표준체를 통과하는 것이 53부피퍼센트 미만인 것은 제외한다.

답 ①

해 위험물의 기준인 철분은 **철의 분말로서 53마이크로미터 표준체를 통과한 것이 50중량퍼센트 이상**이어야 한다.

047 위험물안전관리법령상 위험물의 운반용기 외부에 표시해야 할 사항이 아닌 것은? (단, 용기의 용적은 10L이며 원칙적인 경우에 한한다)

① 위험물의 화학명   ② 위험물의 지정수량
③ 위험물의 품명   ④ 위험물의 수량

답 ②

해 위험물 운반용기 외부 표시사항은 아래와 같다.
  가. **위험물의 품명, 위험등급, 화학명 및 수용성**(수용성 표시는 4류 위험물 중 수용성인 것에 한함)
  나. **위험물의 수량**
  다. 위험물에 따른 **주의사항**

048 위험물의 적재 방법에 관한 기준으로 틀린 것은?

① 위험물은 규정에 의한 바에 따라 재해를 발생 시킬 우려가 있는 물품과 함께 적재하지 아니하여야 한다.
② 적재하는 위험물의 성질에 따라 일광의 직사 또는 빗물의 침투를 방지하기 위하여 유효하게 피복하는 등 규정에서 정하는 기준에 따른 조치를 하여야 한다.
③ 증기발생·폭발에 대비하여 운반용기의 수납구를 옆 또는 아래로 향하게 하여야 한다.
④ 위험물을 수납한 운반용기가 전도·낙하 또는 파손되지 아니하도록 적재하여야 한다.

답 ③

해 증기발생, 폭발에 대비하기 위해 운반용기 수납구는 위로 향해야 한다. 아래, 옆으로 향하면 주위가 위험해 진다.

049 과염소산과 과산화수소의 공통된 성질이 아닌 것은?

① 비중이 1보다 크다.   ② 물에 녹지 않는다.
③ 산화제이다.   ④ 산소를 포함한다.

답 ②

해 제6류 위험물은 비중이 1보다 크고, 물에 잘 녹는다. 산화성 액체이므로 당연히 산화제이고, 산소를 포함한다.

050 제3류 위험물 중 금수성물질의 위험물제조소에 설치하는 주의사항 게시판의 색상 및 표시 내용으로 옳은 것은?

① 청색바탕 - 백색문자, "물기엄금"
② 청색바탕 - 백색문자, "물기주의"
③ 백색바탕 - 청색문자, "물기엄금"
④ 백색바탕 - 청색문자, "물기주의"

답 ①

해 금수성 물질의 경우 제조소의 게시판에 게시할 내용은 물기엄금이다. 물기엄금의 게시판의 색상은 청색바탕에 백색문자이다.
제조소의 게시판에 게시할 내용(운반 시 운반용기 주의사항과 관련이 있으니 여기서 살펴본다)
ⅰ) **1류 알칼리금속의 과산화물:물기엄금**
　　그 밖에:없음
ⅱ) 2류 인화성 고체:화기엄금
　　철분, 마그네슘, 금속분 및 그 밖에:화기주의
ⅲ) 3류 자연발화성 물질:화기엄금
　　금수성물질:물기엄금
ⅳ) **4류:화기엄금**
ⅴ) **5류:화기엄금**
ⅵ) 6류:없음

게시판의 색상

종류	바탕	문자
화기엄금(화기주의)	적색	백색
물기엄금	청색	백색
주유중엔진정지	황색	흑색
위험물 제조소 등	백색	흑색
위험물	흑색	황색반사도료

051 제조소 등의 관계인은 당해 제조소 등의 용도를 폐지한 때에는 총리령이 정하는 바에 따라 제조소 등의 용도를 폐지한 날부터 며칠 이내에 시·도지사에게 신고하여야 하는가?

① 5일　　② 7일
③ 14일　　④ 21일

답 ③

해 용도를 폐지한 경우 용도를 폐지한 날부터 **14일 이내에 시·도지사**에게 신고해야 한다.

052 산화제와 혼합되어 연소할 때 자외선을 많이 포함하는 불꽃을 내는 것은?

① 셀룰로이드　　② 니트로셀룰로오스
③ 마그네슘　　　④ 글리세린

답 ③

해 마그네슘은 산화제와 혼합되어 연소할 경우 자외선을 포함하는 흰색 불꽃을 낸다.

053 삼황화인과 오황화인의 공통연소생성물을 모두 나타낸 것은?

① H_2S, SO_2　　② P_2O_5, H_2S
③ SO_2, P_2O_5　　④ H_2S, SO_2, P_2O_5

답 ③

해 둘 다 연소되면 **이산화황과 오산화인(P_2O_5)**이 만들어진다.

054 위험물의 취급 중 소비에 관한 기준으로 틀린 것은?

① 열처리 작업은 위험물이 위험한 온도에 이르지 아니하도록 하여 실시하여야 한다.
② 담금질 작업은 위험물이 위험한 온도에 이르지 아니하도록 하여 실시하여야 한다.
③ 분사도장 작업은 방화상 유효한 격벽 등으로 구획한 안전한 장소에서 하여야 한다.
④ 버너를 사용하는 경우에는 버너의 역화를 유지하고 위험물이 넘치지 아니하도록 하여야 한다.

답 ④

해 위험물의 취급 중 소비에 관한 기준
- 분사도장작업은 **방화상 유효한 격벽** 등으로 구획된 안전한 장소에서 실시할 것
- **담금질 또는 열처리작업은 위험물이 위험한 온도에 이르지 아니하도록** 하여 실시할 것
- 버너를 사용하는 경우에는 **버너의 역화를 방지(유지아니다)**하고 위험물이 넘치지 아니하도록 할 것

055 물과 접촉되었을 때 연소범위의 하한값이 2.5vol%인 가연성가스가 발생하는 것은?

① 금속나트륨　　② 인화칼슘
③ 과산화칼륨　　④ 탄화칼슘

답 ④

해 아세틸렌은 가연성가스이며 **연소범위(2.5 - 81%)**가 넓고 폭발을 일으킨다. 물과 반응하여 아세틸렌을 생성하는 물질은 탄화칼슘이다.
(연소범위가 넓고 하한값이 2.5vol%하면 아세틸렌을 떠올려야 한다)

056 다음 물질 중 인화점이 가장 낮은 것은?

① CS_2　　② $C_2H_5OC_2H_5$
③ CH_3COCH_3　　④ CH_3OH

답 ②

해 순서대로 이황화탄소(특수인화물), 디에틸에테르(특수인화물), 아세톤(제1석유류), 메틸알코올(알코올류)이다. 인화점은 제4류 위험물 중 특수인화물이 낮으며, 그 순서는 특수인화물인 경우 **이**소프랜은 -54도, 이소**펜**탄은 -51도, **디**에틸에테르 **-45**, 아세트**알**데히드 -38, 산화**프**로필렌 -37, **이**황화탄소 **-30**℃ **순서 외워두면 좋다(이펜디알프리(이))**, 디에틸에테르, 이황화탄소는 인화점 온도도 기억해야 한다.
알코올류는 대략 섭씨10도 언저리임을 기억하자 메틸알코올의 경우 섭씨11도이다.

057 지정수량에 따른 제4류 위험물 옥외탱크저장소 주위의 보유공지 너비의 기준으로 틀린 것은?

① 지정수량의 500배 이하 - 3m 이상
② 지정수량의 500배 초과 1000배 이하 - 5m 이상
③ 지정수량의 1000배 초과 2000배 이하 - 9m 이상
④ 지정수량의 2000배 초과 3000배 이하 - 15m 이상

답 ④

해

저장 또는 취급하는 위험물의 최대수량	공지의 너비
지정수량의 500배 이하	3m 이상
지정수량의 500배 초과 1,000배 이하	5m 이상
지정수량의 1,000배 초과 2,000배 이하	9m 이상
지정수량의 2,000배 초과 3,000배 이하	12m 이상
지정수량의 3,000배 초과 4,000배 이하	15m 이상

058 일반취급소 1층에 옥내소화전 6개, 2층에 옥내소화전 5개, 3층에 옥내소화전 5개를 설치하고자 한다. 위험물안전관리법령상 이 일반취급소에 설치되는 옥내소화전에 있어서 수원의 수량은 얼마 이상이어야 하는가?

① 13m³ ② 15.6m³
③ 39m³ ④ 46.8m³

답 ③

해 수원의 수량은 옥내소화전이 **가장 많이 설치된 층의 설치개수에 7.8m³을 곱한양이 되어야 한다**(설치개수가 5이상인 경우 5에 7.8 m³을 곱한다). 가장 많은 층이 5개 이므로 계산하면 7.8m³ × 5 = 39m³이다.

059 위험물안전관리법령에서는 위험물을 제조 외의 목적으로 취급하기 위한 장소와 그에 따른 취급소의 구분을 4가지로 정하고 있다. 다음 중 법령에서 정한 취급소의 구분에 해당되지 않는 것은?

① 주유취급소 ② 특수취급소
③ 일반취급소 ④ 이송취급소

답 ②

해 주유취급소, 일반취급소, 판매취급소, 이송취급소이다.

060 위험물안전관리법령상 제1류 위험물 중 알칼리금속의 과산화물의 운반용기 외부에 표시하여야 하는 주의사항을 모두 나타낸 것은?

① "화기엄금", "충격주의" 및 "가연물접촉주의"
② "화기·충격주의", "물기엄금" 및 "가연물접촉주의"
③ "화기주의" 및 "물기엄금"
④ "화기엄금" 및 "물기엄금"

답 ②

해 위험물에 따른 **주의사항**
- 1류
  1) 알칼리금속과산화물의 경우: **화기/충격주의, 물기엄금 및 가연물접촉주의**
  2) 그 밖의 것:화기/충격주의, 가연물 접촉주의
- 2류
  1) **철분, 마그네슘, 금속분:화기주의 물기엄금**
  2) **인화성 고체:화기엄금**
  3) 그 밖의 것:화기주의
- 3류
  1) **자연발화성 물질:화기엄금 및 공기접촉엄금**
  2) **금수성물질:물기엄금**
- 4류:**화기엄금**
- 5류:**화기엄금, 충격주의**
- 6류:가연물접촉주의

2017 | 1회

제1과목 | 일반화학

001 비누화 값이 작은 지방에 대한 설명으로 옳은 것은?

① 분자량이 작으며, 저급 지방산의 에스테르이다.
② 분자량이 작으며, 고급 지방산의 에스테르이다.
③ 분자량이 크며, 저급 지방산의 에스테르이다.
④ 분자량이 크며, 고급 지방산의 에스테르이다.

답 ④

해 비누는 식물성 지방을 수산화칼륨(KOH)등으로 반응시켜 만든다.
비누화값은 지방산 1g을 비누화하는데 들어가는 수산화칼륨 등의 양이다.
비누화값은 분자량이 높으면 낮아지고, 작을수록 고급지방산이다.

002 CH_4 16g 중에는 C가 몇 mol 포함되었는가?

① 1 ② 4
③ 16 ④ 22.4

답 ①

해 CH_4의 분자량은 16g/mol이므로 현재 1몰이 있는 것이다. 따라서 C도 1몰이 있다. 수소원자는 4몰이 있는 것이다.

003 다음 화합물 수용액 농도가 모두 0.5M일 때 끓는 점이 가장 높은 것은?

① $C_6H_{12}O_6$(포도당) ② $C_{12}H_{22}O_{11}$(설탕)
③ $CaCl_2$(염화칼슘) ④ NaCl(염화나트륨)

답 ③

해 순수한 용매에 비해 용액의 끓는점은 높아진다. 용액속에 입자가 많을수록 끓는점 오름이 더 강하게 나타난다.
따라서 비전해질 보다 전해질물질이 해리되었을 때 끓는점 오름이 더 강하게 나타나게 된다.
비전해질은 하나의 입자이지만, 전해질물질은 해리되어 여러 개의 입자로 작용하기 때문이다.
문제에서 1, 2번은 비전해질이 따라서 하나의 입자이고, 3, 4번은 전해질이므로 여러 개의 입자가 된다.
해리되었을 때 입자가 가장 많은 것은 Ca^+ 1개, Cl^- 2개 총3개의 입자가 되는 3번이다.

004 포화 탄화수소에 해당하는 것은?

① 톨루엔 ② 에틸렌
③ 프로판 ④ 아세틸렌

답 ③

해 포화탄화수소는 탄소와 탄소가 단일 결합으로 이루어져 있는 탄화수소로, 알케인(C_nH_{2n+2})이 있다. **C_3H_8: 프로페인(프로판)**은 알케인으로 포화 탄화수소이다.

005 염화철(Ⅲ)(FeCl₃) 수용액과 반응하여 정색 반응을 일으키지 않는 것은?

① OH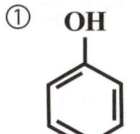
② CH₂OH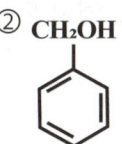
③ CH₂OH / OH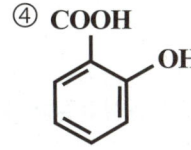
④ COOH / OH

답 ②

해 페놀류는 벤젠고리에 히드록시기(-OH)가 직접결합한 화합물이다.
페놀류는 염화철(Ⅲ)(FeCl₃) 수용액과 정색반응(색깔을 내는 반응)을 일으킨다.
페놀류가 아닌 것은 2번이다.

006 기체 A 5g은 27℃, 380mmHg에서 부피가 6000mL이다. 이 기체의 분자량(g/mol)은 약 얼마인가? (단, 이상기체로 가정한다)

① 24 ② 41
③ 64 ④ 123

답 ②

해 이상기체 방정식에 의해 풀면 된다.
V=nRT/P (R은 기체상수, 0.082L·atm/k·mol), n=w/M (w는 기체의 질량, M은 기체의 분자량)
압력의 경우 1기압, 2기압 단위로 출제되나, 단위가 mmHg인 경우, 760mmHg=1기압이므로 단위를 변환하여 대입하면 된다. 즉 380mmHg인 경우 380/760 기압으로 대입하면 된다.
6 = {(5/기체의 분자량) × 0.082 × 300} / (380/760)
기체의 분자량은 41g/mol이다.

007 다음 이원자 분자 중 결합 에너지 값이 가장 큰 것은?

① H₂ ② N₂
③ O₂ ④ F₂

답 ②

해 결합에너지 값이 가장 강한 것은 공유한 전자쌍이 많을수록 강하다.
H, F는 최외각 껍질이 가질 수 있는 최대의 전자에서 1개씩만 부족하므로 한쌍만 공유결합하면 된다.
O는 최외각전자가 6개이므로 2쌍을 공유한 이중결합이고, N은 최외각전자가 5개로 3쌍을 공유한 삼중결합이다.

질소(N₂)

:N≡N:

N의 입장에서 보면 줄이 세개(공유전자가 3쌍)이므로 자기가 6개의 전자를 공유하고 있고 공유하지 않은 전자 2개를 가지고 별도로 가지고 있는 것이 된다.

008 pH가 2인 용액은 pH가 4인 용액과 비교하면 수소이온농도가 몇 배인 용액이 되는가?

① 100배 ② 2배
③ 10⁻¹배 ④ 10⁻²배

답 ①

해 pH란 수소이온(H⁺)의 몰농도를 -log한 것이다. 즉, -log[H⁺] 이다.
pOH란 수산화이온(OH⁻)이 몰농도를 -log한 것이다. 즉, -log[OH⁻] 이다.
pH에서 1의 차이는 몰농도 10배이다. 따라서 pH1은 pH3보다 몰농도가 100배이다.

009 P 오비탈에 대한 설명 중 옳은 것은?

① 원자핵에서 가장 가까운 오비탈이다.
② s 오비탈보다는 약간 높은 모든 에너지 준위에서 발견된다.
③ X, Y의 2방향을 축으로 한 원형 오비탈이다.
④ 오비탈의 수는 3개, 들어갈 수 있는 최대 전자수는 6개이다.

답 ④

해 원자핵에 가장 가까운 오비탈은 1s오비탈이고, 대체적으로 p오비탈이 s오비탈 보다 약간 높은 에너지 준위를 가지나, 첫번째 껍질에는 p오비탈이 없기 때문이 2번의 지문이 항상 옳은 것은 아니다. p오비탈은 아령 모양이다.
오비탈은 s는 1개, p는 3개, d는 5개, f는 7개가 함께 있고, **각 오비탈은 종류가 무엇이던 간에 전자가 2개씩 들어가므로 p에는 6개 전자가 들어간다.**

010 다음 분자 중 가장 무거운 분자의 질량은 가장 가벼운 분자의 몇 배인가? (단, Cl의 원자량은 35.5이다)

H_2, Cl_2, CH_4, CO_2

① 4배　　　　② 22배
③ 30.5배　　　④ 35.5배

답 ④

해 각 분자량을 구하면 순서대로, 2, 71, 16, 44이고, 71은 2의 35.5배이다.

011 황산구리 결정 $CuSO_4·5H_2O$ 25g을 100g의 물에 녹였을 때 몇 wt% 농도의 황산구리($CuSO_4$) 수용액이 되는가? (단, $CuSO_4$ 분자량은 160이다)

① 1.28%　　　② 1.60%
③ 12.8%　　　④ 16.0%

답 ③

해 용액의 농도는 용질의 질량 / 용액의 질량이다.
용액의 질량은 125g이나 용질의 질량은 추가한 황산구리 결정에서 황산구리가 얼마만큼 차지하는지를 구해 찾을 수 있다.
황산구리의 분자량은 160g/mol이고 H_2O 5개의 질량은 90(18 × 5)이므로 전체 25g 중에 황산구리가 차지하는 질량은 다음 식으로 구할 수 있다.
160:250 = x:25
X는 16g이고 농도를 구하면 16/125 × 100
약 12.8wt%이다.

012 C-C-C-C을 부탄이라고 한다면 C=C-C-C의 명명은? (단, C와 결합된 원소는 H이다)

① 1-부텐　　　② 2-부텐
③ 1, 2-부텐　　④ 3, 4-부텐

답 ①

해 C가 4개로 연결되어 있고, 이중 하나가 이중결합을 하고 있으면 **알켄(C_nH_{2n})**이 되므로 부텐이 된다. 1번째 탄소에 이중결합이 있으므로 1-부텐이 된다.

013 일정한 온도하에서 물질 A와 B가 반응을 할 때 A의 농도만 2배로 하면 반응속도가 2배가 되고 B의 농도만 2배로 하면 반응속도가 4배로 된다. 이 반응속도식은? (단, 반응속도 상수는 k이다)

① $v=k[A][B]^2$
② $v=k[A]^2[B]$
③ $v=k[A][B]^{0.5}$
④ $v=k[A][B]$

답 ①

해 반응의 속도는 그 물질의 몰농도에 계수만큼 제곱한 값에 비례하는데, 비례한다는 표현을 V(속도) = k(상수) × 몰농도계수(즉, [물질]^n)로 쓸 수 있다.
반응의 속도는 = $k[A]^a[B]^b$,
B물질의 경우 농도가 2배 되었을 때 4배로 속도가 증가했다는 뜻은 제곱에 비례한다는 의미이다.
따라서 $v = k[A][B]^2$

014 액체 공기에서 질소 등을 분리하여 산소를 얻는 방법은 다음 중 어떤 성질을 이용한 것인가?

① 용해도
② 비등점
③ 색상
④ 압축율

답 ②

해 여러물질이 혼합되어 있는 액체인 경우 끓는점의 차이를 통해 물질을 분리할 수 있다.

015 모두 염기성 산화물로만 나타낸 것은?

① CaO, Na_2O
② K_2O, SO_2
③ CO_2, SO_3
④ Al_2O_3, P_2O_5

답 ①

해 금속물질의 산화물은 대부분 염기성이고, 비금속 물질의 산화물은 산성이다.

016 $KMnO_4$에서 Mn의 산화수는 얼마인가?

① +3
② +5
③ +7
④ +9

답 ③

해 산화수는 전기음성도가 큰 것, 이온화 경향이 큰 것부터 계산하면 쉽다. O는 -2, K는 +1, Mn을 x로 두면,
$1 + x + (-2 \times 4) = 0$
$x = +7$

017 $CH_3COOH \rightarrow CH_3COO^- + H^+$의 반응식에서 전리평형상수 K는 다음과 같다. K 값을 변화시키기 위한 조건으로 옳은 것은?

① 온도를 변화시킨다.
② 압력을 변화시킨다.
③ 농도를 변화시킨다.
④ 촉매양을 변화시킨다.

답 ①

해 $aA + bB \rightarrow cC + dD$라는 반응이 있을 때,
정반응의 속도는 = $k_f[A]^a[B]^b$, 이고 역반응의 속도는 = $k_r[C]^c[D]^d$ 이다. 평형인 경우 두 속도가 같으므로($k_f[A]^a[B]^b = k_r[C]^c[D]^d$), 평형상수, 즉 k_f/k_r 는 아래와 같다.
$K=[C]^c[D]^d / [A]^a[B]^b$ 공식이 성립한다.
$K=[CH_3COO^-][H^+] / [CH_3COOH]$이다.
온도의 변화만이 평형상수를 바꿀 수 있다. 흡열반응에서 열이 가해지면, 평형상수는 커지고, 열이 방출되면 작아진다.

018 25℃에서 $Cd(OH)_2$ 염의 몰용해도는 1.7×10^{-5} mol/L이다. $Cd(OH)_2$ 염의 용해도곱상수, Ksp를 구하면 약 얼마인가?

① 2.0×10^{-14} ② 2.2×10^{-12}
③ 2.4×10^{-10} ④ 2.6×10^{-8}

답 ①

해 $Cd(OH)_2 \rightarrow Cd^{2+} + 2OH^-$ 인데, 몰용해도는 용액 1L에 녹아있는 용질의 몰수를 의미한다. 즉, 최대한으로 녹았을 때의 몰농도이다.
1몰이 반응하여 1몰, 2몰이 나온다. 몰농도비는 1:1:2가 된다.
$(Cd(OH)_2$의 몰용해도 S) = (Cd^{2+}의 몰농도) = (1/2OH^-의 몰농도)가 성립되고,
S = $[Cd^{2+}]$, 2S = $[OH^-]$이 만들어진다.
용해도곱상수는 곧 용해도만큼 녹았을 경우의 평형상수를 의미한다.
aA + bB → cC + dD라는 반응이 있을 때,
평형상수 K=[C]^c[D]^d / [A]^a[B]^b 공식이 성립한다.
문제에서 반응물($Cd(OH)_2$)은 고체이므로, 평형 상수 계산에 1로 계산한다.
따라서, K = $[C]^c[D]^d$로 계산하는데, 대입하면 용해도 곱상수 K = $[Cd^{2+}][OH^-]^2$ / 1
S = $[Cd^{2+}]$, 2S = $[OH^-]$대입하면 용해도곱상수
= S × (2S)^2 = 4S^{3}이 된다. S는 1.7×10^{-5}이므로 계산하면 1.96×10^{-14}이다. 약 2.0×10^{-14}이다.
반응식을 보고 처음 물질의 몰수에 비해 몇 배의 몰수로 물질이 생기는지 파악하여 대입하면 된다.

019 다음 중 완충용액에 해당하는 것은?

① CH_3COONa와 CH_3COOH
② NH_4Cl와 HCl
③ CH_3COONa와 $NaOH$
④ $HCOONa$와 Na_2SO_4

답 ①

해 완충용액이란 소량의 산이나 염기가 더해져도 pH의 변화가 거의 없는 용액을 의미한다.
CH_3COONa과 CH_3COOH 가 있다.

020 다음 물질의 수용액을 같은 전기량으로 전기분해해서 금속을 석출한다고 가정할 때 석출되는 금속의 질량이 가장 많은 것은? (단, 괄호 안의 값은 석출되는 금속의 원자량이다)

① $CuSO_4$(Cu=64) ② $NiSO_4$(Ni=59)
③ $AgNO_3$(Ag=108) ④ $Pb(NO_3)_2$(Pb=207)

답 ③

해 각 금속이 석출되기 위해 필요한 전자의 수를 알 필요가 있다. SO_4는 -2이온이 되므로 Cu, Ni는 전자 2개가 있어야 Cu가 된다. NO_3는 -1이온이 되므로 Ag는 전자 1개만 있으면 되지만, Pb는 2개의 전자가 필요하다.
즉 Ag는 같은 양의 전자가 있을 경우 2배만큼의 몰수가 나온다.
같은 전자가 있을 경우 석출되는 각 물질의 질량의 비는 64:59:216:207 이 된다.

제2과목 | 화재예방과 소화방법

021 프로판 2m³이 완전 연소할 때 필요한 이론 공기량은 약 몇 m³인가? (단, 공기 중 산소농도는 21vol%이다)

① 23.81 ② 35.72
③ 47.62 ④ 71.43

답 ③

해 프로판의 완전연소식은 $C_3H_8 + 5O_2 \rightarrow 4H_2O + 3CO_2$
프로판과 산소의 반응비는 1:5이다. 기체이므로 부피비도 1:5가 되는데(기체 1몰의 부피는 모두 동일하므로), 따라서 산소는 10m³가 필요하다는 의미이다.
공기중 산소는 21vol%이므로 100:21 = X:10m³라는 식이 성립한다.
X 는 약 47.62가 된다.

022 분말소화약제의 분해반응식이다. ( ) 안에 알맞은 것은?

$$2NaHCO_3 \rightarrow (\quad) + CO_2 + H_2O$$

① $2NaCO$ ② $2NaCO_2$
③ Na_2CO_3 ④ Na_2CO_4

답 ③

해 제1종 분말소화약제의 반응식은
$2NaHCO_3 \rightarrow Na_2CO_3 + CO_2 + H_2O$

023 포소화약제와 분말소화약제의 공통적인 주요 소화효과는?

① 질식효과 ② 부촉매효과
③ 제거효과 ④ 억제효과

답 ①

해 포소화약제는 주로 질식효과와 냉각효과를, 분말소화약제는 질식효과와 부촉매효과를 가진다.

024 제4류 위험물을 취급하는 제조소에서 지정수량의 몇 배 이상을 취급할 경우 자체소방대를 설치하여야 하는가?

① 1000배 ② 2000배
③ 3000배 ④ 4000배

답 ③

해 **제조소 또는 일반취급소**에서 취급하는 **제4류 위험물**의 최대수량의 합이 지정수량의 **3천배 이상**인 경우에 자체소방대 지정대상이 된다.

025 양초(파라핀)의 연소형태는?

① 표면연소 ② 분해연소
③ 자기연소 ④ 증발연소

답 ④

해 **표면연소: 목탄(숯), 코크스, 금속분** 등
분해연소: 석탄, 목재, 종이, 섬유, 플라스틱 등
증발연소: 나프탈렌, 장뇌, 황(유황), 양초(파라핀), 왁스, 알코올
자기연소: 주로 5류 위험물(이는 물질 내에 산소를 가진 자기연소 물질이다. 주로 니트로기를 가지고 있다)

026 폐쇄형스프링클러헤드 부착장소의 평상 시의 최고 주위온도가 39℃ 이상 64℃ 미만일 때 표시온도의 범위로 옳은 것은?

① 58℃ 이상 79℃ 미만
② 79℃ 이상 121℃ 미만
③ 121℃ 이상 162℃ 미만
④ 162℃ 이상

답 ②

해 폐쇄형스프링클러헤드는 그 설치장소의 평상시 최고 주위온도에 따라 아래표에 따른 표시온도의 것으로 설치해야 한다

설치장소의 최고 주위 온도	표시온도
39℃ 미만	79℃ 미만
39℃ 이상 64℃ 미만	79℃ 이상 121℃ 미만
64℃ 이상 106℃ 미만	121℃ 이상 162℃ 미만
106℃ 이상	162℃ 이상

027 특정옥외탱크저장소라 함은 옥외탱크저장소 중 저장 또는 취급하는 액체 위험물의 최대수량이 얼마 이상의 것을 말하는가?

① 50만 리터 이상　② 100만 리터 이상
③ 150만 리터 이상　④ 200만 리터 이상

답 ②

해 옥외탱크저장소 중 최대수량이 100만리터 이상인 것을 특정옥외탱크저장소라 한다.

028 과산화나트륨의 화재 시 적응성이 있는 소화설비로만 나열된 것은?

① 포소화기, 건조사
② 건조사, 팽창질석
③ 이산화탄소소화기, 건조사, 팽창질석
④ 포소화기, 건조사, 팽창질석

답 ②

해 과산화나트륨 제1류 위험물 중 알칼리금속과산화물로 주수금지물질이다. 건조사, 팽창질석, 팽창진주암, 탄산수소염류소화기 등이 적응성이 있다.

029 제2류 위험물의 일반적인 특징에 대한 설명으로 가장 옳은 것은?

① 비교적 낮은 온도에서 연소하기 쉬운 물질이다.
② 위험물 자체 내에 산소를 갖고 있다.
③ 연소속도가 느리지만 지속적으로 연소한다.
④ 대부분 물보다 가볍고 물에 잘 녹는다.

답 ①

해 제2류 위험물은 가연성 고체로, 환원성을 가지며 연소가 쉬운 물질이다. 위험물자체에 산소를 가지지 않으며, 연소속도가 빠르다. 대부분 물에 녹지 않는다.

030 위험물안전관리법령상 지정수량의 3천배 초과 4천 배 이하의 위험물을 저장하는 옥외탱크저장소에 확보하여야 하는 보유공지의 너비는 얼마인가?

① 6m 이상　② 9m 이상
③ 12m 이상　④ 15m 이상

답 ④

해 옥외탱크저장소 111페이지 표 참고

031 트리에틸알루미늄이 습기와 반응할 때 발생되는 가스는?

① 수소 ② 아세틸렌
③ 에탄 ④ 메탄

답 ③

해 트리에틸알루미늄은 물과 반응하면 에탄을 생성하고, 트리메틸알루미늄은 물과 반응시 메탄을 생성한다.

032 청정소화약제 중 IG-541의 구성 성분을 옳게 나타낸 것은?

① 헬륨, 네온, 아르곤
② 질소, 아르곤, 이산화탄소
③ 질소, 이산화탄소, 헬륨
④ 헬륨, 네온, 이산화탄소

답 ②

해 대표적으로 **IG-541 (질소, 아르곤 이산화탄소가 52:40:8** 비율로 섞인 기체이다)

033 다량의 비수용성 제4류 위험물의 화재 시 물로 소화하는 것이 적합하지 않은 이유는?

① 가연성 가스를 발생한다.
② 연소면을 확대한다.
③ 인화점이 내려간다.
④ 물이 열분해한다.

답 ②

해 **유류화재** 시에 연소범위를 확대시키므로 적합하지 **않다** (비수용성, 비중이 1보다 작은 물질은 연소범위를 확대시킨다).

034 소화약제의 종류에 해당하지 않는 것은?

① CF_2BrCl ② $NaHCO_3$
③ NH_4BrO_3 ④ CF_3Br

답 ③

해 순서대로 할론 1211, 탄산수소나트륨(제1종분말소화약제), 브롬산암모늄(제1류 위험물 브롬산염류), 할론 1301 이다.

035 화재예방 시 자연발화를 방지하기 위한 일반적인 방법으로 옳지 않은 것은?

① 통풍을 방지한다.
② 저장실의 온도를 낮춘다.
③ 습도가 높은 장소를 피한다.
④ 열의 축적을 막는다.

답 ①

해 자연발화 방지하기 위해서는 **주위 온도를 낮게, 통풍을 잘 시키고, 습도를 낮추고, 열축적을 막고, 불활성가스를 주입**해 산소농도를 낮추어야 한다.

036 탄산수소칼륨 소화약제가 열분해 반응 시 생성되는 물질이 아닌 것은?

① K_2CO_3 ② CO_2
③ H_2O ④ KNO_3

답 ④

해 분말소화약제 57페이지 표 참고

037 위험물안전관리법령상 제2류 위험물인 철분에 적응성이 있는 소화설비는?

① 포소화설비
② 탄산수소염류 분말소화설비
③ 할로겐화합물소화설비
④ 스프링클러설비

답 ②

해 철분은 주수금지 물질이다. 주수금지물질은 건조사, 팽창질석, 팽창진주암, 탄산수소염류소화기 등이 적응성이 있다.

038 위험물제조소에 옥내소화전이 가장 많이 설치된 층의 옥내소화전 설치개수가 2개이다. 위험물안전관리법령의 옥내소화전설비 설치기준에 의하면 수원의 수량은 얼마 이상이 되어야 하는가?

① 7.8m³
② 15.6m³
③ 20.6m³
④ 78m³

답 ②

해 수원의 수량은 옥내소화전이 **가장 많이 설치된 층의 설치개수에 7.8m³을 곱한양이 되어야 한다**(설치개수가 5이상인 경우 5에 7.8 m³을 곱한다).

039 일반적으로 다량의 주수를 통한 소화가 가장 효과적인 화재는?

① A급 화재
② B급 화재
③ C급 화재
④ D급 화재

답 ①

해 주수소화가 가장 효과적인 화재는 일반화재이다. 유류는 연소범위가 확대되므로 안되고, 전기화재는 적응성이 없고, 금속화재에는 물과 반응하므로 안 된다.

040 다음 소화설비 중 능력 단위가 1.0인 것은?

① 삽 1개를 포함한 마른모래 50L
② 삽 1개를 포함한 마른모래 150L
③ 삽 1개를 포함한 팽창질석 100L
④ 삽 1개를 포함한 팽창질석 160L

답 ④

해 마른모래와 삽1개는 50L가 0.5능력단위이고, 팽창질석와 삽1개는 160L가 1능력단위이다.

소화설비	물통	수조와 물통3개	수조와 물통6개	마른모래와 삽1개	팽창질석, 팽창진주암 (삽1개)
용량	8L	80L	190L	50L	160L
능력단위	0.3	1.5	2.5	0.5	1.0

제3과목 | 위험물의 성질과 취급

041 다음과 같은 물질이 서로 혼합되었을 때 발화 또는 폭발의 위험성이 가장 높은 것은?

① 벤조일퍼옥사이드와 질산
② 이황화탄소와 증류수
③ 금속나트륨과 석유
④ 금속칼륨과 유동성 파라핀

답 ①

해 벤조일퍼옥사이드는 제5류 위험물로 가연성의 유기화합물이다. 따라서 강산화제 등과 만나면 위험하다.
따라서 제6류 위험물인 질산과 혼합하면 위험하다.
이황화탄소는 물과 반응하지 않고, 금속칼륨, 금속나트륨은 등 석유, 유동성 파라핀 속에 보관한다.

042 과산화수소의 저장방법으로 옳은 것은?

① 분해를 막기 위해 히드라진을 넣고 완전히 밀전하여 보관한다.
② 분해를 막기 위해 히드라진을 넣고 가스가 빠지는 구조로 마개를 하여 보관한다.
③ 분해를 막기 위해 요산을 넣고 완전히 밀전하여 보관한다.
④ 분해를 막기 위해 요산을 넣고 가스가 빠지는 구조로 마개를 하여 보관한다.

답 ④

해 분해를 방지하기 위해 **분해방지 인산, 요산 같은 안정제**가 사용된다.
저장용기마개에 구멍을 뚫어 보관하며, 갈색병에 보관한다(햇빛 차단 위해).

043 옥외탱크저장소에서 취급하는 위험물의 최대수량에 따른 보유 공지너비가 틀린 것은? (단, 원칙적인 경우에 한한다.)

① 지정수량 500배 이하 - 3m 이상
② 지정수량 500배 초과 1000배 이하 - 5m 이상
③ 지정수량 1000배 초과 2000배 이하 - 9m 이상
④ 지정수량 2000배 초과 3000배 이하 - 15m 이상

답 ④

해 옥외탱크저장소 111페이지 표 참고

044 탄화칼슘에 대한 설명으로 틀린 것은?

① 화재 시 이산화탄소소화기가 적응성이 있다.
② 비중은 약 2.2로 물보다 무겁다.
③ 질소 중에서 고온으로 가열하면 $CaCN_2$가 얻어진다.
④ 물과 반응하면 아세틸렌가스가 발생한다.

답 ①

해 물과 반응하면 **수산화칼슘($Ca(OH)_2$)과 아세틸렌(C_2H_2) 가스**를 발생시킨다.
아세틸렌은 가연성가스이며 **연소범위(2.5 - 81%)**가 넓고 폭발을 일으킨다.
고온에서 질소 가스와 반응하여 **석회질소($CaCN_2$)**가 생성된다.
탄화칼슘은 제3류 위험물로 이산화탄소소화기에 적응성이 없다.

045 위험물제조소 등의 안전거리의 단축기준과 관련해서 H≤pD2 인 경우 방화상 유효한 담의 높이는 2m 이상으로 한다. 다음 중 a에 해당되는 것은?

① 인근 건축물의 높이(m)
② 제조소 등의 외벽의 높이(m)
③ 제조소 등과 공작물과의 거리(m)
④ 제조소 등과 방화상 유효한 담과의 거리(m)

답 ②

해 방화상 유효한 담 또는 벽을 설치하는 경우에는 안전거리를 단축할 수 있다.
방화상 유효한 담의 높이는 다음에 의하여 산정한 높이 이상으로 한다.
가. H ≦ pD2+α 인 경우
  h=2
나. H > pD2+α 인 경우
  h = H - p(D2-d2)
D: 제조소 등과 인근 건축물 또는 공작물과의 거리(m)
H: 인근 건축물 또는 공작물의 높이(m)
a: 제조소 등의 외벽의 높이(m)
d: 제조소 등과 방화상 유효한 담과의 거리(m)
h: 방화상 유효한 담의 높이(m)
p: 상수

046 질산암모늄에 관한 설명 중 틀린 것은?

① 상온에서 고체이다.
② 폭약의 제조 원료로 사용할 수 있다.
③ 흡습성과 조해성이 있다.
④ 물과 반응하여 발열하고 다량의 가스를 발생한다.

답 ④

해 질산암모늄은 제1류 위험물 산화성 고체이다.
흡습성과 조해성이 있으나 물과 반응하지는 않는다.

047 그림과 같은 타원형 탱크의 내용적은 약 몇 m^3인가?

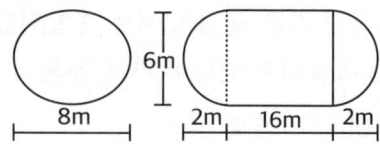

① 453
② 553
③ 653
④ 753

답 ③

해 타원형 탱크의 내용적을 구하는 공식은
$$\frac{\pi ab}{4}\left(l + \frac{l_1 + l_2}{3}\right)$$
대입하면 $\frac{\pi \times 8 \times 6}{4}\left(16 + \frac{2+2}{3}\right)$

048 다음 중 조해성이 있는 황화린만 모두 선택하여 나열한 것은?

P_4S_3, P_2S_5, P_4S_7

① P_4S_3, P_2S_5
② P_4S_3, P_4S_7
③ P_2S_5, P_4S_7
④ P_4S_3, P_2S_5, P_4S_7

답 ③

해 삼황화린은 조해성이 없으나, 오황화린, 칠황화린은 조해성이 있다.

049 벤젠에 진한 질산과 진한 황산의 혼산을 반응시켜 얻어지는 화합물은?

① 피크린산　　② 아닐린
③ TNT　　　　④ 니트로벤젠

답 ④

해

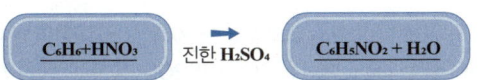

참고로, 진한질산과 진한황산과 반응하여 톨루엔은 트리니트로톨루엔(TNT)을 생성시키고, 페놀은 트리니트로페놀(피크린산)을 생성시킨다.

050 다음 물질 중 지정수량이 400L인 것은?

① 포름산메틸　　② 벤젠
③ 톨루엔　　　　④ 벤즈알데히드

답 ①

해 이(200L)휘벤에메톨 / 사(400L)시아피포(포름산메틸, $HCOOCH_3$)
톨루엔, 벤젠은 200L
벤즈알데히드 1000L(일(1000L)등경 크스클벤(벤즈알데히드, C_7H_6O) / 이(2000L)아히포)

051 다음 중 물과 접촉했을 때 위험성이 가장 큰 것은?

① 금속칼륨　　② 황린
③ 과산화벤조일　　④ 디에틸에테르

답 ①

해 금속칼륨은 물과 격렬하게 반응하여 수소를 생성시키므로 위험하다. 다른 물질은 물과 반응하지 않는다.

052 옥외저장소에서 저장할 수 없는 위험물은?(단, 시·도 조례에서 별도로 정하는 위험물 또는 국제해상위험물규칙에 적합한 용기에 수납된 위험물은 제외한다.)

① 과산화수소　　② 아세톤
③ 에탄올　　　　④ 유황

답 ②

해 옥외저장소의 경우 **아래의 위험물이 옥외에 저장**될 수 있다.

- **2류 위험물 중 유황 또는 인화성 고체**(인화점이 섭씨 0도 이상인 것에 한함)
- 4류 위험물 중 **제1석유류**(인화점이 섭씨 0도 이상인 것에 한함), 알코올류, 2석유류, 3석유류, 4석유류
- **6류 위험물**
- 2류, 4류 위험물 중 특별시, 광역시 또는 도의 **조례**에서 정한 위험물
- 국제해상기구에 관한 협약에 의해 설치된 국제해상기구가 채택한 **국제해상 위험물규칙(IMDG 코드)**에 적합한 용기에 수납된 위험물

아세톤의 경우 제4류 위험물 제1석유류이나 인화점이 -18℃로 해당되지 않는다.

053 금속칼륨의 일반적인 성질로 옳지 않은 것은?

① 은백색의 연한 금속이다.
② 알코올 속에 저장한다.
③ 물과 반응하여 수소가스를 발생한다.
④ 물보다 가볍다.

답 ②

해 **석유(등유, 경유), 파라핀** 속에 보관한다.

054 위험물안전관리법령상 위험등급 Ⅰ의 위험물이 아닌 것은?

① 염소산염류 ② 황화린
③ 알킬리튬   ④ 과산화수소

답 ②

해 제2류 위험물은 위험등급이 Ⅱ, Ⅲ등급 밖에 없다. 황화린은 제2류 위험물이고 위험등급이 Ⅱ등급이다(백유황적 / 오철금마 천인).

055 위험물안전관리법령상 은, 수은, 동, 마그네슘 및 이의 합금으로 된 용기를 사용하여서는 안 되는 물질은?

① 이황화탄소   ② 아세트알데히드
③ 아세톤   ④ 디에틸에테르

답 ②

해 아세트알데히드는 구리, 은, 수은, 마그네슘 등으로 만든 용기에 보관하면 안 된다. 산화프로필렌도 동일하다.

056 동식물유류에 대한 설명으로 틀린 것은?

① 요오드화 값이 작을수록 자연발화의 위험성이 높아진다.
② 요오드화 값이 130 이상인 것은 건성유이다.
③ 건성유에는 아마인유, 들기름 등이 있다.
④ 인화점이 물의 비점보다 낮은 것도 있다.

답 ①

해 요오드 값이 높을수록 자연발화 위험성이 높아지고 위험해진다.

057 산화프로필렌 300L, 메탄올 400L, 벤젠 200L를 저장하고 있는 경우 각각 지정수량배수의 총합은 얼마인가?

① 4   ② 6
③ 8   ④ 10

답 ③

해 각 지정수량인 산화프로필렌은 50L(오(50L) 이디 / 아산), 메탄올은 400L, 벤젠은 200L(이(200L)휘벤에메톨 / 사(400L)시아피포)이다. 각 지정수량의 배수는 6, 1, 1이다.

058 염소산칼륨에 대한 설명으로 옳은 것은?

① 강한 산화제이며 열분해하여 염소를 발생한다.
② 폭약의 원료로 사용된다.
③ 점성이 있는 액체이다.
④ 녹는점이 700℃ 이상이다.

답 ②

해 염소산칼륨은 제1류 위험물로 산화성 고체이다. 무색, 무취의 분말이며, 다량의 산소를 가지므로 폭약의 원료로 사용된다. **열분해하면 산소를 발생시킨다(완전열분해 시 산소와 염화칼륨이 나온다).** 녹는점은 368℃이다.

059 가솔린 저장량이 2000L일 때 소화설비 설치를 위한 소요단위는?

① 1   ② 2
③ 3   ④ 4

답 ①

해 위험물인 경우 소요단위는 지정수량의 10배이다. 가솔린의 경우 지정수량이 200L이므로(이(200L)휘벤에메톨 / 사(400L)시아피포) 2000L는 1소요단위이다.

060 셀룰로이드의 자연발화 형태를 가장 옳게 나타낸 것은?

① 잠열에 의한 발화
② 미생물에 의한 발화
③ 분해열에 의한 발화
④ 흡착열에 의한 발화

답 ③

해 제5류 위험물인 셀룰로이드는 **분해열에 따른 자연발화의 위험이 크다.**

2017 | 2회

제1과목 | 일반화학

001 산성 산화물에 해당하는 것은?

① CaO ② Na₂O
③ CO₂ ④ MgO

답 ③

해 금속물질의 산화물은 대부분 염기성이고, 비금속 물질의 산화물은 산성이다.
염기성산화물: Na₂O, MgO, BaO, CaO
산성산화물: NO₂, CO₂, SO₂

002 같은 몰 농도에서 비전해질 용액은 전해질 용액보다 비등점 상승도의 변화추이가 어떠한가?

① 크다.
② 작다.
③ 같다.
④ 전해질 여부와 무관하다.

답 ②

해 순수한 용매에 비해 용액의 끓는점은 높아진다. 용액속에 입자가 많을수록 끓는점 오름이 더 강하게 나타난다. 따라서 비전해질 보다 전해질물질이 해리되었을 때 끓는점 오름이 더 강하게 나타나게 된다.
비전해질은 하나의 입자이지만, 전해질물질은 해리되어 여러 개의 입자로 작용하기 때문이다.

003 다음 화합물의 0.1mol 수용액 중에서 가장 약한 산성을 나타내는 것은?

① H₂SO₄ ② HCl
③ CH₃COOH ④ HNO₃

답 ③

해 가장 약한 산성 즉, 약산을 찾는 문제이다.
HCl, HI, HBr, 산소의 수 - 수소의 수가 2이상인 것은 모두 강산이다.

004 다음 반응식에서 브뢴스테드의 산·염기 개념으로 볼 때 산에 해당하는 것은?

$$H_2O + NH_3 \rightleftarrows OH^- + NH_4^+$$

① NH₃와 NH₄⁺ ② NH₃와 OH⁻
③ H₂O와 OH⁻ ④ H₂O와 NH₄⁺

답 ④

해 **브뢴스테드-로우리의 산: 양성자(H⁺)를 줄 수 있는 물질**
브뢴스테드-로우리의 염기: 양성자(H⁺)를 받을 수 있는 물질
정반응에서 H₂O은 **H⁺**를 주어서 산이다.
역반응에서 NH₄⁺는 **H⁺**를 주어서 산이다.

005 다음 화학반응식 중 실제로 반응이 오른쪽으로 진행되는 것은?

① $2KI + F_2 \rightarrow 2KF + I_2$
② $2KBr + I_2 \rightarrow 2KI + Br_2$
③ $2KF + Br_2 \rightarrow 2KBr + F_2$
④ $2KCl + Br_2 \rightarrow 2KBr + Cl_2$

답 ①

해 반응이 오른쪽으로 진행하기 위해서는 칼륨과 결합한 금속보다 홀로 있는 다른 금속이 전자를 더 잘 가져 오면 된다. F, Cl, Br, I는 모두 17족 원소로 주기율표에서 위쪽으로 갈수록 전자를 당기는 힘이 강하기 때문에 이온결합을 하려는 경향이 강하다.

006 나일론(Nylon 6, 6)에는 다음 어느 결합이 들어 있는가?

① $-S-S-$
② $-O-$
③ $\begin{matrix} O \\ \parallel \\ -C-O- \end{matrix}$
④ $\begin{matrix} O & H \\ \parallel & \\ -C-N- \end{matrix}$

답 ④

해 펩타이드 결합을 알아 둔다.
이는 아미노기(-NH₂)와 카르복시기(-COOH)가 반응하여 형성하는 결합인데, 아마이드기(-CONH-)결합을 가지는 결합이다.
나일론, 단백질(알부민)의 결합에 들어있다(-CONH-결합, 펩타이드, 나일론 단백질을 기억한다).

$$\begin{matrix} O \\ \parallel \\ -C-N- \\ | \\ H \end{matrix}$$

007 황산구리 수용액을 Pt 전극을 써서 전기분해하여 음극에서 63.5g의 구리를 얻고자 한다. 10A의 전류를 약 몇 시간 흐르게 하여야 하는가? (단, 구리의 원자량은 63.5이다)

① 2.36
② 5.36
③ 8.16
④ 9.16

답 ②

해 $CuSO_4$의 경우 Cu^{2+}, SO_4^{2-}로 나눠지는 모양을 생각하면 Cu^{2+}가 Cu로 나오기 위해서는 전자가 2개 필요하다. 즉 대응 비가 전자두개당 구리 하나이다.
구리 1몰인 63.5g을 얻기 위해서는 전자가 2몰이 필요한데, 전자 1몰의 전하량은 1F, 96500C인데, 2몰은 193000C이다. **1C = 1A × 1초 인데,**
193000 = 10A × X초, 즉 X = 19300초이다.
시간으로 계산하면 1시간은 3600초이므로
19300/3600 = 5.36시간이다.

008 물 2.5L 중에 어떤 불순물이 10mg 함유되어 있다면 약 몇 ppm으로 나타낼 수 있는가?

① 0.4
② 1
③ 4
④ 40

답 ③

해 ppm:(용질의 질량 / 용액의 질량) 의 백만분율,
즉, (용질의 질량 / 용액의 질량) × 10⁶
용질 즉 불순물의 질량이 10mg이므로 용액의 질량을 구하면 된다. 물의 비중은 1이므로 1L에 1kg이므로 2.5L이면 2.5kg이다.
계산하면 (0.01g / 2500g) × 10⁶ = 4이다.

009 표준 상태에서 기체 A 1L의 무게는 1.964g이다. A의 분자량은?

① 44　　② 16
③ 4　　　④ 2

답 ①

해 이상기체 방정식은 여러가지 기체의 법칙을 합해 놓은 것이다. 기체의 온도, 부피, 압력, 분자량 등이 나오고, 그 중 하나를 구하는 문제라면 이상기체 방정식을 떠올려야 한다.
$V = nRT/P$ (R은 기체상수, 0.082L·atm/k·mol)
$n = w/M$ (w는 기체의 질량, M은 기체의 분자량)
$1 = (1.964/M) \times 0.082 \times 273 / 1$
$M = 43.97$이다.

010 C_3H_8 22.0g을 완전연소 시켰을 때 필요한 공기의 부피는 약 얼마인가? (단, 0℃, 1기압 기준이며, 공기 중의 산소량은 21%이다)

① 56L　　② 112L
③ 224L　　④ 267L

답 ④

해 프로판의 연소반응식을 알아야 한다(물과 이산화탄소가 나온다).
$C_3H_8 + 5O_2 \rightarrow 3CO_2 + 4H_2O$
프로판과 산소의 대응비는 1:5이다. 프로판의 분자량은 44g/mol이므로 22g은 0.5몰에 해당한다.
대응하는 산소는 2.5몰이 된다. 표준상태에서 기체 1몰의 부피는 22.4L이므로 2.5몰은 56L이다.
산소와 공기의 부피비는 21:100이므로
21:100 = 56:X이고, X는 약 266.67L이다.

011 화약제조에 사용되는 물질인 질산칼륨에서 N의 산화수는 얼마인가?

① +1　　② +3
③ +5　　④ +7

답 ③

해 질산칼륨의 화학식은 KNO_3이다.
KNO_3, 산화수의 합하면 0이 되므로 산소의 경우 -2인데 3개 있으므로 -6이고, 칼륨은 +1, 여기에 N의 산화수를 합하면 0이 된다.
-6 + 1 + N의 산화수 = 0
답은 +5이다.

012 이온결합 물질의 일반적인 성질에 관한 설명 중 틀린 것은?

① 녹는점이 비교적 높다.
② 단단하며 부스러지기 쉽다.
③ 고체와 액체 상태에서 모두 도체이다.
④ 물과 같은 극성용매에 용해되기 쉽다.

답 ③

해 고체상태에서는 전기가 안 통하나 용융되어 액체가 되거나 수용액이 되면 전기가 통한다.

013 탄소와 모래를 전기로에 넣어서 가열하면 연마제로 쓰이는 물질이 생성된다. 이에 해당하는 것은?

① 카보런덤　　② 카바이드
③ 카본블랙　　④ 규소

답 ①

014 전형 원소 내에서 원소의 화학적 성질이 비슷한 것은?

① 원소의 족이 같은 경우
② 원소의 주기가 같은 경우
③ 원자 번호가 비슷한 경우
④ 원자의 전자수가 같은 경우

답 ①

해 전형원소에서는 같은 최외각 전자수를 가진 같은 족끼리 유사한 성질을 가진다.

015 볼타 전지에 관한 설명으로 틀린 것은?

① 이온화 경향이 큰 쪽의 물질이 (−)극이다.
② (+)극에서는 방전 산화 반응이 일어난다.
③ 전자는 도선을 따라 (−)극에서 (+)극으로 이동한다.
④ 전류의 방향은 전자의 이동 방향과 반대이다.

답 ②

해 볼타 전지는 **(−)Zn|H₂SO₄|Cu(+)** 형태를 가진다.
이온화경향이 더 큰 Zn판이 (−)극이 되고, 더 작은 Cu판이 (+)극이 된다.
이온화 경향이 큰 Zn은 전자를 잃고(산화가 일어난다.) Zn²⁺ 이온이 되어 묽은 황산속으로 들어가고, 전자(2e⁻)는 연결된 도선을 통해 (+)극으로 이동하여 그 곳(+극)에서는 H⁺와 결합(환원이 일어난다.)하여 H₂가 발생한다.

016 어떤 금속 1.0g을 묽은 황산에 넣었더니 표준상태에서 560mL의 수소가 발생하였다. 이 금속의 원자가는 얼마인가? (단, 금속의 원자량은 40으로 가정한다)

① 1가   ② 2가
③ 3가   ④ 4가

답 ②

해 표준상태에서 560mL가 발생한 것은 수소 0.025몰이 발생했다는 뜻이다(기체 1몰은 22.4L이므로)
금속의 원자량이 40이므로 1g은 0.025몰이 된다.
즉 금속과 발생수소 (H₂)는 1:1로 반응한다.
반응식은, 어떤 금속을 M이라 하면,
M + H₂SO₄ → H₂ + MSO₄이다.
황산은 2H⁺와 SO₄⁻² 로 나누어지므로 SO₄⁻² 과 반응하는 M은 +2이온임을 알 수 있다.

017 불꽃 반응 시 보라색을 나타내는 금속은?

① Li   ② K
③ Na   ④ Ba

답 ②

해 원소들의 불꽃색을 기억할 필요가 있다.
Li: 빨간색, **Na: 노란색, K: 보라색**, Ca: 주황색, Ba: 황록색

018 다음 화학식의 IUPAC 명명법에 따른 올바른 명명법은?

$$CH_3 - CH_2 - CH - CH_2 - CH_3$$
$$|$$
$$CH_3$$

① 3-메틸펜탄   ② 2, 3, 5-트리메틸 헥산
③ 이소부탄   ④ 1, 4-헥산

답 ①

해 **C가 5개로 연결되어 있으면 펜테인(펜탄)**이다.
세번째 C에 메틸기가 붙어 있으므로 3-메틸펜탄이라고 한다.

019 주기율표에서 원소를 차례대로 나열할 때 기준이 되는 것은?

① 원자의 부피   ② 원자핵의 양성자수
③ 원자가 전자수   ④ 원자 반지름의 크기

답 ②

해 주기율표는 원소번호를 차례대로 나열한 것인데, 원소번호는 양성자의 수이자 전자수이다.

제2과목 | 화재예방과 소화방법

020 탄화칼슘 60000kg을 소요단위로 산정하면?

① 10단위   ② 20단위
③ 30단위   ④ 40단위

답 ②

해 위험물인 경우 지정수량의 10배가 1소요단위이다. 탄화칼슘은 300kg이 지정수량이다(**십알 칼알나 이황 / 오알알유 / 삼금금탄규**). 따라서 3000kg이 1소요단위이므로 60000kg은 20단위이다.

021 자연발화가 일어나는 물질과 대표적인 에너지원의 관계로 옳지 않은 것은?

① 셀룰로이드 - 흡착열에 의한 발열
② 활성탄 - 흡착열에 의한 발열
③ 퇴비 - 미생물에 의한 발열
④ 먼지 - 미생물에 의한 발열

답 ①

해 제5류 위험물인 셀룰로이드는 **분해열에 따른 자연발화의 위험이 크다.**

022 위험물안전관리법령상 소화설비의 적응성에서 이산화탄소소화기가 적응성이 있는 것은?

① 제1류 위험물   ② 제3류 위험물
③ 제4류 위험물   ④ 제5류 위험물

답 ③

해 이산화탄소소화기는 전기화재, 인화성고체, 제4류 위험물에 대해 적응성이 있다.

023 위험물안전관리법령상 물분무등소화설비에 포함되지 않는 것은?

① 포소화설비 ② 분말소화설비
③ 스프링클러설비 ④ 불활성가스소화설비

답 ③

해 소화설비의 구분 68페이지 표 참고

024 외벽이 내화구조인 위험물저장소 건축물의 연면적이 1500m²인 경우 소요단위는?

① 6 ② 10
③ 13 ④ 14

답 ②

해 내화구조인 위험물 저장소는 150m²가 1소요단위이므로 1500m²는 10소요단위이다.

종류	내화구조	비내화구조
위험물	위험물의 지정수량×10	
제조소 및 취급소	100m²	50m²
저장소	150m²	75m²

025 위험물에 화재가 발생하였을 경우 물과의 반응으로 인해 주수소화가 적당하지 않은 것은?

① CH_3ONO_2 ② $KClO_3$
③ Li_2O_2 ④ P

답 ③

해 순서대로 질산메틸, 염소산칼륨, 과산화리튬, 적린이다. 과산화리튬은 제1류 위험물 중 알칼리금속과산화물로 물과 반응하여 산소를 발생시키므로 위험하다.

026 과염소산 1몰을 모두 기체로 변화하였을 때 질량은 1기압, 50℃를 기준으로 몇 g인가? (단, Cl의 원자량은 35.5이다)

① 5.4 ② 22.4
③ 100.5 ④ 224

답 ③

해 과염소산($HClO_4$)의 분자량은 100.5g/mol(1 + 35.5 + 16 × 4)이다. 기체의 질량은 온도, 기압과 무관하게 동일하다.

027 자연발화에 영향을 주는 인자로 가장 거리가 먼 것은?

① 수분 ② 증발열
③ 발열량 ④ 열전도율

답 ②

해 자연발화 발생조건은 주위 온도가 높고, 습도가 높고, 표면적이 넓고, 발열량이 크고 열전도율이 작으면 잘 발생한다.
증발열은 무관하다.

028 다음에서 설명하는 소화약제에 해당하는 것은?

- 무색, 무취이며 비전도성이다.
- 증기상태의 비중은 약 1.5이다.
- 임계온도는 약 31℃이다.

① 탄산수소나트륨   ② 이산화탄소
③ 할론 1301   ④ 황산알루미늄

답 ②

해 위설명은 이산화탄소 소화약제에 대한 설명이다.
특히, 증기비중은 질량을 29로 나눈 값이므로 29 × 1.5하면 분자량이 43.5g/mol되는 물질이다. 대략 이산화탄소의 질량인 44에 해당함을 알 수 있다.

029 포소화약제의 혼합 방식 중 포원액을 송수관에 압입하기 위하여 포원액용 펌프를 별도로 설치하여 혼합하는 방식은?

① 라인 프로포셔너 방식
② 프레셔 프로포셔너 방식
③ 펌프 프로포셔너 방식
④ 프레셔 사이드 프로포셔너 방식

답 ④

해 "프레셔사이드 프로포셔너방식"이란 펌프의 토출관에 압입기를 설치하여 포 소화제 압입용펌프로 포 소화약제를 압입시켜 혼합하는 방식을 말한다.

030 경보 설비는 지정 수량 몇 배 이상의 위험물을 저장, 취급하는 제조소 등에 설치하는가?

① 2   ② 4
③ 8   ④ 10

답 ④

해 경보설비 설치 기준은 지정수량의 10배 이상 위험물을 저장 취급하는 경우이다.

031 고체의 일반적인 연소형태에 속하지 않는 것은?

① 표면연소   ② 확산연소
③ 자기연소   ④ 증발연소

답 ②

해 고체의 연소 4가지 기억해야 한다.
표면연소:목탄(숯), 코크스, 금속분 등
분해연소:석탄, 목재, 종이, 섬유, 플라스틱 등
증발연소:나프탈렌, 장뇌, 황(유황), 양초(파라핀), 왁스, 알코올
자기연소:주로 5류 위험물(이는 물질내에 산소를 가진 자기연소 물질이다, 주로 니트로기를 가지고 있다)
확산연소는 기체의 연소방식이다.

032 Halon 1301에 해당하는 화학식은?

① CH_3Br ② CF_3Br
③ CBr_3F ④ CH_3Cl

답 ②

해 할론넘버를 이해해야 한다.
1301처럼 네개의 숫자로 이루어져 있고, 각 숫자는 순서대로 C, F, Cl, Br의 숫자를 의미한다. 따라서 1301은 CF_3Br이다.

033 소화기와 주된 소화효과가 옳게 짝지어진 것은?

① 포 소화기 - 제거소화
② 할로겐화합물 소화기 - 냉각소화
③ 탄산가스소화기 - 억제소화
④ 분말 소화기 - 질식소화

답 ④

해 포소화기는 질식소화, 냉각소화
할로겐화합물소화기는 억제소화
탄산가스소화기는 질식소화, 냉각소화 등의 효과가 있다.

034 위험물의 화재위험에 대한 설명으로 옳은 것은?

① 인화점이 높을수록 위험하다.
② 착화점이 높을수록 위험하다.
③ 착화에너지가 작을수록 위험하다.
④ 연소열이 작을수록 위험하다.

답 ③

해 인화점, 착화점은 낮을수록 불이 더 잘붙는다는 의미이므로 더 위험하다. 착화에너지는 작을수록 불이 더 잘 붙는다(즉 작은 에너지로 불이 붙는다는 의미)는 의미이므로 작을수록 위험하다. 연소열은 열이 클수록 더 많은 에너지를 내므로 더 위험하다.

035 중유의 주된 연소 형태는?

① 표면연소   ② 분해연소
③ 증발연소   ④ 자기연소

답 ②

해 중유는 점도가 높은 제4류 위험물로 분해연소 한다.

036 주된 연소형태가 표면연소인 것은?

① 황   ② 종이
③ 금속분   ④ 니트로셀룰로오스

답 ③

해 **표면연소: 목탄(숯), 코크스, 금속분** 등
분해연소: 석탄, 목재, 종이, 섬유, 플라스틱 등
증발연소: 나프탈렌, 장뇌, 황(유황), 양초(파라핀), 왁스, 알코올
자기연소: 주로 5류 위험물(이는 물질내에 산소를 가진 자기연소 물질이다, 주로 니트로기를 가지고 있다)

037 제5류 위험물의 화재 시 일반적인 조치사항으로 알맞은 것은?

① 분말소화약제를 이용한 질식소화가 효과적이다.
② 할로겐화합물 소화약제를 이용한 냉각소화가 효과적이다.
③ 이산화탄소를 이용한 질식소화가 효과적이다.
④ 다량의 주수에 의한 냉각소화가 효과적이다.

답 ④

해 제5류 위험물은 물에 의한 주수소화가 적당하다. 습윤하면 안정해지기 까지 한다.

038 할로겐화합물 소화약제의 조건으로 옳은 것은?

① 비점이 높을 것   ② 기화되기 쉬울 것
③ 공기보다 가벼울 것 ④ 연소성이 좋을 것

답 ②

해 **공기보다 무거워야 하며**, 전기절연성, 증발성 등을 갖추어야 한다.

039 소화약제의 열분해 반응식으로 옳은 것은?

① $NH_4H_2PO_4 \rightarrow HPO_3 + NH_3 + H_2O$
② $2KNO_3 \rightarrow 2KNO_2 + O_2$
③ $KClO_4 \rightarrow 3CaO + 2O_2$
④ $2CaHCO_3 \rightarrow 2Ca + H_2CO_3$

답 ①

해 질산칼륨(KNO_3), 과염소산칼륨($KClO_4$), 탄산수소칼슘($CaHCO_3$)은 소화약제가 아니다.
분말소화약제 57페이지 표 참고

제3과목 | 위험물의 성질과 취급

040 다음 중 C_5H_5N에 대한 설명으로 틀린 것은?

① 순수한 것은 무색이고 악취가 나는 액체이다.
② 상온에서 인화의 위험이 있다.
③ 물에 녹는다.
④ 강한 산성을 나타낸다.

답 ④

해 제4류 위험물 제1석유류인 피리딘에 대한 것으로 인화점이 21℃ 이하로 상온에서 인화위험이 있으며, 물에 녹는 수용성이고, 무색의 악취가 나는 약알칼리성 물질이다.

041 자기반응성물질의 일반적인 성질로 옳지 않은 것은?

① 강산류와의 접촉은 위험하다.
② 연소속도가 대단히 빨라서 폭발이 있다.
③ 물질자체가 산소를 함유하고 있어 내부연소를 일으키기 쉽다.
④ 물과 격렬하게 반응하여 폭발성가스를 발생한다.

답 ④

해 자기반응성물질은 제5류 위험물 자체적으로 산소를 함유하고 있고, 강한 산화제 등과 접촉을 피해야 한다. 습윤시 안정화되고, 물과 반응하지 않는다.

042 염소산나트륨이 열분해하였을 때 발생하는 기체는?

① 나트륨   ② 염화수소
③ 염소   ④ 산소

답 ④

해 **무색, 무취 결정으로** 물, 알코올, 아세톤에 녹고 에테르에 녹지 않는다.
분해시 산소발생하며 조해성 있다.

043 과산화수소의 성질 또는 취급방법에 관한 설명 중 틀린 것은?

① 햇빛에 의하여 분해한다.
② 인산, 요산 등의 분해방지 안정제를 넣는다.
③ 공기와의 접촉은 위험하므로 저장용기는 밀전(密栓)하여야 한다.
④ 에탄올에 녹는다.

답 ③

해 **물, 알코올, 에테르에 녹고**, **석유, 벤젠에 안** 녹는다.
36중량퍼센트(wt%) 이상일 때 위험물질이다.
상온에서 **스스로 분해되어 물과 산소**로 분해되며, **햇빛에도 분해**된다.
이산화망간(MnO$_2$), 산화은(AgO)은 **분해의 정촉매(분해를 촉진)로 사용된다.**
이러한 분해를 방지하기 위해 **분해방지 인산, 요산 같은 안정제**가 사용된다.
60중량퍼센트 이상인 경우 단독으로 폭발할 수 있다.
3% 용액은 표백제, 살균제 등으로 이용된다.
저장용기마개에 구멍을 뚫어 보관하며, 갈색병에 보관한다(햇빛 차단위해)(밀전해서 보관하는 것 아니다).

044 다음 물질을 적셔서 얻은 헝겊을 대량으로 쌓아 두었을 경우 자연발화의 위험성이 가장 큰 것은?

① 아마인유   ② 땅콩기름
③ 야자유   ④ 올리브유

답 ①

해 동식물유류 중에는 건성유가 자연발화의 위험성이 가장 크다. 아마인유가 건성유이다(**정상 동해 대아들, 참쌀면 청옥 채콩, 소돼재고래 피 올야땅**).

045 트리니트로페놀의 성질에 대한 설명 중 틀린 것은?

① 폭발에 대비하여 철, 구리로 만든 용기에 저장한다.
② 휘황색을 띤 침상결정이다.
③ 비중이 약 1.8로 물보다 무겁다.
④ 단독으로는 테트릴보다 충격, 마찰에 둔감한 편이다.

답 ①

해 무색의 **고체결정이나 공업용은 휘황색**이다.
상온에서 안정하므로 충격, 마찰에도 괜찮으나 금속염 물질과 혼합하면 위험하다.
철, 구리 같은 금속을 부식시킨다.

046 [그림]과 같은 위험물을 저장하는 탱크의 내용적은 약 몇 m³인가? (단, r은 10m, L은 25m 이다)

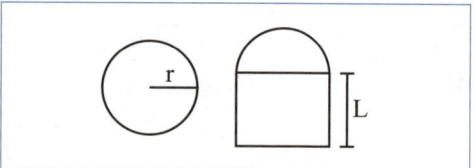

① 3612
② 4754
③ 5812
④ 7854

답 ④

해 $\pi r^2 l$
$\pi \times 10^2 \times 25$, 계산하면 약 7853.98이다.

047 충격 마찰에 예민하고 폭발 위력이 큰 물질로 뇌관의 첨장약으로 사용되는 것은?

① 니트로글리콜
② 니트로셀룰로오스
③ 테트릴
④ 질산메틸

답 ③

해 제5류 위험물 중 니트로화합물인 테트릴에 대한 설명이다.

048 알루미늄의 연소생성물을 옳게 나타낸 것은?

① Al_2O_3
② $Al(OH)_3$
③ Al_2O_3, H_2O
④ $Al(OH)_3$, H_2O

답 ①

해 알루미늄 산화반응식은 $4Al + 3O_2 \rightarrow 2Al_2O_3$.

049 다음은 위험물안전관리법령상 제조소 등에서의 위험물의 저장 및 취급에 관한 기준 중 저장 기준의 일부이다. ( ) 안에 알맞은 것은?

> 옥내저장소에 있어서 위험물은 규정에 의한 바에 따라 용기에 수납하여 저장하여야 한다. 다만, ( )과 별도의 규정에 의한 위험물에 있어서는 그러지 아니하다.

① 동식물유류
② 덩어리 상태의 유황
③ 고체 상태의 알코올
④ 고화된 제4석유류

답 ②

해 옥내저장소에 있어서 위험물은 규정에 의한 바에 따라 용기에 수납하여 저장하여야 한다. 다만, 덩어리상태의 유황에 있어서는 그러하지 아니하다.

050 메틸에틸케톤의 저장 또는 취급 시 유의할 점으로 가장 거리가 먼 것은?

① 통풍을 잘 시킬 것
② 찬 곳에 저장할 것
③ 직사일광을 피할 것
④ 저장 용기에는 증기 배출을 위해 구멍을 설치할 것

답 ④

해 제4류 위험물 제1석유류이다. 인화성 증기가 나올 수 있으므로 밀전하여 보관해야 하고, 만약 증기가 분출된 경우 통풍을 잘 시켜야 한다.

051 마그네슘리본에 불을 붙여 이산화탄소 기체 속에 넣었을 때 일어나는 현상은?

① 즉시 소화된다.
② 연소를 지속하며 유독성의 기체를 발생한다.
③ 연소를 지속하며 수소 기체를 발생한다.
④ 산소를 발생하며 서서히 소화된다.

답 ②

해 이산화탄소와 반응하여 **일산화탄소**를 발생시킨다
(따라서 이산화탄소소화기 사용금지, 불이 안꺼진다).

052 금속나트륨에 대한 설명으로 옳은 것은?

① 청색 불꽃을 내며 연소한다.
② 경도가 높은 중금속에 해당한다.
③ 녹는점이 100℃ 보다 낮다.
④ 25% 이상의 알코올수용액에 저장한다.

답 ③

해 **은백색 광택이 나는 무른 금속**으로 물보다 비중이 작다.
불에 타면 **노란색 불꽃**이다.
물, 알코올과 강하게 반응하여 **수소를 발생**시킨다.
물, 공기 중 수분과 접촉을 막기 위해 **석유(등유, 경유), 파라핀** 속에 보관한다.
녹는점은 97.7℃이다.

053 다음 중 에틸알코올의 인화점(℃)에 가장 가까운 것은?

① -4℃   ② 3℃
③ 13℃   ④ 27℃

답 ③

해 알코올류는 인화점이 10℃ 언저리에 있다는 것 기억해야 한다.

054 금속칼륨 20kg, 금속나트륨 40kg, 탄화칼슘 600kg 각각의 지정수량 배수의 총합은 얼마인가?

① 2   ② 4
③ 6   ④ 8

답 ④

해 지정수량은 각 10kg, 10kg, 300kg이다(**십알 칼알나 이황 / 오알알유 / 삼금금탄규**).
배수는 각 2, 4, 2 이다.

055 염소산칼륨의 성질에 대한 설명 중 옳지 않은 것은?

① 비중은 약 2.3으로 물보다 무겁다.
② 강산과의 접촉은 위험하다.
③ 열분해 하면 산소와 염화칼륨이 생성된다.
④ 냉수에도 매우 잘 녹는다.

답 ④

해 제1류 위험물로 강산과 접촉하면 안 된다.
무색, 무취의 분말이며 다량의 산소를 가지므로 폭약의 원료로 사용된다.
온수, 글리세린에 녹고, **냉수, 알코올에 잘 안 녹는다.**
열분해하면 산소를 발생시킨다(완전열분해 시 산소와 염화칼륨이 나온다).

056 다음 중 일반적인 연소의 형태가 나머지 셋과 다른 하나는?

① 나프탈렌   ② 코크스
③ 양초   ④ 유황

답 ②

해 코크스는 표면연소이고, 나머지는 모두 증발연소이다.

057 위험물안전관리법령상 유별을 달리하는 위험물의 혼재기준에서 제6류 위험물과 혼재할 수 있는 위험물의 유별에 해당하는 것은? (단, 지정수량의 1/10을 초과하는 경우이다)

① 제1류 ② 제2류
③ 제3류 ④ 제4류

답 ①

해 423, 524, 61
제1류 위험물과 혼재 가능하다.

058 물에 녹지 않고 물보다 무거우므로 안전한 저장을 위해 물 속에 저장하는 것은?

① 디에틸에테르 ② 아세트알데히드
③ 산화프로필렌 ④ 이황화탄소

답 ④

해 물에 녹지 않는 비수용성 물질은 디에틸에테르와 이황화탄소이다. 이 중에서 물속에 저장해서 가연성 증기를 방지하는 물질은 이황화탄소이다.

059 자연발화를 방지하는 방법으로 가장 거리가 먼 것은?

① 통풍이 잘되게 할 것
② 열의 축적을 용이하지 않게 할 것
③ 저장실의 온도를 낮게 할 것
④ 습도를 높게 할 것

답 ④

해 자연발화 방지하기 위해서는 **주위 온도를 낮게, 통풍을 잘 시키고, 습도를 낮추고, 열축적을 막고, 불활성가스를 주입**해 산소농도를 낮추어야 한다.

SECTION 02

2017 | 3회

제1과목 | 일반화학

001 금속의 특징에 대한 설명 중 틀린 것은?

① 고체 금속은 연성과 전성이 있다.
② 고체상태에서 결정구조를 형성한다.
③ 반도체, 절연체에 비하여 전기 전도도가 크다.
④ 상온에서 모두 고체이다.

답 ④

헤 주기율표에서 **액체인 물질이 두가지 있다. 브롬(Br)과 수은(Hg)이다. 수은은 금속이면서 고체이다.**

002 $[OH^-]=1\times10^{-5}mol/L$인 용액의 pH와 액성으로 옳은 것은?

① pH=5, 산성 ② pH=5, 알칼리성
③ pH=9, 산성 ④ pH=9, 알칼리성

답 ④

헤 pH란 수소이온(H^+)의 몰농도를 -log한 것이다.
즉, $-\log[H^+]$ 이다.
pOH란 수산화이온(OH^-)이 몰농도를 -log한 것이다. 즉, $-\log[OH^-]$ 이다.
pH + pOH = 14가 된다.
$1\times10^{-5}mol/L$를 -log하면 5가 된다. 그렇다면 pH는 9가 된다.
pH는 7을 기준으로 작으면 산성이고, 크면 알칼리성이다.

003 다음 물질 1g을 각각 1kg의 물에 녹였을 때 빙점강하가 가장 큰 것은?

① CH_3OH ② C_2H_5OH
③ $C_3H_5(OH)_3$ ④ $C_6H_{12}O_6$

답 ①

헤 어는점온도의 **변화 = $m \times K_f$ 로 표시가 가능하다. (m는 몰랄농도, K_f는 어는점내림상수)**
따라서 몰랄농도가 가장 높으면 어는점 변화가 가장 크다.
몰랄농도: 1000g(1kg)의 용매에 녹아있는 용질의 몰수: 용질의 몰수(mol) / 용매의 질량(kg)
용매의 질량은 모두 동일하므로 용질의 몰수가 가장 높은 것이 몰랄농도가 높다.
몰수는 '질량 / 분자량' 이므로 같은 질량이라면 분자량이 가장 작은 것이 높다.

004 다음 중 침전을 형성하는 조건은?

① 이온곱 > 용해도곱
② 이온곱 = 용해도곱
③ 이온곱 < 용해도곱
④ 이온곱 + 용해도곱 = 1

답 ①

헤 용해도 곱은 최대로 녹았을 경우의 양이온의 몰농도와 음이온의 몰농도의 곱을 의미한다.
이온곱이 용해도곱보다 높다는 뜻은 최대로 녹을 수 있는 농도보다 높다는 뜻이므로 더 이상 녹지 못하고 침전이 발생한다.

005 다음 물질 중 산성이 가장 센 물질은?

① 아세트산 ② 벤젠술폰산
③ 페놀 ④ 벤조산

답 ②

해 벤젠술폰산은 강산이다. 나머지는 약산이다.

006 다음 중 두 물질을 섞었을 때 용해성이 가장 낮은 것은?

① C_6H_6과 H_2O ② NaCl과 H_2O
③ C_2H_5OH과 H_2O ④ C_2H_5OH과 CH_3OH

답 ①

해 비극성 분자는 비극성 용매에 잘 녹는다: CCl_4 / C_6H_6
극성 분자는 극성 용매에 잘 녹는다: C_2H_5OH / H_2O
이온화합물은 극성 용매에 잘 녹는다: NaCl / H_2O
C_6H_6는 비극성이고, H_2O는 극성이므로 잘 안 녹는다.

007 공기 중에 포함되어 있는 질소와 산소의 부피비는 0.79 : 0.21이므로 질소와 산소의 분자수의 비도 0.79 : 0.21이다. 이와 관계있는 법칙은?

① 아보가드로 법칙 ② 일정 성분비의 법칙
③ 배수비례의 법칙 ④ 질량보존의 법칙

답 ①

해 아보가드로 법칙은 모든 기체는 온도, 압력이 같다면 같은 부피에 같은 수의 분자를 가진다는 법칙으로 부피는 몰수에 비례한다는 법칙 $V = kn$(n은 몰수, k는 상수)이 도출된다.

008 어떤 기체가 탄소원자 1개당 2개의 수소원자를 함유하고 0°C, 1기압에서 밀도가 1.25g/L일 때 이 기체에 해당하는 것은?

① CH_2 ② C_2H_4
③ C_3H ④ C_4H_8

답 ②

해 밀도가 1.25g이므로 표준상태에서 1몰 22.4L의 경우 28g이다. C의 분자량은 12, H는 1이므로 C 2개, H 4개로 이루어진다.

009 미지농도의 염산 용액 100mL를 중화하는데 0.2N NaOH 용액 250mL가 소모되었다. 이 염산의 농도는 몇 N인가?

① 0.05 ② 0.2
③ 0.25 ④ 0.5

답 ④

해 중화반응하면, **중화반응에 참여하는 H^+의 수 = 중화반응에 참여하는 OH^-의 수**를 기억해야 하고
중화적정의 공식 **NV=N'V'** 이다. (V는 부피, N은 **노르말 농도**)를 떠올려야 한다.
염산의 노르말농도 × 100 = 0.2 × 250, 염산의 노르말농도는 0.5N이다.

010 다음 중 산소와 같은 족의 원소가 아닌 것은?

① S ② Se
③ Te ④ Bi

답 ④

해 산소는 16족이다. Bi는 15족이다. 나머지는 모두 16족이다.

011 25°C의 포화용액 90g 속에 어떤 물질이 30g 녹아 있다. 이 온도에서 이 물질의 용해도는 얼마인가?

① 30
② 33
③ 50
④ 63

답 ③

해 정해진 온도에서 용매에 최대한으로 녹을 수 있는 용질의 양을 의미한다. 시간과는 무관하다.
용해도는 통상 용매 100g에 최대한으로 녹을 수 있는 용질의 g수를 의미한다.
용액이 90g이고, 용질이 30g이므로 용매는 60g이다. 따라서, 30 / 60으로 50이다.

012 탄소와 수소로 되어있는 유기화합물을 연소시켜 CO_2 44g, H_2O 27g을 얻었다. 이 유기화합물의 탄소와 수소 몰비율(C : H)은 얼마인가?

① 1 : 3
② 1 : 4
③ 3 : 1
④ 4 : 1

답 ①

해 탄화수소를 연소시키면 물과 이산화탄소가 나온다. 반응의 결과물인 물과 이산화탄소는 1.5몰, 1몰 이므로 3몰 2몰이 생성된다. 생성된 탄소와 수소는 산소에서 온 것이 아니므로 생성된 물질의 탄소와 수소의 비를 알면 반응물인 탄화수소의 구성비를 알 수 있다.
H_2O 3몰, CO_2 2몰이 나온 것이므로, 생성물을 분석해 보면 C가 2몰, H가 6몰이 나온다. 1:3이 된다.

013 방사선에서 γ선과 비교한 α선에 대한 설명 중 틀린 것은?

① 선보다 투과력이 강하다.
② 선보다 형광작용이 강하다.
③ 선보다 감광작용이 강하다.
④ 선보다 전리작용이 강하다.

답 ①

해 방사선의 종류
알파선(α): 전기장에서 (-)쪽으로 휘므로 자신은(+) 성격을 가진다. 투과력은 가장 약하다.
베타선(β): 전기장에서 (+)쪽으로 휘므로 자신은(-) 성격을 가진다. 투과력은 알파선보다 강하고, 감마선보다 약하다.
감마선(γ): X선과 같은 일종의 전자파로, 질량이 없고 전하를 띄지 않는다. 파장이 가장 짧고, 투과성이 강하다. 전기장에 휘지 않는다.

014 탄산음료수의 병마개를 열면 거품이 솟아오르는 이유를 가장 올바르게 설명한 것은?

① 수증기가 생성되기 때문이다.
② 이산화탄소가 분해되기 때문이다.
③ 용기 내부압력이 줄어들어 기체의 용해도가 감소하기 때문이다.
④ 온도가 내려가게 되어 기체가 생성물의 반응이 진행되기 때문이다.

답 ③

해 기체는 압력이 증가하면 용해도도 증가한다. 압력이 줄어들면 용해도가 감소한다.

015 탄소수가 5개인 포화탄화수소 펜탄의 구조이성질체 수는 몇 개인가?

① 2개　　② 3개
③ 4개　　④ 5개

답 ②

해
C – C – C – C – C

```
      C
      |
C – C – C – C
```

```
    C
    |
C – C – C
    |
    C
```

016 집기병 속에 물에 적신 빨간 꽃잎을 넣고 어떤 기체를 채웠더니 얼마 후 꽃잎이 탈색되었다. 이와 같이 색을 탈색(표백)시키는 성질을 가진 기체는?

① He　　② CO_2
③ N_2　　④ Cl_2

답 ④

해 탈색하면 염소를 생각해야 한다. 표백(탈색)작용을 하는 기체의 대표적인 것이 염소(Cl_2)이다.

017 다음과 같은 순서로 커지는 성질이 아닌 것은?

$$F_2 < Cl_2 < Br_2 < I_2$$

① 구성 원자의 전기음성도
② 녹는점
③ 끓는점
④ 구성 원자의 반지름

답 ①

해 전기음성도는 F가 가장 크다.

018 어떤 주어진 양의 기체의 부피가 21°C, 1.4atm에서 250mL이다. 온도가 49°C로 상승되었을 때의 부피가 300mL라고 하면 이때의 압력은 약 얼마인가?

① 1.35atm　　② 1.28atm
③ 1.21atm　　④ 1.16atm

답 ②

해 V = nRT/P (R은 기체상수, 0.082L·atm/k·mol)
n = w/M (w는 기체의 질량, M은 기체의 분자량
온도 변화 전후에 nR은 같은 값이므로, 보일-샤를의 법칙
$P_1V_1/ T_1 = P_2V_2/ T_2$이다.
1.4 × 0.25 / 294 = P_2 × 0.3 / 322,
P_2 는 약 1.2778atm

019 원자번호 11 이고, 중성자수가 12인 나트륨의 질량수는?

① 11　　② 12
③ 23　　④ 24

답 ③

해 질량수는 양성자수 + 중성자수 이다. 원자번호는 양성자수 이므로 11 + 12 = 23이다.

020 밑줄 친 원소의 산화수가 +5인 것은?

① H₃PO₄ ② KMnO₄
③ K₂Cr₂O₇ ④ K₃[Fe(CN)₆]

답 ①

해 아래는 주기율표에 상의 족에 따른 산화수이다. 일단 이 정도는 기억하자.

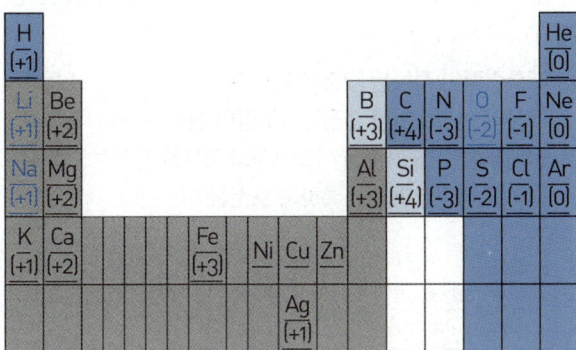

양이온, 음이온이 아닌 경우 산화수의 합은 0이 된다.
K₂Cr₂O₇에서 O는 -2, K는 +1이므로 -2 × 7 + 1 × 2 + Cr의 산화수 × 2 = 0 이다. Cr의 산화수는 6
같은 방법으로 풀이하면 H₃PO₄에서 H는 +1, O는 -2이므로 1 × 3 + -2 × 4 + P의 산화수 = 0
P의 산화수는 +5이다.

제2과목 | 화재예방과 소화방법

021 Halon 1301, Halon 1211, Halon 2402 중 상온, 상압에서 액체상태인 Halon 소화약제로만 나열한 것은?

① Halon 1211
② Halon 2402
③ Halon 1301, Halon 1211
④ Halon 2402, Halon 1211

답 ②

해 상온에서 1301, 1211은 기체이나 2402는 액체이다.

022 연소 시 온도에 따른 불꽃의 색상이 잘못된 것은?

① 적색 : 약 850℃ ② 황적색 : 약 1100℃
③ 휘적색 : 약 1200℃ ④ 백적색 : 약 1300℃

답 ③

해

색깔	담암적	암적	적	황	휘적	황적	백적	휘백
온도 (℃)	522	700	850	900	950	1100	1300	1500

023 불활성가스소화약제 중 IG-541의 구성 성분이 아닌 것은?

① N₂ ② Ar
③ He ④ CO₂

답 ③

해 IG-541 (질소, 아르곤 이산화탄소가 52:40:8 비율로 섞인 기체이다)

024 이산화탄소 소화기는 어떤 현상에 의해서 온도가 내려가 드라이아이스를 생성 하는가?
① 주울-톰슨 효과 ② 사이펀
③ 표면장력 ④ 모세관

답 ①

해 압축된 기체가 좁은 관을 통과하면서 온도를 하강시키는 **줄-톰슨 효과에 의해 드라이아이스(주성분은 CO_2이다)**를 발생시킨다.

025 스프링클러 설비의 장점이 아닌 것은?
① 소화약제가 물이므로 소화약제의 비용이 절감된다.
② 초기 시공비가 매우 적게 든다.
③ 화재 시 사람의 조작 없이 작동이 가능하다.
④ 초기화재의 진화에 효과적이다.

답 ②

해 스프링클러는 **화제를 초기에 진압할 수 있는 장점**이 있으나, **초기 시설비용이 많이 든다는 단점**이 있다.

026 연소형태가 나머지 셋과 다른 하나는?
① 목탄 ② 메탄올
③ 파라핀 ④ 유황

답 ①

해 **표면연소: 목탄(숯), 코크스, 금속분** 등
분해연소: 석탄, 목재, 종이, 섬유, 플라스틱 등
증발연소: 나프탈렌, 장뇌, 황(유황), 양초(파라핀), 왁스, 알코올
자기연소: 주로 5류 위험물(이는 물질내에 산소를 가진 자기연소 물질이다, 주로 니트로기를 가지고 있다)

027 대통령령이 정하는 제조소 등의 관계인은 그 제조소 등에 대하여 연 몇 회 이상 정기점검을 실시해야 하는가? (단, 특정옥외탱크저장소의 정기점검은 제외한다)
① 1 ② 2
③ 3 ④ 4

답 ①

해 대통령령이 정하는 제조소 등의 관계인은 그 제조소등에 대하여 **연 1회 이상** 행정안전부령이 정하는 바에 따라 규정에 따른 기술기준에 적합한지의 여부를 정기적으로 점검하고 점검결과를 기록하여 보존하여야 한다.

028 물통 또는 수조를 이용한 소화가 공통적으로 적응성이 있는 위험물은 제 몇 류 위험물인가?
① 제2류 위험물 ② 제3류 위험물
③ 제4류 위험물 ④ 제5류 위험물

답 ④

해 제1류, 2류, 3류는 일부만 가능하고, 제4류는 적응성이 없다.
소화설비의 구분 68페이지 표 참고

029 위험물의 화재발생 시 적응성이 있는 소화설비의 연결로 틀린 것은?
① 마그네슘-포소화기
② 황린-포소화기
③ 인화성고체-이산화탄소소화기
④ 등유-이산화탄소소화기

답 ①

해 마그네슘은 제2류 위험물로 주수소화 금지인 물질이다. 탄산수소염류 등, 팽창질석, 팽창진주암, 마른모래 등이 적응성이 있다.

030 다음 중 점화원이 될 수 없는 것은?

① 전기스파크 ② 증발잠열
③ 마찰열 ④ 분해열

답 ②

해 증발잠열은 온도변화 없이 증발하는데 필요한 열을 의미하므로 점화원이 아니다.

031 위험물을 저장하기 위해 제작한 이동저장탱크의 내용적이 20000L인 경우 위험물 허가를 위해 산정할 수 있는 이 탱크의 최대용량은 지정수량의 몇 배인가? (단, 저장하는 위험물은 비수용성 제2석유류이며 비중은 0.8, 차량의 최대적재량은 15톤이다)

① 21배 ② 18.75배
③ 12배 ④ 9.375배

답 ②

해 탱크의 공간용적은 탱크용적의 **100분의 5이상 100분의 10이하로 한다.**
최대 19000L까지 수납할 수 있다. 비수용성 제2석유류의 경우 지정수량은 1000L이고 (일(1000L)등경 크스클벤 (벤즈알데히드, C_7H_6O) / 이(2000L)아히포), 다만 최대적재량은 15톤 이므로 15톤에 해당하는 물질의 부피는 18750L이다(비중이 0.8이면 1리터당 0.8kg이므로 15000kg인 경우 18750L이다).
탱크의 공간용적 및 최대적재량 모두를 넘으면 안 되므로 더 작은 것은 18750L를 넘으면 안 된다.

032 능력단위가 1 단위의 팽창질석(삽 1개 포함)은 용량이 몇 L인가?

① 160 ② 130
③ 90 ④ 60

답 ①

소화설비	물통	수조와 물통3개	수조와 물통6개	마른모래 와 삽1개	팽창질석, 팽창진주암 (삽1개)
용량	8L	80L	190L	50L	160L
능력단위	0.3	1.5	2.5	0.5	1.0

033 표준상태에서 벤젠 2mol이 완전 연소하는데 필요한 이론 공기요구량은 몇 L인가? (단, 공기 중 산소는 21vol%이다)

① 168 ② 336
③ 1600 ④ 3200

답 ③

해 벤젠의 연소반응식은 $2C_6H_6 + 15O_2 \rightarrow 12CO_2 + 6H_2O$ 이다.
벤젠 2몰에 산소 15몰이 대응하여 완전연소하므로, 산소 15몰의 부피는 22.4L×15 = 336L이다.
전체 공기 중에 21%가 산소이므로 100:21 = X:336L이므로 X를 구하면 1600L이다.

034 할로겐화합물 중 CH_3I에 해당하는 할론 번호는?

① 1031　　② 1301
③ 13001　　④ 10001

답 ④

해 할론넘버의 각 숫자는 **순서대로 C, F, Cl, Br의 숫자**를 의미한다(다섯자리인 **경우 마지막 자리는 I를 의미**한다). H는 위에 숫자로 나타나지 않는다.

035 위험물안전관리법령상 전역방출방식의 분말소화설비에서 분사헤드의 방사압력은 몇 MPa 이상이어야 하는가?

① 0.1　　② 0.5
③ 1　　④ 3

답 ①

해 전역방출방식의 분말소화설비의 경우 분사헤드 방사압력은 0.1MPa 이상이어야 한다.

036 제 3종 분말소화약제에 대한 설명으로 틀린 것은?

① A급을 제외한 모든 화재에 적응성이 있다.
② 주성분은 $NH_4H_2PO_4$의 분자식으로 표현된다.
③ 제1인산암모늄이 주성분이다.
④ 담홍색(또는 황색)으로 착색되어 있다.

답 ①

해

종류	성분	적응화재	열분해반응식	색상
제3종 분말	$NH_4H_2PO_4$ (인산암모늄)	A, B, C	$NH_4H_2PO_4$ → HPO_3(메타인산) + NH_3(암모니아) + H_2O	담홍색

037 그림과 같은 타원형 위험물탱크의 내용적은 약 얼마인가? (단, 단위는 m이다)

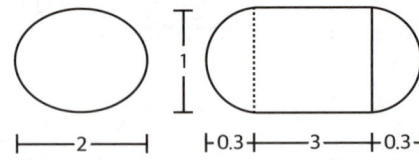

① 5.03m³　　② 7.52m³
③ 9.03m³　　④ 19.05m³

답 ①

해 공식은 $\dfrac{\pi ab}{4}\left(l + \dfrac{l_1 + l_2}{3}\right)$

대입하면 $\dfrac{\pi \times 1 \times 2}{4}\left(3 + \dfrac{0.3 + 0.3}{3}\right)$

약 5.0265이다.

038 전기설비에 화재가 발생하였을 경우에 위험물 안전관리법령상 적응성을 가지는 소화설비는?

① 물분무소화설비　　② 포소화기
③ 봉상강화액소화기　　④ 건조사

답 ①

해 물분무소화설비는 전기설비에 적응성이 있다.
소화설비의 구분 68페이지 표 참고

039 위험물안전관리법령에서 정한 물분무소화설비의 설치기준에서 물분무소화설비의 방사구역은 몇 m² 이상으로 하여야 하는가? (단, 방호대상물의 표면적이 150 이상인 경우이다)

① 75 ② 100
③ 150 ④ 350

답 ③

해 **방사구역은 150m2 이상**이어야 하나 방호대상물 표면적이 그 미만인 경우 그 당해 표면적으로 한다.

040 위험물안전관리법령상 전역방출방식 또는 국소방출방식의 분말소화설비의 기준에서 가압식의 분말소화설비에는 얼마 이하의 압력으로 조정할 수 있는 압력조정기를 설치하여야 하는가?

① 2.0MPa ② 2.5MPa
③ 3.0MPa ④ 5MPa

답 ②

해 가압식의 분말소화설비에는 **2.5MPa 이하의 압력으로 조정할 수 있는 압력조정기**를 설치할 것

제3과목 | 위험물의 성질과 취급

041 위험물을 지정수량이 큰 것부터 작은 순서로 옳게 나열한 것은?

① 니트로화합물 > 브롬산염류 > 히드록실아민
② 니트로화합물 > 히드록실아민 > 브롬산염류
③ 브롬산염류 > 히드록실아민 > 니트로화합물
④ 브롬산염류 > 니트로화합물 > 히드록실아민

답 ④

해 니트로화합물의 지정수량은 200kg, 히드록실아민은 100kg (이상 **십유질 백히히 / 이백니니 아히디질**), 브롬산염류는 300kg(**오(50)염과 무아 / 삼(300)질 요브 / 천(1000)과 중**)
순서대로 하면 브롬산염류, 니트로화합물, 히드록실아민이다.

042 다음 중 위험물안전관리법령상 제2석유류에 해당되는 것은?

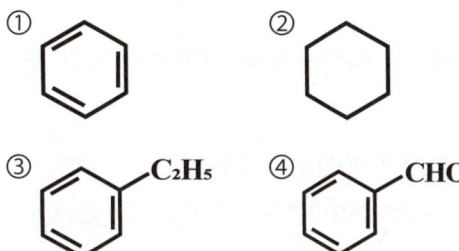

답 ④

해 순서대로 벤젠, 사이클로헥세인(C₆H₁₂인 물질로 단일결합하고 있다), 에틸벤젠(C₆H₅CH₂CH₃), 벤즈알데히드(C₇H₆O)이다.
제2석유류는 벤즈알데히드이다(**일(1000L)등경 크스클벤**(벤즈알데히드, C₇H₆O) / **이(2000L)아히포**)

043 위험물안전관리법령상의 지정수량이 나머지 셋과 다른 하나는?

① 질산에스테르류 ② 니트로화합물
③ 디아조화합물   ④ 히드라진 유도체

답 ①

해 질산에스테르류는 10kg, 나머지는 200kg이다(**십유질 백히히 / 이백니니 아히디질**).

044 다음 중 물과 반응하여 산소와 열을 발생하는 것은?

① 염소산칼륨   ② 과산화나트륨
③ 금속나트륨   ④ 과산화벤조일

답 ②

해 과산화나트륨은 제1류 위험물 중 무기과산화물로 물과 반응하면 산소와 열을 발생시킨다.

045 산화프로필렌에 대한 설명으로 틀린 것은?

① 무색의 휘발성 액체이고, 물에 녹는다.
② 인화점이 상온 이하이므로 가연성 증기 발생을 억제하여 보관해야 한다.
③ 은, 마그네슘 등의 금속과 반응하여 폭발성 혼합물을 생성한다.
④ 증기압이 낮고 연소범위가 좁아서 위험성이 높다.

답 ④

해 특수인화물은 연소범위가 넓어서 위험하다.

046 다음 중 제1류 위험물의 과염소산염류에 속하는 것은?

① $KClO_3$ ② $NaClO_4$
③ $HClO_4$ ④ $NaClO_2$

답 ②

해 염류 뒤에 ClO_4 붙으면 과염소산, ClO_2 이면 아염소산, ClO_3 이면 염소산 염류이다.
$HClO_4$은 과염소산으로 제6류 위험물이다.

047 황린과 적린의 공통점으로 옳은 것은?

① 독성   ② 발화점
③ 연소생성물 ④ CS_2에 대한 용해성

답 ③

해 적린은 연소하면 **백색의 오산화인**이 발생한다(**황린도 동일**).
황린을 260℃로 가열하면 적린이 된다.
황린은 적린보다 **불안정하고 화학적 활성이 크고 독성이 있다.**
이황화탄소(CS_2)에 **적린은 녹지 않고, 황린은 녹는다.**
둘다 물에 녹지 않는다.

048 황의 연소생성물과 그 특성을 옳게 나타낸 것은?

① SO_2, 유독가스   ② SO_2, 청정가스
③ H_2S, 유독가스   ④ H_2S, 청정가스

답 ①

해 공기 중에서 **증발연소(가연성 증기**가 발생하여 연소)하며, 푸른빛을 내며 **독성물질**인 **이산화황**을 발생시킨다(가연성(환원성) 증기이다. 산화성 증기 아니다).
$S + O_2 \rightarrow SO_2$

049 위험물안전관리법령상 옥외탱크저장소의 위치·구조 및 설비의 기준에서 간막이 둑을 설치할 경우, 그 용량의 기준으로 옳은 것은?

① 간막이 둑안에 설치된 탱크의 용량의 110% 이상일 것
② 간막이 둑안에 설치된 탱크의 용량 이상일 것
③ 간막이 둑안에 설치된 탱크의 용량의 10% 이상일 것
④ 간막이 둑안에 설치된 탱크의 간막이 둑 높이 이상 부분의 용량 이상일 것

답 ③

해 간막이 둑을 설치할 경우 그 용량은 둑 안에 설치된 탱크 용량의 10% 이상이어야 한다.

050 다음 중 A~C 물질 중 위험물안전관리법령상 제6류 위험물에 해당하는 것은 모두 몇 개인가?

A 비중 1.49인 질산
B 비중 1.7인 과염소산
C 물 60g + 과산화수소 40g 혼합 수용액

① 1개　　② 2개
③ 3개　　④ 없음

답 ③

해 질산의 경우 **비중이 1.49 이상**인 것만 위험물이다.
과산화수소의 경우 **농도 36중량퍼센트 이상**인 것만 위험물이다. 따라서 C의 경우 40/100이므로 40중량퍼센트이므로 위험물에 해당한다.
과염소산의 경우 특별한 기준이 없으므로 위험물에 해당한다.

051 다음 중 위험물 중 가연성 액체를 옳게 나타낸 것은?

HNO_3, $HClO_4$, H_2O_2

① $HClO_4$, HNO_3
② HNO_3, H_2O_2
③ HNO_3, $HClO_4$, H_2O_2
④ 모두 가연성이 아님

답 ④

해 순서대로 질산(제6류 위험물), 과염소산(제6류 위험물), 과산화수소(제6류 위험물)이다. 모두 불연성이다.

052 다음에서 설명하는 위험물을 옳게 나타낸 것은?

- 지정수량은 2000L이다.
- 로켓의 연료, 플라스틱 발포제 등으로 사용된다.
- 암모니아와 비슷한 냄새가 나고, 녹는점은 약 2℃이다.

① N_2H_4　　② $C_6H_5CH=CH_2$
③ NH_4ClO_4　　④ C_6H_5Br

답 ①

해 순서대로 히드라진, 스티렌, 과염소산암모늄, 브로모벤젠이다. 위의 지문은 히드라진에 대한 설명이다. 지정수량이 L단위로 된 것은 제4류 위험물 밖에 없고, 그 중 2000L인 것은 제2석유류 중 수용성인 물질인 히드라진이다. 브로모벤젠은 제2석유류 중 비수용성 물질이다.

053 지정수량 이상의 위험물을 차량으로 운반하는 경우에는 차량에 설치하는 표지의 색상에 관한 내용으로 옳은 것은?

① 흑색바탕에 청색의 도료로 "위험물"이라고 표기할 것
② 흑색바탕에 황색의 반사도료로 "위험물"이라고 표기할 것
③ 적색바탕에 흰색의 반사도료로 "위험물"이라고 표기할 것
④ 적색바탕에 흑색의 도료로 "위험물"이라고 표기할 것

답 ②
해

종류	바탕	문자
화기엄금(화기주의)	적색	백색
물기엄금	청색	백색
주유중엔진정지	황색	흑색
위험물 제조소 등	백색	흑색
위험물	흑색	황색반사도료

054 위험물을 저장 또는 취급하는 탱크의 용량산정 방법에 관한 설명으로 옳은 것은?

① 탱크의 내용적에서 공간용적을 뺀 용적으로 한다.
② 탱크의 공간용적에서 내용적을 뺀 용적으로 한다.
③ 탱크의 공간용적에 내용적을 더한 용적으로 한다.
④ 탱크의 볼록하거나 오목한 부분을 뺀 용적으로 한다.

답 ①
해 탱크의 용량은 당해 <u>탱크의 내용적에서 공간용적을 뺀 용적</u>으로 한다.

055 동식물유류에 대한 설명 중 틀린 것은?

① 요오드가가 클수록 자연발화의 위험이 크다.
② 아마인유는 불건성유이므로 자연발화의 위험이 낮다.
③ 동식물유류는 제4류 위험물에 속한다.
④ 요오드가가 130 이상인 것이 건성유이므로 저장할 때 주의한다.

답 ②
해 아마인유는 건성유이다(<u>정상 동해 대아들, 참쌀면 청옥 채콩, 소돼재고래 피 올야땅</u>).

056 금속 칼륨의 일반적인 성질에 대한 설명으로 틀린 것은?

① 칼로 자를 수 있는 무른 금속이다.
② 에탄올과 반응하여 조연성 기체(산소)를 발생한다.
③ 물과 반응하여 가연성 기체를 발생한다.
④ 물보다 가벼운 은백색의 금속이다.

답 ②
해 <u>물, 알코올</u>과 강하게 반응하여 <u>수소를 발생</u>시킨다.

057 다음 위험물 중 인화점이 가장 높은 것은?

① 메탄올
② 휘발유
③ 아세트산메틸
④ 메틸에틸케톤

답 ①
해 메탄올은 알코올류로 인화점이 11℃, 휘발유는 제1석유류로 **-43℃ 에서 -20℃**, 아세트산메틸은 -10℃, 메틸에틸케톤은 제1석유류로 -7℃이다.

058 질산나트륨을 저장하고 있는 옥내저장소(내화구조의 격벽으로 완전히 구획된 실이 2 이상 있는 경우에는 동일한 실)에 함께 저장하는 것이 법적으로 허용되는 것은? (단, 위험물을 유별로 정리하여 서로 1m 이상의 간격을 두는 경우이다)

① 적린 ② 인화성고체
③ 동식물유류 ④ 과염소산

답 ④

해 유별을 달리하는 위험물끼리는 같이 저장하면 안 된다. 다만, 옥내/외 저장소의 경우 아래와 같은 위험물은 **서로 1m 간격**을 두고 저장 가능하다.
- 1류(알칼리금속 과산화물 또는 이를 함유한 것 제외)와 5류
- 1류와 6류
- 1류와 3류 중 자연발화성물질(황린을 포함한 것에 한한다)
- 2류 중 인화성 고체와 4류
- 3류 중 알킬알루미늄 등과 4류(알킬알루미늄 또는 알킬리튬을 함유한 것에 한함)
- 4류 중 유기과산화물 또는 이를 함유한 것과 5류 중 유기과산화물 또는 이를 함유한 것

[암기법] 암기는 111234로 되어 있다는 것 기억하고, 1알5, 1 6, 1 3자, 2인4, 3알4알알, 4유5유 로 기억한다.
질산나트륨은 제1류 위험물 이고, 과염소산은 제6류 위험물이므로 같이 저장이 가능하다.
인화성고체는 제2류위험물이고, 동식물유류는 제4류 위험물이므로 안 된다.

059 위험물안전관리법령에 의한 위험물제조소의 설치기준으로 옳지 않은 것은?

① 위험물을 취급하는 기계·기구 그 밖의 설비는 위험물이 새거나 넘치거나 비산하는 것을 방지할 수 있는 구조로 하여야 한다.
② 위험물을 가열하거나 냉각하는 설비 또는 위험물의 취급에 수반하여 온도변화가 생기는 설비에는 온도측정장치를 설치하여야 한다.
③ 위험물을 취급함에 있어서 정전기가 발생할 우려가 있는 설비에는 정전기를 유효하게 제거할 수 있는 설비를 설치하여야 한다.
④ 위험물을 취급하는 동관을 지하에 설치하는 경우에는 지진·풍압·지반침하 및 온도변화에 안전한 구조의 지지물에 설치하여야 한다

답 ④

해 지상에 설치시 **지면에 닿지 않도록** 하며, **지진·풍압·지반침하 및 온도변화에 안전한 구조의 지지물에 설치한다.**

060 다음 표의 빈칸 (ㄱ, ㄴ)에 알맞은 품명은?

품명	지정수량
ㄱ.	100킬로그램
ㄴ.	1,000킬로그램

① ㄱ : 철분, ㄴ : 인화성고체
② ㄱ : 적린, ㄴ : 인화성고체
③ ㄱ : 철분, ㄴ : 마그네슘
④ ㄱ : 적린, ㄴ : 마그네슘

답 ②

해 지정수량이 철분은 500kg, 적린은 100kg. 마그네슘은 500kg, 인화성고체 1000kg이다(**백유황적 / 오철금마 천인**).

2018 | 1회

제1과목 | 일반화학

001 1기압에서 2L의 부피를 차지하는 어떤 이상기체를 온도의 변화 없이 압력을 4기압으로 하면 부피는 얼마가 되겠는가?

① 8L ② 2L
③ 1 ④ 0.5L

답 ④

해 보일의 법칙 부피는 온도가 일정할 때 압력에 반비례한다.
$V = k1/P$ (V는 부피, P는 부피, k는 상수)
따라서 P와 V의 곱은 언제나 일정한 상수가 된다.
따라서, $P_1V_1 = P_2V_2$가 성립한다.
$1 × 2 = 4 ×$ 구하는 부피. 0.5L이다.

002 반투막을 이용하여 콜로이드 입자를 전해질이나 작은 분자로부터 분리 정제하는 것을 무엇이라 하는가?

① 틴들현상 ② 브라운 운동
③ 투석 ④ 전기영동

답 ③

해 투석에 대한 설명이다.

003 불순물로 식염을 포함하고 있는 NaOH 3.2g을 물에 녹여 100mL로 한 다음 그 중 50mL를 중화하는데 1N의 염산이 20mL 필요했다. 이 NaOH의 농도(순도)는 약 몇 wt%인가?

① 10 ② 20
③ 33 ④ 50

답 ④

해 중화반응하면, **중화반응에 참여하는 H⁺의 수 = 중화반응에 참여하는 OH⁻의 수를 기억해야 하고**
중화적정의 공식 **NV=N'V'** 이다. (V는 부피, N은 노르말 농도)를 떠올려야 한다.
NaOH의 노르말농도 × 50 = 1 × 20, NaOH의 노르말농도는 0.4N이다.
문제에서는 wt%를 묻고 있으므로 해당 물질에 들어 있는 질량을 알아야 한다.
<u>몰농도 × 당량 = 노르말 농도</u>인데, NaOH는 OH⁻를 하나만 내어 놓으므로 <u>당량이 1이다(당량이란 해당 분자 하나가 내놓는 H⁺ 혹은 OH⁻의 수이므로).</u>
노르말농도와 몰농도는 동일하다. 즉 0.4M이다.
몰농도는 단위 부피 1리터당 녹아 있는 용질의 몰수 이므로, 해당 NaOH용액에 녹아 있는 NaOH의 몰수가 0.4이라는 뜻이다.
0.4 = 녹아있는 몰수 / 0.1L(부피), 이므로 녹아 있는 몰수는 0.04몰이 된다.
순수 NaOH의 분자량은 40g/L이므로. 0.04몰의 질량은 1.6g이 된다.
wt%는 순수 NaOH의 질량 / 전체의 질량,
1.6g / 3.2g × 100 = 50이 된다.

004 지시약으로 사용되는 페놀프탈레인 용액은 산성에서 어떤 색을 띠는가?

① 적색 ② 청색
③ 무색 ④ 황색

답 ③

해

지시약	리트머스	페놀프탈레인	메틸오렌지	메틸레드
산성	적색	**무색**	적색	적색
중성	자색	**무색**	황색	주황색
염기성	청색	**적색**	황색	황색

중요한 것은 페놀프탈레인의 경우 오직 염기성에만 반응한다는 것이다.

005 다음 중 배수비례의 법칙이 성립하는 화합물을 나열한 것은?

① CH_4, CCl_4 ② SO_2, SO_3
③ H_2O, H_2S ④ SN_3, BH_3

답 ②

해 배수비례의 법칙: 여러 원소는 서로 결합하여 화합물을 이루는데, **2종류의 원소가 서로 화합하여 2종류 이상의 화합물을 만들때, 한 원소의 일정량과 결합하는 다른 원소의 질량비는 항상 정수비**를 이룬다는 법칙이다.

예 H_2O와 H_2O_2, SO_2와 SO_3 등이다.

006 결합력이 큰 것부터 작은 순서로 나열한 것은?

① 공유결합 > 수소결합 > 반데르발스결합
② 수소결합 > 공유결합 > 반데르발스결합
③ 반데르발스결합 > 수소결합 > 공유결합
④ 수소결합 > 반데르발스결합 > 공유결합

답 ①

해 결합의 종류에 따른 결합력은 공유결합, 이온결합, 수소결합 순으로 강하다.
참고로 반데르발스결합은 수소결합보다 결합력이 약하다.

007 다음 중 CH_3COOH와 C_2H_5OH의 혼합물에 소량의 진한 황산을 가하여 가열하였을 때 주로 생성되는 물질은?

① 아세트산에틸 ② 메탄산에틸
③ 글리세롤 ④ 디에틸에테르

답 ①

해 아세트산에틸($CH_3COOC_2H_5$)이 생성된다.

$$C_2H_5OH + CH_3COOH \xrightarrow{진한 H_2SO_4} CH_3COOC_2H_5 + H_2O$$

008 다음 물질 중 비점이 약 197℃인 무색 액체이고, 약간 단맛이 있으며 부동액의 원료로 사용하는 것은?

① CH_3CHCl_2 ② CH_3COCH_3
③ $(CH_3)_2CO$ ④ $C_2H_4(OH)_2$

답 ④

해 2가 알코올인 에틸렌글리콜 하면 부동액이다.

009 다음 중 비극성 분자는 어느 것인가?

① HF   ② H_2O
③ NH_3 ④ CH_4

답 ④

해 다른 원자끼리 결합한 분자의 경우, 원자들 간에는 극성을 띄나, 분자의 결합모양을 전체로 보면, 완전히 대칭이거나, 입체적으로 한쪽 방향으로 쏠림이 없어서 분자의 특정 부분이 -, +성격을 가지지 않게 되는데, 이러한 경우 비극성 분자라 한다.
CH_4는 비극성이다.

사면체
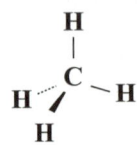

010 구리를 석출하기 위해 $CuSO_4$ 용액에 0.5F의 전기량을 흘렸을 때 약 몇 g의 구리가 석출되겠는가? (단, 원자량은 Cu 64, S 32, O 16이다)

① 16   ② 32
③ 64   ④ 128

답 ①

해 $CuSO_4$의 경우 Cu^{2+}, SO_4^{2-}로 나눠지는 모양을 생각하면 Cu^{2+}가 Cu로 나오기 위해서는 전자가 2개 필요하다. 즉 대응 비가 전자두개당 구리 하나이다.
전자 1몰의 전하량은 1F인데, 0.5F는 0.5몰의 전자가 있다는 뜻이다.
대응비가 2:1이므로 0.5몰이 있는 경우 0.25몰의 구리가 나온다.
구리 1몰의 분자량은 64g, 0.25몰은 16g이다.

011 다음 중 양쪽성 산화물에 해당하는 것은?

① NO_2 ② Al_2O_3
③ MgO   ④ Na_2O

답 ②

해 산화물 중에는 산, 염기 양쪽으로 작용이 가능한 물질이 있다. 대표적인 물질이 Al_2O_3
염기성산화물:Na_2O, MgO
산성산화물:NO_2

012 다음 중 아르곤(Ar)과 같은 전자수를 갖는 양이온과 음이온으로 이루어진 화합물은?

① NaCl   ② MgO
③ KF   ④ CaS

답 ④

해 아르곤의 원자번호 18번이고, 따라서 전자수는 18이다.
Ca은 20번으로 전자가 20개이나 2+ 양이온이 되어 18개를 가지게 되고, S는 16번이나, -2음이온이 되므로 18개를 가지게 된다.

013 다음 중 방향족 화합물이 아닌 것은?

① 톨루엔   ② 아세톤
③ 크레졸   ④ 아닐린

답 ②

해 아세톤(CH_3COCH_3)은 카르보닐기를 가진 지방족 탄화수소유도체로 케톤(R-CO-R`)이다.

014 산소의 산화수가 가장 큰 것은?

① O_2 ② $KClO_4$
③ H_2SO_4 ④ H_2O_2

답 ①

해 산화수의 경우 하나의 원자로만 구성된 경우 0이 된다. 산소의 경우 대부분의 화합물에서 -2이나, 과산화물인 경우에는 -1이 된다. H_2O_2는 과산화수소인데, 이 때 산소의 산화수는 -1이 된다.
O_2의 경우 산소의 산화수는 0, 과산화수소의 경우는 -1, 나머지는 -2이다.

015 에탄올 20.0g과 물 40.0g을 함유한 용액에서 에탄올의 몰분율은 약 얼마인가?

① 0.090 ② 0.164
③ 0.444 ④ 0.896

답 ②

해 몰분율이란 해당 물질의 몰수 / 전체 용액의 몰수이다.
에탄올(C_2H_5OH)의 분자량은 46, 물(H_2O)의 분자량은 18이다.
각 몰수는 20/46, 40/18 해서 0.43, 2.22이다.
몰분율을 구하면 0.43 / (0.43 + 2.22) = 0.162이다.

016 다음 중 밑줄 친 원자의 산화수 값이 나머지 셋과 다른 하나는?

① $\underline{Cr}_2O_7^{2-}$ ② $H_3\underline{P}O_4$
③ $H\underline{N}O_3$ ④ $HCl\underline{O}_3$ (※ HClO₃)

답 ①

해 아래는 주기율표에 상의 족에 따른 산화수이다. 일단 이 정도는 기억하자.

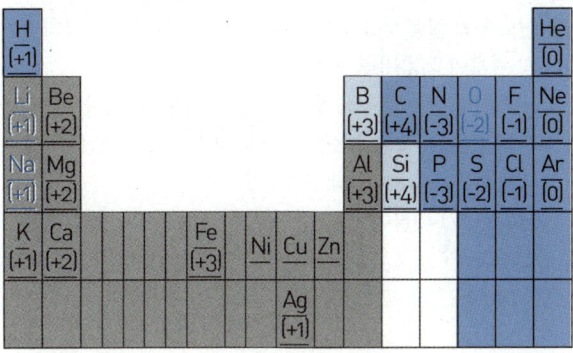

만약 -가를 가진 이온이라면 산화수의 합이 그 -가가 되고, +가를 가졌다면 그 합이 +가가 된다.

$Cr_2O_7^{2-}$의 경우 산화수의 합은 -2가 된다. (-2 × 7) + (Cr의 산화수 ×2) = -2 Cr의 산화수는 +6
H_3PO_4의 경우 산화수의 합은 0가 된다. (-2 × 4) + (P의 산화수) + (1 × 3) = 0 P의 산화수는 +5
HNO_3의 경우 산화수의 합은 0가 된다. (-2 × 3) + (N의 산화수) + 1 = 0 N의 산화수는 +5
$HClO_3$의 경우 산화수의 합은 0가 된다. (-2 × 3) + (Cl의 산화수) + 1 = 0 Cl의 산화수는 +5

017 어떤 금속(M) 8g을 연소시키니 11.2g의 산화물이 얻어졌다. 이 금속의 원자량이 140이라면 이 산화물의 화학식은?

① M_2O_3
② MO
③ MO_2
④ M_2O_7

답 ④

해 산화물의 실험식을 구하기 위해서는 산화물을 구성하는 각 원자의 대응비를 구하면 된다.
M금속과 산소의 구성 질량을 알 수 있는데, 8g과 3.2g이 된다. 해당 금속과 산소원자의 원자량을 알 수 있으므로 대응비를 구할 수 있다.
금속은 8/140몰이 있는 것이고, 산소는 3.2/16몰이 있는 것이다.
8/140 : 3.2/16 = 2:7이 된다.

018 다음 중 전리도가 가장 커지는 경우는?

① 농도와 온도가 일정할 때
② 농도가 진하고 온도가 높을수록
③ 농도가 묽고 온도가 높을수록
④ 농도가 진하고 온도가 낮을수록

답 ③

해 전리도 : 전리도란 산과 염기의 분자가 물에 얼마만큼 전리하는가(얼마만큼 이온화 되는가)의 척도이다. (15%이온화 되는 경우 전리도가 15이다). 전리도가 높을수록 H^+, OH^- 이온을 더 많이 내어놓아 더 강한 산성, 염기성을 가지게 되는 것이다. 전리도가 많이 높은 물질을 강산, 또는 강염기라 한다.
전리도는 같은 전해질에서 온도가 높을수록 농도가 낮을수록 높아진다.

019 Rn은 α선 및 β선을 2번씩 방출하고 다음과 같이 변했다. 마지막 Po의 원자번호는 얼마인가? (단, Rn의 원자번호는 86, 원자량은 222이다)

$$Rn \xrightarrow{\alpha} Po \xrightarrow{\alpha} Pb \xrightarrow{\beta} Bi \xrightarrow{\beta} Po$$

① 78
② 81
③ 84
④ 87

답 ③

해 방사선 원소는 방사선을 방출하며 붕괴하는데, 그 종류는 아래와 같다.
α 붕괴 : 원자번호가 2감소하고, 질량수는 4감소하는 붕괴이다. 즉 헬륨원자핵(원자번호2, 질량수4) 하나를 방출하는 것이다.
β 붕괴 : 원자번호만 1증가한다. 질량수는 변하지 않는다.
χ 붕괴 : 원자번호, 질량수 변하지 않는다.
α 붕괴, β 붕괴가 각 두번씩 있으므로, 원자번호가 2씩 두번 감소하고, 1씩 두번 증가한다.
따라서 84

020 어떤 기체의 확산속도가 $SO_2(g)$의 2배이다. 이 기체의 분자량은 얼마인가?
(단, 원자량은 S=32, O=16이다)

① 8
② 16
③ 32
④ 64

답 ②

해 그레이엄의 확산속도 법칙을 이용한다.
$V_1/V_2 = \sqrt{d_2/d_1} = \sqrt{M_2/M_1}$ (V_1, V_2: 각 기체의 확산속도, d_1, d_2는 각 기체의 밀도, M_1, M_2: 각 기체의 분자량)
위 식을 통해 미지의 기체의 분자량을 구할 수 있다.
SO_2의 확산속도를 V로 두면, $2V/V = \sqrt{\frac{64}{X}}$, X = 16

제2과목 | 화재예방과 소화방법

021 질식효과를 위해 포의 성질로서 갖추어야 할 조건으로 가장 거리가 먼 것은?

① 기화성이 좋을 것
② 부착성이 있을 것
③ 유동성이 좋을 것
④ 바람 등에 견디고 응집성과 안정성이 있을 것

답 ①

해 질식효과를 거두기 위해서는 기화성이 높아서 날아가 버리면 안 된다.

022 물이 일반적인 소화약제로 사용될 수 있는 특징에 대한 설명 중 틀린 것은?

① 증발잠열이 크기 때문에 냉각시키는데 효과적이다.
② 물을 사용한 봉상수 소화기는 A급, B급 및 C급 화재의 진압에 적응성이 뛰어나다.
③ 비교적 쉽게 구해서 이용이 가능하다.
④ 펌프, 호스 등을 이용하여 이송이 비교적 용이하다.

답 ②

해 물을 사용한 봉상수 소화기는 유류 화재, 전기화재, 금속화재 등에는 적응성이 없다.
B급은 유류화재, C급은 전기화재이므로 적응성이 없다.

023 공기포 발포배율을 측정하기 위해 중량 340g, 용량 1800mL의 포 수집 용기에 가득히 포를 채취하여 측정한 용기의 무게가 540g이었다면 발포배율은? (단, 포 수용액의 비중은 1로 가정한다)

① 3배 ② 5배
③ 7배 ④ 9배

답 ④

해 발포배율이란 발포된 포의 체적을 발포전의 포수용액의 체적으로 나눈 값을 의미한다.
즉 얼만큼 팽창했느냐를 묻는 문제이다.
발포후의 부피가 1800mL이나, 발포전 부피는 나와있지 아니하다.
체집한 전체의 무게가 540g인 경우 용기의 무게인 340g을 빼면, 포 자체의 무게는 200g이 된다.
이 무게는 발포 전과 후가 동일하므로 발포전 수용액의 무게가 200g이 된다. 수용액의 비중이 1 이므로 포 자체의 무게가 200g인 경우 부피는 200mL가 된다.
따라서 발포 후 포의 체적 1800mL를 발포전 수용액의 체적 200mL로 나누면 9가 된다.

024 위험물안전관리법령상 제3류 위험물 중 금수성물질에 적응성이 있는 소화기는?

① 할로겐화합물소화기
② 인산염류분말소화기
③ 이산화탄소소화기
④ 탄산수소염류분말소화기

답 ④

해 탄산수소염류분말소화기, 팽창질석, 팽창진주암, 마른모래 등이 적응성이 있다.

025 인화성 액체의 화재의 분류로 옳은 것은?

① A급 화재 ② B급 화재
③ C급 화재 ④ D급 화재

답 ②

해 인화성 액체는 제4류 위험물 유류에 해당한다.

화재급수	명칭
A급화재	일반화재
B급화재	유류화재
C급화재	전기화재
D급화재	금속화재

026 CO_2에 대한 설명으로 옳지 않은 것은?

① 무색, 무취 기체로서 공기보다 무겁다.
② 물에 용해 시 약알칼리성을 나타낸다.
③ 농도에 따라서 질식을 유발할 위험성이 있다.
④ 상온에서도 압력을 가해 액화시킬 수 있다.

답 ②

해 이산화탄소의 물 용해 시 H_2CO_3를 형성하므로 약산성이다.

027 할로겐화합물 청정소화약제 중 HFC-23의 화학식은?

① CF_3I ② CHF_3
③ $CF_3CH_2CF_3$ ④ C_4F_{10}

답 ②

해 HFC-23의 화학식은 CHF_3이다.

028 위험물안전관리법령상 간이소화용구(기타소화설비)인 팽창질석은 삽을 상비한 경우 몇 L가 능력단위 1.0인가?

① 70 L ② 100 L
③ 130 L ④ 160 L

답 ④

소화설비	물통	수조와 물통3개	수조와 물통6개	마른모래와 삽1개	팽창질석, 팽창진주암 (삽1개)
용량	8L	80L	190L	50L	160L
능력단위	0.3	1.5	2.5	0.5	1.0

029 위험물안전관리법령상 옥내소화전 설비의 설치기준에 따르면 수원의 수량은 옥내소화전이 가장 많이 설치된 층의 옥내소화전 설치개수(설치개수가 5개 이상인 경우는 5개)에 몇 m^3를 곱한 양 이상이 되도록 설치하여야 하는가?

① 2.3 ② 2.6
③ 7.8 ④ 13.5

답 ③

해 수원의 수량은 옥내소화전이 가장 많이 설치된 층의 설치개수에 $7.8m^3$을 곱한양이 되어야 한다(설치개수가 5이상인 경우 5에 $7.8 m^3$을 곱한다).

030 위험물안전관리법령상 소화설비의 구분에서 물분무등소화설비에 속하는 것은?

① 포소화설비 ② 옥내소화전설비
③ 스프링클러설비 ④ 옥외소화전설비

답 ①

해 소화설비의 구분 68페이지 표 참고

031 가연성고체 위험물의 화재에 대한 설명으로 틀린 것은?

① 적린과 유황은 물에 의한 냉각소화를 한다.
② 금속분, 철분, 마그네슘이 연소하고 있을 때에는 주수해서는 안 된다.
③ 금속분, 철분, 마그네슘, 황화린은 마른 모래 팽창질석 등으로 소화를 한다.
④ 금속분, 철분, 마그네슘의 연소 시에는 수소와 유독가스가 발생하므로 충분한 안전거리를 확보해야 한다.

답 ④

해 금속은 연소(산소 반응)하면 금속의 산화물이 생성된다. 수소는 물과 반응 시 발생한다.
황화린의 경우 5황화린, 7황화린 등은 주수가 금지된다.

---

032 과산화칼륨이 다음과 같이 반응하였을 때 공통적으로 포함된 물질(기체)의 종류가 나머지 셋과 다른 하나는?

① 가열하여 열분해 하였을 때
② 물(H_2O)과 반응하였을 때
③ 염산(HCl)과 반응하였을 때
④ 이산화탄소(CO_2)와 반응하였을 때

답 ③

해 물, 이산화탄소 등과 반응하면 산소 발생시킨다.
산과 반응하여 과산화수소 발생시킨다.
분해시 산소 발생시킨다.

---

033 위험물안전관리법령상 전역방출방식 또는 국소방출방식의 불활성가스소화설비 저장용기의 설치기준으로 틀린 것은?

① 온도가 40℃ 이하이고 온도 변화가 적은 장소에 설치할 것
② 저장용기의 외면에 소화약제의 종류와 양, 제조연도 및 제조자를 표시할 것
③ 직사일광 및 빗물이 침투할 우려가 적은 장소에 설치할 것
④ 방호구역 내의 장소에 설치할 것

답 ④

해 전역방출방식 또는 국소방출방식의 할로젠화합물소화설비의 **가압용가스용기는 질소가스가 충전**되어 있어야 하고, **방호구역 외에 설치해야 함**

---

034 마그네슘 분말이 이산화탄소 소화약제와 반응하여 생성될 수 있는 유독기체의 분자량은?

① 28
② 32
③ 40
④ 44

답 ①

해 마그네슘 분말은 이산화탄소와 반응하여 **일산화탄소를 발생시킨다**(따라서 이산화탄소소화기 사용금지, 불이 안 꺼진다).
일산화탄소 CO의 분자량은 12 + 16 = 28

035 연소의 3요소 중 하나에 해당하는 역할이 나머지 셋과 다른 위험물은?

① 과산화수소 ② 과산화나트륨
③ 질산칼륨   ④ 황린

답 ④

해 연소의 3요소는 **가**연물, **산**소공급원, **점**화원 (연소는 가산점으로 암기)
공기 중 산소, 1, 5, 6류 위험물은 산소공급원에 해당한다. 과산화수소는 제6류, 과산화나트륨, 질산칼륨은 제5류 위험물이나 황린은 제3류 위험물로 가연물에 해당한다.

036 수소의 공기 중 연소 범위에 가장 가까운 값을 나타내는 것은?

① 2.5~82.0vol%   ② 5.3~13.9vol%
③ 4.0~74.5vol%   ④ 12.5~55.0vol%

답 ③

해 수소의 공기 중 연소범위는 매우 높다(4~75vol%).

037 다음 중 보통의 포소화약제보다 알코올형 포소화약제가 더 큰 소화효과를 볼 수 있는 대상물질은?

① 경유   ② 메틸알코올
③ 등유   ④ 가솔린

답 ②

해 **내알콜포(수용성 액체(아세톤)화재, 알코올류화재용(다른 포는 알코올로 포가 파괴된다))**
수용성인 물질인 메틸알코올에 사용한다.

038 칼륨, 나트륨, 탄화칼슘의 공통점으로 옳은 것은?

① 연소 생성물이 동일하다.
② 화재 시 대량의 물로 소화한다.
③ 물과 반응하면 가연성 가스를 발생한다.
④ 위험물안전관리법령에서 정한 지정수량이 같다.

답 ③

해 칼륨, 나트륨 등의 금속은 물과 반응 시 가연성인 수소를 발생시키고, 탄화칼슘은 가연성인 아세틸렌을 발생시킨다.

039 물리적 소화에 의한 소화효과(소화방법)에 속하지 않는 것은?

① 제거효과   ② 질식효과
③ 냉각효과   ④ 억제효과

답 ④

해 억제소화란 연소 **연쇄반응**을 차단하는 소화이다. **할로겐원소**를 사용하며, 화학적 소화, **부촉매(억제) 소화**이다.

040 위험물안전관리법령상 위험물저장소 건축물의 외벽이 내화구조인 것은 연면적 얼마를 1소요단위로 하는가?

① 50m²   ② 75m²
③ 100m²   ④ 150m²

답 ④

해

종류	내화구조	비내화구조
위험물	위험물의 지정수량×10	
제조소 및 취급소	100m²	50m²
저장소	150m²	75m²

제3과목 | 위험물의 성질과 취급

041 다음 중 발화점이 가장 높은 것은?

① 등유 ② 벤젠
③ 디에틸에테르 ④ 휘발유

답 ②

해 등유는 210℃, 벤젠은 약 498℃, 디에틸에테르는 180℃, 휘발유는 280℃~456℃

042 과산화벤조일에 대한 설명으로 틀린 것은?

① 벤조일퍼옥사이드라고도 한다.
② 상온에서 고체이다.
③ 산소를 포함하지 않는 환원성 물질이다.
④ 희석제를 첨가하여 폭발성을 낮출 수 있다.

답 ③

해 과산화벤조일($(C_6H_5CO)_2O_2$,)은 벤조일퍼옥사이드라고도 하며, 무색, 무미의 고체 결정이다.
구조는 O 2개가 -O-O- 형태로 붙어 양쪽에 C_6H_5CO가 붙어 있는 형태이다.
물에 안녹고, 알코올에, 에테르에 녹는다.
발화점 80℃이고, **상온에서 안정**적이다.
산화성 물질로, **환원성 물질, 유기물 등과 격리**해야 하고, 마찰, 충격을 피한다.
건조해지면 위험하므로 건조방지를 위한 **희석제(물, 프탈산디메틸 등)**을 첨가한다.

043 위험물안전관리법령상 옥내저장소의 안전거리를 두지 않을 수 있는 경우는?

① 지정수량 20배 이상의 동식물유류
② 지정수량 20배 미만의 특수인화물
③ 지정수량 20배 미만의 제4석유류
④ 지정수량 20배 이상의 제5류 위험물

답 ③

해 옥내저장소의 안전거리는 제조소의 규정을 따르나, 다만, 아래의 경우는 안전거리 **안 둘 수 있다.**
제4석유류 또는 동식물유류의 위험물을 저장 또는 취급하는 옥내저장소로서 그 최대수량이 **지정수량의 20배 미만**인 것
제6류 위험물을 저장 또는 취급하는 옥내저장소

044 다음 중 황린의 연소 생성물은?

① 삼황화린 ② 인화수소
③ 오산화인 ④ 오황화린

답 ③

해 **백색의 오산화인**이 발생한다.

045 취급하는 장치가 구리나 마그네슘으로 되어 있을 때 반응을 일으켜서 폭발성의 아세틸라이트를 생성하는 물질은?

① 이황화탄소 ② 이소프로필알코올
③ 산화프로필렌 ④ 아세톤

답 ③

해 **구리, 은, 수은, 마그네슘** 등으로 만든 용기에 보관하면 안 된다(폭발성 아세틸라이드를 생성한다).

046 금속칼륨의 보호액으로 적당하지 않은 것은?

① 유동파라핀 ② 등유
③ 경유 ④ 에탄올

답 ④

해 **물, 알코올**과 강하게 반응하여 **수소를 발생**시키므로 물, 공기 중 수분과 접촉을 막기 위해 **석유(등유, 경유), 파라핀** 속에 보관한다.

047 다음 중 요오드값이 가장 작은 것은?

① 아마인유 ② 들기름
③ 정어리기름 ④ 야자유

답 ④

해 동식물유류의 요오드값은 건성유, 반건성유, 불건성유 순으로 낮아진다.
야자유는 불건성유이다. 나머지는 모두 건성유이다.
(**정상 동해 대아들, 참쌀면 청옥 채콩, 소돼재고래 피 올야 땅**)

048 다음 위험물 중 보호액으로 물을 사용하는 것은?

① 황린 ② 적린
③ 루비듐 ④ 오황화린

답 ①

해 **물에 녹지 않고, 반응도 없다**. 따라서 **물속(보호액 pH9)에 저장**한다.

049 이황화탄소를 물속에 저장하는 이유로 가장 타당한 것은?

① 공기와 접촉하면 즉시 폭발하므로
② 가연성 증기의 발생을 방지하므로
③ 온도의 상승을 방지하므로
④ 불순물을 물에 용해시키므로

답 ②

해 물에 녹지 않으므로 **물속에 저장하여 가연성 증기 발생을 방지**한다.

050 위험물안전관리법령상 위험물의 지정수량이 틀리게 짝지어진 것은?

① 황화린 - 50kg ② 적린 - 100kg
③ 철분 - 500kg ④ 금속분 - 500kg

답 ①

해 황화린은 지정수량이 100kg이다(**백유황적 / 오철금마 천인**).

051 다음 제4류 위험물 중 연소범위가 가장 넓은 것은?

① 아세트알데히드 ② 산화프로필렌
③ 휘발유 ④ 아세톤

답 ①

해 아세트알데히드 **4% ~ 60%으로 매우 넓다.**
산화프로필렌 2.8 % ~ 37%
휘발유 1.4% - 7.6%(크지 않다)
아세톤 2.5% ~ 12.8%

052 다음 위험물의 지정수량 배수의 총합은?

- 휘발유: 2000L
- 경유: 4000L
- 등유: 40000L

① 18 ② 32
③ 46 ④ 54

답 ④

해 지정수량은 순서대로 200L(이(200L)휘벤에메톨 / 사(400L)시아피), 1000L(일(1000L)등경 크스클 / 이(2000L)아히포), 1000L(일(1000L)등경 크스클 / 이(2000L)아히포)이다.
각 10배, 4배, 40배이다.

053 질산염류의 일반적인 성질에 대한 설명으로 옳은 것은?

① 무색 액체이다.
② 물에 잘 녹는다.
③ 물에 녹을 때 흡열반응을 나타내는 물질은 없다.
④ 과염소산염류보다 충격, 가열에 불안정하여 위험성이 크다.

답 ②

해 질산염류는 제1류 위험물 산화성 고체로 조해성이 있고, 물에 잘 녹는다.
질산암모늄은 물에 녹으면 열을 흡수해 물의 온도를 낮춘다(흡열반응 물질이다).
과염소산염류보다 안정하다.

054 위험물안전관리법령에 따른 질산에 대한 설명으로 틀린 것은?

① 지정수량은 300kg이다.
② 위험등급은 I이다.
③ 농도가 36wt% 이상인 것에 한하여 위험물로 간주된다.
④ 운반 시 제1류 위험물과 혼재할 수 있다.

답 ③

해 질산은 제6류 위험물로 비중이 1.49 이상인 물질만 위험물이다. 농도 중량퍼센트 36을 기준으로 하는 것은 과산화수소이다.

055 과산화수소 용액의 분해를 방지하기 위한 방법으로 가장 거리가 먼 것은?

① 햇빛을 차단한다. ② 암모니아를 가한다.
③ 인산을 가한다.   ④ 요산을 가한다.

답 ②

해 상온에서 스스로 분해되어 물과 산소로 분해되며, 햇빛에도 분해된다.
이산화망간(MnO_2), 산화은(AgO)은 분해의 정촉매(분해를 촉진)로 사용된다.
이러한 분해를 방지하기 위해 분해방지 인산, 요산 같은 안정제가 사용된다.

056 인화칼슘이 물과 반응하였을 때 발생하는 기체는?

① 수소   ② 산소
③ 포스핀 ④ 포스겐

답 ③

해 물과 만나면 수산화칼슘($Ca(OH)_2$)과 유독성 가연성을 띄는 가스인 포스핀(PH_3)가스를 생성한다.

057 휘발유의 일반적인 성질에 대한 설명으로 틀린 것은?

① 인화점은 0℃ 보다 낮다.
② 액체비중은 1보다 작다.
③ 증기비중은 1보다 작다.
④ 연소범위는 약 1.4~7.6%이다.

답 ③

해 제4류 위험물의 증기비중은 대부분 1보다 크다.

058 다음 위험물안전관리법령에서 정한 지정수량이 가장 작은 것은?

① 염소산염류　　② 브롬산염류
③ 니트로화합물　④ 금속의 인화물

답 ①

해 지정수량은 순서대로 50kg(**오(50)염과 무아 / 삼(300)질 요브 / 천(1000)과 중**), 300kg(**오(50)염과 무아 / 삼(300)질 요브 / 천(1000)과 중**), 200kg(**십유질 백히히 / 이백니니 아히디질**), 300kg(**십알 칼알나 이황 / 오알알유 / 삼금금탄규**)이다.

059 휘발유를 저장하던 이동저장탱크에 탱크의 상부로부터 등유나 경유를 주입할 때 액표면이 주입관의 선단을 넘는 높이가 될 때까지 그 주입관 내의 유속을 몇 m/s 이하로 하여야 하는가?

① 1　　　　② 2
③ 3　　　　④ 5

답 ①

해 휘발유를 저장하던 이동저장탱크에 등유나 경유를 주입할 때 또는 등유나 경유를 저장하던 이동저장탱크에 휘발유를 주입할 때에는 다음의 기준에 따라 정전기등에 의한 재해를 방지하기 위한 조치를 해야 한다.
이동저장탱크의 상부로부터 위험물을 주입할 때에는 위험물의 액표면이 주입관의 끝부분을 넘는 높이가 될 때까지 그 주입관내의 **유속을 초당 1m 이하**로 할 것

060 제조소에서 위험물을 취급함에 있어서 정전기를 유효하게 제거할 수 있는 방법으로 가장 거리가 먼 것은?

① 접지에 의한 방법
② 공기 중의 상대습도를 70% 이상으로 하는 방법
③ 공기를 이온화하는 방법
④ 부도체 재료를 사용하는 방법

답 ④

해 **접지**에 의한 방법
공기 중의 상대습도를 70% 이상으로 하는 방법
공기를 이온화하는 방법

2018 | 2회

제1과목 | 일반화학

001 A는 B 이온과 반응하나 C 이온과는 반응하지 않고, D는 C 이온과 반응한다고 할 때 A, B, C, D의 환원력 세기를 큰 것부터 차례대로 나타낸 것은? (단, A, B, C, D는 모두 금속이다)

① A > B > D > C
② D > C > A > B
③ C > D > B > A
④ B > A > C > D

답 ②

해 환원력이 크다는 것은 다른 물질을 환원시킨다는 의미이다. 환원은 전자를 얻는 것을 의미하므로, 다른 물질을 전자를 얻게 한다는 것은 자신은 전자를 쉽게 잃는다는 의미로 이온화경향이 크다는 것을 의미한다. 문제에서 모든 물질은 금속이므로 양이온이 잘 되는 금속순으로 찾으면 된다.
A 물질은 B이온과 반응하므로 자신이 이온이 되고, B이온을 환원시킨다는 의미이다.
$A + B^+ \rightarrow A^+ + B$, 즉 A가 B 보다 이온화 경향이 강하다.
C이온과는 반응하지 않으므로 C가 A보다 이온화 경향이 크다.
또한 D는 C이온과 반응하므로 D는 C보다 이온화 경향이 크다.
순서대로 나열하면 D C A B가 된다.

002 1패러데이(Faraday)의 전기량으로 물을 전기분해 하였을 때 생성되는 기체 중 산소 기체는 0℃, 1기압에서 몇 L인가?

① 5.6
② 11.2
③ 22.4
④ 44.8

답 ①

해 표준상태에서 부피를 묻는 문제이므로 그 몰수를 구하면 부피를 알 수 있다. 표준상태에서 모든 기체 1몰은 22.4L의 부피를 가지기 때문이다.
1F(패러데이)는 전자 1몰의 전기량이므로 전자 1몰이 투입되면 발생되는 산소의 몰수를 알면 된다.
물의 전기 분해 반응식은
$2H_2O \rightarrow 2H_2 + O_2$이다. 산소분자 1몰이 나오기 위해서는 전자가 4개 필요하다. 물이 분해되어 산소가 되기 위해서는 산소이온 2개가 하나의 산소분자가 되어야 하는데, 산소이온은 O^{-2}이온이므로 산소이온 두개가 산소분자 하나 O_2로 나오기 위해서는 총 4개의 전자가 필요하다.
즉 $2O^{-2} + 4e^- \rightarrow O_2$
전자 4몰이 투입되면 산소1몰이 나오는데, 1F는 전자 1몰의 전하량이므로 발생하는 산소는 0.25몰이 된다.
기체 0.25몰의 부피는 5.6L이다.

003 메탄에 직접 염소를 작용시켜 클로로포름을 만드는 반응을 무엇이라 하는가?

① 환원반응
② 부가반응
③ 치환반응
④ 탈수소반응

답 ③

해 메탄(CH_4)이 클로로포름($CHCl_3$)으로 바뀐 것이므로 치환반응(화합물 중의 원자, 이온, 작용기 등이 다른 원자, 이온, 작용기 등으로 바뀌는 반응)에 의한 것이다.

004 한 분자 내에 배위결합과 이온결합을 동시에 가지고 있는 것은?

① NH₄Cl ② C₆H₆
③ CH₃OH ④ NaCl

답 ①

해 배위결합이란 전자를 반씩 내어놓는 일반적인 공유 결합과 달리 한쪽이 전자쌍 전부를 내어 놓고 다른 한쪽은 내어 놓지 않는 결합을 의미한다.
대표적인 것이 NH₃ + H⁺ → NH₄⁺ 결합이다. 질소의 비공유 전자쌍과 수소이온의 결합이다.

$$H-\underset{\underset{H}{|}}{\overset{\overset{H}{|}}{N}}: + H^+ \rightarrow \left[H-\underset{\underset{H}{|}}{\overset{\overset{H}{|}}{N}}-H \right]^+$$

암모니아 수소 이온 암모늄 이온

암모니아에서 질소는 최외각 전자가 5개 이므로 비공유 전자쌍 1쌍을 제외한 나머지 3개의 전자로 수소와 세번 공유결합을 한 형태이다. 여기에 수소 양이온은 전자가 하나도 없으므로 암모니아의 비공유 전자쌍에 결합하면 수소 이온은 최외각 전자 2개를 다 채울 수 있다.

005 다음 물질 중 감광성이 가장 큰 것은?

① HgO ② CuO
③ NaNO₃ ④ AgCl

답 ④

해 감광성이란 빛의 자극에 반응하는 것을 의미한다.
감광성이 큰 물질은 할로겐족(17족) 원소와 은이 만난 경우가 강하다.

006 다음 중 산성 산화물에 해당하는 것은?

① BaO ② CO₂
③ CaO ④ MgO

답 ②

해 금속물질의 산화물은 대부분 염기성이고, 비금속 물질의 산화물은 산성이다.
염기성산화물: Na₂O, MgO, BaO, CaO
산성산화물: NO₂, CO₂, SO₂,

007 배수비례의 법칙이 적용 가능한 화합물을 옳게 나열한 것은?

① CO, CO₂ ② HNO₃, HNO₂
③ H₂SO₄, H₂SO₃ ④ O₂, O₃

답 ①

해 배수비례의 법칙: 여러 원소는 서로 결합하여 화합물을 이루는데, 2종류의 원소가 서로 화합하여 2종류 이상의 화합물을 만들때, 한 원소의 일정량과 결합하는 다른 원소의 질량비는 항상 정수비를 이룬다는 법칙이다.

예 H₂O와 H₂O₂, SO₂와 SO₃ 등이다.

008 다음 중 가수분해가 되지 않는 염은?

① NaCl ② NH₄Cl
③ CH₃COONa ④ CH₃COONH₄

답 ①

해 강산과 강염기가 만나 만들어진 염은 가수분해를 일으키지 않는다.
NaCl은 강산인 HCl, 강염기인 NaOH가 만나서 만들어진 염이므로 가수분해 되지 않는다.

009 다음의 반응 중 평형상태가 압력의 영향을 받지 않는 것은?

① $N_2 + O_2 \leftrightarrow 2NO$
② $NH_3 + HCl \leftrightarrow NH_4Cl$
③ $2CO + O_2 \leftrightarrow 2CO_2$
④ $2NO_2 \leftrightarrow N_2O_4$

답 ①

해 압력이 증가하면, 기체의 부피가 작아지는 방향으로 반응한다. 부피는 몰수에 비례하므로
반응 전과 후의 기체의 몰수가 같다면 압력에 영향을 받지 않는다.

010 공업적으로 에틸렌을 $PdCl_2$ 촉매하에 산화시킬 때 주로 생성되는 물질은?

① CH_3OCH_3
② CH_3CHO
③ $HCOOH$
④ C_3H_7OH

답 ②

해 에틸렌(C_2H_4)를 염화팔라듐 촉매로 산화하면 아세트알데히드가 생성된다.

011 다음 중 산성염으로만 나열된 것은?

① $NaHSO_4$, $Ca(HCO_3)$
② $Ca(OH)Cl$, $Cu(OH)Cl$
③ $NaCl$, $Cu(OH)Cl$
④ $Ca(OH)Cl$, $CaCl_2$

답 ①

해 내부에 H^+가 남아 있으면 산성염이고, OH^-가 남아 있으면 염기성 염이다.

012 다음과 같은 전자배치를 갖는 원자 A와 B에 대한 설명으로 옳은 것은?

A: $1s^2 2s^2 2p^6 3s^2$
B: $1s^2 2s^2 2p^6 3s^1 3p^1$

① A와 B는 다른 종류의 원자이다.
② A는 홑원자이고, B는 이원자 상태인 것을 알 수 있다.
③ A와 B는 동위원소로서 전자배열이 다르다.
④ A에서 B로 변할 때 에너지를 흡수한다.

답 ④

해 전자가 채워지는 순서를 살펴보면, 1s, 2s, 2p, 3s, **3p, 4s, 3d** 순으로 채워진다.
전자가 채워지는 순서대로 각 전자가 가지는 에너지(에너지 준위)가 점점 증가한다.
3s보다 3p가 에너지 준위가 더 높다. 따라서 A보다 B가 더 에너지가 높다. 낮은 에너지에서 높은 에너지로 가기 위해서는 에너지를 흡수해야 한다.

013 주기율표에서 3주기 원소들의 일반적인 물리·화학적 성질 중 오른쪽으로 갈수록 감소하는 성질들로만 이루어진 것은?

① 비금속성, 전자흡수성, 이온화에너지
② 금속성, 전자방출성, 원자반지름
③ 비금속성, 이온화에너지, 전자친화도
④ 전자친화도, 전자흡수성, 원자반지름

답 ②

해 주기율표에서 오른쪽으로 갈수록 비금속이 되고, 음이온이 될 경향이 증가하므로 전자를 잘 흡수한다. 양성자수가 증가하므로 반지름이 감소한다.
즉, 오른쪽으로 갈수록 금속성, 전자방출성, 반지름이 감소한다.

014 방사성 원소에서 방출되는 방사선 중 전기장의 영향을 받지 않아 휘어지지 않는 선은?

① α 선
② β 선
③ γ 선
④ α, β, 선

답 ③

해
- 알파선(α): 전기장에서 (-)쪽으로 휘므로 자신은(+) 성격을 가진다. 투과력은 가장 약하다.
- 베타선(β): 전기장에서 (+)쪽으로 휘므로 자신은(-) 성격을 가진다. 투과력은 알파선보다 강하고, 감마선보다 약하다.
- 감마선(γ): X선과 같은 일종의 전자파로, 질량이 없고 전하를 띠지 않는다. 파장이 가장 짧고, 투과성이 강하다. 전기장에 휘지 않는다.

015 1N-NaOH 100mL 수용액으로 10wt% 수용액을 만들려고 할 때의 방법으로 다음 중 가장 적합한 것은?

① 36mL의 증류수 혼합
② 40mL의 증류수 혼합
③ 60mL의 수분 증발
④ 64mL의 수분 증발

답 ④

해 wt%는 전체 용액의 질량 중에 용질의 질량이 얼마만큼 있는가 이다. 용질의 질량을 먼저 구해야 하는데,
몰농도(M) × 당량 = 노르말농도(N) 이므로 당량을 구해야 하는데, 산 염기 반응에서 당량은 위의 산(H$^+$)와 염기(OH$^-$)의 숫자로 생각하면 되는데, Na는 OH$^-$를 하나만 내어 놓으므로 당량은 1이다. 따라서, 1M인데, 1M은 1리터에 1몰이 있다는 뜻이므로, 100mL에는 NaOH가 0.1몰만큼 존재한다는 뜻이다. NaOH의 분자량은 40이므로 4g 들어 있다는 뜻이다.
10wt%는 4g / 40(용액의 질량)이고, 용매의 질량은 40 - 4 = 36이 된다.
용매인 물을 36g을 남기고 모두 증발시켜야 한다. 100 - 36 = 64이다.

016 엿당을 포도당으로 변화시키는데 필요한 효소는?

① 말타아제
② 아밀라아제
③ 지마아제
④ 리파아제

답 ①

해 엿당을 포도당으로 분해시키는데 말타아제가 필요하다. 아밀라제는 녹말을 엿당으로 분해한다.

017 다음 반응식에 관한 사항 중 옳은 것은?

$$SO_2 + 2H_2S \rightarrow 2H_2O + 3S$$

① SO_2는 산화제로 작용
② H_2S는 산화제로 작용
③ SO_2는 촉매로 작용
④ H_2S는 촉매로 작용

답 ①

해 산화는 산소를 얻거나, 전자를 잃거나 수소를 잃는 반응이다(-값을 가진 전자를 잃는 것이므로 아래에서 살펴볼 산화수가 커진다). 옆에서 산화를 일으키도록 하는 물질을 산화제라고 한다. 따라서 산화제는 자신은 환원되고, 다른 물질을 산화시킨다.
환원은 산소를 잃거나, 전자를 얻거나, 수소를 얻는 반응이다(-값을 가진 전자를 얻는 것이므로 아래에서 살펴볼 산화수가 작아진다). 옆에서 환원을 일으키는 물질을 환원제라고 한다. 환원제는 자신은 산화되고, 다른 물질을 환원시킨다.
SO_2는 산소를 잃었으므로 스스로 환원되고, 다른 물질을 산화시키는 산화제이다.

018 30wt%인 진한 HCl의 비중은 1.1이다. 진한 HCl의 몰농도는 얼마인가? (단, HCl의 화학식량은 36.5이다)

① 7.21　　② 9.04
③ 11.36　　④ 13.08

답 ②

해 몰농도는 리터당 몰수이다. 비중이 1.1이므로 1리터당 1.1kg이라는 의미이다. 여기의 30wt%이므로 1리터당 0.33kg만큼 순수 HCl이 존재한다. 1몰당 분자량이 36.5g이므로, 330g/36.5g 하면, 9.04몰이 된다. 1리터당 9.04몰이 있으므로 몰농도는 9.04이다.

019 어떤 기체의 확산 속도는 SO_2의 2배이다. 이 기체의 분자량은 얼마인가? (단, SO_2의 분자량은 64이다)

① 4　　② 8
③ 16　　④ 32

답 ③

해 그레이엄의 확산속도 법칙을 이용하면 된다.

$V_1/V_2 = \sqrt{M_2/M_1}$ (V_1, V_2:각 기체의 확산속도, M_1, M_2:각 기체의 분자량)

이산화황의 확산속도를 V로 두면 어떤 기체의 확산속도는 2V가 된다.
이산화황의 분자량은 64이므로
$2V/V = \sqrt{64/어떤기체의 분자량}$ 의 식이 만들어진다.
$2 = \sqrt{64/어떤기체의 분자량}$ 이므로 어떤기체의 분자량은 16이 된다.

020 다음 중 물의 끓는점을 높이기 위한 방법으로 가장 타당한 것은?

① 순수한 물을 끓인다.
② 물을 저으면서 끓인다.
③ 감압하에 끓인다.
④ 밀폐된 그릇에서 끓인다.

답 ④

해 부피가 일정하면 온도가 올라갈수록 기체의 압력이 증가한다. 압력이 증가하면 끓는점이 상승한다. 끓는다는 것은 액체에서 외부 압력을 뚫고 나가 기체가 된다는 뜻인데, 압력이 높으면 더 많은 에너지가 필요하기 때문에 끓는 점이 더 높아진다.

제2과목 | 화재예방과 소화방법

021 위험물안전관리법령상 마른모래(삽 1개 포함) 50L의 능력단위는?

① 0.3 ② 0.5
③ 1.0 ④ 1.5

답 ②

해

소화설비	물통	수조와 물통3개	수조와 물통6개	마른모래 와 삽1개	팽창질석, 팽창진주암 (삽1개)
용량	8L	80L	190L	50L	160L
능력 단위	0.3	1.5	2.5	0.5	1.0

022 금속나트륨의 연소 시 소화방법으로 가장 적절한 것은?

① 팽창질석을 사용하여 소화한다.
② 분무상의 물을 뿌려 소화한다.
③ 이산화탄소를 방사하여 소화한다.
④ 물로 적힌 헝겊으로 피복하여 소화한다.

답 ①

해 금속나트륨은 물과 반응하므로 주수소화하면 안 된다. 탄산수소염류 소화기, 팽창질석, 팽창진주암, 마른모래 등을 사용한다.

023 위험물제조소 등에 옥내소화전설비를 압력수조를 이용한 가압송수장치로 설치하는 경우 압력수조의 최소압력은 몇 MPa인가? (단, 소방용 호스의 마찰손실수두압은 3.2MPa, 배관의 마찰손실수두압은 2.2MPa, 낙차의 환산수두압은 1.79MPa이다)

① 5.4 ② 3.99
③ 7.19 ④ 7.54

답 ④

해 압력수조를 이용한 가압송수장치인 경우 그 압력은 아래의 수식에 의한 값 이상이어야 한다.
$P = P1 + P2 + P3 + 0.35$(MPa)
P:구하는 압력(필요압력)(MPa)
P1:소방용 호수의 마찰손실수두압(MPa)
P2:배관의 마찰손실수두압(MPa)
P3:낙차의 환신수두압(MPa
$3.2 + 2.2 + 1.79 + 0.35$

024 디에틸에테르 2000L와 아세톤 4000L를 옥내저장소에 저장하고 있다면 총 소요단위는 얼마인가?

① 5 ② 6
③ 50 ④ 60

답 ①

해 위험물인 경우 지정수량의 10배이다.
디에틸에테르는 지정수량이 50L, 아세톤은 400L이므로 1소요단위는 각 500L, 4000L가이다.
따라서 각 4소요단위, 1소요단위 이므로 합하면 5소요단위이다.

025 분말소화약제의 착색 색상으로 옳은 것은?

① $NH_4H_2PO_4$: 담홍색 ② $NH_4H_2PO_4$: 백색
③ $KHCO_3$: 담홍색 ④ $KHCO_3$: 백색

답 ①

해 분말소화약제 57페이지 표 참고

026 불활성가스 소화약제 중 IG-541의 구성성분이 아닌 것은?

① N_2 ② Ar
③ Ne ④ CO_2

답 ③

해 IG-541는 질소, 아르곤 이산화탄소가 52:40:8 비율로 섞인 기체이다.

027 벤젠에 관한 일반적 성질로 틀린 것은?

① 무색투명한 휘발성 액체로 증기는 마취성과 독성이 있다.
② 불을 붙이면 그을음을 많이 내고 연소한다.
③ 겨울철에는 응고하여 인화의 위험이 없지만, 상온에서는 액체상태로 인화의 위험이 높다.
④ 진한 황산과 질산으로 니트로화 시키면 니트로벤젠이 된다.

답 ③

해 무색 투명의 액체이다, 겨울철에는 고체가 상태이다. 인화점 -11℃이므로 고체이어도 여전히 인화될 수 있어 위험하다.

028 다음은 위험물안전관리법령상 위험물제조소 등에 설치하는 옥내소화전설비의 설치표시 기준 중 일부이다. ( )에 알맞은 수치를 차례로 옳게 나타낸 것은?

> 옥내소화전함의 상부의 벽면에 적색의 표시등을 설치하되, 당해 표시등의 부착면과 ( ) 이상의 각도가 되는 방향으로 ( ) 떨어진 곳에서 용이하게 식별이 가능하도록 할 것

① 5°, 5m ② 5°, 10m
③ 15°, 5m ④ 15°, 10m

답 ④

해 옥내소화전함의 상부의 벽면에 적색의 표시등을 설치하되, 당해 표시등의 부착면과 15° 이상의 각도가 되는 방향으로 10m 떨어진 곳에서 용이하게 식별이 가능하도록 해야 한다.

029 벤조일퍼옥사이드의 화재 예방상 주의사항에 대한 설명 중 틀린 것은?

① 열, 충격 및 마찰에 의해 폭발할 수 있으므로 주의한다.
② 진한 질산, 진한 황산과의 접촉을 피한다.
③ 비활성의 희석제를 첨가하면 폭발성을 낮출 수 있다.
④ 수분과 접촉하면 폭발의 위험이 있으므로 주의한다.

답 ④

해 건조해지면 위험하므로 건조방지를 위한 희석제(물, 프탈산디메틸 등)을 첨가한다.

030 위험물안전관리법령상 염소산염류에 대해 적응성이 있는 소화설비는?

① 탄산수소염류 분말소화설비
② 포소화설비
③ 불활성가스소화설비
④ 할로겐화합물소화설비

답 ②
해 염소산염류는 제1류 위험물 중 주수금지에 해당하지 않는 물질이다. 포소화설비에 적응성이 있다.

031 어떤 가연물의 착화에너지가 24cal일 때, 이것을 일에너지의 단위로 환산하면 약 몇 Joule인가?

① 24　　② 42
③ 84　　④ 100

답 ④
해 1cal는 약 4.2J이다. 24 × 4.2 = 100.8J

032 전역방출방식의 할로겐화물 소화설비의 분사헤드에서 Halon 1211을 방사하는 경우의 방사압력은 얼마 이상으로 하여야 하는가?

① 0.1MPa　　② 0.2MPa
③ 0.5MPa　　④ 0.9MPa

답 ②
해 전역방출방식 할로겐소화약제의 분사헤드의 방사압력은 할론2402를 방사하는 것은 0.1MPa 이상, **할론1211을 방사하는 것은 0.2MPa 이상**, 할론 1301을 방사하는 것은 0.9MPa 이상이어야 한다.

033 연소 이론에 대한 설명으로 가장 거리가 먼 것은?

① 착화온도가 낮을수록 위험성이 크다.
② 인화점이 낮을수록 위험성이 크다.
③ 인화점이 낮은 물질은 착화점도 낮다.
④ 폭발 한계가 넓을수록 위험성이 크다.

답 ③
해 인화점이 낮으면 위험하고, 착화온도도 낮으면 위험하나, 인화점이 낮다고 해서 착화점이 낮은 것은 아니다.

034 이산화탄소 소화약제의 소화작용을 옳게 나열한 것은?

① 질식소화, 부촉매소화　② 부촉매소화, 제거소화
③ 부촉매소화, 냉각소화　④ 질식소화, 냉각소화

답 ④
해 **질식효과, 냉각효과**가 주된 효과이다(질식효과 이므로 **밀폐된 공간에서 효과적이나 질식의 위험이 있다**).

035 위험물안전관리법령상 제5류 위험물에 적응성 있는 소화설비는?

① 분말을 방사하는 대형소화기
② CO_2를 방사하는 소형소화기
③ 할로겐화합물을 방사하는 대형소화기
④ 스프링클러설비

답 ④
해 제5류 위험물은 주수소화가 가능하여 스프링클러설비에 적응성이 있다. 다만, 분말소화기, 이산화탄소소화기, 할로겐화합물소화기에는 적응성이 없다. (제5류 위험물 하면 주수소화를 떠올려야 한다) 68페이지 표 참조

036 다음 중 자연발화의 원인으로 가장 거리가 먼 것은?

① 기화열에 의한 발열 ② 산화열에 의한 발열
③ 분해열에 의한 발열 ④ 흡착열에 의한 발열

답 ①

해 기화는 에너지를 얻어 상태가 변화하는 것이다. 즉 흡열반응이므로 자연발화의 원인으로는 거리가 멀다.

037 불활성가스소화설비에 의한 소화적응성이 없는 것은?

① $C_3H_5(ONO_2)_3$ ② $C_6H_4(CH_3)_2$
③ CH_3COCH_3 ④ $C_2H_5OC_2H_5$

답 ①

해 순서대로 제5류 위험물인 니트로글리세린, 제4류인 크실렌, 제4류인 아세톤, 제4류인 디에틸에테르이다. 불활성가스소화설비는 전기설비, 제2류 위험물 중 인화성고체, 제4류 위험물에 대해 적응성이 있다. 따라서 제5류 위험물인 니트로글리세린에는 적응성이 없다.

038 10℃의 물 2g을 100℃의 수증기로 만드는 데 필요한 열량은?

① 180cal   ② 340cal
③ 719cal   ④ 1258cal

답 ④

해 현열과 잠열에 대한 문제이다. 물의 비열은 1cal/g·℃이므로 1g을 1℃올리는데 1cal이 필요하다. 2g을 10℃를 100℃까지 올리기 위해서는 180cal가 필요하다(2 × 1 × 90 = 180).
100℃ 이후 수증기로 증가하기 위해서는 증발잠열에 질량을 곱해주면 된다. 물의 증발잠열은 539cal/g이므로 2g인 경우 1078cal이 필요하다.
1078 + 180 = 1258cal이다.

039 과산화나트륨 저장 장소에서 화재가 발생하였다. 과산화나트륨을 고려하였을 때 다음 중 가장 적합한 소화약제는?

① 포소화약제   ② 할로겐화합물
③ 건조사   ④ 물

답 ③

해 과산화나트륨은 무기과산화물로 주수소화가 금지되며, 팽창진주암, 팽창질석, 건조사, 탄산수소염류 소화약제가 적합하다.

040 이산화탄소소화기에 대한 설명으로 옳은 것은?

① C급 화재에는 적응성이 없다.
② 다량의 물질이 연소하는 A급 화재에 가장 효과적이다.
③ 밀폐되지 않은 공간에서 사용할 때 가장 소화효과가 좋다.
④ 방출용 동력이 별도로 필요치 않다.

답 ④

해 이산화탄소 소화기는 C화재인 전기화재 제2류 위험물 중 인화성 고체, 제4류 위험물 등에 적응성이 있다.
A급 화재는 일반화재인데, 물로 하는 주소소화가 가장효과적이다.
이산화탄소소화기는 질식소화에 효과적이므로 밀폐된 공간에서 사용할 때 더 효과적이다. 다만 위험할 수는 있다. 압축된 이산화탄소가 분출되는 것이므로 별도의 방출용 동력은 필요 없다.

제3과목 | 위험물의 성질과 취급

041 제4류 위험물인 동식물유류의 취급 방법이 잘못된 것은?

① 액체의 누설을 방지하여야 한다.
② 화기 접촉에 의한 인화에 주의하여야 한다.
③ 아마인유는 섬유 등에 흡수되어 있으면 매우 안정하므로 취급하기 편리하다.
④ 가열할 때 증기는 인화되지 않도록 조치하여야 한다.

답 ③
해 아마인유는 동식물유류 중 건성유에 속하여, 섬유 등에 흡수되어 있으면 발화할 수 있어 위험하다.

042 다음 중 메탄올의 연소범위에 가장 가까운 것은?

① 약 1.4~5.6vol% ② 약 7.3~36vol%
③ 약 20.3~66vol% ④ 약 42.0~77vol%

답 ②
해 메틸알코올의 연소범위는 약 7.3 - 36%이다.

043 금속 과산화물을 묽은 산에 반응시켜 생성되는 물질로서 석유와 벤젠에 불용성이고, 표백작용과 살균작용을 하는 것은?

① 과산화나트륨 ② 과산화수소
③ 과산화벤조일 ④ 과산화칼륨

답 ②
해 과산화수소에 대한 설명이다.

044 연면적 1000m² 이고 외벽이 내화구조인 위험물취급소의 소화설비 소요단위는 얼마인가?

① 5   ② 10
③ 20   ④ 100

답 ②
해 외벽이 내화구조인 위험물 취급소의 1소요단위는 100m² 이다. 1000m² 이면 10소요단위이다.

종류	내화구조	비내화구조
위험물	위험물의 지정수량×10	
제조소 및 취급소	100m²	50m²
저장소	150m²	75m²

045 연소범위가 약 2.5~38.5vol% 로 구리, 은, 마그네슘과 접촉 시 아세틸라이드를 생성하는 물질은?

① 아세트알데히드 ② 알킬알루미늄
③ 산화프로필렌   ④ 콜로디온

답 ③
해 산화프로필렌은 구리, 은, 수은, 마그네슘 등으로 만든 용기에 보관하면 안 된다(폭발성 아세틸라이드를 생성한다).

046 다음 위험물 중 물에 가장 잘 녹은 것은?

① 적린   ② 황
③ 벤젠   ④ 아세톤

답 ④
해 아세톤은 수용성으로 물에 잘 녹는다. 벤젠은 비수용성이며, 적린과 황은 물에 녹지 않는다.

047 제5류 위험물 제조소에 설치하는 표지 및 주의사항을 표시한 게시판의 바탕색상을 각각 옳게 나타낸 것은?

① 표지 : 백색, 주의사항을 표시한 게시판 : 백색
② 표지 : 백색, 주의사항을 표시한 게시판 : 적색
③ 표지 : 적색, 주의사항을 표시한 게시판 : 백색
④ 표지 : 적색, 주의사항을 표시한 게시판 : 적색

답 ②

해 위험물 제조소 게시판 표지는 백색 바탕에 흑색으로 위험물 제조소를 표시하고, 게시판의 제5류 위험물의 주의사항은 화기엄금이고, 이는 적색바탕에 백색문자로 표시한다.

제조소의 게시판에 게시할 내용
 ⅰ) **1류 알칼리금속의 과산화물 : 물기엄금**
   그 밖에 : 없음
 ⅱ) 2류 인화성 고체 : 화기엄금
   철분, 마그네슘, 금속분 및 그 밖에 : 화기주의
 ⅲ) 3류 자연발화성 물질 : 화기엄금
   금수성물질 : 물기엄금
 ⅳ) **4류 : 화기엄금**
 ⅴ) **5류 : 화기엄금**
 ⅵ) 6류 : 없음

종류	바탕	문자
화기엄금(화기주의)	적색	백색
물기엄금	청색	백색
주유중엔진정지	황색	흑색
위험물 제조소 등	백색	흑색
위험물	흑색	황색반사도료

048 위험물안전관리법령상 위험물의 운반에 관한 기준에 따르면 위험물은 규정에 의한 운반용기에 법령에서 정한 기준에 따라 수납하여 적재하여야 한다. 다음 중 적용 예외의 경우에 해당하는 것은? (단, 지정수량의 2배인 경우이며, 위험물을 동일구내에 있는 제조소 등의 상호간에 운반하기 위하여 적재하는 경우는 제외한다)

① 덩어리 상태의 유황을 운반하기 위하여 적재하는 경우
② 금속분을 운반하기 위하여 적재하는 경우
③ 삼산화크롬을 운반하기 위하여 적재하는 경우
④ 염소산나트륨을 운반하기 위하여 적재하는 경우

답 ①

해 위험물은 규정에 의한 운반용기에 다음 각목의 기준에 따라 수납하여 적재하여야 한다. 다만, 덩어리 상태의 유황을 운반하기 위하여 적재하는 경우 또는 위험물을 동일구내에 있는 제조소 등의 상호간에 운반하기 위하여 적재하는 경우에는 그러하지 아니하다.

049 다음 중 황린이 자연발화하기 쉬운 가장 큰 이유는?

① 끓는점이 낮고 증기의 비중이 작기 때문에
② 산소와 결합력이 강하고 착화온도가 낮기 때문에
③ 녹는점이 낮고 상온에서 액체로 되어 있기 때문에
④ 인화점이 낮고 가연성 물질이기 때문에

답 ②

해 황린은 화학적 활성이 커서 **불안정하여 자연발화**할 수 있다(적린보다 불안정).
가연성 물질로 산화제와의 접촉을 피해야 한다.
황린은 착화점이 대략 30~50℃정도로 알려져 있어 착화온도가 낮다.

050 위험물안전관리법령상 제5류 위험물 중 질산에스테르류에 해당하는 것은?

① 니트로벤젠 ② 니트로셀룰로오스
③ 트리니트로페놀 ④ 트리니트로톨루엔

답 ②

해 니트로벤젠은 제4류 위험물 중 제3석유류이고, 트리니트로페놀 및 트리니트로톨루엔은 제5류 위험물 중 니트로화합물에 해당한다.

051 최대 아세톤 150톤을 옥외탱크저장소에 저장할 경우 보유공지의 너비는 몇 m 이상으로 하여야 하는가? (단, 아세톤의 비중은 0.79이다)

① 3 ② 5
③ 9 ④ 12

답 ①

해 옥외탱크저장소 111페이지 표 참고
아세톤은 제4류 위험물 제1석유류로 지정수량이 400리터이다. 문제에서 150톤의 질량을 가지는 경우 부피를 구해야 하는데, 비중이 0.79이므로 1리터당 0.79kg이라는 의미이다. 150톤인 경우 약 189873L가 된다(150000 / 0.79). 이는 지정수량 400리터의 약 474.68배 이므로 지정수량 500배 이하가 된다. 따라서 보유공지는 3m이상이다.

052 제5류 위험물 중 니트로화합물에서 니트로기(nitro group)를 옳게 나타낸 것은?

① -NO ② -NO$_2$
③ -NO$_3$ ④ -NON$_3$

답 ②

해 제5류 위험물 니트로화합물에서 니트로기는 -NO$_2$를 의미한다. 트리니트로톨루엔(C$_6$H$_2$(NO$_2$)$_3$CH$_3$), 트리니트로페놀(C$_6$H$_2$(NO$_2$)$_3$OH)

053 위험물이 물과 접촉하였을 때 발생하는 기체를 옳게 연결한 것은?

① 인화칼슘-포스핀 ② 과산화칼륨-아세틸렌
③ 나트륨-산소 ④ 탄화칼슘-수소

답 ①

해 과산화칼륨은 무기과산화물이므로 물과 만나면 산소를 발생시킨다.
나트륨은 금속이므로 물과 만나면 수소를 발생시킨다.
탄화칼슘은 물과 만나면 아세틸렌을 발생시킨다.

054 다음 2가지 물질을 혼합하였을 때 그로 인한 발화 또는 폭발의 위험성이 가장 낮은 것은?

① 아염소산나트륨과 티오황산나트륨
② 질산과 이황화탄소
③ 아세트산과 과산화나트륨
④ 나트륨과 등유

답 ④

해 나트륨 물, 공기 중 수분과 접촉을 피하기 위해 석유(등유, 파라핀) 등에 보관한다.

055 다음 위험물 중 가열 시 분해온도가 가장 낮은 물질은?

① KClO$_3$ ② Na$_2$O$_2$
③ NH$_4$ClO$_4$ ④ KNO$_3$

답 ③

해 각 순서대로 염소산칼륨: 분해온도 400℃,
과산화나트륨: 분해온도 460℃
과염소산암모늄: 분해온도 130℃
질산칼륨: 분해온도 400℃

056 위험물의 저장 및 취급에 대한 설명으로 틀린 것은?

① H_2O_2 : 직사광선을 차단하고 찬 곳에 저장한다.
② MgO_2 : 습기의 존재하에서 산소를 발생하므로 특히 방습에 주의한다.
③ $NaNO_3$: 조해성이 있으므로 습기에 주의한다.
④ K_2O_2 : 물과 반응하지 않으므로 물속에 저장한다.

답 ④

해 과산화칼륨은 무기과산화물로 물과 반응하여 산소를 발생시키므로 물속에 저장하면 안 된다.

057 옥내저장소에서 위험물 용기를 겹쳐 쌓는 경우에 있어서 제4류 위험물 중 제3석유류만을 수납하는 용기를 겹쳐 쌓을 수 있는 높이는 최대 몇 m인가?

① 3　　② 4
③ 5　　④ 6

답 ②

해 옥내 저장소의 경우 기계에 의해 하역하는 구조로 된 용기만을 겹쳐 쌓는 경우 6m, **제4류 위험물 중 제3석유류, 제4석유류 및 동식물유류를 수납하는 용기만을 겹쳐 쌓는 경우에 있어서는 4m**, 그 밖의 경우에 있어서는 3m 초과하여 쌓으면 안 된다.

058 다음 중 물에 대한 용해도가 가장 낮은 물질은?

① $NaClO_3$　　② $NaClO_4$
③ $KClO_4$　　④ NH_4ClO_4

답 ③

해 순서대로
염소산나트륨은 물, 알코올, 에테르에 잘 녹고, 조해성이 있다.
과염소산나트륨은 물, 알코올, 아세톤에 녹고, 에테르에 안 녹는다.
과염소산칼륨은 물, 알코올, 에테르에 녹지 않는다.
과염소산암모늄은 물, 알코올, 아세톤에 녹고 에테르에 녹지 않는다.

059 위험물안전관리법령에 따른 위험물 저장기준으로 틀린 것은?

① 이동탱크저장소에는 설치허가증과 운송허가증을 비치하여야 한다.
② 지하저장탱크의 주된 밸브는 위험물을 넣거나 빼낼 때 외에는 폐쇄하여야 한다.
③ 아세트알데히드를 저장하는 이동저장탱크에는 탱크 안에 불활성 가스를 봉입하여야 한다.
④ 옥외저장탱크 주위에 설치된 방유제의 내부에 물이나 유류가 괴었을 경우에는 즉시 배출하여야 한다.

답 ①

해 이동탱크저장소에는 당해 이동탱크저장소의 완공검사합격확인증 및 정기점검기록을 비치하여야 한다.

060 위험물안전관리법령상 다음 [보기]의 ( ) 안에 알맞은 수치는?

> [보기]
> 이동저장탱크부터 위험물을 저장 또는 취급하는 탱크에 인화점이 ( )℃ 미만인 위험물을 주입할 때에는 이동탱크저장소의 원동기를 정지시킬 것

① 40
② 50
③ 60
④ 70

답 ①

해 자동차 등에 **인화점 40℃ 미만의 위험물을 주유할 때에는 자동차 등의 원동기를 정지**시킬 것

2018 | 3회

제1과목 | 일반화학

001 물 450g에 NaOH 80g이 녹아 있는 용액에서 NaOH의 몰분율은? (단, Na의 원자량은 23이다)

① 0.074　　② 0.178
③ 0.200　　④ 0.450

답 ①

해 몰분율이란 해당 물질의 몰수 / 전체 용액의 몰수이다.
물의 분자량은 18이므로, 450g은 25몰이고, NaOH의 분자량은 40이므로 80g은 2몰이다.
2 / 25 + 2 은 약 0.074

002 다음 반응식에서 산화된 성분은?

$$MnO_2 + 4HCl \rightarrow MnCl_2 + 2H_2O + Cl_2$$

① Mn　　② O
③ H　　④ Cl

답 ④

해 산화는 산소를 얻거나, 전자를 잃거나 수소를 잃는 반응이다(-값을 가진 전자를 잃는 것이므로 산화수가 커진다).
Cl은 수소를 잃었다.

003 1몰의 질소와 3몰의 수소를 촉매와 같이 용기 속에 밀폐하고 일정한 온도로 유지하였더니 반응물질의 50%가 암모니아로 변하였다. 이때의 압력은 최초 압력의 몇 배가 되는가? (단, 용기의 부피는 변하지 않는다)

① 0.5　　② 0.75
③ 1.25　　④ 변하지 않는다.

답 ②

해 **부피, 온도가 일정하다면 압력과 몰수는 비례한다.**
먼저 반응식을 구하면 $N_2 + 3H_2 \rightarrow 2NH_3$이 된다.
총 4몰이 반응하는 경우 2몰이 생성된다.
문제에서 50%만 반응하였다고 하므로 최초의 반응물의 몰수의 50%가 줄어들었고, 생성물은 최초반응물 몰수 25%가 생성된다.
최초 몰수를 4m으로 가정하면, 2m이 반응하여 1m이 되었고, 반응하지 않은 2m이 남아 있어 반응후의 몰수는 3m이 된다.
반응전과 후의 몰수비는 4:3이다. 압력과 몰수는 비례하므로 압력은 처음압력의 3/4이다.

004 다음 pH 값에서 알칼리성이 가장 큰 것은?

① pH=1　　② pH=6
③ pH=8　　④ pH=13

답 ④

해 pH값이 낮을수록 산성이 강하고, 높을수록 알칼리성이 강해진다.

005 다음 화합물 가운데 환원성이 없는 것은?

① 젖당　　② 과당
③ 설탕　　④ 엿당

답 ③

해 당류중에 환원성이 없는 것의 대표적인 것이 설탕이다.

006 주기율표에서 제2주기에 있는 원소 성질 중 왼쪽에서 오른쪽으로 갈수록 감소하는 것은?

① 원자핵의 하전량　　② 원자의 전자의 수
③ 원자 반지름　　④ 전자껍질의 수

답 ③

해 각 원자들의 반지름 크기는 주기가 늘어날수록 즉 껍질 수가 많을수록 커진다.
같은 주기 내에서는 주기율표에서 오른쪽으로 갈수록 작아진다(이는 오른쪽으로 갈수록 원소번호가 증가하고, 원소번호의 증가는 곧 양성자가 많아진다는 뜻이다. 양성자가 많아질수록 전자를 잡아당기는 힘이 커져서 반지름이 작아진다).
같은 주기에서는 오른쪽으로 갈수록 원자번호가 늘어나고 즉, 전자의 수와 양성자의 수도 늘어난다.

007 우유의 pH는 25℃에서 6.4이다. 우유 속의 수소이온농도는?

① 1.98×10^{-7}M　　② 2.98×10^{-7}M
③ 3.98×10^{-7}M　　④ 4.98×10^{-7}M

답 ③

해 수소이온의 농도에 -log값을 취한 것이 pH이다.
$6.4 = -\log[H^+]$, $[H^+] = 10^{-6.4}$
계산하면 3.98×10^{-7}M이다.

008 95wt% 황산의 비중은 1.84이다. 이 황산의 몰 농도는 약 얼마인가?

① 4.5　　② 8.9
③ 17.8　　④ 35.6

답 ③

해 몰농도는 1리터당 몰수이다. 따라서 1리터를 기준으로 생각해 보자
비중이 1.84라는 의미는 물의 밀도에 비해 1.84배라는 의미이다. 물은 1리터에 1kg이므로 이 황산의 경우 1리터에 1.84kg이라는 의미이다. 중량 퍼센트가 95wt%이므로 전체 1.84kg중 95%가 황산이라는 의미이고, 따라서 1.748kg의 순수황산이 존재하게 된다. 황산의 분자량은 98g/mol 이므로 1748g/98 하면 약 17.8367몰이 된다. 기준이 1리터 이므로 몰농도는 17.8367이다.

009 20개의 양성자와 20개의 중성자를 가지고 있는 것은?

① Zr　　② Ca
③ Ne　　④ Zn

답 ②

해 원소번호 = 양성자수이므로 Ca이다.

010 $K_2Cr_2O_7$에서 Cr의 산화수는?

① +2　　② +4
③ +6　　④ +8

답 ③

해 $-2 \times 7 + 1 \times 2 + X \times 2 = 0$ (X는 Cr의 산화수)
$X = +6$

011 벤젠의 유도체인 TNT의 구조식을 옳게 나타낸 것은?

① O_2N-(벤젠고리 CH_3, NO_2, NO_2)
② NO_2-(벤젠고리 OH, NO_2, NO_2)
③ O_2N-(벤젠고리 NH_2, NO_2, NO_2)
④ O_2N-(벤젠고리 SO_3H, NO_2, NO_2)

답 ①

해 TNT는 트리니트로톨루엔($C_6H_2(NO_2)_3CH_3$)이다.

012 다음 물질 중 동소체의 관계가 아닌 것은?

① 흑연과 다이아몬드 ② 산소와 오존
③ 수소와 중수소   ④ 황린과 적린

답 ③

해 동소체란 같은 단일의 원자로 이루어져 있으나 성질, 모양 등이 다른 물질을 의미한다. 수소와 중수소는 동위원소이다. 같은 원자번호를 가지나 질량이 다른 원소를 말한다.

013 방사능 붕괴의 형태 중 $^{226}_{88}Ra$ 이 α 붕괴할 때 생기는 원소는?

① $^{222}_{86}Rn$ ② $^{232}_{90}Th$
③ $^{231}_{91}Pa$ ④ $^{238}_{92}U$

답 ①

해 α(알파)붕괴 : 원자번호가 2감소하고, 질량수는 4감소하는 붕괴이다. 즉 헬륨원자핵(원자번호2, 질량수4) 하나를 방출하는 것이다.

014 헥산(C_6H_{14})의 구조이성질체의 수는 몇 개인가?

① 3개   ② 4개
③ 5개   ④ 9개

답 ③

해 구조이성질체 : 분자식은 같으나 원자가 결합하는 순서가 달라 물리, 화학적 성질이 다른 분자를 말한다.
헥산의 구조이성질체의 수는 5개이다.

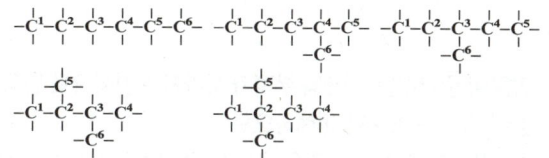

015 pH=9인 수산화나트륨 용액 100mL 속에는 나트륨이온이 몇 개 들어 있는가?
(단, 아보가드로수는 6.02×10^{23}이다)

① 6.02×10^9개   ② 6.02×10^{17}개
③ 6.02×10^{18}개 ④ 6.02×10^{21}개

답 ②

해 수산화나트륨 용액에서 나트륨이온의 양은 수산화이온의 양과 동일하다.
$NaOH \rightarrow Na^+ + OH^-$
나트륨이온의 개수는 농도를 통해 구할 수 있는데, 농도를 나타낸 값이 pH, pOH이다.
pH + pOH = 14이므로 pH가 9이면 pOH는 5이다.
pOH란 수산화이온(OH^-)이 몰농도를 -log한 것이다. 즉, $-\log[OH^-]$
OH의 몰농도는 10^{-5}이 된다. 몰농도이므로 리터당 10^{-5}몰이 있다는 뜻이므로 100mL에는 10^{-6}몰이 있게 된다. 1몰에 들어 있는 분자의 개수는 6.02×10^{23}이므로 10^{-6}몰에는 6.02×10^{17}개가 들어 있게 된다.

016 다음과 같은 반응에서 평형을 왼쪽으로 이동시킬 수 있는 조건은?

$$A_2(g) + 2B_2(g) \rightarrow 2AB_2(g) + 열$$

① 압력감소, 온도감소
② 압력증가, 온도증가
③ 압력감소, 온도증가
④ 압력증가, 온도감소

답 ③

해 압력이 증가하면, 기체의 부피가 작아지는 방향으로 반응한다. 부피는 몰수에 비례하므로,
A+2B→2C의 반응인 경우, 압력이 증가하면 반응전 기체의 몰수 3몰(1+2몰)에서 부피를 줄이기 위해 정반응으로 반응하여 2몰(기체 C의 몰수)의 기체가 되려한다.
문제는 역반응이 일어나야 하므로 압력이 감소해야 한다.
반응에 있어 흡열반응일 경우, 온도가 높아지면, 열을 더 많이 흡수하여 정반응이 일어난다.
열 + A→B 의 반응은 흡열반응이고, 온도가 높아지면, 즉 열이 가해지면, 정반응이 일어난다.
발열반응 경우, 그 반대이다.
문제에서는 역반응이 흡열반응이므로 온도가 높아져야 한다.

017 다음 할로젠족 분자 중 수소와의 반응성이 가장 높은 것은?

① Br_2 ② F_2
③ Cl_2 ④ I_2

답 ②

해 전기음성도가 가장 큰 원자가, 즉 전자를 당기는 힘이 가장 큰 원자가 수소와 반응성이 가장 좋다. 최외각 껍질과 양성자의 거리가 가까울수록 힘이 강하다.

018 이상기체상수 R 값이 0.082라면 그 단위로 옳은 것은?

① $\dfrac{atm \cdot mol}{L \cdot K}$ ② $\dfrac{mmHg \cdot mol}{L \cdot K}$

③ $\dfrac{atm \cdot L}{mol \cdot K}$ ④ $\dfrac{mmHg \cdot L}{mol \cdot K}$

답 ③

해 이상기체방정식을 보면 그 단위를 알 수 있다.
V=nRT/P (R은 기체상수, 0.082L·atm/k·mol), n=w/M (w는 기체의 질량, M은 기체의 분자량)
R = VP/nT이다. V는 L단위이므로 L× atm / mol × K이다.
정리하면 atm·L / mol·K이다.

019 NaOH 1g이 250mL 메스플라스크에 녹아 있을 때 NaOH 수용액의 농도는?

① 0.1N   ② 0.3N
③ 0.5N   ④ 0.7N

답 ①

해 몰농도 × 당량 = 노르말 농도 인데, 당량이란 해당 분자 하나가 내 놓는 H^+ 혹은 OH^- 의 수라고 생각하면 쉽다.
보기에서는 노르말 농도로 표시되어 있는데, 각 물질은 모두 H^+, 혹은 OH^- 를 하나씩 내어 놓으므로 노르말 농도는 곧 몰농도가 된다.
몰농도(M):1L용액에 녹아있는 용질의 몰수:용질의 몰수(mol) / 용액의 부피(L)이므로
몰수는 질량 / 분자량이고, 분자량은 40g/mol이다.
몰수는 1 / 40이고, 용액의 부피는 0.25이므로
(1/40) / 0.25 = 0.1M이다. 노르말농도도 동일하므로 0.1N이다.

020 다음 중 기하 이성질체가 존재하는 것은?

① C_5H_{12} ② $CH_3CH=CHCH_3$
③ C_3H_7Cl ④ $CH\equiv CH$

답 ②

해 **분자식이 같으면서 구조가 다른 물질을 이성질체라고 한다.**

그냥 이러한 문제가 나오면 $C_2H_2Cl_2$ 같은 모양을 기억하자. C 2개를 이중결합하고, 한쪽에 각 C에 H와 다른 원소들이 붙어서 만들어질 수 있다.

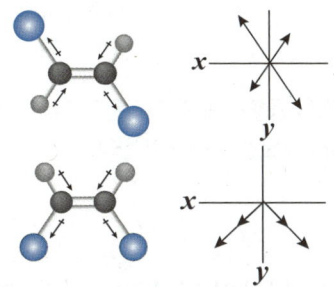

$CH_3CH=CHCH_3$도 $C_2H_2Cl_2$ 처럼 양쪽에 Cl대신에 CH_3가 붙어 있는 형태로, 기하 이성질체가 된다.

제2과목 | 화재예방과 소화방법

021 위험물안전관리법령에서 정한 다음의 소화설비 중 능력단위가 가장 큰 것은?

① 팽창진주암 160L(삽 1개 포함)
② 수조 80L(소화전용물통 3개 포함)
③ 마른 모래 50L(삽 1개 포함)
④ 팽창질석 160L(삽 1개 포함)

답 ②

해

소화설비	물통	수조와 물통3개	수조와 물통6개	마른모래와 삽1개	팽창질석, 팽창진주암 (삽1개)
용량	8L	80L	190L	50L	160L
능력단위	0.3	1.5	2.5	0.5	1.0

022 위험물안전관리법령상 제6류 위험물에 적응성이 있는 소화설비는?

① 옥외소화전설비
② 불활성가스 소화설비
③ 할로겐화합물소화설비
④ 분말소화설비(탄산수소염류)

답 ①

해 제6류 위험물은 주수소화가 가능하고, 옥외소화전설비 등은 적응성이 있다. 불활성가스, 할로겐화합물, 분말소화설비(탄산수소염류) 등은 적응성이 없다.

023 물을 소화약제로 사용하는 가장 큰 이유는?

① 물은 가연물과 화학적으로 결합하기 때문
② 물은 분해되어 질식성 가스를 방출하므로
③ 물은 기화열이 커서 냉각 능력이 크기 때문에
④ 물은 산화성이 강하기 때문에

답 ③

해 물은 **구하기 쉽고 인체에 무해**하다.
(다만 피연소물질에 직접 닿아서 그 물질에는 피해가 발생한다)
증발(기화)잠열이 크므로 냉각효과가 크며, 비열이 크다.

024 "Halon 1301"에서 각 숫자가 나타내는 것을 틀리게 표시한 것은?

① 첫째 자리 숫자 "1" - 탄소의 수
② 둘째 자리 숫자 "3" - 불소의 수
③ 셋째 자리 숫자 "0" - 요오드의 수
④ 넷째 자리 숫자 "1" - 브롬의 수

답 ③

해 각 숫자는 **순서대로 C, F, Cl, Br의 숫자**를 의미한다.
따라서 1301은 CF_3Br이다.

025 위험물제조소 등에 설치하는 이동식 불활성가스소화설비의 소화약제 양은 하나의 노즐마다 몇 kg 이상으로 하여야 하는가?

① 30
② 50
③ 60
④ 90

답 ④

해 이동식 불활성가스소화설비는 하나의 노즐마다 90kg 이상의 양으로 해야 한다.

026 알코올 화재 시 보통의 포 소화약제는 알코올형포 소화약제에 비하여 소화효과가 낮다. 그 이유로서 가장 타당한 것은?

① 소화약제와 섞이지 않아서 연소면을 확대하기 때문에
② 알코올은 포와 반응하여 가연성가스를 발생하기 때문에
③ 알코올이 연료로 사용되어 불꽃의 온도가 올라가기 때문에
④ 수용성 알코올로 인해 포가 파괴되기 때문에

답 ④

해 수용성 알코올 등으로 포가 파괴된다. 따라서 내알코올포, 알코올류화재용포를 사용해야 한다.

027 고체가연물의 일반적인 연소형태에 해당하지 않는 것은?

① 등심연소
② 증발연소
③ 분해연소
④ 표면연소

답 ①

해 고체의 연소는 주로 아래의 4가지이다.
- **표면연소: 목탄(숯), 코크스, 금속분** 등
- **분해연소: 석탄, 목재, 종이, 섬유, 플라스틱** 등
- **증발연소: 나프탈렌, 장뇌, 황(유황), 양초(파라핀), 왁스, 알코올**
- **자기연소: 주로 5류 위험물**(이는 물질내에 산소를 가진 자기연소 물질이다. 주로 니트로기를 가지고 있다)

028 열의 전달에 있어서 열전달면적과 열전도도가 각각 2배로 증가한다면, 다른 조건이 일정한 경우 전도에 의해 전달되는 열의 양은 몇 배가 되는가?

① 0.5배 ② 1배
③ 2배   ④ 4배

답 ④

해 열의 전달양은 전달면적이 클수록 전도도가 클수록 비례하여 증가한다. 각 2배가 증가했으므로 총 4배가 증가한다.

029 다음 중 제6류 위험물의 안전한 저장·취급을 위해 주의할 사항으로 가장 타당한 것은?

① 가연물과 접촉시키지 않는다.
② 0℃ 이하에서 보관한다.
③ 공기와의 접촉을 피한다.
④ 분해방지를 위해 금속분을 첨가하여 저장한다.

답 ①

해 제6류 위험물은 산화성 액체로 가연성물질과 접촉하면 위험하다.

030 표준관입시험 및 평판재하시험을 실시하여야 하는 특정옥외저장탱크의 지반의 범위는 기초의 외축이 지표면과 접하는 선의 범위 내에 있는 지반으로서 지표면으로부터 깊이 몇 m까지로 하는가?

① 10 ② 15
③ 20 ④ 25

답 ②

해 특정옥외저장탱크의 경우 지반은 지표면으로부터 깊이 15m까지로 한다.

031 제1종 분말소화 약제의 소화효과에 대한 설명으로 가장 거리가 먼 것은?

① 열분해 시 발생하는 이산화탄소와 수증기에 의한 질식효과
② 열분해 시 흡열반응에 의한 냉각효과
③ H^+이온에 의한 부촉매 효과
④ 분말 운무에 의한 열방사의 차단효과

답 ③

해 1종분말소화약제는 **비누화반응**을 일으키고, **질식**(CO_2+H_2O), **억제소화**(부촉매, Na_2CO_3) 효과를 가진다.
$2NaHCO_3 \rightarrow Na_2CO_3 + CO_2+H_2O$

032 포소화설비의 가압송수 장치에서 압력수조의 압력 산출 시 필요 없는 것은?

① 낙차의 환산 수두압
② 배관의 마찰손실 수두압
③ 노즐선의 마찰손실 수두압
④ 소방용 호스의 마찰손실 수두압

답 ③

해 압력수조를 이용한 가압송수장치인 경우 그 압력은 아래의 수식에 의한 값 이상이어야 한다.
P = P1 + P2 + P3 + 0.35(MPa)
P: 구하는 압력(필요압력)(MPa)
P1: 소방용 호수의 마찰손실수두압(MPa)
P2: 배관의 마찰손실수두압(MPa)
P3: 낙차의 환산수두압(MPa)

033 메탄올에 대한 설명으로 틀린 것은?

① 무색투명한 액체이다.
② 완전 연소하면 CO_2와 H_2O가 생성된다.
③ 비중 값이 물보다 작다.
④ 산화하면 포름산을 거쳐 최종적으로 포름알데히드가 된다.

답 ④

해 메탄올은 산화(산소를 얻거나 수소를 잃는 것)하면 포름알데히드가 되고, 포름알데히드가 산화되면 포름산이 된다.

034 주된 소화효과가 산소공급원의 차단에 의한 소화가 아닌 것은?

① 포소화기   ② 건조사
③ CO_2 소화기   ④ Halon 1211 소화기

답 ④

해 산소공급원을 차단하는 효과를 질식효과라 하는데, 할론 소화기는 억제소화, 부촉매효과를 가지는 소화기이다.

035 위험물안전관리법령상 제2류 위험물 중 철분의 화재에 적응성이 있는 소화설비는?

① 물분무소화설비
② 포소화설비
③ 탄산수소염류분말소화설비
④ 할로겐화합물소화설비

답 ③

해 제2류 위험물 중 철분, 마그네슘, 금속분 등은 주수소화 할 수 없고, 탄산수소염류분말소화설비, 건조사, 팽창질석, 팽창진주암 등이 적응성이 있다.

036 위험물안전관리법령상 옥외소화전설비의 옥외소화전이 3개 설치되었을 경우 수원의 수량은 몇 m^3 이상이 되어야 하는가?

① 7   ② 20.4
③ 40.5   ④ 100

답 ③

해 옥외소화전설비의 경우 수원의 양은 설치개수에 $13.5m^3$를 곱한다(4개 이상일 경우 4개가 기준이다).

037 금속분의 화재 시 주수소화를 할 수 없는 이유는?

① 산소가 발생하기 때문에
② 수소가 발생하기 때문에
③ 질소가 발생하기 때문에
④ 이산화탄소가 발생하기 때문에

답 ②

해 금속은 물과 만나면 수소를 발생시키며 반응하기 때문에 주수소화해서는 안 된다.

038 다음 중 소화약제가 아닌 것은?

① CF_3Br ② $NaHCO_3$
③ C_4F_{10} ④ N_2H_4

답 ④

해 순서대로 할론 1301, 제1종분말소화약제, 할로겐화합물소화약제, 히드라진이다.
히드라진은 제4류 위험물 중 제2석유류이다.

039 가연물에 대한 일반적인 설명으로 옳지 않은 것은?

① 주기율표에서 0족의 원소는 가연물이 될 수 없다.
② 활성화 에너지가 작을수록 가연물이 되기 쉽다.
③ 산화 반응이 완결된 산화물은 가연물이 아니다.
④ 질소는 비활성 기체이므로 질소의 산화물은 존재하지 않는다.

답 ④

해 0족, 즉 18족은 불활성기체로 가연물이 아니다.
가연물이 되기 좋은 조건, 활성화에너지가 작을수록 더 좋다. 더 쉽게 활성화된다는 의미이기 때문이다.
질소는 비활성기체이나, 질소산화물(NO_2, NO_3 등)은 존재한다.

040 위험물의 취급을 주된 작업내용으로 하는 다음의 장소에 스프링클러설비를 설치할 경우 확보하여야 하는 1분당 방사밀도는 몇 L/m² 이상이어야 하는가? (단, 내화구조의 바닥 및 벽에 의하여 2개의 실로 구획되고, 각 실의 바닥면적은 500m²이다)

- 취급하는 위험물:제4류 제3석유류
- 위험물을 취급하는 장소의 바닥면적:1,000m²

① 8.1　　② 12.2
③ 13.9　　④ 16.3

답 ①

해 제4류 위험물의 경우 장소이 살수기준면적에 따라 스프링클러설비의 **살수밀도**가 다음표에 정하는 기준 이상인 경우 적응성이 있다.

살수기준면적(m²)	방사밀도(ℓ/m² 분)	
	인화점 38℃ 미만	인화점 38℃ 이상
279 미만	16.3 이상	12.2 이상
279 이상 372 미만	15.5 이상	11.8 이상
372 이상 465 미만	13.9 이상	9.8 이상
465 이상	12.2 이상	8.1 이상

제3석유류는 인화점이 70℃ 이상이므로 8.1이상이어야 한다.

제3과목 | 위험물의 성질과 취급

041 벤젠에 대한 설명으로 틀린 것은?

① 물보다 비중값이 작지만, 증기비중 값은 공기보다 크다.
② 공명구조를 가지고 있는 포화탄화수소이다.
③ 연소 시 검은 연기가 심하게 발생한다.
④ 겨울철에 응고된 고체상태에서도 인화의 위험이 있다.

답 ②

해 벤젠은 공명구조를 가지는 불포화탄화수소이다. 불포화 탄화수소란 탄소간에 단일 결합외의 결합을 가진 탄화수소를 의미하며, 알켄(C_nH_{2n}), 알카인(C_nH_{2n-2}), 방향족 탄화수소가 이에 해당한다. 벤젠은 방향족 탄화수소로 불포화탄화수소이다.
벤젠은 겨울철에는 응고될 수 있으나, **인화점이 -11℃**로 낮아 여전히 위험하다.

042 동식물유의 일반적인 성질로 옳은 것은?

① 자연발화의 위험은 없지만 점화원에 의해 쉽게 인화한다.
② 대부분 비중 값이 물보다 크다.
③ 인화점이 100℃보다 높은 물질이 많다.
④ 요오드값이 50 이하인 건성유는 자연발화 위험이 높다.

답 ③

해 건성유는 자연발화의 위험이 높다.
대부분 비중이 물보다 작다.
인화점이 250℃미만인 것으로 분류된다.
요오드값이 130이상인 것이 건성유로 자연발화의 위험이 높다.

043 운반할 때 빗물의 침투를 방지하기 위하여 방수성이 있는 피복으로 덮어야 하는 위험물은?

① TNT
② 이황화탄소
③ 과염소산
④ 마그네슘

답 ④

해 **방수성 있는 피복**으로 덮을 위험물(물을 피해야 하는 것): 1류 중 알칼리금속 과산화물 또는 이를 함유한 것, 2류 중 철분, 마그네슘, 금속분 또는 이를 함유한 것, 3류 중 금수성물질
마그네슘은 금속분으로 방수성 있는 피복으로 덮어야 한다.

044 위험물안전관리법령상 과산화수소가 제6류 위험물에 해당하는 농도 기준으로 옳은 것은?

① 36wt% 이상
② 36vol% 이상
③ 1.49wt% 이상
④ 1.49vol% 이상

답 ①

해 질산의 경우 **비중이 1.49 이상**인 것만 위험물이다.
과산화수소의 경우 **농도 36중량퍼센트(wt%) 이상**인 것만 위험물이다.

045 연소생성물로 이산화황이 생성되지 않는 것은?

① 황린
② 삼황화린
③ 오황화린
④ 황

답 ①

해 황린은 연소하면 오산화인이 생성된다. 적린도 동일하다.

046 제1류 위험물에 관한 설명으로 틀린 것은?

① 조해성이 있는 물질이 있다.
② 물보다 비중이 큰 물질이 많다.
③ 대부분 산소를 포함하는 무기화합물이다.
④ 분해하여 방출된 산소에 의해 자체 연소한다.

답 ④

해 제1류 위험물은 조연성이나 불연성으로 스스로 자체 연소하지는 않는다.

047 인화칼슘이 물 또는 염산과 반응하였을 때 공통적으로 생성되는 물질은?

① $CaCl_2$
② $Ca(OH)_2$
③ PH_3
④ H_2

답 ③

해 둘다 동일하게 포스핀을 생성시킨다.
$Ca_3P_2 + 6H_2O \rightarrow 3Ca(OH)_2 + 2PH_3$
$Ca_3P_2 + 6HCl \rightarrow 3CaCl_2 + 2PH_3$

048 탄화칼슘이 물과 반응했을 때 반응식을 옳게 나타낸 것은?

① 탄화칼슘+물→수산화칼슘+수소
② 탄화칼슘+물→수산화칼슘+아세틸렌
③ 탄화칼슘+물→칼슘+수소
④ 탄화칼슘+물→칼슘+아세틸렌

답 ②

해 탄화칼슘은 아세틸렌을 발생시키며, 모든 위험물은 물과 반응시 수산화물질을 만든다.
$CaC_2 + 2H_2O \rightarrow Ca(OH)_2 + C_2H_2$

049 다음 중 인화점이 가장 낮은 것은?

① 실린더유
② 가솔린
③ 벤젠
④ 메틸알코올

답 ②

해 실린더유는 제4석유류, 가솔린은 제1석유류, 벤젠은 제1석유류, 메틸알코올 알코올류이다.
제1석유류가 인화점이 제4석유류보다는 낮다. 알코올류는 10℃ 언저리를 기억하자. 메틸알코올의 인화점은 11℃이다.
가솔린 인화점은 **-43℃ 에서 -20℃**이고, 벤젠의 인화점은 <u>인화점 -11℃이다.</u>

050 제4석유류를 저장하는 옥내탱크저장소의 기준으로 옳은 것은? (단, 단층건축물에 탱크전용실을 설치하는 경우이다)

① 옥내저장탱크의 용량은 지정수량의 40배 이하일 것
② 탱크전용실은 벽, 기둥, 바닥, 보를 내화구조로 할 것
③ 탱크전용실에는 창을 설치하지 아니할 것
④ 탱크전용실에 펌프설비를 설치하는 경우에는 그 주위에 0.2m 이상의 높이로 턱을 설치할 것

답 ①

해 아래와 같은 기준이 있다.
옥내탱크(이하 "옥내저장탱크"라 한다)는 **단층건축물에 설치된 탱크전용실**에 설치할 것
옥내저장탱크와 탱크전용실의 벽과의 사이 및 옥내저장탱크의 상호간에는 <u>0.5m 이상의 간격</u>을 유지할 것
옥내저장탱크의 용량(동일한 탱크전용실에 옥내저장탱크를 2 이상 설치하는 경우에는 각 탱크의 용량의 합계를 말한다)은 **지정수량의 40배 이하일 것**, **4석유류 및 동식물유류 외의 제4류 위험물**에 있어서 당해 수량이 20,000ℓ를 초과할 때에는 **20,000ℓ 이하일 것**

051 위험물안전관리법령에 따른 제4류 위험물 중 제1석유류에 해당하지 않는 것은?

① 등유　　② 벤젠
③ 메틸에틸케톤　　④ 톨루엔

답 ①

해 등유는 제2석유류이다(일(1000L)등경 크스클 / 이(2000L)아히포).

052 다음 중 물과 반응하여 산소를 발생하는 것은?

① KClO₃　　② Na₂O₂
③ KClO₄　　④ CaC₂

답 ②

해 제1류 위험물 중 알칼리금속과산화물은 물과 반응 시 산소를 발생시킨다.

053 적린의 성상에 관한 설명 중 옳은 것은?

① 물과 반응하여 고열을 발생한다.
② 공기 중에 방치하면 자연발화한다.
③ 강산화제와 혼합하면 마찰·충격에 의해서 발화할 위험이 있다.
④ 이황화탄소, 암모니아 등에 매우 잘 녹는다.

답 ③

해 적린은 제2류 위험물이다. 가연성 물질로 강산화제와 접촉을 피해야 한다.
적린은 물과 반응하지 않으며, 황린과 달리 공기중 자연발화하지 않는다.
이황화탄소(CS_2)에 **적린은 녹지 않고, 황린은 녹는다.**

054 다음 물질 중 증기비중이 가장 작은 것은?

① 이황화탄소　　② 아세톤
③ 아세트알데히드　　④ 디에틸에테르

답 ③

해 증기비중은 분자량을 29로 나눈값이므로 증기비중이 가장 작은 것은 분자량이 가장 작은 것이 될 것이다.
이황화탄소(CS_2): 76
아세톤($CH_3COCH_3 = C_3H_6O$): 58
아세트알데히드(CH_3CHO): 44
디에틸에테르($C_2H_5OC_2H_5$): 74

055 위험물안전관리법령에서 정한 위험물의 지정수량으로 틀린 것은?

① 적린 : 100kg　　② 황화린 : 100kg
③ 마그네슘 : 100kg　　④ 금속분 : 500kg

답 ③

해 마그네슘의 지정수량은 500kg이다(백유황적 / 오철금마 천인).

056 질산나트륨 90kg, 유황 70kg, 클로로벤젠 2,000L, 각각의 지정수량의 배수의 총합은?

① 2　　② 3
③ 4　　④ 5

답 ②

해 질산나트륨의 지정수량은 300kg(오(50)염과 무아 / 삼(300)질 요브 / 천(1000)과 중), 유황의 지정수량은 100kg(백유황적 / 오철금마 천인), 클로로벤젠의 지정수량은 1000L(일(1000L)등경 크스클 / 이(2000L)아히포)이다.
따라서 각 배수의 합은
90/300 + 70/100 + 2000/1000 = 3

057 니트로소화합물의 성질에 관한 설명으로 옳은 것은?

① -NO 기를 가진 화합물이다.
② 니트로기를 3개 이하로 가진 화합물이다.
③ -NO₂ 기를 가진 화합물이다.
④ N=N기를 가진 화합물이다.

답 ①

해 니트로소화합물은 **니트로소기(-NO)**기를 가진 화합물이다.

058 외부의 산소공급이 없어도 연소하는 물질이 아닌 것은?

① 알루미늄의 탄화물 ② 과산화벤조일
③ 유기과산화물   ④ 질산에스테르

답 ①

해 제5류 위험물 자기반응성 물질이 아닌 것을 찾는 문제이다. 알루미늄 탄화물은 제3류 위험물이다.

059 위험물 제조소의 배출설비의 배출능력은 1시간당 배출장소 용적의 몇 배 이상인 것으로 해야 하는가? (단, 전역방식의 경우는 제외한다)

① 5   ② 10
③ 15   ④ 20

답 ④

해 **배출능력은 1시간당 배출장소 용적의 20배 이상인 것으로 하여야 한다.** 다만, 전역방식의 경우에는 바닥면적 1m² 당 18m³ 이상으로 할 수 있다.

060 위험물 지하탱크저장소의 탱크전용실 설치기준으로 틀린 것은?

① 철근콘크리트 구조의 벽은 두께 0.3m 이상으로 한다.
② 지하저장탱크와 탱크전용실의 안쪽과의 사이는 50cm 이상의 간격을 유지한다.
③ 철근콘크리트 구조의 바닥은 두께 0.3m 이상으로 한다.
④ 벽, 바닥 등에 적정한 방수 조치를 강구한다.

답 ②

해 지하저장탱크와 탱크전용실의 안쪽과의 사이는 **0.1m 이상의 간격을 유지**하도록 하며
옥내저장탱크의 탱크전용실과 혼돈하면 안 된다. 옥태저장탱크 탱크전용실은 벽과 0.5m 이상 간격을 유지해야 한다.

2019 | 1회

제1과목 | 일반화학

001 기체상태의 염화수소는 어떤 화학결합으로 이루어진 화합물인가?

① 극성 공유결합   ② 이온 결합
③ 비극성 공유결합 ④ 배위 공유결합

답 ①

해 공유결합이란 비금속 원자들이 팔전자규칙(H, He의 경우에는 첫번째 전자껍질 2개)를 만족시키기 위해 전자를 공유하는 결합이다.
같은 원자끼리 결합하면 비극성이나, **다른 원자끼리 결합한 분자의 경우, 원자들 간에는 극성을 띄나, 분자의 결합 모양을 전체로 보면, 완전히 대칭이거나, 입체적으로 한쪽 방향으로 쏠림이 없어서 분자의 특정 부분이 -, + 성격을 가지지 않게 되는데, 이러한 경우 비극성 분자라 한다.**
수소와 염소는 전자 1쌍을 고유하여 결합하지만 전기음성도는 염소가 더 강하므로 염소쪽으로 쏠린 극성 결합이 된다.
전기 음성도의 순서이다. F O N Cl Br C S I H P

002 20%의 소금물을 전기분해하여 수산화나트륨 1몰을 얻는 데는 1A의 전류를 몇 시간 통해야 하는가?

① 13.4   ② 26.8
③ 53.6   ④ 104.2

답 ②

해 $2H_2O + 2NaCl \rightarrow 2NaOH + H_2 + Cl_2$이다.
(-)에서 수소가 발생하고, (+)에서 염소가 발생하는데, 각 극에서의 반응을 보면,
(-)극 $2H_2O + 2e^- \rightarrow H_2 + 2OH^-$
$2OH^- + 2Na^+ \rightarrow 2NaOH$
(+)극 $2Cl^- \rightarrow Cl_2 + 2e^-$
두 극은 같은 그릇에 있는 것으로 하나의 반응식이다. 따라서 위 아래를 합하면
$2H_2O + 2Na^+ + 2Cl^- \rightarrow 2NaOH + H_2 + Cl_2$의 알짜 반응식만 남는다. 최종 반응식에서 사용된 전자의 수는 안 나오나 위에서 살펴보듯이 전자 2몰이 반응하면, 수산화나트륨 2몰, 수소1몰, 염소2몰이 생성됨을 알 수 있다.
전자 2몰이 수산화나트륨 2몰이 나오므로 반응비는 1:1이다. 따라서 수산화나트륨 1몰을 만들기 위해서는 전자 1몰이 필요하다.
전자 1몰의 전하량은 1패러데이고 곧 96500C이다.
1C = 1A × 1초(sec)이므로, 96500C 되기 위해서는 1A가 96500초 흘러야 한다.
시간으로 환산하면 약 26.8시간이다.

003 다음 반응식은 산화-환원 반응이다. 산화된 원자와 환원된 원자를 순서대로 옳게 표현한 것은?

$$3Cu + 8HNO_3 \rightarrow 3Cu(NO_3)_2 + 2NO + 4H_2O$$

① Cu, N ② N, H
③ O, Cu ④ N, Cu

답 ①

해 산화수를 통해 알 수 있는 것이 있는데, 어떤 원자가 산화되었느냐, 환원되었느냐를 알 수 있다.
산화는 전자를 잃는 것이고, 환원은 전자를 얻는 건데, 산화수가 증가하면 전자를 잃는 것이므로 산화된 것이고, 산화수가 감소하면 전자를 얻은 것이므로 환원된 것이다.
$Cu(NO_3)_2$의 경우 NO_3는 -1인데, 2개 있으므로 -2가 되는데, Cu는 +2가 되어야 한다. 따라서 원래 Cu에서 산화수가 2증가했으므로 산화되었다.
N의 경우 HNO_3에서 N의 산화수는 +5인데, 뒤에 NO에서 +2가 되었으므로 산화수가 감소하였다. 따라서 환원되었다.

004 메틸알코올과 에틸알코올이 각각 다른 시험관에 들어있다. 이 두 가지를 구별할 수 있는 실험 방법은?

① 금속 나트륨을 넣어본다.
② 환원시켜 생성물을 비교하여 본다.
③ KOH와 I_2의 혼합 용액을 넣고 가열하여 본다.
④ 산화시켜 나온 물질에 은거울 반응시켜 본다.

답 ③

해 에탄올은 요오드포름 반응을 통해 검출이 가능하다. **KOH와 I_2를 혼합하여 가열하면 된다.**

005 다음 물질 중 벤젠 고리를 함유하고 있는 것은?

① 아세틸렌 ② 아세톤
③ 메탄 ④ 아닐린

답 ④

해 아닐린($C_6H_5NH_2$)은 벤젠고리를 가진다.

006 분자식이 같으면서도 구조가 다른 유기 화합물을 무엇이라고 하는가?

① 이성질체 ② 동소체
③ 동위원소 ④ 방향족화합물

답 ①

해 분자식이 같으면서 구조가 다른 물질을 이성질체라고 한다.

007 다음 중 수용액의 pH가 가장 작은 것은?

① 0.01N HCl ② 0.1N HCl
③ 0.01N CH_3COOH ④ 0.1N NaOH

답 ②

해 pH란 수소이온(H^+)의 몰농도를 -log한 것이다.
즉, $-\log[H^+]$ 이다.
어떤 용액에서 $[H^+] \times [OH^-] = 1 \times 10^{-14}$ 이다.
즉 pH + pOH = 14가 된다.
몰농도 × 당량 = 노르말 농도 인데, 당량이란 해당 분자 하나가 내 놓는 H^+ 혹은 OH^- 의 수라고 생각하면 쉽다.
보기에서는 노르말 농도로 표시되어 있는데, 각 물질은 모두 H^+, 혹은 OH^- 를 하나씩 내어 놓으므로 노르말 농도는 곧 몰농도가 된다.
모두 -log를 취하면 순서대로 2, 1, 2 이가 되는데, 4번 보기는 pOH이므로 pH로 바꾸면 13이 된다.

008 물 500g 중에 설탕($C_{12}H_{22}O_{11}$) 171g이 녹아 있는 설탕물의 몰랄농도(m)는?

① 2.0   ② 1.5
③ 1.0   ④ 0.5

답 ③

해 몰랄농도: 1000g(1kg)의 용매에 녹아있는 용질의 몰수, 즉, 용질의 몰수(mol) / 용매의 질량(kg)
용질의 몰수를 구하면 설탕의 분자량은 342g/mol이므로 171g은 0.5몰이다.
0.5 / 0.5 = 1이 된다.

009 다음 중 불균일 혼합물은 어느 것인가?

① 공기   ② 소금물
③ 화강암   ④ 사이다

답 ③

해 혼합물은 균일 혼합물(설탕물, 소금물), 불균일 혼합물(우유, 흑탕물, 화강암)로 분류된다.

010 다음은 원소의 원자번호와 원소기호를 표시한 것이다. 전이 원소만으로 나열된 것은?

① $_{20}Ca, _{21}Sc, _{22}Ti$ ② $_{21}Sc, _{22}Ti, _{29}Cu$
③ $_{26}Fe, _{30}Zn, _{38}Sr$ ④ $_{21}Sc, _{22}Ti, _{38}Sr$

답 ②

해 전이금속은 4주기 이후에 나타나는 데 21번부터 30번까지이며, 다음 주기부터 18이 늘어난다. 즉 5주기에는 18씩 더한 39번부터 48번까지가 전이금속이다.
그에 따르면 21, 22, 29로 이루어진 2번이 전이금속만으로 이루어져 있다.

011 다음 중 동소체 관계가 아닌 것은?

① 적린과 황린   ② 산소와 오존
③ 물과 과산화수소   ④ 다이아몬드와 흑연

답 ③

해 동소체란 같은 단일의 원자로 이루어진 물질을 의미한다. 물고 과산화수소는 원자의 종류는 같으나 하나의 원자로 이루어지지 않아서 동소체가 아니다.

012 다음 중 반응이 정반응으로 진행되는 것은?

① $Pb^{2+} + Zn \rightarrow Zn^{2+} + Pb$
② $I_2 + 2Cl^- \rightarrow 2I^- + Cl_2$
③ $2Fe_3^+ + 3Cu \rightarrow 3Cu^{2+} + 2Fe$
④ $Mg^{2+} + Zn \rightarrow Zn^{2+} + Mg$

답 ①

해 정반응이 되기 위해서는 반응전의 물질이 이온과 반응해야 한다는 의미인데, 이는 이온물질보다 이온화 경향이 커야 한다는 의미이다.
Zn은 Pb보다 이온화 경향이 크므로 자신이 전자를 내어 놓아 이온이 된다.
K > Ca > Na > Mg > Al > Zn(아연) > Fe > Ni > Sn(주석) > Pb(납) > H > Cu > Hg(수은) > Ag(은) > Pt(백금) > Au(금)
이온화 경향 순서이다.

013 물이 브뢴스테드산으로 작용한 것은?

① $HCl + H_2O \rightleftarrows H_3O^+ + Cl^-$
② $HCOOH + H_2O \rightleftarrows HCOO^- + H_3O^+$
③ $NH_3 + H_2O \rightleftarrows NH_4^+ + OH^-$
④ $3Fe + 4H_2O \rightleftarrows Fe_3O_4 + 4H_2$

답 ③

해 브뢴스테드-로우리의 산:양성자(H^+)를 줄 수 있는 물질
브뢴스테드-로우리의 염기:양성자(H^+)를 받을 수 있는 물질물의 경우,
$HCl + H_2O \rightarrow H_3O^+ + Cl^-$
이 경우 물은 H^+ 를 받아서 염기가 된다.
$NH_3 + H_2O \rightarrow NH_4^+ + OH^-$
$CH_3COO^- + H_2O \rightarrow CH_3COOH + OH^-$
이 반응에서는 물이 H^+ 를 주어서 산이 된다.
브뢴스테드-로우리의 산 염기 개념에서는 물은 산, 염기 다 가능하다는 점을 기억하자.

014 수산화칼슘에 염소가스를 흡수시켜 만드는 물질은?

① 표백분   ② 수소화칼슘
③ 염화수소   ④ 과산화칼슘

답 ①

해 수산화칼슘에 염소가스를 흡수시키면 차아염소산칼슘이 만들어 지는데, 이것이 곧 표백작용을 한다.

015 질산칼륨 수용액 속에 소량의 염화나트륨이 불순물로 포함되어 있다. 용해도 차이를 이용하여 이 불순물을 제거하는 방법으로 가장 적당한 것은?

① 증류   ② 막분리
③ 재결정   ④ 전기분해

답 ③

해 수용액 속에 다른 불순물이 있는 경우 용해도의 차이를 통해 분리시킬 수 있는데, 온도변화를 주어, 용해도가 다른 물질이 결정이 되어 분리되도록 하는 방법이다. 재결정이라 하고, 질산칼륨 수용액에 염화나트륨이 있는 경우 염화나트륨을 분리할 때 사용된다.

016 할로겐화수소의 결합에너지 크기를 비교하였을 때 옳게 표시한 것은?

① $HI > HBr > HCl > HF$
② $HBr > HI > HF > HCl$
③ $HF > HCl > HBr > HI$
④ $HCl > HBr > HF > HI$

답 ③

해 결합에너지는 기체상태에서 분자 1몰의 결합을 끊기 위해 필요한 에너지를 의미하고, 이 에너지가 크다는 뜻은 그만큼 결합력이 강하다는 뜻이다.
결합력은 결합한 원자간에 거리가 가깝고, 전기음성도가 클수록 강하다.
따라서 같은 족이라면 낮은 주기가 더 강하게 된다.

017 용매분자들이 반투막을 통해서 순수한 용매나 묽은 용액으로부터 좀 더 농도가 높은 용액 쪽으로 이동하는 알짜이동을 무엇이라 하는가?

① 총괄이동　　② 등방성
③ 국부이동　　④ 삼투

답 ④

해 삼투에 대한 설명이다. 용질의 입자가 커서 반투막을 통과 못하나, 용매는 통과할 수 있기 때문에 용매가 이동하는 것이다.

018 다음 반응식을 이용하여 구한 $SO_2(g)$의 몰 생성열은?

$$S(s)+1.5O_2(g) \rightarrow SO_3(g) \quad \Delta H^0=-94.5Kcal$$
$$2SO_2(s)+O_2(g) \rightarrow 2SO_3(g) \quad \Delta H^0=-47Kcal$$

① -71kcal　　② -47.5kcal
③ 71kcal　　④ 47.5kcal

답 ①

해 황 1몰 산소 1.5몰을 통해 SO_3 1몰을 생성하면 -94.5kcal의 변화가 있다.
아래 식에서 SO_3 1몰이 반대로 반응하면 1몰의 SO_2가 생성되고, +23.5kcal의 변화가 있다(반대 반응이므로 +, - 기호가 바뀐다).
즉, $SO_3 \rightarrow SO_2(s)+1.5O_2(g) \quad \Delta H^0 = +23.5Kcal$가 성립된다.
순서대로 배치하면
$S(s) + 1.5O_2(g) \rightarrow SO_3(g)_3 \rightarrow SO_2(s)+1.5O_2(g)$이 되고, -94.5Kcal + +23.5Kcal 하면, -71이 된다
열은 올라가기도 내려가기도 하는 것이 되는데, 합하면 -71이 된다.

019 27℃에서 부피가 2L인 고무풍선 속의 수소기체 압력이 1.23atm이다. 이 풍선 속에 몇 mole의 수소기체가 들어 있는가? (단, 이상기체라고 가정한다.)

① 0.01　　② 0.05
③ 0.10　　④ 0.25

답 ③

해 이상기체 방정식을 이용한다.
V = nRT/P (R은 기체상수, 0.082L·atm/k·mol)
2 = n × 0.082 × 300 / 1.23, n = 0.1

020 20℃에서 600mL의 부피를 차지하고 있는 기체를 압력의 변화 없이 온도를 40℃로 변화시키면 부피는 일마로 변하겠는가?

① 300mL　　② 641mL
③ 836mL　　④ 1200mL

답 ②

해 보일 - 샤를의 법칙 $P_1V_1/T_1 = P_2V_2/T_2$을 이용한다.
T는 절대 온도이다.
압력은 동일하므로 약분하면 600 / 293 = 부피 / 313, 부피는 약 640.96mL

제2과목 | 화재예방과 소화방법

021 가연성 물질이 공기 중에서 연소할 때의 연소형태에 대한 설명으로 틀린 것은?

① 공기와 접촉하는 표면에서 연소가 일어나는 것을 표면연소라 한다.
② 유황의 연소는 표면연소이다.
③ 산소공급원을 가진 물질 자체가 연소하는 것을 자기연소라 한다.
④ TNT의 연소는 자기연소이다.

답 ②

해 유황의 연소는 증발연소이다.
- **표면연소: 목탄(숯), 코크스, 금속분** 등
- **분해연소: 석탄, 목재, 종이, 섬유, 플라스틱** 등
- **증발연소: 나프탈렌, 장뇌, 황(유황), 양초(파라핀), 왁스, 알코올**
- **자기연소: 주로 5류 위험물**(이는 물질내에 산소를 가진 자기연소 물질이다, 주로 **니트로기**를 가지고 있다.)

022 할로겐화합물 소화약제가 전기화재에 사용될 수 있는 이유에 대한 다음 설명 중 가장 적합한 것은?

① 전기적으로 부도체이다.
② 액체의 유동성이 좋다.
③ 탄산가스와 반응하여 포스겐가스를 만든다.
④ 증기의 비중이 공기보다 작다.

답 ①

해 유류, 전기화재(부도체이므로 사용 가능하다)에 사용된다.

023 클로로벤젠 300000L의 소요단위는 얼마인가?

① 20
② 30
③ 200
④ 300

답 ②

해 위험물의 경우 지정수량의 10배가 1소요단위이다.

종류	내화구조	비내화구조
위험물	위험물의 지정수량×10	
제조소 및 취급소	100m²	50 m²
저장소	150 m²	75 m²

옥외설치된 공작물은 외벽이 내화구조인 것으로 간주한다.
클로로벤젠의 지정수량은 1000L이다(일등격 크스클).
따라서 10000L가 1소요단위이므로 300000L는
30 소요단위이다.

024 소화약제로서 물이 갖는 특성에 대한 설명으로 옳지 않은 것은?

① 유화효과(emulsification effect)도 기대할 수 있다.
② 증발잠열이 커서 기화 시 다량의 열을 제거한다.
③ 기화팽창률이 커서 질식효과가 있다.
④ 용융잠열이 커서 주수 시 냉각효과가 뛰어나다.

답 ④

해 **증발(기화)잠열이 크므로 냉각효과가 크며, 비열이 크다.**
무상주수 하는 경우 **질식소화(기화되어 팽창이 크게 되므로), 유화소화**(기름위에 막을 형성하여 소화시키는 효과)가 있다.

025 위험물안전관리법령상 정전기를 유효하게 제거하기 위해서는 공기 중의 상대습도를 몇 % 이상 되게 하여야 하는가?

① 40% ② 50%
③ 60% ④ 70%

답 ④

해 정전기 제거를 위해,
- **접지**에 의한 방법
- **공기 중의 상대습도를 70% 이상**으로 하는 방법
- **공기를 이온화**하는 방법

026 벤젠과 톨루엔의 공통점이 아닌 것은?

① 물에 녹지 않는다. ② 냄새가 없다.
③ 휘발성 액체이다. ④ 증기는 공기보다 무겁다.

답 ②

해 방향족이라는 말은 냄새가 난다는 의미이다. 둘다 냄새가 난다.

027 제6류 위험물인 질산에 대한 설명으로 틀린 것은?

① 강산이다.
② 물과 접촉 시 발열한다.
③ 불연성 물질이다.
④ 열분해 시 수소를 발생한다.

답 ④

해 **강산성**의 산화성 **물질로 부식성**이 강하며, 제6류 위험물로 불연성이다.
수용성이고, **물과 반응하여 발열**한다.
열분해시 이산화질소, 물, **산소**를 발생시킨다.
$4HNO_3 \rightarrow 4NO_2 + 2H_2O + O_2$

028 제1종 분말소화약제가 1차 열분해 되어 표준상태를 기준으로 $2m^3$의 탄산가스가 생성되었다. 몇 kg의 탄산수소나트륨이 사용되었는가? (단, 나트륨의 원자량은 23이다.)

① 15 ② 18.75
③ 56.25 ④ 75

답 ①

해

종류	성분	적응화재	열분해 반응식	색상
제1종 분말	$NaHCO_3$ (탄산수소나트륨)	B, C	$2NaHCO_3 \rightarrow$ $Na_2CO_3 + CO_2 + H_2O$	백색

탄산수소나트륨 2몰이 반응하면 이산화탄소는 1몰이 발생한다. 기체 1몰의 부피는 22.4L이므로 $2m^3$는 곧 2000/22.4몰이 된다. 탄산수소나트륨은 그 두배 이므로 4000/22.4몰이 되고, 탄산수소나트륨 1몰의 질량은 84(23 + 1 + 12 + 16×3)이다. 따라서 4000/22.4 몰의 질량은 4000/22.4 × 84이다. 이를 kg으로 환산하면 약 15가 된다.

029 인화알루미늄의 화재 시 주수소화를 하면 발생하는 가연성 기체는?

① 아세틸렌 ② 메탄
③ 포스겐 ④ 포스핀

답 ④

해 인화알루미늄은 **포스핀을 생성한다.**

030 다음 A~D 중 분말소화약제로만 나타낸 것은?

| A. 탄산수소나트륨 | B. 탄산수소칼륨 |
| C. 황산구리 | D. 제1인산암모늄 |

① A, B, C, D ② A, D
③ A, B, C ④ A, B, D

답 ④

해 분말소화약제 57페이지 표 참고

031 알루미늄분의 연소 시 주수소화하면 위험한 이유를 옳게 설명한 것은?

① 물에 녹아 산이 된다.
② 물과 반응하여 유독가스가 발생한다.
③ 물과 반응하여 수소가스가 발생한다.
④ 물과 반응하여 산소가스가 발생한다.

답 ③

해 금속은 주수소화하면 수소가 발생한다.

032 이산화탄소소화설비의 소화약제 방출방식 중 전역방출방식 소화설비에 대한 설명으로 옳은 것은?

① 발화위험 및 연소위험이 적고 광대한 실내에서 특정장치나 기계만을 방호하는 방식
② 일정 방호구역 전체에 방출하는 경우 해당 부분의 구획을 밀폐하여 불연성가스를 방출하는 방식
③ 일반적으로 개방되어 있는 대상물에 대하여 설치하는 방식
④ 사람이 용이하게 소화활동을 할 수 있는 장소에서는 호스를 연장하여 소화활동을 행하는 방식

답 ②

해 일정 부분은 밀폐하여 그 구역내에 이산화탄소 소화약제를 방출하는 방식이다.

033 위험물제조소 등에 설치하는 포소화설비의 기준에 따르면 포헤드방식의 포헤드는 방호대상물의 표면적 $1m^2$ 당 방사량이 몇 L/min 이상의 비율로 계산한 양의 포수용액을 표준방사량으로 방사할 수 있도록 설치하여야 하는가?

① 3.5 ② 4
③ 6.5 ④ 9

답 ③

해 호대상물의 표면적 $1m^2$ 당의 방사량이 6.5ℓ/min 이상의 비율로 계산한 양의 포수용액을 표준방사량으로 방사할 수 있도록 설치해야 한다.

034 일반적으로 고급 알코올황산에스테르염을 기포제로 사용하며 냄새가 없는 황색의 액체로서 밀폐 또는 준밀폐 구조물의 화재 시 고팽창포로 사용하여 화재를 진압할 수 있는 포소화약제는?

① 단백포소화약제
② 합성계면활성제포소화약제
③ 알코올형포소화약제
④ 수성막포소화약제

답 ②

035 전기불꽃 에너지 공식에서 ( )에 알맞은 것은? (단, Q는 전기량, V는 방전전압, C는 전기용량을 나타낸다)

$$E = \frac{1}{2}(\quad) = \frac{1}{2}(\quad)$$

① QV, CV   ② QC, CV
③ QV, CV^2 ④ QC, QV^2

답 ③
해 $E = \frac{1}{2}QV = \frac{1}{2}CV^2$
　E는 전기불꽃에너지, Q는 전기량, V는 방전전압, C는 전기용량

036 적린과 오황화린의 공통 연소생성물은?

① SO_2 ② H_2S
③ P_2O_5 ④ H_3PO_4

답 ③
해 인은 산소와 만나면 오산화인을 생성하고, 오황화인도 인을 포함하고 있으므로 오산화인을 만든다.

037 위험물제조소 등의 스프링클러설비의 기준에 있어 개방형 스프링클러헤드는 스프링클러헤드의 반사판으로부터 하방 및 수평방향으로 각각 몇 m의 공간을 보유하여야 하는가?

① 하방 0.3m, 수평방향 0.45m
② 하방 0.3m, 수평방향 0.3m
③ 하방 0.45m, 수평방향 0.45m
④ 하방 0.45m, 수평방향 0.3m

답 ④
해 개방형 스프링클러 헤드의 반사판으로부터 **하방으로 0.45m**, **수평방향으로 0.3m**의 공간을 보유할 것

038 제1류 위험물 중 알칼리금속과산화물의 화재에 적응성이 있는 소화약제는?

① 인산염류분말   ② 이산화탄소
③ 탄산수소염류분말   ④ 할로겐화합물

답 ③
해 주수금지이므로 탄산수소염류분말, 팽창질석, 팽창진주암, 마른모래 등이 적응성이 있다.

039 강화액 소화약제에 소화력을 향상시키기 위하여 첨가하는 물질로 옳은 것은?

① 탄산칼륨   ② 질소
③ 사염화탄소   ④ 아세틸렌

답 ①
해 **강화액소화제**는 탄산칼륨(K_2CO_3)을 첨가하여 **어는점을 낮춘** 소화약제로, pH12 이상(염기성)이다.

040 가연성 가스의 폭발 범위에 대한 일반적인 설명으로 틀린 것은?

① 가스의 온도가 높아지면 폭발 범위는 넓어진다.
② 폭발한계농도 이하에서 폭발성 혼합가스를 생성한다.
③ 공기 중에서보다 산소 중에서 폭발 범위가 넓어진다.
④ 가스압이 높아지면 하한값은 크게 변하지 않으나 상한값은 높아진다.

답 ②
해 폭발한계농도 범위에서 폭발성 혼합가스를 생성한다.

제3과목 | 위험물의 성질과 취급

041 동식물유류에 대한 설명으로 틀린 것은?

① 건성유는 자연발화의 위험성이 높다.
② 불포화도가 높을수록 요오드가가 크며 산화되기 쉽다.
③ 요오드값이 130 이하인 것이 건성유이다.
④ 1기압에서 인화점이 섭씨 250도 미만이다.

답 ③
해 건성유는 요오드 값이 130 이상이어야 한다.

042 과산화나트륨이 물과 반응할 때의 변화를 가장 옳게 설명한 것은?

① 산화나트륨과 수소를 발생한다.
② 물을 흡수하여 탄산나트륨이 된다.
③ 산소를 방출하며 수산화나트륨이 된다.
④ 서서히 물에 녹아 과산화나트륨의 안정한 수용액이 된다.

답 ③
해 알칼리금속과산화물과 물이 반응하면 수산화물질과 산소를 생성한다.

043 다음 중 연소범위가 가장 넓은 위험물은?

① 휘발유   ② 톨루엔
③ 에틸알코올   ④ 디에틸에테르

답 ④
해 디에틸에테르는 **연소범위가 1.7 - 48%로 넓은 편이다.**

044 메틸에틸케톤의 취급 방법에 대한 설명으로 틀린 것은?

① 쉽게 연소하므로 화기 접근을 금한다.
② 직사광선을 피하고 통풍이 잘되는 곳에 저장한다.
③ 탈지작용이 있으므로 피부에 접촉하지 않도록 주의한다.
④ 유리 용기를 피하고 수지, 섬유소 등의 재질로 된 용기에 저장한다.

답 ④
해 **수지, 유지 등을 녹인다(수지, 섬유소 등의 용기**에 보관불가).

045 유기과산화물에 대한 설명으로 틀린 것은?

① 소화방법으로는 질식소화가 가장 효과적이다.
② 벤조일퍼옥사이드, 메틸에틸케톤퍼옥사이드 등이 있다.
③ 저장 시 고온체나 화기의 접근을 피한다.
④ 지정수량은 10kg이다.

답 ①
해 제5류 위험물로 주수소화가 적절하다.

046 물과 접촉하였을 때 에탄이 발생되는 물질은?

① CaC_2
② $(C_2H_5)_3Al$
③ $C_6H_3(NO_2)_3$
④ $C_2H_5ONO_2$

답 ②
해 트리에틸알루미늄은 물과 만나면 에탄을 만든다.

047 위험물안전관리법령상 시·도의 조례가 정하는 바에 따르면 관할소방서장의 승인을 받아 지정수량 이상의 위험물을 임시로 제조소 등이 아닌 장소에서 취급할 때 며칠 이내의 기간 동안 취급할 수 있는가?

① 7일
② 30일
③ 90일
④ 180일

답 ③
해 지정수량 이상의 위험물을 저장소 아닌 장소에서 저장하거나 제조소 등이 아닌 장소에서 취급해서는 안 된다. **다만 90일 이내**, **시, 도의 조례에 따라 관할소방서장의 승인**으로 임시적으로 가능하다.

048 다음 물질 중 인화점이 가장 낮은 것은?

① 톨루엔
② 아세톤
③ 벤젠
④ 디에틸에테르

답 ④
해 특수인화물인 경우 **이**소프랜은 -54도, 이소**펜**탄은 -51도, **디**에틸에테르 **-45**, 아세트**알**데히드 -38, 산화**프**로필렌 -37, **이**황화탄소 **-30℃ 순서 외워두면 좋다(이펜디알프리(이))**, 디에틸에테르, 이황화탄소는 인화점 온도도 기억해야 한다.
아세톤(-18도), 벤젠(-11도), 톨루엔(4도)의 인화점도 기억한다.

049 오황화린에 관한 설명으로 옳은 것은?

① 물과 반응하면 불연성기체가 발생된다.
② 담황색 결정으로서 흡습성과 조해성이 있다.
③ P₂S₅로 표현되며 물에 녹지 않는다.
④ 공기 중 상온에서 쉽게 자연발화 한다.

답 ②

해 **물과 반응하여** 인산(H_3PO_4)과 황화수소(H_2S, 기체)를 발생시킨다.
황화수소는 가연성 기체이다.

050 위험물안전관리법령에서 정한 위험물의 운반에 대한 설명으로 옳은 것은?

① 위험물을 화물차량으로 운반하면 특별히 규제받지 않는다.
② 승용차량으로 위험물을 운반할 경우에만 운반의 규제를 받는다.
③ 지정수량 이상의 위험물을 운반할 경우에만 운반의 규제를 받는다.
④ 위험물을 운반할 경우 그 양의 다소를 불문하고 운반의 규제를 받는다.

답 ④

해 위험물을 운반하는 경우에는 모두 규제 대상이다. 지정수량 여부와 상관없다.

051 제6류 위험물의 취급 방법에 대한 설명 중 옳지 않은 것은?

① 가연성 물질과의 접촉을 피한다.
② 지정수량의 1/10을 초과할 경우 제2류 위험물과의 혼재를 금한다.
③ 피부와 접촉하지 않도록 주의한다.
④ 위험물제조소에는 "화기엄금" 및 "물기엄금" 주의사항을 표시한 게시판을 반드시 설치하여야 한다.

답 ④

해 제6류 위험물은 산화성액체로 가연성 물질과 접촉을 피해야 한다. 위험물제조소에는 주의사항을 별도로 표지 하지 않으나 운반용기 외부에는 가연물접촉주의를 표시한다.

052 제2류 위험물과 제5류 위험물의 공통적인 성질은?

① 가연성 물질이다. ② 강한 산화제이다.
③ 액체 물질이다. ④ 산소를 함유한다.

답 ①

해 제2류 위험물은 가연성 고체이고, 제5류 위험물은 자기반응성 물질로 모두 가연성 물질이다.

053 묽은 질산에 녹고, 비중이 약 2.7인 은백색 금속은?

① 아연분 ② 마그네슘분
③ 안티몬분 ④ 알루미늄분

답 ④

해 **물, 산, 알칼리 등과 반응하며** 수소를 생성시킨다(묽은 질산에 녹는다.).

054 황린에 대한 설명으로 틀린 것은?

① 백색 또는 담황색의 고체이며, 증기는 독성이 있다.
② 물에는 녹지 않고 이황화탄소에는 녹는다.
③ 공기 중에서 산화되어 오산화인이 된다.
④ 녹는점이 적린과 비슷하다.

답 ④

해
- **담황색 또는 백색의 고체로 마늘냄새**가 난다(독성물질).
- **물에 녹지 않고, 반응도 없다**. 따라서 **물속(보호액 pH9)에 저장**한다.
- 이황화탄소, 벤젠, 알코올에 녹는다.
- 연소하면 **오산화인(P_2O_5)**을 발생시키며 **백색의 연기**이다.
- 공기 중에 산화되어 오산화인을 만들기도 한다.
- 황린의 녹는점은 약 44℃이나 적린은 400℃ 이상이다.

055 다음은 위험물안전관리법령에서 정한 아세트알데히드 등을 취급하는 제조소의 특례에 관한 내용이다. ( )안에 해당하지 않는 물질은?

> 아세트알데히드 등을 취급하는 설비는 ( )·( )·( )·마그네슘 또는 이들을 성분으로 하는 합금으로 만들지 아니할 것

① Ag ② Hg
③ Cu ④ Fe

답 ④

해 **구리, 은, 수은, 마그네슘** 등으로 만든 용기에 보관하면 안된다.

056 위험물안전관리법령에 근거한 위험물 운반 및 수납 시 주의사항에 대한 설명 중 틀린 것은?

① 위험물을 수납하는 용기는 위험물이 누설되지 않게 밀봉시켜야 한다.
② 온도 변화로 가스가 발생해 운반용기 안의 압력이 상승할 우려가 있는 경우(발생한 가스가 위험성이 있는 경우 제외)에는 가스 배출구가 설치된 운반용기에 수납할 수 있다.
③ 액체 위험물은 운반용기 내용적의 98% 이하의 수납율로 수납하되 55℃의 온도에서 누설되지 아니하도록 충분한 공간 용적을 유지하도록 하여야 한다.
④ 고체 위험물은 운반용기 내용적의 98% 이하의 수납율로 수납하여야 한다.

답 ④

해 **고체위험물**은 운반용기 내용적의 **95% 이하**의 수납율로 수납할 것
액체위험물은 운반용기 내용적의 **98% 이하**의 수납율로 수납하되, **55도**의 온도에서 누설되지 아니하도록 충분한 공간용적을 유지하도록 할 것

057 인화칼슘이 물과 반응하여 발생하는 기체는?

① 포스겐 ② 포스핀
③ 메탄   ④ 이산화황

답 ②

해 인화칼슘, 인화알루미늄 등은 물과 반응하면 포스핀을 생성시킨다.

058 위험물제조소의 배출설비 기준 중 국소 방식의 경우 배출능력은 1시간당 배출장소 용적의 몇 배 이상으로 해야 하는가?

① 10배　　② 20배
③ 30배　　④ 40배

답 ②

해 배출능력은 1시간당 배출장소 용적의 20배 이상인 것으로 하여야 한다.

059 제1류 위험물 중 무기과산화물 150kg, 질산염류 300kg, 중크롬산염류 3000kg을 저장하고 있다. 각각 지정수량의 배수의 총합은 얼마인가?

① 5　　② 6
③ 7　　④ 8

답 ③

해 무기과산화물의 지정수량은 50kg, 질산염류는 300kg, 중크롬산염류는 1000kg이다.
배수는 각 3배, 1배, 3배 이므로 총 7배이다.

2019 | 2회

제1과목 | 일반화학

001 NH₄Cl에서 배위결합을 하고 있는 부분을 옳게 설명한 것은?

① NH_3의 N-H 결합
② NH_3와 H^+과의 결합
③ NH_4^+과 Cl^-
④ H^+과 Cl^- 과의 결합

답 ②

해 배위결합이란 전자를 반씩 내어놓는 일반적인 공유 결합과 달리 한쪽이 전자쌍 전부를 내어 놓고 다른 한쪽은 내어 놓지 않는 결합을 의미한다.
대표적인 것이 $NH_3 + H^+ \rightarrow NH_4^+$ 결합이다.
질소의 비공유 전자쌍과 수소이온의 결합이다.

002 자철광 제조법으로 빨갛게 달군 철에 수증기를 통할 때의 반응식으로 옳은 것은?

① $3Fe + 4H_2O \rightarrow Fe_3O_4 + 4H_2$
② $2Fe + 3H_2O \rightarrow Fe_2O_3 + 3H_2$
③ $Fe + H_2O \rightarrow FeO + H_2$
④ $Fe + 2H_2O \rightarrow FeO_2 + 2H_2$

답 ①

해 제조법은 1번과 같다. 또한 자철광의 화학식(Fe_3O_4)만 알아도 풀 수 있다.

003 불꽃 반응 결과 노란색을 나타내는 미지의 시료를 녹인 용액에 AgNO₃ 용액을 넣으니 백색침전이 생겼다. 이 시료의 성분은?

① Na_2SO_4
② $CaCl_2$
③ $NaCl$
④ KCl

답 ③

해 불꽃 반응 시 노란색은 Na이다. 질산은과 반응하여 백색침전이 생기는 것은 염화은이 발생하는 것이다. 따라서 시료는 NaCl이다. **AgCl은 침전한다.**

004 다음 화학반응 중 H₂O가 염기로 작용한 것은?

① $CH_3COOH + H_2O \rightarrow CH_3COO^- + H_3O^+$
② $NH_3 + H_2O \rightarrow NH_4^+ + OH^-$
③ $CO_3^{-2} + 2H_2O \rightarrow H_2CO_3 + 2OH^-$
④ $Na_2O + H_2O \rightarrow 2NaOH$

답 ①

해 브뢴스테드-로우리의 산: 양성자(H^+)를 줄 수 있는 물질
브뢴스테드-로우리의 염기: 양성자(H^+)를 받을 수 있는 물질
아레니우스의 산과 크게 다른 것은 없다.
H^+를 받은 것은 1번이다.

005 AgCl의 용해도는 용해도는 0.0016g/L 이다. 이 AgCl의 용해도곱(solubility product)은 약 얼마인가? (단, 원자량은 각각 Ag 108, Cl 35.5이다)

① 1.24×10^{-10} ② 2.24×10^{-10}
③ 1.12×10^{-5} ④ 4×10^{-4}

답 ①

해 용해도 곱은 양이온의 몰농도와 음이온의 몰농도의 곱을 의미한다.
그렇다면 각 이온의 몰농도를 알아야 하는데, 용해도가 0.0016g/L라면 용매 1L에 Ag^+, Cl^- 이온이 합해서 0.0016g 녹아 있다는 뜻이다. 각 이온의 몰수를 알아야 하는데, 각 이온의 몰수는 AgCl의 몰수와 같다(AgCl → Ag^+ + Cl^-, 즉 몰수비가 1:1:1이므로).
AgCl몰농도는 (0.0016/143.5) / 1이다. 1.1115×10^{-5}, 이고 Ag^+, Cl^- 이온의 각 몰농도도 동일하다.
용해도 곱은 1.24×10^{-10}

006 황이 산소와 결합하여 SO_2를 만들 때에 대한 설명으로 옳은 것은?

① 황은 환원된다. ② 황은 산화된다.
③ 불가능한 반응이다. ④ 산소는 산화되었다.

답 ②

해 산화는 산소를 얻거나, 전자를 잃거나 수소를 잃는 반응이다(-값을 가진 전자를 잃는 것이므로 아래에서 살펴볼 산화수가 커진다.).
문제에서 황은 산소를 얻었다. 산화수도 증가하였다(0에서 +4로).

007 다음 화합물 중에서 밑줄 친 원소의 산화수가 서로 다른 것은?

① $\underline{C}Cl_4$ ② $\underline{Ba}O_2$
③ $\underline{S}O_2$ ④ $\underline{O}H^-$

답 정답 없음

해 과산화바륨(BaO_2)의 경우 O_2의 산화수는 그 자체로 -2이다(마치 O_2자체가 하나의 원자로 취급된다). 따라서 Ba은 +2가 된다. SO_2와는 다르다. 이산화황은 과산화황이 아니다. 따라서 산소원자 하나가 -2값을 가진다. 따라서 S의 산화수는 +4이다.
Cl도 -1값을 가지므로 C는 +4이다.
통상의 산소원자의 산화수는 -2이다.

008 먹물에 아교나 젤라틴을 약간 풀어주면 탄소 입자가 쉽게 침전되지 않는다. 이때 가해준 아교는 무슨 콜로이드로 작용하는가?

① 서스펜션 ② 소수
③ 복합   ④ 보호

답 ④

해 소수 콜로이드는, 콜로이드 입자중 소량의 전해질에 의해 엉김이 생기는 콜로이드이다(먹물).
친수 콜로이드는 전해질이 다량으로 첨가되어야만 엉김이 생기는 콜로이드이다(아교).
위와 같이 소수콜로이드의 경우 엉김이 잘 생기므로 친수 콜로이드를 추가하여 엉김을 방지하는데, 이러한 친수콜로이드를 보호콜로이드라 하고, 그 예로는 먹물에서 아교가 탄소입자의 분산에 보호콜로이드가 된다.

009 다음 물질 중 이온결합을 하고 있는 것은?

① 얼음   ② 흑연
③ 다이아몬드   ④ 염화나트륨

답 ④

해 이온 결합이란 양이온과 음이온의 정전기적 인력에 의한 결합을 의미한다.
1, 2족의 금속의 양이온과 15, 16, 17족의 비금속의 음이온의 결합을 의미하며 결합력이 매우 강하다.

010 네슬러 시약에 의하여 적갈색으로 검출되는 물질은 어느 것인가?

① 질산이온   ② 암모늄이온
③ 아황산이온   ④ 일산화탄소

답 ②

해 네슬러 시약은 암모니아, 암모늄이온의 검출에 사용된다.

011 황산구리 용액에 10A의 전류를 1시간 통하면 구리(원자량=63.54)를 몇 g 석출하겠는가?

① 7.2g   ② 11.85g
③ 23.7g   ④ 31.77g

답 ②

해 구리의 경우 2+ 이온이므로 Cu 석출되기 위해서는 전자 2몰이 필요하다.
$Cu^{2+} + 2e^- \rightarrow Cu$
전자 1몰의 전하량은 96500C이고 1C = 1A × 1초이다. 따라서 10A를 1시(3600초)간 동안 통하면 36000C이 된다. 약 0.37몰이 된다. 전자 2몰에 대해 63.43이 석출되는데, 0.37몰인 경우, 약 11.8g이 석출된다.

012 황의 산화수가 나머지 셋과 다른 하나는?

① Ag_2S ② H_2SO_4
③ SO_4^{2-} ④ $Fe_2(SO_4)_3$

답 ①

해 아래는 주기율표에 상의 족에 따른 산화수이다. 일단 이 정도는 기억하자.

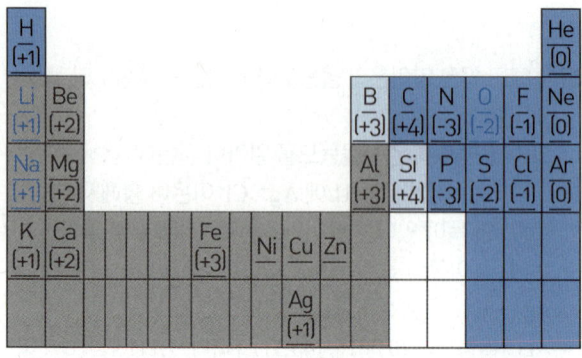

1번은 -2
2번은 (-2 × 4) + (+1 × 2) + (S산화수) = 0, 답은 +6
3번은 (-2 × 4) + (S산화수) = -2, 답은 +6
4번은 3(-2 × 4) + (+3 × 2) + 3(S산화수) = 0, 답은 +6

013 H_2O가 H_2S보다 끓는점이 높은 이유는?

① 이온결합을 하고 있기 때문에
② 수소결합을 하고 있기 때문에
③ 공유결합을 하고 있기 때문에
④ 분자량이 적기 때문에

답 ②

해 **전기음성도가 큰 원자와 수소가 결합하는 경우 수소결합**으로 비등점이 높다.
두 물질 다 공유결합한다.

H—Ö—H

H—S̈—H

다만, 전기음성도가 더 큰 물질인 O와 결합한 H_2O가 수소결합이고, 끓는점도 높게 된다.

014 실제 기체는 어떤 상태일 때 이상 기체 방정식에 잘 맞는가?

① 온도가 높고 압력이 높을 때
② 온도가 낮고 압력이 낮을 때
③ 온도가 높고 압력이 낮을 때
④ 온도가 낮고 압력이 높을 때

답 ③

해 이상기체란 분자들 사이에 인력을 무시한 가상의 기체이다. 실제에서도 온도가 높고, 압력이 낮아 분자사이에 거리가 멀면, 인력이 작게 작용하므로 이상기체와 비슷해진다.

015 산(acid)의 성질을 설명한 것 중 틀린 것은?

① 수용액 속에서 H^+를 내는 화합물이다.
② pH 값이 작을수록 강산이다.
③ 금속과 반응하여 수소를 발생하는 것이 많다.
④ 붉은색 리트머스 종이를 푸르게 변화시킨다.

답 ④

해 푸른색 리트머스 종이를 붉게 만든다.

016 다음 반응속도식에서 2차 반응인 것은?

① $V = k[A]^{1/2}[B]^{1/2}$ ② $V = k[A][B]$
③ $V = k[A][B]^2$ ④ $V = k[A]^2[B]^1$

답 ②

해 반응의 속도 $V = k[A]^a[B]^b$ 이다. 반응의 차수는 a + b값을 의미한다.
a, b, 값이 모두 1인 2번이 정답이다.

017 화학반응속도를 증가시키는 방법으로 옳지 않은 것은?

① 온도를 높인다.
② 부촉매를 가한다.
③ 반응물 농도를 높게 한다.
④ 반응물 표면적을 크게 한다.

답 ②

해 정촉매가 화학반응을 촉진시켜 속도를 증가시키는 역할을 한다.

018 0.1M 아세트산 용액의 해리도를 구하면 약 얼마인가? (단, 아세트산의 해리상수는 1.8×10^{-5}이다.)

① 1.8×10^{-5} ② 1.8×10^{-2}
③ 1.3×10^{-5} ④ 1.3×10^{-2}

답 ④

해 해리도는 해리 즉, 분해된 분자의 수와 분해되기 전의 분자의 수의 비율이다. 얼마나 분해 되었느냐의 척도이다. 약산의 경우 물에 아주 조금 분해되는데, 그 해리도를 구하는 공식이 있다.
$a = \sqrt{Ka/c}$ 이다. (a는 해리도, Ka는 해리상수, c는 몰농도이다)
Ka에 해리상수는 1.8×10^{-5}, C에 0.1대입하여 계산하면, 약 0.0134이다.

019 순수한 옥살산($C_2H_2O_4 \cdot 2H_2O$) 결정 6.3g을 물에 녹여서 500mL의 용액을 만들었다. 이 용액의 농도는 몇 M인가?

① 0.1 ② 0.2
③ 0.3 ④ 0.4

답 ①

헤 몰농도는 용액 1리터당 들어있는 용질의 몰 수이다. 문제에서는 옥살산의 몰수를 구하고 부피로 나눠주면 된다.
옥살산의 분자량을 구하면 126g/mol이다.
6.3g은 따라서 0.05몰이 된다.
0.05 / 0.5 = 0.1이 된다.

020 비금속원소와 금속원소 사이의 결합은 일반적으로 어떤 결합에 해당되는가?

① 공유결합 ② 금속결합
③ 비금속결합 ④ 이온결합

답 ④

헤 이온 결합이란 양이온과 음이온의 정전기적 인력에 의한 결합을 의미한다.
1, 2족의 금속의 양이온과 15, 16, 17족의 비금속의 음이온의 결합을 의미하며 결합력이 매우 강하다.

제2과목 | 화재예방과 소화방법

021 인산염 등을 주성분으로 한 분말소화약제의 착색은?

① 백색 ② 담홍색
③ 검은색 ④ 회색

답 ②

헤 제3종 분말을 의미하며 담홍색이다.
분말소화약제 57페이지 표 참고

022 불활성가스소화약제 중 IG-55의 구성성분을 모두 나타낸 것은?

① 질소
② 이산화탄소
③ 질소와 아르곤
④ 질소, 아르곤, 아산화탄소

답 ③

헤 **IG-55(질소, 아르곤이 50:50비율)로 섞인 기체이다.**

023 위험물안전관리법령상 위험물과 적응성이 있는 소화설비가 잘못 짝지어진 것은?

① K - 탄산수소염류 분말소화설비
② $C_2H_5OC_2H_5$ - 불활성가스소화설비
③ Na - 건조사
④ CaC_2 - 물통

답 ④

헤 탄화칼슘은 아세틸렌을 발생시키므로 주수소화하면 안 된다.
- 탄화칼슘, 탄화리튬, 탄화마그네슘은 아세틸렌(C_2H_2)
- 탄화알루미늄은 메탄

024 다음 각 위험물의 저장소에서 화재가 발생하였을 때 물을 사용하여 소화할 수 있는 물질은?

① K_2O_2　　② CaC_2
③ Al_4C_3　　④ P_4

답 ④

해 무기과산화물인 과산화칼륨은 산소를 발생시키며 발화하고, 탄화칼슘은 아세틸렌을, 탄화알루미늄은 메탄을 발생시키므로 모두 주수소화 하면 안 된다.
- **탄화칼슘, 탄화리튬, 탄화마그네슘은 아세틸렌(C_2H_2)**
- **탄화알루미늄은 메탄**

025 위험물안전관리법령상 소화설비의 설치 기준에서 제조소 등에 전기설비(전기배선, 조명기구 등은 제외)가 설치된 경우에는 해당 장소의 면적 몇 m^2 마다 소형수동식소화기를 1개 이상 설치하여야 하는가?

① 50　　② 75
③ 100　　④ 150

답 ③

해 제조소 등에서 **전기설비 설치 시 100m^2 마다 소형수동식 소화기 1개 이상** 설치해야 한다.

026 위험물안전관리법령상 제6류 위험물에 적응성이 있는 소화설비는?

① 옥내소화전설비
② 불활성가스소화설비
③ 할로겐화합물소화설비
④ 탄산수소염류 분말소화설비

답 ①

해 제6류 위험물은 주수소화가 효과적이다. 불활성가스, 할로겐화합물, 탄산수소염류 등에는 적응성이 없다.

027 위험물제조소 등에 설치하는 포 소화설비에 있어서 포헤드 방식의 포헤드는 방호대상물의 표면적(m^2) 얼마 당 1개 이상의 헤드를 설치하여야 하는가?

① 3　　② 5
③ 9　　④ 12

답 ③

해 방호대상물 표면적 **9m^2당 1개 이상**의 헤드를 설치한다.

028 다음 보기에서 열거한 위험물의 지정수량을 모두 합산한 값은?

과요오드산, 과요오드산염류, 과염소산, 과염소산염류

① 450 kg　　② 500 kg
③ 950 kg　　④ 1200 kg

답 ③

해 지정수량은 순서대로 300kg(**5차 / 3퍼 퍼크과 아염과**), 300kg(**5차 / 3퍼 퍼크과 아염과**), 300kg(**삼 질할과염산**), 50kg(**오(50)염과 무아 / 삼(300)질 요브 / 천(1000)과 중**)

029 다음 중 화재 시 다량의 물에 의한 냉각소화가 가장 효과적인 것은?

① 금속의 수소화물 ② 알칼리금속과산화물
③ 유기과산화물   ④ 금속분

답 ③

해 물과 반응하는 물질은 주수소화 하면 안 된다.
- 1류위험물 중 **무기과산화물의 경우 산소(O_2)**
- 금속류는 **대부분 수소(H_2)**
- 금속수화합물 수소(H_2)
- **인화칼슘(인화석회)은 포스핀(PH_3, 인화수소라고도 함)**
- **탄화칼슘은 아세틸렌(C_2H_2)**
- **탄화알루미늄은 메탄(CH_4)**
- **탄화망간은 메탄(CH_4)**
- **트리메틸알루미늄은 메탄**
- **트리에틸알루미늄은 에탄**

제5류 위험물인 유기과산화물은 주수소화가 가능하다.

---

030 위험물안전관리법령상 옥내소화전설비의 기준으로 옳지 않은 것은?

① 소화전함은 화재발생 시 화재 등에 의한 피해의 우려가 많은 장소에 설치하여야 한다.
② 호스접속구는 바닥으로부터 1.5m 이하의 높이에 설치한다.
③ 가압송수장치의 시동을 알리는 표시등은 적색으로 한다.
④ 별도의 정해진 조건을 충족하는 경우는 가압송수장치의 시동표시 등을 설치하지 않을 수 있다.

답 ①

해 소화전함은 접근이 쉽고 화재 피해를 받을 우려가 적은 곳에 설치한다.

---

031 위험물안전관리법령상 이동저장탱크(압력탱크)에 대해 실시하는 수압시험은 용접부에 대한 어떤 시험으로 대신할 수 있는가?

① 비파괴시험과 기밀시험
② 비파괴시험과 충수시험
③ 충수시험과 기밀시험
④ 방폭시험과 충수시험

답 ①

해 **압력탱크**(최대상용압력이 46.7kPa 이상인 탱크를 말한다.) **외의 탱크는 70kPa의 압력으로, 압력탱크는 최대상용압력의 1.5배의 압력으로 각각 10분간의 수압시험**을 실시하여 새거나 변형되지 아니할 것. 이 경우 수압시험은 용접부에 대한 **비파괴시험과 기밀시험으로 대신**할 수 있다.

---

032 ABC급 화재에 적응성이 있으며 열분해되어 부착성이 좋은 메타인산을 만드는 분말소화약제는?

① 제1종   ② 제2종
③ 제3종   ④ 제4종

답 ③

해 ABC모두 적응가능한 것은 제3종이다.

종류	성분	적응화재	열분해반응식	색상
제3종 분말	$NH_4H_2PO_4$ (인산암모늄)	A, B, C	$NH_4H_2PO_4$ → HPO_3(메타인산) + NH_3(암모니아) + H_2O	담홍색

033 정전기를 유효하게 제거할 수 있는 설비를 설치하고자 할 때 위험물안전관리법령에서 정한 정전기 제거 방법의 기준으로 옳은 것은?

① 공기 중의 상대습도를 70% 이상으로 하는 방법
② 공기 중의 상대습도를 70% 미만으로 하는 방법
③ 공기 중의 절대습도를 70% 이상으로 하는 방법
④ 공기 중의 절대습도를 70% 미만으로 하는 방법

답 ①

해 접지에 의한 방법
공기 중의 상대습도를 70% 이상으로 하는 방법
공기를 이온화하는 방법

034 다음은 제4류 위험물에 해당하는 물품의 소화방법을 설명한 것이다. 소화효과가 가장 떨어지는 것은?

① 산화프로필렌 : 알코올형 포로 질식소화한다.
② 아세톤 : 수성막포를 이용하여 질식소화한다.
③ 이황화탄소 : 탱크 또는 용기 내부에서 연소하고 있는 경우에는 물을 사용하여 질식소화한다.
④ 디에틸에테르 : 이산화탄소소화설비를 이용하여 질식소화한다.

답 ②

해 내알콜포(수용성 액체(아세톤)화재, 알코올류화재용(다른 포는 알코올로 포가 파괴된다))
아세톤은 수용성이므로 수성막포를 쓰면 안된다(포가 망가짐).

035 피리딘 20000 리터에 대한 소화설비의 소요단위는?

① 5단위   ② 10단위
③ 15단위   ④ 100단위

답 ①

해 소화설비 소요단위는 위험물인 경우 지정수량의 10배이다.
피리딘의 경우 지정수량이 400L(제1석유류는 일 이(200L)휘벤에메톨 / 사(400L)시아피)이므로 1소요단위는 4000L이다. 20000리터는 5소요단위이다.

036 탄소 1mol이 완전 연소하는 데 필요한 최소 이론공기량은 약 몇 L인가? (단, 0℃, 1기압 기준이며, 공기 중 산소의 농도는 21vol%이다)

① 10.7   ② 22.4
③ 107   ④ 224

답 ③

해 탄소의 연소식은 $C + O_2 \rightarrow CO_2$이다. 탄소와 산소의 반응비는 1:1이므로 탄소 1몰연소를 위해 산소도 1몰이 필요한 것이다. 표준상태에서 기체 1몰은 22.4L이므로 100:21 = X:22.4 식이 성립한다. X는 약 106.667

037 위험물안전관리법령상 옥내소화전설비의 비상전원은 자가발전설비 또는 축전지 설비로 옥내소화전 설비를 유효하게 몇 분 이상 작동할 수 있어야 하는가?

① 10분 ② 20분
③ 45분 ④ 60분

답 ③

해 옥내소화전설비(수계)
- 소화전함은 접근이 쉽고 화재 피해를 받을 우려가 적은 곳에 설치한다.
- **비상전원을 설치하여 45분 이상** 작동해야 한다.
- 각 건축물의 층마다 하나의 **호스접속구까지의 수평거리가 25m 이하**가 되도록 설치해야 한다(접속구로부터 너무 멀면 안 된다.).
- 개폐밸브 및 호스접속구는 **바닥면으로부터 1.5m 이하** 높이에 설치해야 한다(밸브가 너무 높으면 안 된다).

038 위험물제조소에 옥내소화전 설비를 3개 설치하였다. 수원의 양은 몇 m^3 이상이어야 하는가?

① $7.8m^3$ ② $9.9m^3$
③ $10.4m^3$ ④ $23.4m^3$

답 ④

해 수원의 수량은 옥내소화전이 **가장 많이 설치된 층의 설치개수에 7.8m^3을 곱한양이 되어야 한다**(**설치개수가 5이상인 경우 5에 7.8 m^3**을 곱한다).

039 자연발화가 일어날 수 있는 조건으로 가장 옳은 것은?

① 주위의 온도가 낮을 것
② 표면적이 작을 것
③ 열전도율이 작을 것
④ 발열량이 작을 것

답 ③

해 자연발화 발생조건은 **주위 온도가 높고, 습도가 높고, 표면적이 넓고, 발열량이 크고 열전도율이 작으면 잘 발생한다.**

040 수성막포소화약제를 수용성 알코올 화재 시 사용하면 소화효과가 떨어지는 가장 큰 이유는?

① 유독가스가 발생하므로
② 화염의 온도가 높으므로
③ 알코올은 포와 반응하여 가연성 가스를 발생하므로
④ 알코올이 포 속의 물을 탈취하여 포가 파괴되므로

답 ④

해 수성막포소화약제는 수용성 알코올에 쓰면 포가 파괴된다.

제3과목 | 위험물의 성질과 취급

041 과산화수소의 성질에 대한 설명 중 틀린 것은?

① 에테르에 녹지 않으며, 벤젠에 녹는다.
② 산화제이지만 환원제로서 작용하는 경우도 있다.
③ 물보다 무겁다.
④ 분해방지 안정제로 인산, 요산 등을 사용할 수 있다.

답 ①

해 **물, 알코올, 에테르에 녹고**, 석유, 벤젠에 안 녹는다.

042 위험물안전관리법령상 $C_6H_2(NO_2)_3OH$의 품명에 해당하는 것은?

① 유기과산화물   ② 질산에스테르류
③ 니트로화합물   ④ 아조화합물

답 ③

해 트리니트로페놀이며 니트로화합물이다.

043 위험물을 저장 또는 취급하는 탱크의 용량은?

① 탱크의 내용적에서 공간용적을 뺀 용적으로 한다.
② 탱크의 내용적으로 한다.
③ 탱크의 공간용적으로 한다.
④ 탱크의 내용적에 공간용적을 더한 용적으로 한다.

답 ①

해 탱크의 용량은 당해 탱크의 **내용적에서 공간용적을 뺀 용적**으로 한다.

044 P_4S_7에 고온의 물을 가하면 분해된다. 이때 주로 발생하는 유독물질의 명칭은?

① 아황산   ② 황화수소
③ 인화수소   ④ 오산화린

답 ②

해 **물과 반응하면 인산(H_3PO_4), 아인산(H_3PO_3), 황화수소**를 발생시킨다.

045 과산화칼륨에 대한 설명으로 옳지 않은 것은?

① 염산과 반응하여 과산화수소를 생성한다.
② 탄산가스와 반응하여 산소를 생성한다.
③ 물과 반응하여 수소를 생성한다.
④ 물과의 접촉을 피하고 밀전하여 저장한다.

답 ③

해 알칼리금속과산화물은 물과 반응하여 산소를 발생시킨다.

046 금속 칼륨에 관한 설명 중 틀린 것은?

① 연해서 칼로 자를 수가 있다.
② 물속에 넣을 때 서서히 녹아 탄산칼륨이 된다.
③ 공기 중에서 빠르게 산화하여 피막을 형성하고 광택을 잃는다.
④ 등유, 경유 등의 보호액 속에 저장한다.

답 ②

해 금속은 물과 반응하면 격렬하게 반응하며 수소를 발생시킨다.

047 염소산칼륨이 고온에서 완전 열분해할 때 주로 생성되는 물질은?

① 칼륨과 물 및 산소 ② 염화칼륨과 산소
③ 이염화칼륨과 수소 ④ 칼륨과 물

답 ②

해 열분해하면 산소를 발생시킨다(완전열분해 시 산소와 염화칼륨이 나온다).

048 연소 시에는 푸른 불꽃을 내며, 산화제와 혼합되어 있을 때 가열이나 충격 등에 의하여 폭발할 수 있으며 흑색화약의 원료로 사용되는 물질은?

① 적린 ② 마그네슘
③ 황   ④ 아연분

답 ③

해 흑색화약은 KNO_3, 유황(S), 숯(목탄, C)으로 만든다.

049 다음과 같은 성질을 갖는 위험물로 예상할 수 있는 것은?

- 지정수량:400L   · 증기비중:2.07
- 인화점:12℃   · 녹는점:-89.5℃

① 메탄올   ② 벤젠
③ 이소프로필알코올 ④ 휘발유

답 ③

해 알코올류는 일화점이 10℃ 언저리에 있다. 지정수량이 400L이고, 증기비중은 분자량을 29로 나눈값이므로 메탄올은 아니다. 이소프로필알코올에 대한 설명이다.

050 제5류 위험물 중 상온(25℃)에서 동일한 물리적 상태(고체, 액체, 기체)로 존재하는 것으로만 나열한 것은?

① 니트로글리세린, 니트로셀룰로오스
② 질산메틸, 니트로글리세린
③ 트리니트로톨루엔, 질산메틸
④ 니트로글리콜, 트리니트로톨루엔

답 ②

해 질산에스테르류는 니트로셀룰로오스와 셀룰로오스는 고체, 나머지는 액체, 니트로화합물은 고체이다.
문제에서 질산에스테르류는 니트로글리세린, 니트로셀룰로오스, 질산메틸, 니트로글리콜 인데, 그 중 니트로셀룰로오스는 고체이고, 나머지는 액체이다.
트리니트로톨루엔은 니트로화합물로 고체이다.

051 위험물안전관리법령상 주유취급소에서의 위험물 취급기준에 따르면 자동차 등에 인화점 몇 ℃ 미만의 위험물을 주유할 때에는 자동차 등의 원동기를 정지시켜야 하는가? (단, 원칙적인 경우에 한한다)

① 21 ② 25
③ 40 ④ 80

답 ③

해 주유취급소에서 취급기준에 따르면 자동차 등에 인화점 40℃ 미만의 위험물을 주유할 때에는 자동차 등의 원동기를 정지시켜야 한다.

052 아세톤과 아세트알데히드에 대한 설명으로 옳은 것은?

① 증기비중은 아세톤이 아세트알데히드보다 작다.
② 위험물안전관리법령상 품명은 서로 다르지만 지정수량은 같다.
③ 인화점과 발화점 모두 아세트알데히드가 아세톤보다 낮다.
④ 아세톤의 비중은 물보다 작지만, 아세트알데히드는 물보다 크다.

답 ③

해 아세톤은 제4류 위험물 제1석유류로 지정수량은 400L이고, 아세트알데히드는 특수인화물로 지정수량은 50L이다.
증기비중은 분자량이 큰 아세톤이 아세트알데히드보다 크다.
인화점 및 발화점은 각 아세트알데히드는 -38℃, 185℃, 아세톤은 -18℃, 465℃이다.
둘다 물에 뜨는 물질로 비중이 물보다 작다.

053 위험물안전관리법령상 위험물의 운반에 관한 기준에서 적재하는 위험물의 성질에 따라 직사일광으로부터 보호하기 위하여 차광성 있는 피복으로 가려야 하는 위험물은?

① S ② Mg
③ C_6H_6 ④ $HClO_4$

답 ④

해 **차광성 있는 피복**으로 가릴 위험물: **1류, 3류 중 자연발화성 물질, 4류 중 특수인화물, 5류, 6류**
유황과 마그네슘은 제2류 위험물이고, 벤젠은 제4류 위험물 중 제1석유류이다. 과염소산은 제6류 위험물이므로 차광성 있는 피복으로 가려야 한다.

054 다음 중 특수인화물이 아닌 것은?

① CS_2 ② $C_2H_5OC_2H_5$
③ CH_3CHO ④ HCN

답 ④

해 순서대로 이황화탄소, 디에틸에테르, 아세트알데히드, 시안화수소이다. 시안화수소는 제1석유류에 해당한다.

055 $C_2H_5OC_2H_5$의 성질 중 틀린 것은?

① 전기 양도체이다.
② 물에는 잘 녹지 않는다.
③ 유동성의 액체로 휘발성이 크다.
④ 공기 중 장시간 방치 시 폭발성 과산화물을 생성할 수 있다.

답 ①

해 디에틸에테르는 제4류 위험물 특수인화물로 부도체이다.

056 다음 중 자연발화의 위험성이 제일 높은 것은?

① 야자유 ② 올리브유
③ 아마인유 ④ 피마자유

답 ③

해 제4류 위험물 동식물유류 중 자연발화의 위험성이 높은 것은 건성유, 반건성유, 불건성유 순서이다. 야자유, 올리브유, 피마자유는 모두 불건성유이나, 아마인유는 건성유이다.
(**정상 동해 대아들, 참쌀면 청옥 채콩, 소돼재고래 피 올야 땅**)

057 고체위험물은 운반용기 내용적의 몇 % 이하의 수납율로 수납하여야 하는가?

① 90
② 95
③ 98
④ 99

답 ②

해 **고체위험물**은 운반용기 내용적의 **95% 이하**의 수납율로 수납할 것
액체위험물은 운반용기 내용적의 **98% 이하**의 수납율로 수납하되, **55도**의 온도에서 누설되지 아니하도록 충분한 공간용적을 유지하도록 할 것

058 황린이 연소할 때 발생하는 가스와 수산화나트륨 수용액과 반응하였을 때 발생하는 가스를 차례대로 나타낸 것은?

① 오산화인, 인화수소
② 인화수소, 오산화인
③ 황화수소, 수소
④ 수소, 황화수소

답 ①

해 인은 연소하면 오산화인을 생성한다.
황린의 연소반응식은 $P_4 + 5O_2 \rightarrow 2P_2O_5$이다.
황린은 물과 반응하지 않으나 수산화나트륨 수용액과 반응하면 포스핀가스(인화수소)를 생성한다.
황린과 수산화 나트륨수용액의 반응식은
$P_4 + 3NaOH + 3H_2O \rightarrow PH_3 + 3NaH_2PO_2$

059 제4류 위험물의 일반적인 성질에 대한 설명 중 가장 거리가 먼 것은?

① 인화되기 쉽다.
② 인화점, 발화점이 낮은 것은 위험하다.
③ 증기는 대부분 공기보다 가볍다.
④ 액체비중은 대체로 물보다 가볍고 물에 녹기 어려운 것이 많다.

답 ③

해 제4석유류는 증기비중이 대부분 공기보다 무겁다. 따라서 낮은 곳에 잘 머무른다.

060 위험물안전관리법령상 지정수량의 10배를 초과하는 위험물을 취급하는 제조소에 확보하여야 하는 보유공지의 너비의 기준은?

① 1m 이상
② 3m 이상
③ 5m 이상
④ 7m 이상

답 ③

해 10배를 초과하는지에 따라 나누어진다.

취급하는 위험물의 최대수량	공지의 너비
지정수량의 **10배 이하**	**3m 이상**
지정수량의 **10배 초과**	**5m 이상**

SECTION 04

2019 | 3회

제1과목 | 일반화학

001 n그램(g)의 금속을 묽은 염산에 완전히 녹였더니 m몰의 수소가 발생하였다. 이 금속의 원자가를 2가로 하면 이 금속의 원자량은?

① n/m
② 2n/m
③ n/2m
④ 2m/n

답 ①

해 원자가가 2가인 금속이면, +2 양이온이 된다. 즉, 17족인 염산과 만나면 1:2로 반응하게 된다.
이 금속을 X라 하고 반응식을 쓰면,
$X + 2HCl \rightarrow XCl_2 + H_2$이 된다. X와 수소는 1:1반응비인데, 즉 수소가 m몰 나오면, X의 몰수도 m몰이라는 의미이다.
몰수는 반응물의 질량을 원자량으로 나눈 값이므로, n/원자량 = m 이라는 식이 만들어지고,
원자량은 n/m이 된다.

002 $[H^+]=2\times10^{-6}M$인 용액의 pH는 약 얼마인가?

① 5.7
② 4.7
③ 3.7
④ 2.7

답 ①

해 pH란 수소이온(H^+)의 몰농도를 -log한 것이다. 즉, $-\log[H^+]$ 이다. 약 5.7이 된다.

003 질산나트륨의 물 100g에 대한 용해도는 80℃에서 148g, 20℃에서 88g이다. 80℃의 포화용액 100g을 70g으로 농축시켜서 20℃로 냉각시키면, 약 몇 g의 질산나트륨이 석출되는가?

① 59.68
② 9.08
③ 50.6
④ 40.32

답 ③

해 먼저 구하고자 하는 100g의 포화용액에 들어 있는 질산나트륨의 질량을 알아야 한다.
용액과 용질의 비는 80℃에서 248:148이므로, 용액이 100일 때는 용질은 약 59.68g이다.
즉, 용매인 물은 40.32g이라는 의미이다.
농축은 물이 그만큼 사라졌다는 의미이다. 30g사라졌으므로 물의 양은 10.32g이 된다.
20℃로 냉각되면, 20℃에서의 용해도를 넘는 질산나트륨은 석출되어 나온다.
용매 100g에 용질 88g이 녹을 수 있다.
즉 100:88 = 10.32:X 의 식이 세워지고 X를 구하면 9.08g이 된다. 이를 넘는 용질은 석출되어 나온다. 59.68g - 9.08g = 50.6g이다.

004 다음과 같은 경향성을 나타내지 않는 것은?

$$Li < Na < K$$

① 원자번호
② 원자반지름
③ 제1차 이온화에너지
④ 전자수

답 ③

해 1족 원소로 주기율표에서 아래로 갈수록 커지는 특성이다.
원자번호는 아래로갈수록 당연히 커지고, 원자번호는 양성자수이자 전자수이므로 당연히 커진다.
원자반지름도 껍질의 수가 증가하므로 당연히 커진다.
다만, 아래로 갈수록 반응이 더 잘되므로 이온화 에너지가 더 작아진다.

005 4℃에서 1L의 순수한 물에는 H^+과 OH^-가 각각 몇 g 존재하는가? (단, H의 원자량은 1.008×10^{-7}g/mol이다.)

① 1.008×10^{-7}, 17.008×10^{-7}
② $1000 \times 1/18$, $1000 \times 17/18$
③ 18.016×10^{-7}, 18.016×10^{-7}
④ 1.008×10^{-14}, 17.008×10^{-14}

답 ②

해 각 이온의 무게를 알기 위해서는 물 1L의 질량을 알아야 한다. 4℃에서 물의 비중은 1 이므로 1L당 1kg의 무게를 가진다.
그렇다면 물 1kg속에 H^+과 OH^-가 어떤 무게의 비율로 있는지를 알면 된다.
H^+과 OH^-의 질량비는 1:17이다(전자의 무게는 무시하므로 H^+과 OH^-의 질량비는 H, OH의 질량비와 같다). 즉, 1kg을 18로 나누어 그 중 1은 H^+, 17은 OH^-의 무게인 것이다.

006 금속은 열, 전기를 잘 전도한다. 이와 같은 물리적 특성을 갖는 가장 큰 이유는?

① 금속의 원자 반지름이 크다.
② 자유전자를 가지고 있다.
③ 비중이 대단히 크다.
④ 이온화 에너지가 매우 크다.

답 ②

해 금속은 양이온과 자유전자들 사이의 정전기적 인력에 의해 결합하고 있다.
자유전자는 특정 양이온에 고정되어 있지 않고, 양이온 사이를 자유롭게 움직이고 있다. 이를 전자바다형태라고 한다.

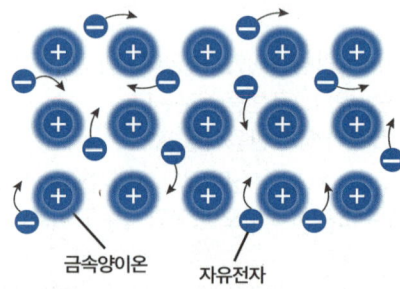

금속양이온   자유전자

금속은 이러한 특성으로 인해 전기를 잘 통하는 물질이 되는 것이다.

007 어떤 원자핵에서 양성자의 수가 3이고, 중성자의 수가 2일 때 질량수는 얼마인가?

① 1
② 3
③ 5
④ 7

답 ③

해 **원소의 질량은 양성자, 중성자의 무게를 합한 것**에 해당하며 전자의 경우 무시할 수 있을 정도로 작아 고려하지 않는다. **양성자의 수 = 전자의 수 = 원소 번호**
질량수 = 양성자수 + 중성자수

008 프로판 1kg을 완전 연소시키기 위해 표준상태의 산소가 약 몇 m³가 필요한가?

① 2.55 ② 5
③ 7.55 ④ 10

답 ①

해 반응식을 먼저 알아야 한다.
$C_3H_8 + 5O_2 \rightarrow 3CO_2 + 4H_2O$
반응식을 몰라도 탄화수소 연소 시 이산화탄소와 물이 나오는 것을 알고 있으면 된다.
프로판과 산소의 대응 몰수 비는 1:5이다.
프로판 1kg은 약 0.0227kmol이다. 산소는 5배 이므로 0.1136kmol인데, 산소 1kmol의 부피는 22.4m³ 이므로 0.1136kmol은 약 2.55m³이다.

009 다음의 염을 물에 녹일 때 염기성을 띠는 것은?

① Na_2CO_3 ② $CaCl$
③ NH_4Cl ④ $(NH_4)_2SO_4$

답 ①

해 강산 + 약염기의 경우는 그 염은 산성,
약산 + 강염기의 경우는 염기성,
강 + 강 혹은 약 + 약의 경우는 중성을 띤다.
H_2CO_3(탄산) + 2NaOH(수산화나트륨) → Na_2CO_3 + $2H_2O$
HCl, HI, HBr, 위의 산소의 수 - 수소의 수가 2이상인 것 은 강산이다. 강산이 아니면 약산이다.
강염기의 경우 1,2족 원자와 OH가 붙어 있다(NaOH, Ca(OH)₂).
탄산은 약산(산소산으로 산소수 - 수소수가 2미만이므로 약산이다), 수산화나트륨은 강염기이므로 Na_2CO_3은 염기성을 가진다.

010 콜로이드 용액을 친수콜로이드와 소수콜로이드로 구분할 때 소수콜로이드에 해당하는 것은?

① 녹말 ② 아교
③ 단백질 ④ 수산화철(III)

답 ④

해 소수 콜로이드: 콜로이드 입자중 소량의 전해질에 의해 엉김이 생기는 콜로이드이다(먹물, 수산화철).
친수 콜로이드: 전해질이 다량으로 첨가되어야만 엉김이 생기는 콜로이드이다(아교, 녹말).

011 기하이성질체 때문에 극성 분자와 비극성 분자를 가질 수 있는 것은?

① C_2H_4 ② C_2H_3Cl
③ $C_2H_2Cl_2$ ④ C_2HCl_3

답 ③

해 분자식이 같으면서 구조가 다른 물질을 이성질체라고 한다.
디클로로에틸렌이 그 예이다.

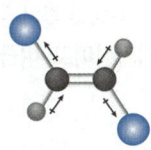 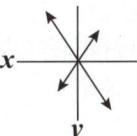

trans - $C_2H_2Cl_2$, 극성들이 서로 반대방향으로 상쇄되어 무극성이다.

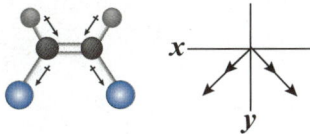

cis - $C_2H_2Cl_2$, 극성들이 서로 상쇄되지 못하므로 극성이다.
위의 두 가지의 $C_2H_2Cl_2$를 기하이성질체라고 하며, 극성, 비극성 분자를 모두 가질 수 있는 예에 해당한다. *(그냥 이러한 문제가 나오면 $C_2H_2Cl_2$, $CH_3CH = CHCH_3$를 기억하면 된다)*

012 메탄에 염소를 작용시켜 클로로포름을 만드는 반응을 무엇이라 하는가?

① 중화반응 ② 부가반응
③ 치환반응 ④ 환원반응

답 ③

해 메탄(CH_4)이 클로로포름($CHCl_3$)으로 바뀐 것이므로 치환반응(화합물 중의 원자, 이온, 작용기 등이 다른 원자, 이온, 작용기 등으로 바뀌는 반응)에 의한 것이다.

013 제3주기에서 음이온이 되기 쉬운 경향성은? (단, 0족(18족)기체는 제외한다.)

① 금속성이 큰 것
② 원자의 반지름이 큰 것
③ 최외각 전자수가 많은 것
④ 염기성 산화물을 만들기 쉬운 것

답 ③

해 음이온이 되기 쉽다는 것은 전자를 얻기 쉽다는 말이다. 즉 17족이 가장 큰 것이다.
금속이온은 양이온이 되기 쉽고, 주기율표에서 오른쪽으로 갈수록 양성자의 힘이 강해 반지름이 줄어든다. **금속물질의 산화물은 대부분 염기성이고, 비금속 물질의 산화물은 산성이다.**

014 황산구리(Ⅱ) 수용액을 전기분해할 때 63.5g의 구리를 석출시키는데 필요한 전기량은 몇 F인가? (단, Cu의 원자량은 63.5이다.)

① 0.635F ② 1F
③ 2F ④ 63.5F

답 ③

해 $CuSO_4$의 경우 Cu^{2+}, SO_4^{2-} 로 나눠지는 모양을 생각하면 Cu^{2+}가 Cu로 나오기 위해서는 전자가 2개 필요하다. 즉 대응 비가 전자두개당 구리 하나이다.
구리의 원자량이 63.5g이고 석출량이 같으므로 구리는 1몰이 생성되었다는 뜻이다. 그렇다면 전자는 2몰이 필요한 것인데, 전자 1몰의 전하량은 1F, 따라서 2F가 필요하다.

015 수성가스(water gas)의 주성분을 옳게 나타낸 것은?

① CO_2, CH_4 ② CO, H_2
③ CO_2, H_2, O_2 ④ H_2, H_2O

답 ②

해 수성가스는 석유등의 합성에 사용되는 가스로 CO, H_2가 주성분인 가스이다.

016 다음은 열역학 제 몇 법칙에 대한 내용인가?

> 0K(절대온도)에서 물질의 엔트로피는 0이다.

① 열역학 제0법칙 ② 열역학 제1법칙
③ 열역학 제2법칙 ④ 열역학 제3법칙

답 ④

017 다음과 같은 구조를 가진 전지를 무엇이라 하는가?

> (-) Zn || H₂SO₄ || Cu(+)

① 볼타전지 ② 다니엘전지
③ 건전지   ④ 납축전지

답 ①

해 볼타 전지이다.
(-)Zn | H₂SO₄ | Cu(+) 형태를 가진다.
이온화경향이 더 큰 Zn판이 (-)극이 되고, 더 작은 Cu판이 (+)극이 된다.
두 금속을 연결하여 액체인 묽은 황산(H_2SO_4, 이는 이온화 되어 H^+, SO_4^{2-} 로 존재한다.)에 넣으면, 이온화 경향이 큰 Zn은 전자를 잃고 Zn^{2+}이온이 되어 묽은 황산속으로 들어가고, 전자($2e^-$)는 연결된 도선을 통해 (+)극으로 이동하여 그 곳(+극)에서는 H^+와 결합하여 H_2가 발생한다.

018 20℃에서 NaCl 포화용액을 잘 설명한 것은? (단, 20℃에서 NaCl의 용해도는 36이다.)

① 용액 100g 중에 NaCl이 36g 녹아 있을 때
② 용액 100g 중에 NaCl이 136g 녹아 있을 때
③ 용액 136g 중에 NaCl이 36g 녹아 있을 때
④ 용액 136g 중에 NaCl이 136g 녹아 있을 때

답 ③

해 **용매 100g에 최대한으로 녹을 수 있는 용질의 g수를 의미한다**(단위는 여러가지가 있을 수 있다. 용매의 부피에 따른 용질의 질량으로 표현하는 경우, g/L 등으로도 가능하다). 즉, **용액100g의 용해도가 100인 경우, 용매가 50g, 용질이 50g 있다는 의미이다.**
용매가 100g이고, 용해도가 50인 경우, 50g까지 녹을 수 있다는 의미이고, 총 150g의 용액이 될 수 있다는 뜻이다.

019 다음 중 KMnO₄의 Mn의 산화수는?

① +1 ② +3
③ +5 ④ +7

답 ④

해 **아래는 주기율표에 상의 족에 따른 산화수이다. 일단 이 정도는 기억하자.**

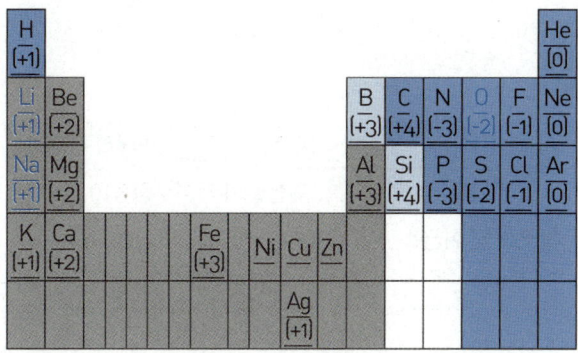

양이온, 음이온이 아닌 경우 산화수의 합은 0이 된다.
KMnO₄에서 O는 -2, K는 +1이므로 -2 × 4 + 1 + Mn의 산화수 = 0
Mn의 산화수는 +7

020 다음 중 배수비례의 법칙이 성립되지 않는 것은?

① H₂O와 H₂O₂ ② SO₂와 SO₃
③ N₂O와 NO   ④ O₂와 O₃

답 ④

해 2종류의 원소가 서로 화합하여 2종류 이상의 화합물을 만들 때, 한 원소의 일정량과 결합하는 다른 원소의 질량비는 항상 정수비를 이룬다는 법칙이다.
2종류의 원소가 서로 화합하는 경우이다. 산소와 오존은 한 종류의 원소이므로 이 법칙과 무관하다.

제2과목 | 화재예방과 소화방법

021 제조소 건축물로 외벽이 내화구조인 것의 1소요단위는 연면적이 몇 m²인가?

① 50 ② 100
③ 150 ④ 1000

답 ②

해

종류	내화구조	비내화구조
위험물	위험물의 지정수량×10	
제조소 및 취급소	100 m²	50 m²
저장소	150 m²	75 m²

옥외설치된 공작물은 외벽이 내화구조인 것으로 간주한다.
내화구조의 제조소의 경우 100m²가 1소요단위이다.

022 위험물제조소 등에 펌프를 이용한 가압송수장치를 사용하는 옥내소화전을 설치하는 경우 펌프의 전양정은 몇 m인가? (단, 소방용 호스의 마찰손실수두는 6m, 배관의 마찰손실수두는 1.7m, 낙차는 32m이다.)

① 56.7 ② 74.7
③ 64.7 ④ 39.87

답 ②

해 전양정을 구하는 식은 H=h①+h②+h③+35m이다
H는 전양정, h1은 소방용 호스의 마찰손실수두, h2는 배관의 마찰손실수두, h3는 낙차
따라서 H = 6 + 1.7 + 32 + 35 = 74.7이다.

023 자체소방대에 두어야 하는 화학소방자동차 중 포수용액을 방사하는 화학소방자동차는 전체 법정 화학소방자동차 대수의 얼마 이상으로 하여야 하는가?

① 1/3 ② 2/3
③ 1/5 ④ 2/5

답 ②

해 포수용액을 방사하는 화학소방자동차의 대수는 법령에 의한 화학소방자동차의 **대수의 3분의 2 이상**으로 하여야 한다.

024 제1인산암모늄 분말 소화약제의 색상과 적응화재를 옳게 나타낸 것은?

① 백색, BC급 ② 담홍색, BC급
③ 백색, ABC급 ④ 담홍색 ABC급

답 ④

해 제1인산암모늄은 제3종 분말이고, ABC에 적응성이 있고, 담홍색이다.
분말소화약제 57페이지 표 참고

025 자연발화가 잘 일어나는 조건에 해당하지 않는 것은?

① 주위 습도가 높을 것 ② 열전도율이 클 것
③ 주위 온도가 높을 것 ④ 표면적이 넓을 것

답 ②

해 **자연발화 발생조건은 주위 온도가 높고, 습도가 높고, 표면적이 넓고, 발열량이 크고 열전도율이 작으면 잘 발생한다.**

026 할로겐화합물 소화약제의 구비조건과 거리가 먼 것은?

① 전기절연성이 우수할 것
② 공기보다 가벼울 것
③ 증발 잔유물이 없을 것
④ 인화성이 없을 것

답 ②

해 **공기보다 무거워야 하며, 전기절연성, 증발성** 등을 갖추어야 한다.
유류, 전기화재(**부도체이므로 사용 가능하다.**)에 사용된다.

027 불활성가스 소화약제 중 IG-541의 구성성분이 아닌 것은?

① 질소
② 브롬
③ 아르곤
④ 이산화탄소

답 ②

해 **IG-541 (질소, 아르곤 이산화탄소가 52:40:8 비율로 섞인 기체이다)**

028 강화액 소화기에 대한 설명으로 옳은 것은?

① 물의 유동성을 강화하기 위한 유화제를 첨가한 소화기이다.
② 물의 표면장력을 강화하기 위해 탄소를 첨가한 소화기이다.
③ 산·알칼리 액을 주성분으로 하는 소화기이다.
④ 물의 소화효과를 높이기 위해 염류를 첨가한 소화기이다.

답 ④

해 **강화액소화제**는 물에 **탄산칼륨(K_2CO_3)**을 첨가하여 **어는 점을 낮춘** 소화약제로, pH12 이상(염기성)이다.
어는 점이 낮아지는 것은 물의 표면장력이 약화되기 때문이다.

029 연소의 주된 형태가 표면 연소에 해당하는 것은?

① 석탄
② 목탄
③ 목재
④ 유황

답 ②

해 **고체의 연소 중요**하다(무엇이 어떤 연소 인지 암기해야 한다).

- **표면연소: 목탄(숯), 코크스, 금속분** 등
- **분해연소: 석탄, 목재, 종이, 섬유, 플라스틱** 등
- **증발연소: 나프탈렌, 장뇌, 황(유황), 양초(파라핀), 왁스, 알코올**
- **자기연소: 주로 5류 위험물**(이는 물질내에 산소를 가진 자기연소 물질이다, 주로 니트로기를 가지고 있다)

030 종별 분말소화약제에 대한 설명으로 틀린 것은?

① 제1종은 탄산수소나트륨을 주성분으로 한 분말
② 제2종은 탄산수소나트륨과 탄산칼슘을 주성분으로 한 분말
③ 제3종은 제일인산암모늄을 주성분으로 한 분말
④ 제4종은 탄산수소칼륨과 요소와의 반응물을 주성분으로 한 분말

답 ②

해 제2종 분말소화약제의 주성분은 탄산수소칼륨이다.
분말소화약제 57페이지 표 참고

031 위험물제조소에 옥내소화전을 각 층에 8개씩 설치하도록 할 때 수원의 최소 수량은 얼마인가?

① 13m³ ② 20.8m³
③ 39m³ ④ 62.4m³

답 ③

해 옥내소화전 수원의 수량은 옥내소화전이 **가장 많이 설치된 층의 설치개수에 7.8m³을 곱한양이 되어야 한다**(설치개수가 5이상인 경우 5에 7.8 m³을 곱한다.).
5 × 7.8 = 39이다.

032 과산화수소 보관장소에 화재가 발생하였을 때 소화방법으로 틀린 것은?

① 마른모래로 소화한다.
② 환원성 물질을 사용하여 중화 소화한다.
③ 연소의 상황에 따라 분무주수도 효과가 있다.
④ 다량의 물을 사용하여 소화할 수 있다.

답 ②

해 과산화수소는 제6류 위험물 산화성 물질이다. 따라서 환원성을 물질을 만나면 반응하여 위험하다.
주수소화 가능하며, 마른모래는 건축물 그밖의 공작물, 전기설비를 제외하고 나머지 화재 모두에 적응성이 있다.

033 분말소화약제 중 열분해 시 부착성이 있는 유리상의 메타인산이 생성되는 것은?

① Na_3PO_4 ② $(NH_4)_3PO_4$
③ $NaHCO_3$ ④ $NH_4H_2PO_4$

답 ④

해 3종은 질식소화가스인 메타인산(HPO_3)은 부착성막을 만든다.

종류	성분	적응화재	열분해반응식	색상
제3종 분말	$NH_4H_2PO_4$ (인산암모늄)	A, B, C	$NH_4H_2PO_4$ → HPO_3(메타인산) + NH_3(암모니아) + H_2O	담홍색

034 제3류 위험물의 소화방법에 대한 설명으로 옳지 않은 것은?

① 제3류 위험물은 모두 물에 의한 소화가 불가능하다.
② 팽창질석은 제3류 위험물에 적응성이 있다.
③ K, Na의 화재 시에는 물을 사용할 수 없다.
④ 할로겐화합물소화설비는 제3류 위험물에 적응성이 없다.

답 ①

해 제3류 위험물은 대부분 금수성물질로 주수 소화하면 안 된다. 황린은 주수소화가 가능하다.
팽창질석은 마른모래와 마찬가지로 건축물 그밖의 공작물, 전기설비를 제외하고 나머지 화재 모두에 적응성이 있다.

035 위험물안전관리법령상 옥내소화전설비에 관한 기준에 대해 다음 ( )에 알맞은 수치를 옳게 나열한 것은?

> 옥내소화전설비는 각 층을 기준으로 하여 당해 층의 모든 옥내소화전(설치개수가 5개 이상인 경우는 5개의 옥내소화전)을 동시에 사용할 경우에 각 노즐선단의 방수압력이 (ⓐ)kPa 이상이고 방수량이 1분 당 (ⓑ)L 이상의 성능이 되도록 할 것

① ⓐ 350, ⓑ 260
② ⓐ 450, ⓑ 260
③ ⓐ 350, ⓑ 450
④ ⓐ 450, ⓑ 450

답 ①

해 각 층 기준 동시사용 시 각 노즐선단의 **방수 압력 350kPa** 이상이고 방수량이 **분당 260리터** 이상이 되어야 한다(즉, 2개 라면 방수량이 1분당 260리터 × 2이상이 되어야 한다. 다만 5개 이상인 경우 260에 5를 곱한다).

036 위험물안전관리법령상 위험물 저장·취급 시 화재 또는 재난을 방지하기 위하여 자체소방대를 두어야 하는 경우가 아닌 것은?

① 지정수량의 3천 배 이상의 제4류 위험물을 저장·취급하는 제조소
② 지정수량의 3천 배 이상의 제4류 위험물을 저장·취급하는 일반취급소
③ 지정수량의 2천 배의 제4류 위험물을 취급하는 일반취급소와 지정수량이 1천 배의 제4류 위험물을 취급하는 제조소가 동일한 사업소에 있는 경우
④ 지정수량의 3천 배 이상의 제4류 위험물을 저장·취급하는 옥외탱크저장소

답 ④

해 **제조소 또는 일반취급소**에서 취급하는 **제4류 위험물**의 최대수량의 **합이** 지정수량의 **3천배 이상**인 경우
옥외탱크저장소에 저장하는 **제4류 위험물**의 최대수량이 **지정수량의 50만배 이상**인 경우

037 마그네슘 분말의 화재 시 이산화탄소 소화약제는 소화적응성이 없다. 그 이유로 가장 적합한 것은?

① 분해반응에 의하여 산소가 발생하기 때문이다.
② 가연성의 일산화탄소 또는 탄소가 생성되기 때문이다.
③ 분해반응에 의하여 수소가 발생하고 이 수소는 공기 중의 산소와 폭명반응을 하기 때문이다.
④ 가연성의 아세틸렌가스가 발생하기 때문이다.

답 ②

해 이산화탄소와 반응하여 일산화탄소를 발생시킨다(따라서 이산화탄소소화기 사용금지).

038 경보설비를 설치하여야 하는 장소에 해당되지 않는 것은?

① 지정수량 100배 이상의 제3류 위험물을 저장·취급하는 옥내저장소
② 옥내주유취급소
③ 연면적 500m²이고 취급하는 위험물의 지정수량이 100배인 제조소
④ 지정수량 10배 이상의 제4류 위험물을 저장·취급하는 이송취급소

답 ④

해 이송취급소는 제외된다.
제조소 등에 따라 설치해야 하는 경보설비 63페이지 표 참고

039 제1류 위험물 중 알칼리금속의 과산화물을 저장 또는 취급하는 위험물제조소에 표시하여야 하는 주의사항은?

① 화기엄금   ② 물기엄금
③ 화기주의   ④ 물기주의

답 ②

해 제조소의 게시판에 게시할 내용
ⅰ) 1류 알칼리금속의 과산화물: 물기엄금
　　그 밖에: 없음
ⅱ) 2류 인화성 고체: 화기엄금
　　철분, 마그네슘, 금속분 및 그 밖에: 화기주의
ⅲ) 3류 자연발화성 물질: 화기엄금
　　금수성물질: 물기엄금
ⅳ) 4류: 화기엄금
ⅴ) 5류: 화기엄금
ⅵ) 6류: 없음

040 이산화탄소 소화기 사용 중 소화기 방출구에서 생길 수 있는 물질은?

① 포스겐   ② 일산화탄소
③ 드라이아이스   ④ 수소가스

답 ③

해 압축된 기체가 좁은 관을 통과하면서 온도를 하강시키는 **줄 - 톰슨 효과에 의해 드라이아이스(주성분은 CO_2이다)** 를 발생시킨다.

제3과목 | 위험물의 성질과 취급

041 위험물안전관리법령상 지정수량의 각각 10배를 운반할 때 혼재할 수 있는 위험물은?

① 과산화나트륨과 과염소산
② 과망간산칼륨과 적린
③ 질산과 알코올
④ 과산화수소와 아세톤

답 ①

해 423 524 61이다.
과산화나트륨은 제1류, 과염소산은 제6류이므로 혼재 가능하다.
나머지는 모두 혼재 불가능하다.
과망간산칼륨은 제1류, 적린은 제2류
질산은 제6류, 알코올은 제4류
과산화수소는 제6류, 아세톤은 제4류

042 질산과 과염소산의 공통 성질로 옳은 것은?

① 강한 산화력과 환원력이 있다.
② 물과 접촉하면 반응이 없으므로 화재 시 주수소화가 가능하다.
③ 가연성이 없으며 가연물 연소 시에 소화를 돕는다.
④ 모두 산소를 함유하고 있다.

답 ④

해 모두 제6류 위험물이다. 산화성 액체이므로, 모두 산소를 포함하고 있다(산화시킨다.).
질산은 수용성이고, **물과 반응하여 발열**한다.

043 다음 중 위험물의 저장 또는 취급에 관한 기술상의 기준과 관련하여 시·도의 조례에 의해 규제를 받는 경우는?

① 등유 2000L를 저장하는 경우
② 중유 3000L를 저장하는 경우
③ 윤활유 5000L를 저장하는 경우
④ 휘발유 400L를 저장하는 경우

답 ③

해 지정수량 이상이면 위험물안전관리법의 규제 대상이 된다(지정수량 미만이면 시·도 조례에 따라 규제된다.).
각 지정수량은 순서대로 1000L(**일(1000L)등경 크스클 / 이(2000L)아히포**), 2000L(**이(2000L)중아니클 / 사(4000L)글글**), 6000L(**육(6000L)윤기실**), 200L(**이(200L)휘벤에메톨 / 사(400L)시아피**)이다.
윤활유 5000L만 지정수량이 6000L 미만이다.

044 물과 접촉하면 위험한 물질로만 나열된 것은?

① CH_3CHO, CaC_2, $NaClO_4$
② K_2O_2, $K_2Cr_2O_7$, CH_3CHO
③ K_2O_2, Na, CaC_2
④ Na, $K_2Cr_2O_7$, $NaClO_4$

답 ③

해 ①은 아세트알데히드, 탄화칼슘, 과염소산나트륨
②은 과산화칼륨, 중크롬산칼륨, 아세트알데히드
③은 과산화칼륨, 나트륨, 탄화칼슘
④은 나트륨, 중크롬산칼륨, 과염소산나트륨
과산화칼륨은 물과 반응하면 산소를 생성하며 반응하고, 나트륨은 수소를, 탄화칼슘은 아세틸렌을 발생시키며 반응하므로 모두 주수소화하면 안 된다.

045 위험물제조소 등의 안전거리의 단축기준과 관련해서 H≤pD2+a인 경우 방화상 유효한 담의 높이는 2m 이상으로 한다. 다음 중 a에 해당되는 것은?

① 인근 건축물의 높이(m)
② 제조소 등의 외벽의 높이(m)
③ 제조소 등과 공작물과의 거리(m)
④ 제조소 등과 방화상 유효한 담과의 거리(m)

답 ②

해 방화상 유효한 담 또는 벽을 설치하는 경우에는 안전거리를 단축할 수 있다.
방화상 유효한 담의 높이는 다음에 의하여 산정한 높이 이상으로 한다.
  가. H≤pD2+α 인 경우
      h=2
  나. H > pD2+α 인 경우
      h = H - p(D2 - d2)
D: 제조소 등과 인근 건축물 또는 공작물과의 거리(m)
H: 인근 건축물 또는 공작물의 높이(m)
a: 제조소 등의 외벽의 높이(m)
d: 제조소 등과 방화상 유효한 담과의 거리(m)
h: 방화상 유효한 담의 높이(m)
p: 상수

046 오황화린이 물과 작용해서 발생하는 기체는?

① 이황화탄소   ② 황화수소
③ 포스겐가스   ④ 인화수소

답 ②

해 **물과 반응하여** 인산(H_3PO_4)과 황화수소(H_2S, 기체)를 발생시킨다.

047 황화린에 대한 설명으로 틀린 것은?

① 고체이다.
② 가연성 물질이다.
③ P_4S_3, P_2S_5 등의 물질이 있다.
④ 물질에 따른 지정수량은 50㎏, 100㎏ 등이 있다.

답 ④

해 제2류 위험물로 지정수량이 100kg이다(**백유황적 / 오철금 마 천인**).

048 위험물제조소는 문화재보호법에 의한 유형문화재로부터 몇 m 이상의 안전거리를 두어야 하는가?

① 20m   ② 30m
③ 40m   ④ 50m

답 ④

해 안전거리: 제조소(제6류 위험물을 취급하는 제조소를 제외한다.)는 건축물의 외벽 또는 이에 상당하는 공작물의 외측으로부터 당해 제조소의 외벽 또는 이에 상당하는 공작물의 외측까지의 사이에 다음 규정에 의한 수평거리(이하 "안전거리"라 한다)를 두어야 한다.
  가. **유형문화재와 지정문화재: 50m 이상**
  나. **학교, 병원, 극장 등 다수인 수용 시설(극단, 아동복지시설, 노인보호시설, 어린이집 등): 30m 이상**
  다. 고압가스, 액화석유가스 또는 도시가스를 저장 또는 취급하는 시설: 20m 이상
  라. **주거용인 건축물 등: 10m 이상**
  마. **사용전압이 35,000V를 초과하는 특고압가공전선: 5m 이상**
  바. 사용전압이 7,000V 초과 35,000V 이하의 특고압가공전선: 3m 이상

049 가솔린에 대한 설명 중 틀린 것은?

① 비중은 물보다 작다.
② 증기비중은 공기보다 크다.
③ 전기에 대한 도체이므로 정전기 발생으로 인한 화재를 방지해야 한다.
④ 물에는 녹지 않지만 유기용제에 녹고 유지 등을 녹인다.

답 ③

해 제4류 위험물은 부도체이므로 정전기 방지에 유의해야 한다.

050 위험물을 적재, 운반할 때 방수성 덮개를 하지 않아도 되는 것은?

① 알칼리금속의 과산화물
② 마그네슘
③ 니트로화합물
④ 탄화칼슘

답 ③

해 **방수성 있는 피복**으로 덮을 위험물(물을 피해야 하는 것):**1류 중 알칼리금속 과산화물** 또는 이를 함유한 것, **2류 중 철분, 마그네슘, 금속분** 또는 이를 함유한 것, **3류 중 금수성물질**
니트로화합물은 제5류 위험물로 방수성 피복 대상이 아니다.

051 질산암모늄이 가열분해하여 폭발이 되었을 때 발생되는 물질이 아닌 것은?

① 질소   ② 물
③ 산소   ④ 수소

답 ④

해 **가열분해하여 폭발하면 물, 산소, 질소를** 방출시킨다.

052 아세트알데히드의 저장 시 주의할 사항으로 틀린 것은?

① 구리나 마그네슘 합금 용기에 저장한다.
② 화기를 가까이 하지 않는다.
③ 용기의 파손에 유의한다.
④ 찬 곳에 저장한다.

답 ①

해 **구리, 은, 수은, 마그네슘** 등으로 만든 용기에 보관하면 안 된다.

053 금속칼륨의 성질에 대한 설명으로 옳은 것은?

① 중금속류에 속한다.
② 이온화경향이 큰 금속이다.
③ 물 속에 보관한다.
④ 고광택을 내므로 장식용으로 많이 쓰인다.

답 ②

해 **은백색의 광택이 나는 무른 금속**이다. 물속에 보관하면 안 된다.
불에 타면 **보라색 불꽃**이다.
물, 알코올과 강하게 반응하여 **수소를 발생**시킨다.
칼륨은 이온화경향이 큰 물질이다.
K > Ca > Na > Mg > Al > Zn(아연) > Fe > Ni > Sn(주석) > Pb(납) > H > Cu > Hg(수은) > Ag(은) > Pt(백금) > Au(금)

054 제5류 위험물에 해당하지 않는 것은?

① 니트로셀룰로오스   ② 니트로글리세린
③ 니트로벤젠   ④ 질산메틸

답 ③

해 니트로벤젠은 제4류 위험물 제3석유류이다.

055 질산칼륨에 대한 설명 중 틀린 것은?

① 무색의 결정 또는 백색분말이다.
② 비중이 약 0.81, 녹는점은 약 200℃이다.
③ 가열하면 열분해하여 산소를 방출한다.
④ 흑색화약의 원료로 사용된다.

답 ②

해 무취, **무색 또는 흰색결정**이다.
흑색화약의 원료이다(흑색화약은 **KNO_3, 유황(S), 숯(목탄, C)**으로 만든다).
가열하면 열분해하고, 산소를 발생시킨다.
물, 글리세린에 녹고, 알코올 에테르에 녹지 않는다.
조해성있다.
비중이 약 2.1이고, 녹는점은 339℃이다.

056 다음 중 과망간산칼륨과 혼촉하였을 때 위험성이 가장 낮은 물질은?

① 물
② 디에틸에테르
③ 글리세린
④ 염산

답 ①

해 과망간산칼륨은 제1류 위험물이다. **진한 황산, 유기물 등**과 만나면 폭발적으로 반응한다.
디에틸에테르, 글리세린은 제4류 위험물로 유기물질이다.
물과는 혼촉해도 위험하지 않다.

057 어떤 공장에서 아세톤과 메탄올을 18L 용기에 각각 10개, 등유를 200L 드럼으로 3드럼을 저장하고 있다면 각각의 지정수량 배수의 총합은 얼마인가?

① 1.3
② 1.5
③ 2.3
④ 2.5

답 ②

해 각 물질의 지정수량은 아세톤은 400L, 메탄올은 400L, 등유 1000L이다.
각 180L, 180L, 600L 저장한 경우, 지정수량의 배수는 0.45배, 0.45배, 0.6배 이다. 총 1.5배가 된다.

058 다음 중 증기비중이 가장 큰 물질은?

① C_6H_6
② CH_3OH
③ $CH_3COC_2H_5$
④ $C_3H_5(OH)_3$

답 ④

해 증기비중은 각 물질의 분자량에서 공기의 평균분자량인 29를 나눈 수 이다. 즉, 분자량이 클 수록 증기비중이 크다.
벤젠은 $12 \times 6 + 1 \times 6 = 78$
메틸알코올은 $12 + 1 \times 3 + 16 + 1 = 32$
메틸에틸케톤은
$12 + 1 \times 3 + 12 + 16 + 12 \times 2 + 1 \times 5 = 72$
글리세린은 $12 \times 3 + 1 \times 5 + 16 \times 3 + 1 \times 3 = 92$

059 가연성 물질이며 산소를 다량 함유하고 있기 때문에 자기연소가 가능한 물질은?

① $C_6H_2CH_3(NO_2)_3$ ② $CH_3COC_2H_5$
③ $NaClO_4$ ④ HNO_3

답 ①

해 자기연소가 가능한 물질은 제5류 위험물을 주로 말한다. 순서대로 트리니트로톨루엔(제5류), 메틸에틸케톤(제4류), 과염소산나트륨(제1류), 질산(제6류)이다.

060 위험물안전관리법령상 제4류 위험물 중 1기압에서 인화점이 21°C인 물질은 제 몇 석유류에 해당하는가?

① 제1석유류 ② 제2석유류
③ 제3석유류 ④ 제4석유류

답 ②

해
- 특수인화물: **발화점 100°C 이하 또는(or) 인화점이 -20°C 이고(and) 비점 40°C 이하**인 것
- 제1석유류: **인화점이 21°C 미만인 것**
- 제2석유류: **인화점이 21°C 이상 70°C 미만인 것**
- 제3석유류: **인화점이 70°C 이상 200°C 미만인 것**
- 제4석유류: **인화점이 200°C 이상 250°C 미만인 것**

SECTION 05 2020 | 1회

제1과목 | 일반화학

001 다음 중 파장이 가장 짧고, 투과력이 가장 강한 것은?

① 알파선(α) ② 베타선(β)
③ 감마선(χ) ④ X선

답 ③

해 방사선의 종류
- 알파선(α): 전기장에서 (-)쪽으로 휘므로 자신은(+) 성격을 가진다. 투과력은 가장 약하다.
- 베타선(β): 전기장에서 (+)쪽으로 휘므로 자신은(-) 성격을 가진다. 투과력은 알파선보다 강하고, 감마선보다 약하다.
- 감마선(χ): 일종의 전자파로, 질량이 없고 전하를 띄지 않는다. 파장이 가장 짧고, 투과성이 강하다.

002 약 50℃의 메탄올에 불에 달군 구리줄을 넣으면 자극성 냄새의 기체가 발생한다. 이 기체는?

① 포름알데히드 ② 아세트알데히드
③ 포름산 ④ 아세트산

답 ①

해 메탄올의 산화 과정이다. 구리는 반응에 참여하지 않는 촉매의 역할을 한다.

003 다음과 같이 어떤 기체가 일정한 온도에서 반응하고 있는 경우, 평형상태에서 기체 A, B, C는 각 1L부피에서 1몰, 2몰, 4몰인 경우 평형상수 K는?

$$A + 3B \rightarrow 2C + 열$$

① 2 ② 4
③ 3 ④ 0.5

답 ①

해 평형상수 공식에 의해 풀이할 수 있다.

$K = [C]^c[D]^d / [A]^a[B]^b$

각 물질의 몰농도는 부피 1리터당 몰수이므로, 각 1몰농도, 2몰농도, 4몰농도가 된다. 기체의 물질만 해당하므로, 공식에 대입하면

$4^2 / 1 \times 2^3$ 이므로 2가 된다.

004 98% 황산(H_2SO_4), 50g이 있는 경우 이에 포함된 산소의 원자수는?

① 6.02×10^{23} ② 3.01×10^{23}
③ 12.04×10^{23} ④ 6.02×10^{22}

답 ③

해 50g의 98%이므로 순수 황산의 질량은 49g이다.
황산의 분자량은 98g/mol이므로 49g은 0.5몰이다.
황산이 1몰 있을 때, 산소원자는 4개, 즉 4몰이 있는데, 0.5몰이므로 2몰이 있게 된다.
1몰은 입자 6.02×10^{23}개를 묶은 단위
2몰은 그 두배가 된다.

005 다음 화학반응식에서 암모니아의 생성을 많게 하려면 어떻게 해야 하는가?

$$N_2 + 3H_2 \rightarrow 2NH_3 + 22kcal$$

① 온도, 압력을 모두 높인다.
② 온도, 압력을 모두 낮춘다.
③ 온도는 낮추고, 압력은 높인다.
④ 온도는 높이고, 압력은 낮춘다.

답 ③

해 압력이 증가하면, 기체의 부피가 작아지는 방향으로 반응한다. 부피는 몰수에 비례하므로, A + 2B → 2C의 반응인 경우, 압력이 증가하면 반응전 기체의 몰수 3몰(1+2몰)에서 부피를 줄이기 위해 정반응으로 반응하여 2몰(기체 C의 몰수)의 기체가 되려한다.
반응에 있어 흡열반응일 경우, 온도가 높아지면, 열을 더 많이 흡수하여 정반응이 일어난다.
열 + A → B 의 반응은 흡열반응이고, 온도가 높아지면, 즉 열이 가해지면, 정반응이 일어난다.
발열반응 경우, 그 반대이다.
암모니아가 더 많이 생성되기 위해서는 정반응이 일어나야 하고, 정반응은 발열반응 이므로 온도가 낮아져야 더 활성화된다.
그리고 정반응시 전체의 부피가 줄어들게 되므로 압력이 높아야 부피가 줄어드는 방향으로 반응한다.

006 ns^2np^5의 전자구조를 가지는 물질이 아닌 것은?

① F
② Cl
③ Se
④ I

답 ③

해 p오비탈에 5개가 차 있다는 뜻은 s오비탈에 2개, p오비탈에 5개가 차있다는 의미로 17족 원자임을 뜻한다. 17족이 아닌 것은 Se이다.

007 기체의 확산속도는 기체의 밀도(또는 분자량)의 제곱근에 반비례한다는 원칙에 대한 설명은?

① 보일 샤를의 법칙이다.
② 이상기체방정식으로 표현된다.
③ 미지의 기체의 분자량을 구할 수 있는 법칙이다.
④ 기체상수 값을 구할 수 있다.

답 ③

해 그레이엄의 확산속도 법칙이라 하고 그 식은 아래와 같다.
V1/V2 = $\sqrt{d2/d1}$ = $\sqrt{M2/M1}$ (V1, V2: 각 기체의 확산속도, d1, d2는 각 기체의 밀도, M1, M2: 각 기체의 분자량)
위 식을 통해 미지의 기체의 분자량을 구할 수 있다.

008 다음에서 환원제로 쓰인 것은 어떤 것인가?

$$MnO_2 + 4HCl \rightarrow MnCl_2 + 2H_2O + Cl_2$$

① MnO_2
② HCl
③ $MnCl_2$
④ Cl_2

답 ②

해 환원은 산소를 잃거나, 전자를 얻거나, 수소를 얻는 반응이다(-값을 가진 전자를 얻는 것이므로 아래에서 살펴볼 산화수가 작아진다). 옆에서 환원을 일으키는 물질을 환원제라고 한다. 환원제는 자신은 산화되고, 다른 물질을 환원시킨다.
문제에서 MnO_2는 산소를 잃는다. 즉 환원이 되었다. 자신이 환원이 되었으면 옆에 물질이 환원을 도운 환원제가 된다.

009 다음 물질 중 염기성인 것은?

① $C_6H_5NH_2$
② C_6H_5COOH
③ $C_6H_5NO_2$
④ C_6H_5OH

답 ①

해 약염기는 NH를 가진다고 기억하자, 다만, 그 예외가 HNO_2는 아질산이나, NH를 가지나 약염기가 아니라 약산이다. 다만 문제에서 NH를 가진 중성 물질이 나올 수도 있다(니트로벤젠, $C_6H_5NO_2$).
약산과 약염기는 아래와 같다.

약산	화학식	약염기	화학식
플루오린화 수소산	HF	암모니아	NH_3
폼산	HCOOH	피리딘	C_5H_5N
아질산	HNO_2	**아닐린**	**$C_6H_5NH_2$**
벤조산	C_6H_5COOH	에틸아민	$C_2H_5NH_2$
아세트산	CH_3COOH	디메틸아민	C_2H_7N

요약하면, 강산(HCl, HI, HBr, 산소가 있는 경우 산소 - 수소의 수가 2이상인 산), 강염기(1,2족과 OH가 붙은 것)을 기억하고, 나머지, 약산/약염기는 위 표를 기억하자.

010 액체나 기체 안에 미소입자가 불규칙적 운동을 하는 것을 무엇이라 부르는가?

① 브라운 운동
② 틴들 현상
③ 전기영동
④ 다이알리시스

답 ①

해 콜로이드 용액: 지름이 10^{-7} ~ 10^{-5}cm정도의 용질의 입자를 "콜로이드"라 하는데, 이러한 콜로이드 입자가 분산되어 있는 용액을 콜로이드 용액이라고 한다.
브라운 운동: 콜로이드 용액에서 관찰되는 콜로이드 입자의 불규칙한 운동을 말한다.

011 다음은 어떤 고체물질의 온도에 따른 용해도 곡선이다. 이 물질의 포화용액의 온도를 80℃에서 0℃로 낮춘경우 20g의 물질이 석출되는 경우, 80℃에서 이 포화용액의 질량은(g)?

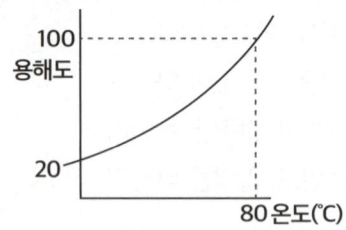

① 50
② 75
③ 100
④ 150

답 ①

해 용해도란 정해진 온도에서 용매에 최대한으로 녹을 수 있는 용질의 양을 의미한다.
온도 80℃인 경우 용매인 물 100g에 용질 100g이 녹는다. 0℃에서 20g이 녹는다. 즉 용질의 양이 1/5로 줄어든 것이다.
이럴 경우 80g석출되는데, 문제에서 20g이 석출되었다. 그렇다면 80℃에서는 용질의 양도 100g의 1/4인 25g이 있는 것이다.
80℃에서 용해도는 100이므로, 용매도 25g 있는 것이다.
용액은 용매 + 용질이므로 총 50g이 있는 것이다.

012 중성원자가 무엇을 잃으면 양이온이 되는가?

① 중성자
② 양성자
③ 전자
④ 이온

답 ③

해 원자는 중성자에서 전자를 얻으면 전자가 - 값이므로 -이온이 되고, 전자를 버리면 +이온이 된다.

013 1패러데이의 전기량이 물분해에 사용되는 경우 만들어지는 수소의 부피는? (표준상태)

① 5.6L ② 11.2L
③ 22.4L ④ 44.8L

답 ②

해 물분해의 반응식은 $2H_2O \rightarrow 2H_2 + O_2$이다.
(-)극에서는 수소가 발생되고, (+)극에서는 산소가 발생되는데, 각 극에서 반응식은 아래와 같다.
(-)극 $4H_2O + 4e^- \rightarrow 2H_2 + 4OH^-$
(+)극 $2H_2O \rightarrow O_2 + 4H^+ + 4e^-$
두 극은 같은 그릇에 있는 것으로 하나의 반응식이다. 따라서 위 아래를 합하면
$6H_2O + 4e^- \rightarrow 2H_2 + (4OH^- + 4H^+,$ 이는 곧 $4H_2O)$
$+ O_2 + 4e^-$
양쪽에서 겹치는 것을 제거하면(즉, $4e^-$ 와 $4H_2O$ 제거한다.)
$2H_2O \rightarrow 2H_2 + O_2$ 의 알짜 반응식만 남는다. 최종 반응식에서 사용된 전자의 수는 안 나오나 위에서 살펴보듯이 전자 4몰이 반응하면, 수소2몰, 산소2몰이 생성됨을 알 수 있다.
즉, 전자 4몰이 이동하여 -극에서 수소 2몰을 +극에서 산소 1몰을 발생시킨다(*다른 것은 다 기억못 해도 이 부분 꼭 기억하자.*).
전자4몰이 들어가서 수소 2몰, 산소 1몰을 만들게 되므로, 반응비는 4:2:1이다.
1패러데이는 전자 1몰에 해당하는 전류이므로, 전자 1몰이 들어가면 수소는 0.5몰 발생하게 된다.
기체 1몰의 부피는 표준상태에서 22.4L이므로 0.5몰은 11.2L이다.

014 200g의 물에 A물질이 2.9g 녹아 있는 용액의 어는점을 구하시오. (물의 어는점내림상수는 1.86℃·kg/mol, A의 분자량은 58이다)

① 0.932℃ ② -0.187℃
③ -0.233℃ ④ -0.465℃

답 ④

해 물의 어는점은 0℃이나, 그러나 A물질이 들어가면서 어는점내림이 발생한다.
어는점온도의 변화 = $m \times K_f$ 로 표시가 가능하다.
(m는 몰랄농도, K_f는 어는점내림상수)
위의 식에 의해 어는점온도변화를 알 수 있는데, 이를 위해서는 몰랄농도를 구해야 한다.
몰랄농도는 = 용질의 몰수(mol) / 용매의 질량(kg)이고,
즉, (2.9/58) / 0.2 = 0.25가 된다.
0.25 × 1.86 = 0.456℃이다. 즉, 0.465℃의 어는점온도변화, 즉 어는점이 내려갔다는 뜻이다.
원래 물의 어는점이 0℃이므로, 이용액의 어는점은 -0.465℃이다.

015 pH가 2인 용액은 pH4인 용액과 비교하면 수소이온의 농도는 몇배 차이인가?

① 10배 ② 4배
③ 100배 ④ 10^{-2}배

답 ③

해 **pH란 수소이온(H^+)의 몰농도를 -log한 것이다. 즉, $-\log[H^+]$ 이다.**
따라서 pH에서 1의 차이는 몰농도 10배이다.
따라서 pH2와 pH4의 몰농도 차이는 100배이다.

016 다음은 표준수소전극과 짝을 지어 얻게 된 반쪽반응 표준환원 전위값이다. 이 반쪽전지들을 짝지었을 경우 발생하는 전지의 표준 전위차($E°$)는 몇 V인가?

$Cu^{2+} + 2e^- \rightarrow Cu$, $E°$ 는 +0.34V
$Ni^{2+} + 2e^- \rightarrow Ni$, $E°$ 는 -0.23V

① +0.11V ② +0.57℃
③ -0.11℃ ④ -0.57℃

답 ②

해 전류는 양극의 전위의 차이가 있을 때 흐른다. 마치 물이 높은 곳에서 아래쪽으로 흐르는 것과 같이 차이가 크면 그만큼 강한 전압이 강하게 된다. 두 반쪽 전지의 표준수소전극과의 차이가 각 어떠한데, 두 반쪽 전지를 연결한 경우는 어떠한가라는 문제의 의미는 표준수소전극은 0이라 생각하고, 0을 기준으로 각 얼마만큼 + 혹은 -쪽으로 가 있는데, 그 두개의 차이는 얼마인가라는 문제로 이해하면 된다.(즉, -0.2, +0.4인 경우, 0을 기준으로 -쪽으로 0.2 가있고, +쪽으로 0.4 가있는데, 두개의 차이는 얼마인가라는 문제이다.)
0.4 - (-0.2) = 0.6이 된다.
즉, 큰 전위의 값에서 작은 전위 값을 그냥 빼면 된다.
따라서 0.34 - (-0.23) = +0.57V이다.

017 2차 알코올을 산화시켜서 얻는 물질은?

① CH_3OCH_3 ② CH_3COCH_3
③ CH_3OH ④ $HCOOH$

답 ②

해 2차 알코올은 산화되면 카르보닐기를 가진 케톤($RCOR`$, 예:아세톤)이 된다. $RCOR`$ 모양을 찾으면 된다.

018 0.01N 아세트산의 전리도가 0.01이라면, pH는 얼마인가?

① 1 ② 2
③ 4 ④ 6

답 ③

해 pH는 수소이온(H^+)의 몰농도를 -log한 것이다.
즉, $-\log[H^+]$ 이다.
pH 값을 구하기 위해서는 몰농도를 알아야 하므로 우선, 0.01N 아세트산의 농도를 M(몰농도)로 바꾸어야 한다.
몰농도 × 당량 = 노르말 농도이므로 당량을 구해야 하는데, **당량이란 해당 분자 하나가 내 놓는 H^+ 혹은 OH^- 의 수**이므로 아세트산의 경우 CH_3COOH에서 H^+ 하나만 내어 놓으므로 당량이 1이다.
몰농도도 0.01M이 된다.
전리도가 0.01이라면, 해당 물질이 1%만큼만 이온화된다는 의미이므로, 실제로는 0.01 × 0.01몰농도 만큼만 H^+ 이온을 내 놓는 것이다(몰농도에 전리도를 곱해서 대입한다.).
$-\log[0.0001] = -\log[1 \times 10^{-4}] = 4$가 된다.

019 에탄올을 진한 황산혼합물과 가열하여 반응시키면 디에틸에테르를 생성시킬 수 있다. 이 반응의 이름은?

① 치환반응 ② 축합반응
③ 산화반응 ④ 환원반응

답 ②

해 디에틸에테르는 **에탄올 2분자를 축합반응**(물분자 하나가 떨어져 나가서 결합하는 반응)시켜 만든다.

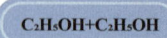 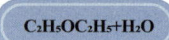

020 다음 금속 원소의 반응성이 큰 순서로 나열한 것은?

> Li, Na, K, Cs, Rb

① Na, Li, K, Cs, Rb   ② Li, Na, K, Cs, Rb
③ Cs, Rb, K, Na, Li   ④ Na, Rb, K, Cs, Li

답 ③

해 1, 2족인 경우 주기율표에서 왼쪽 아래로 갈수록 반응성이 커지는 경향을 기억하면 된다. 즉 K보다 같은 족이지만 더 아래에 있는 루비듐(Rb)이 반응성이 더 크다. 반지름이 더 커지므로 더 쉽게 전자를 뺏긴다는 뜻이다.

제2과목 | 화재예방과 소화방법

021 1기압, 100℃에서 물 36g이 모두 기화되었다. 생성된 기체는 약 몇 L인가?

① 11.2   ② 22.4
③ 44.8   ④ 61.2

답 ④

해 이상기체방정식에 의해 풀면 된다.
**V = nRT/P (R은 기체상수, 0.082L·atm/k·mol),
n = w/M (w는 기체의 질량, M은 기체의 분자량)**
물의 분자량은 18g/mol이므로 36g은 2몰이다.
v = 2 × 0.082 × 373 / 1 = 61.172이다.

022 위험물안전관리법령에 따른 옥내소화전설비의 기준에서 펌프를 이용한 가압송수장치의 경우 펌프의 전양정(H)을 구하는 식으로 옳은 것은? (단, h1은 소방용 호스의 마찰손실수두, h2는 배관의 마찰손실수두, h3는 낙차이며, h1, h2, h3의 단위는 모두 m이다.)

① H = h1 + h2 + h3
② H = h1 + h2 + h3 + 0.35m
③ H = h1 + h2 + h3 + 35m
④ H = h1 + h2 + 0.35m

답 ③

해 전양정을 구하는 식은 H = h1 + h2 + h3 + 35m이다.
H는 전양정, h1은 소방용 호스의 마찰손실수두, h2는 배관의 마찰손실수두, h3는 낙차

023 위험물안전관리법령상 분말소화설비의 기준에서 가압용 또는 축압용 가스로 알맞은 것은?

① 산소 또는 수소
② 수소 또는 질소
③ 질소 또는 이산화탄소
④ 이산화탄소 또는 산소

답 ③

해 분말소화약제에서는 **이산화탄소, 질소**가 가압용가스로 사용된다.

024 소화 효과에 대한 설명으로 옳지 않은 것은?

① 산소공급원 차단에 의한 소화는 제거효과이다.
② 가연물질의 온도를 떨어뜨려서 소화하는 것은 냉각효과이다.
③ 촛불을 입으로 바람을 불어 끄는 것은 제거효과이다.
④ 물에 의한 소화는 냉각효과이다.

답 ①

해 소화의 종류는 다음과 같다.
- 제거소화: **가연물**을 제거하는 소화이다.
  소화약제를 별도로 쓰지 않고, 가스 화재 시 벨브를 잠그는 것 등이다.
- 질식소화: **산소공급원**의 산소농도를 낮추는 소화이다.
  주소화약제는 이산화탄소를 이용하며, 이산화탄소 소화약제, 포소화약제, 분말소화약제 등이다.
- 냉각소화: **가연물의 온도**를 낮추는 소화이다.
  주소화약제는 물이며, **강화액소화약제** 등이다.
- 억제소화: 연소 **연쇄반응**을 차단하는 소화이다.
  할로겐원소를 사용하며, 화학적 소화, **부촉매(억제) 소화**이다.
- 희석소화: **가연물질의 농도를 낮추는** 소화이다(산소농도를 낮추는 질식소화와는 구분된다).

025 이산화탄소의 특성에 관한 내용으로 틀린 것은?

① 전기의 전도성이 있다.
② 냉각 및 압축에 의하여 액화될 수 있다.
③ 공기보다 약 1.52배 무겁다.
④ 일반적으로 무색, 무취의 기체이다.

답 ①

해 **불활성 기체로 전기전도성이 없으므로 전기화재**에 유효하다.
질식효과, 냉각효과가 주된 효과이다(질식효과 이므로 밀폐된 공간에서 효과적이다).

026 다음 물질의 화재 시 내알코올포를 사용하지 못하는 것은?

① 아세트알데히드   ② 알킬리튬
③ 아세톤   ④ 에탄올

답 ②

해 수용성 알코올의 경우 내알코올포를 사용해야 한다. 다른 포는 알코올로 포가 파괴되기 때문이다.
알킬리튬은 금수성 물질로 마른모래, 팽창질석, 팽창진주암, 탄산수소염류 등이 주로 사용된다.

027 일반적으로 다량의 주수를 통한 소화가 가장 효과적인 화재는?

① A급 화재   ② B급 화재
③ C급 화재   ④ D급 화재

답 ①

해 유류화재는 주수소화하면 연소면이 확대되어 위험하며, 전기화재에는 적응성이 없고, 금속화재에도 주수하면 위험하다.

028 스프링클러설비에 관한 설명으로 옳지 않은 것은?

① 초기화재 진화에 효과가 있다.
② 살수밀도와 무관하게 제4류 위험물에는 적응성이 없다.
③ 제1류 위험물 중 알칼리금속과산화물에는 적응성이 없다.
④ 제5류 위험물에는 적응성이 있다.

답 ②

해 스프링클러는 **화재를 초기에 진압할 수 있는 장점**이 있으나, **초기 시설비용이 많이 든다는 단점**이 있다.
소화설비의 구분 68페이지 표 참고
△는 제4류 위험물의 경우 장소이 살수기준 면적에 따라 스프링클러설비의 **살수밀도**가 일정 기준준 이상인 경우 적응성이 있다.

029 위험물제조소에서 옥내소화전이 1층에 4개, 2층에 6개가 설치되어 있을 때 수원의 수량은 몇 L 이상이 되도록 설치하여야 하는가?

① 13000   ② 15600
③ 39000   ④ 46800

답 ③

해 옥내소화전의 수원의 수량은 옥내소화전이 **가장 많이 설치된 층의 설치개수에 7.8m³**을 곱한양이 되어야 한다(**설치개수가 5이상인 경우 5에 7.8m³**을 곱한다).
따라서, 39m³이다.

030 다음 중 고체 가연물로서 증발연소를 하는 것은?

① 숯   ② 나무
③ 나프탈렌   ④ 니트로셀룰로오스

답 ③

해
- **표면연소**: **목탄(숯), 코크스, 금속분** 등
- **분해연소**: **석탄, 목재, 종이, 섬유, 플라스틱** 등
- **증발연소**: **나프탈렌, 장뇌, 황(유황), 양초(파라핀), 왁스, 알코올**
- **자기연소**: **주로 5류 위험물**(이는 물질내에 산소를 가진 자기연소 물질이다. 주로 니트로기를 가지고 있다)

031 점화원 역할을 할 수 없는 것은?

① 기화열   ② 산화열
③ 정전기불꽃   ④ 마찰열

답 ①

해 기화열은 기화시 흡수해야 하는 열을 의미하므로 점화원이 될 수 없다.

032 위험물안전관리법령상 제조소 등에서의 위험물의 저장 및 취급에 관한 기준에 따르면 보냉장치가 있는 이동저장탱크에 저장하는 디에틸에테르의 온도는 얼마 이하로 유지하여야 하는가?

① 비점   ② 인화점
③ 40℃   ④ 30℃

답 ①

해 보냉장치가 있는 이동저장탱크에 저장하는 아세트알데히드 등 또는 디에틸에테르 등의 온도는 당해 위험물의 **비점 이하로 유지**해야 한다.

033 과산화수소의 화재예방 방법으로 틀린 것은?

① 암모니아의 접촉은 폭발의 위험이 있으므로 피한다.
② 완전히 밀전·밀봉하여 외부 공기와 차단한다.
③ 불투명 용기를 사용하여 직사광선이 닿지 않게 한다.
④ 분해를 막기 위해 분해방지 안정제를 사용한다.

답 ②
해 상온에서 **스스로 분해되어 물과 산소**로 분해되며, **햇빛에도 분해된다.** 이러한 분해를 방지하기 위해 **분해방지 인산, 요산 같은 안정제**가 사용된다. **저장용기마개에 구멍을 뚫어 보관하며, 갈색병에 보관**한다(햇빛 차단위해).

034 Halon 1301에 대한 설명 중 틀린 것은?

① 비점은 상온보다 낮다.
② 액체 비중은 물보다 크다.
③ 기체 비중은 공기보다 크다.
④ 100℃에서도 압력을 가해 액화시켜 저장할 수 있다.

답 ④
해 할론 1301은 100℃에서 액화시킬 수 없다. 최대 가능한 온도는 67℃이다. 그 이상의 온도에서는 압력이 아무리 커도 액화되지 못한다.

035 묽은 질산이 칼슘과 반응하였을 때 발생하는 기체는?

① 산소   ② 질소
③ 수소   ④ 수산화칼슘

답 ③
해 $2HNO_3 + Ca \rightarrow Ca(NO_3)_2 + H_2$

036 Na_2O_2와 반응하여 제6류 위험물을 생성하는 것은?

① 아세트산   ② 물
③ 이산화탄소   ④ 일산화탄소

답 ①
해 **산**과 반응하여 **과산화수소** 발생시킨다.

037 인화점이 70℃ 이상인 제4류 위험물을 저장·취급하는 소화난이도등급 Ⅰ의 옥외탱크저장소(지중탱크 또는 해상탱크 외의 것)에 설치하는 소화설비는?

① 스프링클러소화설비
② 물분무소화설비
③ 간이소화설비
④ 분말소화설비

답 ②
해 인화점 70℃ 이상의 제4류 위험물만을 저장취급 하는 경우(지중탱크 또는 해상탱크 제외) **물분무소화설비 또는 고정식 포소화설비**, 이동식외 할로겐화합물 소화설비를 설치해야 한다.

038 표준상태에서 프로판 2m³이 완전 연소할 때 필요한 이론 공기량은 약 몇 m³인가? (단, 공기 중 산소농도는 21vol%이다.)

① 23.81　　② 35.72
③ 47.62　　④ 71.43

답 ③

해 프로판의 연소식을 알아야 한다. 물과 이산화 탄소가 나오므로 미정계수방정식에 의해 풀면,
$C_3H_8 + 5O_2 \rightarrow 3CO_2 + 4H_2O$의 반응식이 만들어 진다.
(참고로 프로판은 C가 3개 있는 C_nH_{2n+2} 형태의 탄화수소이다)
프로판과 산소의 반응 몰수비는 1:5이므로 모든 기체는 같은 몰수에서 같은 부피를 가지므로
1:5 = 2:X의 식이 성립하고, 따라서 산소는 10m³가 반응한 것이다.
공기중 산소는 21%이므로 100:21 = 필요한 공기부피:10의 식이 성립하고, 필요한 공기부피는 약 47.619m³ 가 된다.

039 분말소화약제인 제1인산암모늄(인산이수소 암모늄)의 열분해 반응을 통해 생성되는 물질로 부착성 막을 만들어 공기를 차단시키는 역할을 하는 것은?

① HPO_3　　② PH_3
③ NH_3　　④ P_2O_3

답 ①

해 *분말소화약제 57페이지 표 참고*
1종분말소화약제는 비누화반응을 일으키고, **질식, 억제소화**(부촉매)효과를 가진다.
1,2,3종 모두 물이 나오며, **1,2종은 이산화탄소**, **3종은 질식소화가스인 메타인산**(HPO_3, 부착성막을 만듦)이 나온다.

040 소화기와 주된 소화효과가 옳게 짝지어진 것은?

① 포 소화기 - 제거소화
② 할로겐화합물 소화기 - 냉각소화
③ 탄산가스 소화기 - 억제소화
④ 분말 소화기 - 질식소화

답 ④

해 소화효과는 아래와 같다.
- 제거소화: **가연물**을 제거하는 소화이다.
  소화약제를 별도로 쓰지 않고, 가스 화제 시 벨브를 잠그는 것 등이다.
- 질식소화: **산소공급원**의 산소농도를 낮추는 소화이다.
  주소화약제는 이산화탄소를 이용하며, 이산화탄소 소화약제, 포소화약제, 분말소화약제 등이다.
- 냉각소화: **가연물의 온도**를 낮추는 소화이다.
  주소화약제는 물이며, **강화액소화약제** 등이다.
- 억제소화: 연소 **연쇄반응**을 차단하는 소화이다.
  할로겐원소를 사용하며, 화학적 소화, **부촉매(억제) 소화**이다.
- 희석소화: **가연물질의 농도를 낮추는** 소화이다(산소농도를 낮추는 질식소화와는 구분된다).

제3과목 | 위험물의 성질과 취급

041 옥내탱크저장소에서 탱크 상호 간에는 얼마 이상의 간격을 두어야 하는가? (단, 탱크의 점검 및 보수에 지장이 없는 경우는 제외한다)

① 0.5m ② 0.7m
③ 1.0m ④ 1.2m

답 ①

해 옥내저장탱크와 탱크전용실의 벽과의 사이 및 옥내저장탱크의 상호간에는 **0.5m 이상의 간격**을 유지할 것

042 주유취급소에서 고정주유설비는 도로경계선과 몇 m 이상 거리를 유지하여야 하는가? (단, 고정주유설비의 중심선을 기점으로 한다)

① 2 ② 4
③ 6 ④ 8

답 ②

해 고정주유설비의 **중심선을 기점으로 하여 도로경계선까지 4m 이상 거리**를 유지해야 한다.

043 인화칼슘의 성질에 대한 설명 중 틀린 것은?

① 적갈색의 괴상고체이다.
② 물과 격렬하게 반응한다.
③ 연소하여 불연성의 포스핀가스를 발생한다.
④ 상온의 건조한 공기 중에서는 비교적 안정하다.

답 ③

해 물과 만나면 수산화칼슘($Ca(OH)_2$)과 유독성 가연성을 띄는 가스인 **포스핀(PH_3)가스**를 생성한다.

044 적린에 대한 설명으로 옳은 것은?

① 발화 방지를 위해 염소산칼륨과 함께 보관한다.
② 물과 격렬하게 반응하여 열을 발생한다.
③ 공기 중에 방치하면 자연발화한다.
④ 산화제와 혼합한 경우 마찰·충격에 의해서 발화한다.

답 ④

해 적린은 가연성 고체로 산화제와 만나면 위험하다. 제1류 위험물은 산화성 고체이므로 서로 혼합하면 안 된다. 적린은 물과 격렬히 반응하지 않고, 안정하므로 자연발화하지도 않는다.

045 칼륨과 나트륨의 공통 성질이 아닌 것은?

① 물보다 비중 값이 작다.
② 수분과 반응하여 수소를 발생한다.
③ 광택이 있는 무른 금속이다.
④ 지정수량이 50kg이다.

답 ④

해 지정수량이 모두 10kg이다(**십알 칼알나 이황 / 오알알유 / 삼금금탄규**).

046 다음 중 제1류 위험물에 해당하는 것은?

① 염소산칼륨 ② 수산화칼륨
③ 수소화칼륨 ④ 요오드화칼륨

답 ①

해 염소산칼륨은 제1류 위험물 염소산염류이다.
수소화칼륨은 제3류 금속수소화합물이다.
나머지는 위험물이 아니다.

047 제1류 위험물로서 조해성이 있으며 흑색 화약의 원료로 사용하는 것은?

① 염소산칼륨 ② 과염소산나트륨
③ 과망간산암모늄 ④ 질산칼륨

답 ④

해 흑색화약의 원료하면 질산칼륨을 떠올려야 한다.

048 짚, 헝겊 등을 다음의 물질과 적셔서 대량으로 쌓아 두었을 경우 자연발화의 위험성이 가장 높은 것은?

① 동유 ② 야자유
③ 올리브유 ④ 피마자유

답 ①

해 동식물유 중에서는 건성유, 반성건유, 불건성유 순으로 위험도가 높다.
동유는 건성유이다(**정상 동해 대아들, 참쌀면 청옥 채콩, 소돼재고래 피 올아땅**).

049 4몰의 니트로글리세린이 고온에서 열분해·폭발하여 이산화탄소, 수증기, 질소, 산소의 4가지 가스를 생성할 때 발생되는 가스의 총 몰수는?

① 28 ② 29
③ 30 ④ 31

답 ②

해 니트로글리세린의 분해 반응식은
$4C_3H_5(ONO_2)_3 \rightarrow 12CO_2 + 10H_2O + 6N_2 + O_2$이다.
발생되는 물질은 모두 기체이다.
니트로 글리세린 4몰에 대해, 총 29몰의 기체가 나온다.

050 물과 반응하였을 때 발생하는 가연성 가스의 종류가 나머지 셋과 다른 하나는?

① 탄화리튬 ② 탄화마그네슘
③ 탄화칼슘 ④ 탄화알루미늄

답 ④

해 **탄화칼슘, 탄화리튬, 탄화마그네슘은 아세틸렌(C_2H_2) 탄화알루미늄은 메탄**

051 트리니트로페놀의 성질에 대한 설명 중 틀린 것은?

① 폭발에 대비하여 철, 구리로 만든 용기에 저장한다.
② 휘황색을 띤 침상결정이다.
③ 비중이 약 1.8로 물보다 무겁다.
④ 단독으로는 테트릴보다 충격, 마찰에 둔감한 편이다.

답 ①

해 무색의 **고체결정이나 공업용은 휘황색**이다.
상온에서 안정하므로 **충격, 마찰에도 괜찮으나 금속염 물질과 혼합하면 위험하다.**
비중은 약 1.8이다.
금속용기에 저장하면 부식의 위험이 있어 안 된다.

052 삼황화인과 오황화인의 공통 연소생성물을 모두 나타낸 것은?

① H_2S, SO_2 ② P_2O_8, H_2S
③ SO_2, P_2O_5 ④ H_2S, SO_2, P_2O_5

답 ③

해 연소되면 둘다 연소되면 **이산화황과 오산화인(P_2O_5)**이 만들어진다.

053 제4류 위험물 중 제1석유류를 저장, 취급하는 장소에서 정전기를 방지하기 위한 방법으로 볼 수 없는 것은?

① 가급적 습도를 낮춘다.
② 주위 공기를 이온화시킨다.
③ 위험물 저장, 취급설비를 접지시킨다.
④ 사용기구 등은 도전성 재료를 사용한다.

답 ①

해 **정전기**의 경우 점화원이 되므로 **정전기 방지 방법**을 알아두어야 한다(**특히 4류 위험물인 경우 정전기 방지대책이 매우 중요하다**).
저장, 취급설비를 접지(땅에 접한다)
실내공기 이온화
실내습도 **상대습도 70% 이상**으로 유지

054 위험물안전관리법령상 위험물을 취급 중 소비에 관한 기준에 해당하지 않는 것은?

① 분사도장작업은 방화상 유효한 격벽 등으로 구획된 안전한 장소에서 실시할 것
② 버너를 사용하는 경우에는 버너의 역화를 방지할 것
③ 반드시 규격용기를 사용할 것
④ 열처리 작업을 위험물이 위험한 온도에 이르지 아니하도록 하여 실시할 것

답 ③

해 위험물의 취급 중 소비에 관한 기준
- 분사도장작업은 방화상 유효한 격벽 등으로 구획된 안전한 장소에서 실시할 것
- 담금질 또는 열처리작업은 위험물이 위험한 온도에 이르지 아니하도록 하여 실시할 것
- 버너를 사용하는 경우에는 버너의 역화를 방지하고 위험물이 넘치지 아니하도록 할 것

055 제3류 위험물 중 제1석유류란 1기압에서 인화점이 몇 ℃인 것을 말하는가?

① 21℃ 미만   ② 21℃ 이상
③ 70℃ 미만   ④ 70℃ 이상

답 ①

해
- 특수인화물: **발화점 100℃ 이하 또는(or) 인화점이 -20℃ 이고(and) 비점 40℃ 이하**인 것
- 제1석유류: **인화점이 21℃ 미만인 것**
- 제2석유류: **인화점이 21℃ 이상 70℃ 미만인 것**
- 제3석유류: **인화점이 70℃ 이상 200℃ 미만인 것**
- 제4석유류: **인화점이 200℃ 이상 250℃ 미만인 것**
- 알코올류: 알코올류 하나의 분자를 이루는 탄소 원자수가 1에서 3개까지인 포화1가 알코올류가 위험물에 해당함
- 동식물류: 동물, 식물에서 추출한 것으로 인화점이 **250℃ 미만인 것**

056 위험물을 저장 또는 취급하는 탱크의 용량산정 방법에 관한 설명으로 옳은 것은?

① 탱크의 내용적에서 공간용적을 뺀 용적으로 한다.
② 탱크의 공간용적에서 내용적을 뺀 용적으로 한다.
③ 탱크의 공간용적에 내용적을 더한 용적으로 한다.
④ 탱크의 볼록하거나 오목한 부분을 뺀 용적으로 한다.

답 ①

해 탱크의 용량은 당해 탱크의 **내용적에서 공간용적을 뺀 용적**으로 한다.

057 주유취급소의 표지 및 게시판의 기준에서 "위험물 주유취급소" 표지와 "주유중엔진정지" 게시판의 바탕색을 차례대로 옳게 나타낸 것은?

① 백색, 백색
② 백색, 황색
③ 황색, 백색
④ 황색, 황색

답 ②

해 게시판 및 표지의 크기는 한변의 길이가 0.3m 이상, 다른 한변의 길이가 0.6m 이상인 직사각형으로 한다.

종류	바탕	문자
화기엄금	적색	백색
물기엄금	청색	백색
주유중엔진정지	황색	흑색
위험물 제조소 등	백색	흑색
위험물	흑색	황색반사도료

058 제6류 위험물인 과산화수소의 농도에 따른 물리적 성질에 대한 설명으로 옳은 것은?

① 농도와 무관하게 밀도, 끓는점, 녹는점이 일정하다.
② 농도와 무관하게 밀도는 일정하나, 끓는점과 녹는점이 농도에 따라 달라진다.
③ 농도와 무관하게 끓는점, 녹는점은 일정하나, 밀도는 농도에 따라 달라진다.
④ 농도에 따라 밀도, 끓는점, 녹는점이 달라진다.

답 ④

해 농도가 달라지면 물리적 성질이 다르게 된다. 따라서 밀도, 끓는점, 녹는점 등이 달라진다.

059 디에틸에테르 중의 과산화물을 검출할 때 그 검출시약과 정색반응의 색이 옳게 짝지어진 것은?

① 요오드화칼륨용액 - 적색
② 요오드화칼륨용액 - 황색
③ 브롬화칼륨용액 - 무색
④ 브롬화칼륨용액 - 청색

답 ②

해 과산화물 검출 시약인 **요오드화칼륨(KI, 아이오딘화칼륨(요오드를 아이오딘)이라고도 한다) 10% 수용액**을 넣으면 황색으로 변한다.

060 다음 중 3개의 이성질체가 존재하는 물질은?

① 아세톤
② 톨루엔
③ 벤젠
④ 자일렌(크실렌)

답 ④

해

Ortho-크실렌   Meta-크실렌   Para-크실렌

2020 | 2회

제1과목 | 일반화학

001 다음 보기 중 방향족 탄화수소 또는 그 유도체가 아닌 것은?

① 톨루엔 ② 아닐린
③ 에틸렌 ④ 안트라센

답 ③

해 벤젠(C_6H_6)고리를 하나 이상 가진 향이 나는 탄화수소이다.
에틸렌(C_2H_4)은 벤젠고리를 포함하고 있지 않다.

002 M금속 1.12g을 산화시킨 경우 M_xO_y의 산화물 1.6g이 생성되는 경우, x, y의 값은? (M금속의 원자량은 56이다.)

① x = 3, y = 2 ② x = 2, y = 3
③ x = 1, y = 2 ④ x = 2, y = 1

답 ②

해 산화물을 구성하는 산소의 질량은 0.48g이다.
M금속 1.12g은 0.02몰이고, 산소원자 0.48g은 0.03몰이다.
즉 M금속과 산소원자의 반응비율은 2:3이 되는 것이다.

003 어떤 액체 0.2g을 기화시키면, 부피가 80mL(97℃, 740mmHg)인 증기가 생성되었다. 그 액체의 분자량은?

① 35 ② 123
③ 78 ④ 162

답 ③

해 이상기체 방정식에 의해 풀면 된다.
V = nRT/P (R은 기체상수, 0.082L·atm/k·mol),
n = w/M (w는 기체의 질량, M은 기체의 분자량)
압력의 경우 1기압, 2기압 단위로 출제되나, 단위가 mmHg인 경우, 760mmHg = 1기압이므로 단위를 변환하여 대입하면 된다. 즉 740mmHg인 경우 740/760 기압으로 대입하면 된다.
0.08 = {(0.2/기체의 분자량) × 0.082 × 370} / (740/760)
기체의 분자량은 77.9g이다.

004 다음 벤젠의 유도체 중 벤젠의 치환반응으로부터 직접 유도될 수 없는 것은?

> 가: -Cl, 나: -OH, 다: $-SO_3H$

① 가 ② 나
③ 다 ④ 가, 나, 다

답 ②

해 벤젠고리에 히드록시기(-OH)가 직접결합한 화합물은 페놀이며, 페놀(C_6H_5OH)은 벤젠으로부터 직접 유도될 수 없고, 톨루엔, 니트로벤젠 등을 통해 합성할 수 있다.

005 백금전극을 사용하여 물을 전기분해하는 경우 (+)극에서 5.6L만큼의 기체가 발생하는 경우, (-)극에서 발생하는 기체의 부피는?

① 5.6L　　② 11.2L
③ 22.4L　　④ 44.8L

답 ②

해 물의 전기 분해시 반응식은 $2H_2O \rightarrow 2H_2 + O_2$ 이다. (-)극에서 수소가 발생하고, (+)극에서 산소가 발생한다. 수소와 산소의 발생비는 2:1이다. 즉, (+)극에서는 산소가 발생하는데, 산소가 5.6L발생했다면 수소는 그 두배인 11.2L가 발생한다.

006 우라늄이 다음과 같이 붕괴되는 경우 그 유형은?

$$^{238}_{92}U \rightarrow ^{234}_{90}Th + ^{4}_{2}He$$

① α 붕괴　　② β 붕괴
③ χ 붕괴　　④ R 붕괴

답 ①

해 원소의 붕괴
　방사선 원소는 방사선을 방출하며 붕괴하는데, 그 종류는 아래와 같다.
　• α 붕괴: 원자번호가 2감소하고, 질량수는 4감소하는 붕괴이다. 즉 헬륨원자핵(원자번호2, 질량수4) 하나를 방출하는 것이다.
　• β 붕괴: 원자번호만 1증가한다. 질량수는 변하지 않는다.
　• χ 붕괴: 원자번호, 질량수 변하지 않는다.
　우라늄의 원소번호가 2감소하고, 질량수가 4감소하였으므로 α 붕괴이다.

007 $1s^22s^22p^63s^23p^5$같은 전자배치를 가지는 경우 M껍질에 들어있는 전자는 몇 개인가?

① 2　　② 8
③ 7　　④ 15

답 ③

해 껍질에 따른 오비탈의 수는 다음과 같다.

주양자수 (몇번째 껍질인가)	전자 껍질	오비탈 개수
1	K	s:1개
2	L	s:1개, p:3개
3	M	s:1개, p:3개, d:5개
4	N	s:1개, p:3개, d:5개, f:7개

따라서 M껍질은 3번째 껍질이고, $3s^23p^5$의 전자수가 M껍질에 있는 전자수이다.
3s에 2개, 3p에 5개 있으므로 총 7개이다.

008 지방이 지방산, 글리세린 등으로 분해되는 반응은?

① 산화　　② 환원
③ 가수분해　　④ 에스테르화

답 ③

해 지방산은 탄소 원자가 사슬형으로 연결되어 있는 카르복시산을 일컫는 말이다. 지방을 가수분해(물을 더해 분해시킨다는 의미)하면 글리세린과 지방산으로 만들어지기 때문에 지방산이라는 이름을 가지게 되었다.

009 황산수용액 400mL에 순수한 황산 98g이 녹아 있는 경우 이 용액의 노르말농도는?

① 1　　　　　② 5
③ 7　　　　　④ 9

답 ②

해 **노르말농도는 보통, 용질의 g당량수 / 용액 1L**이고 **g당량수 = 용질의 질량(g) / 당량무게(g/eq)** 인데, **당량무게란 분자량을 당량으로 나눈 값**이다. **당량이란 해당 분자 하나가 내 놓는 H^+ 혹은 OH^- 의 수**라고 생각하면 쉽다.
황산의 경우 H_2SO_4이므로 H^+ 분자를 2개 내 놓게 된다. 즉 당량은 2이다. 황산의 분자량은 98g이므로 당량무게는 48이 되고, 용질의 질량이 98g 이므로 g당량수는 2가 된다.
2 / 0.4 = 5이다.
이와 달리, **몰농도 × 당량 = 노르말 농도**이므로 몰농도 이용해 구할 수도 있다.
몰농도는 1 / 0.4 이므로 2.5mol/L가 된다. 당량은 2 이므로 이를 곱하면 5가 된다.

010 다음 중 질소와 같은 족에 해당하는 원소의 원자번호는?

① 13　　　　② 14
③ 15　　　　④ 16

답 ③

해 질소의 원자번호는 7번이고, 15족이다. 보기에서 15족은 3주기 15족인 원소번호 15번 인이다.
2주기, 3주기의 원소들은 같은 족일 경우 원소번호가 8차이 난다.

011 다음 화합물들이 각 1몰씩 완전연소할 때 3몰의 산소가 필요한 물질은?

① $CH_3 - CH_3$　　② $CH_2 = CH_2$
③ C_6H_6　　　　　④ $CH \equiv CH$

답 ②

해 각 화합물의 연소반응식을 다 알면 좋지만, 기억을 못하는 경우에도 탄소화합물은 연소시 물과 이산화탄소가 생성된다는 점을 기억하면 미정계수방정식에 의해 풀 수 있다. 각 반응식을 구하면 각 물질과 산소 분자의 반응비가 1:3인 것을 구하면 된다.
$C_2H_4 + 3O_2 \rightarrow 2CO_2 + 2H_2O$의 반응식이 만들어지는 것은 2번이다.

012 질량수가 52인 크롬의 중성자수와 전자수는? (크롬의 원자번호는 24)

① 중성자수 24, 전자수 24
② 중성자수 24, 전자수 52
③ 중성자수 24, 전자수 28
④ 중성자수 28, 전자수 24

답 ④

해 **원소의 질량은 양성자, 중성자의 무게를 합한 것**에 해당하며 전자의 경우 무시할 수 있을 정도로 작아 고려하지 않는다. **양성자의 수 = 전자의 수 = 원소 번호**
따라서 **원자의 무게에서 양성자의 무게를 빼면 중성자의 무게가 된다.**
원소번호 = 양성자 수 = 전자의 수 = 24
양성자 수는 52 - 24 = 28

013 1패러데이의 전기량으로 물을 전기분해 하는 경우 생성되는 산소기체의 부피(L)는? (표준상태이다.)

① 5.6L   ② 11.2L
③ 22.4L   ④ 44.8L

답 ①

해 표준상태에서 부피를 묻는 문제이므로 그 몰수를 구하면 부피를 알 수 있다. 표준상태에서 모든 기체 1몰은 22.4L의 부피를 가지기 때문이다.
1F(패러데이)는 전자 1몰의 전기량이므로 전자 1몰이 투입되면 발생되는 산소의 몰수를 알면 된다.
물분해의 반응식은 $2H_2O \rightarrow 2H_2 + O_2$이다.
(-)극에서는 수소가 발생되고, (+)극에서는 산소가 발생되는데, 각 극에서 반응식은 아래와 같다.
(-)극 $4H_2O + 4e^- \rightarrow 2H_2 + 4OH^-$
(+)극 $2H_2O \rightarrow O_2 + 4H^+ + 4e^-$
두 극은 같은 그릇에 있는 것으로 하나의 반응식이다. 따라서 위 아래를 합하면
$6H_2O + 4e^- \rightarrow 2H_2 + (4OH^- + 4H^+,$ 이는 곧 $4H_2O)+ O_2 + 4e^-$
양쪽에서 겹치는 것을 제거하면(즉, $4e^-$와 $4H_2O$ 제거한다)
$2H_2O \rightarrow 2H_2 + O_2$ 의 알짜 반응식만 남는다. 최종 반응식에서 사용된 전자의 수는 안 나오나 위에서 살펴보듯이 전자 4몰이 반응하면, 수소2몰, 산소1몰이 생성됨을 알 수 있다.
즉, 전자 4몰이 이동하여 -극에서 수소 2몰을 +극에서 산소 1몰을 발생시킨다*(다른 것은 다 기억못 해도 이 부분 꼭 기억하자)*.
전자 4몰이 들어가서 수소 2몰, 산소 1몰을 만들게 되므로, 반응비는 4:2:1이다.
1패러데이는 전자 1몰에 해당하는 전류이므로, 전자 1몰이 들어가면 산소는 0.25몰 발생하게 된다.
기체 1몰의 부피는 표준상태에서 22.4L이므로 0.25몰은 5.6L이다.

014 다음 물질 중에 가장 작은 결합각을 가지는 물질은?

① BF_3 ② NH_3
③ H_2 ④ $BeCl_2$

답 ②

해 BF_3 (평면 정 삼각형), 결합각이 120도이다.
삼각뿔(NH_3), 결합각이 107도이다.
직선형(CO_2, H_2, $BeCl_2$ 등) 결합각이 180도이다.

015 다음 중 물이 산으로 작용하는 반응은?

① $NH_4^+ + H_2O \rightarrow NH_3 + H_3O^+$
② $HCl + H_2O \rightarrow H_3O^+ + Cl^-$
③ $HCOOH + H_2O \rightarrow HCOO^- + H_3O^+$
④ $CH_3COO^- + H_2O \rightarrow CH_3COOH + OH^-$

답 ④

해 브뢴스테드-로우리의 산: 양성자(H^+)를 줄 수 있는 물질
브뢴스테드-로우리의 염기: 양성자(H^+)를 받을 수 있는 물질
아레니우스의 산과 크게 다른 것은 없다.
한가지 유의해야 할 것은 물이다.
$HCl + H_2O \rightarrow H_3O^+ + Cl^-$
이 경우 물은 H^+를 받아서 염기가 된다.
$NH_3 + H_2O \rightarrow NH_4^+ + OH^-$
$CH_3COO^- + H_2O \rightarrow CH_3COOH + OH^-$
이 반응에서는 물이 H^+를 주어서 산이 된다.
브뢴스테드-로우리의 산 염기 개념에서는 물은 산, 염기 다 가능하다는 점을 기억하자.

016 용액의 [OH⁻] = 1 × 10⁻⁵mol/L 경우 pH와 그 액성은?

① pH는 9, 산성   ② pH는 5, 산성
③ pH는 9, 알칼리성   ④ pH는 5, 알칼리성

답 ③

해 pH란 수소이온(H^+)의 몰농도를 -log한 것이다. 즉, $-\log[H^+]$ 이다.
pOH란 수산화이온(OH^-)이 몰농도를 -log한 것이다. 즉, $-\log[OH^-]$ 이다.
pH + pOH = 14가 된다.
1×10^{-5}mol/L를 -log하면 5가 된다. 그렇다면 pH는 9가 된다.
pH는 7을 기준으로 작으면 산성이고, 크면 알칼리성이다.

017 일정한 온도하에서 물질 A와 B가 반응을 할 때 A의 농도만 2배로 하면 반응속도가 2배가 되고 B의 농도만 2배로 하면 반응속도가 4배로 된다. 이 경우 반응속도식은? (단, 반응속도 상수는 k이다)

① v=k [A][B]²   ② v=k [A]²[B]
③ v=k [A][B]⁰·⁵   ④ v=k [A][B]

답 ①

해 반응의 속도는 단일반응인 경우 그 물질의 몰농도에 계수만큼 제곱한 값에 비례하는데, 비례한다는 표현을 V(속도) = k(상수) × 몰농도계수([물질]ⁿ)로 쓸 수 있다.
반응의 속도는 = $k[A]^a[B]^b$,
B물질의 경우 농도가 2배 되었을 때 4배로 속도가 증가했다는 뜻 제곱에 비례한다는 의미이다.
따라서 v = k [A][B]²

018 다음 밑줄 친 원소 중 산화수가 +5인 것은?

① Na₂Cr₂O₇   ② K₂SO₄
③ KNO₃   ④ CrO₃

답 ③

해 아래는 주기율표에 상의 족에 따른 산화수이다. 일단 이 정도는 기억하자.

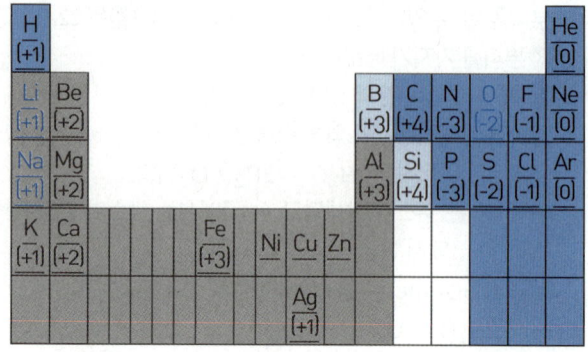

즉 주어진 분자식에서 전기음성도가 가장 강한 것을 먼저 구하자.
각 구하면,
1번, (-2 × 7) + (+1 × 2) + (Cr산화수 × 2) = 0, 답은 +6
2번, (-2 × 4) + (+1 × 2) + (S산화수) = 0, 답은 +6
3번, (-2 × 3) + (+1) + (N산화수) = 0, 답은 +5
4번, (-2 × 3) + (Cr산화수) = 0, 답은 +6

019 다음 물질 1g 당 1kg의 물에 녹였을 때 빙점강하가 가장 큰 것은? (단, 빙점강하 상수값(어는점 내림상수)은 동일하다고 가정한다)

① CH_3OH
② C_2H_5OH
③ $C_3H_5(OH)_2$
④ $C_6H_{12}O_6$

답 ①

해 어는점온도의 변화 = $m \times K_f$ 로 표시가 가능하다.
(m는 몰랄농도, K_f는 어는점내림상수)
어는점 내림상수는 모두 같으므로 몰랄농도가 큰 물질이 빙점강하가 크다.
몰랄농도:1000g(1kg)의 용매에 녹아있는 용질의 몰수: 용질의 몰수(mol) / 용매의 질량(kg)이므로, 용매의 질량은 동일하므로 용질이 몰수가 높을수록 몰랄농도가 높다.
몰수는 질량 / 분자량 이고, 질량이 모두 각 1g이므로 분자량이 작을수록 몰수가 크다.
분자량은 1번이 가장 작다.

020 다음에서 설명하는 법칙은 무엇인가?

> 일정한 온도에서 비휘발성이며, 비전해질인 용질이 녹은 묽은 용액의 증기압력 내림은 일정량의 용매에 녹아 있는 용질의 몰 수에 비례한다.

① 헨리의 법칙
② 라울의 법칙
③ 아보가드로의 법칙
④ 보일-샤를의 법칙

답 ②

제2과목 | 화재예방과 소화방법

021 위험물안전관리법령상 이동탱크저장소에 의한 위험물의 운송 시 위험물운송자가 위험물안전카드를 휴대하지 않아도 되는 물질은?

① 휘발유
② 과산화수소
③ 경유
④ 벤조일퍼옥사이드

답 ③

해 **위험물(제4류 위험물에 있어서는 특수인화물 및 제1석유류에 한한다)**을 운송하게 하는 자는 **위험물안전카드**를 위험물운송자로 하여금 휴대하게 해야 한다.
4류 위험물 알코올류, 제3류, 제4류, 동식물유류는 제외된다.

022 분말소화약제인 탄산수소나트륨 10kg이 1기압, 270℃에서 방사되었을 때 발생하는 이산화탄소의 양은 약 몇 m³인가?

① 2.65
② 3.65
③ 18.22
④ 36.44

답 ①

해 탄산수소나트륨의 분해시 이산화탄소는 2:1의 비율로 발생된다.
$2NaHCO_3 \rightarrow Na_2CO_3 + CO_2 + H_2O$
탄산수소나트륨의 분자량은 84kg/kmol이므로 10kg은 약 0.119kmol이 된다. 이산화탄소는 그의 반이 되므로 약 0.0595kmol이 된다.
이상기체방정식에 의해 풀면
V = nRT/P (R은 기체상수, 0.082L·atm/k·mol), n = w/M (w는 기체의 질량, M은 기체의 분자량)
v = 0.595 × 0.082 × 543 / 1 부피는 약 2.649이다.

023 주된 연소형태가 분해연소인 것은?

① 금속분　② 유황
③ 목재　　④ 피크르산

답 ③

해
- 표면연소: 목탄(숯), 코크스, 금속분 등
- 분해연소: 석탄, 목재, 종이, 섬유, 플라스틱 등
- 증발연소: 나프탈렌, 장뇌, 황(유황), 양초(파라핀), 왁스, 알코올
- 자기연소: 주로 5류 위험물(이는 물질내에 산소를 가진 자기연소 물질이다. 주로 니트로기를 가지고 있다.)

024 포 소화약제의 종류에 해당되지 않는 것은?

① 단백포소화약제
② 합성계면활성제포소화약제
③ 수성막포소화약제
④ 액표면포소화약제

답 ④

해 액표면포소화약제는 없다.

025 전역방출방식의 할로겐화물소화설비 중 할론 1301을 방사하는 분사헤드의 방사압력은 얼마 이상이어야 하는가?

① 0.1MPa　② 0.2MPa
③ 0.5MPa　④ 0.9MPa

답 ④

해 분사헤드의 방사압력은 할론2402를 방사하는 것은 0.1MPa 이상, 할론1211을 방사하는 것은 0.2MPa 이상, 할론1301을 방사하는 것은 0.9MPa 이상,

026 드라이아이스 1kg이 완전히 기화하면 약 몇 몰의 이산화탄소가 되겠는가?

① 22.7　② 51.3
③ 230.1　④ 515.0

답 ①

해 드라이아이스는 이산화탄소가 고체상태인 것이다. 질량 및 몰수는 상태변화에 영향을 받지 않는다. 따라서, 이산화탄소의 분자량은 44g/mol이므로 1kg은 약 22.73몰이 된다.

027 위험물안전관리법령상 전역방출방식 또는 국소방출방식의 분말소화설비의 기준에서 가압식의 분말소화설비에는 얼마 이하의 압력으로 조정할 수 있는 압력조정기를 설치하여야 하는가?

① 2.0MPa　② 2.5MPa
③ 3.0MPa　④ 5MPa

답 ②

해 가압식의 분말소화설비에는 2.5MPa 이하의 압력으로 조정할 수 있는 압력조정기를 설치할 것

028 다음 위험물의 저장창고에서 화재가 발생하였을 때 주수에 의한 냉각소화가 적절치 않은 위험물은?

① $NaClO_3$　② Na_2O_2
③ $NaNO_3$　④ $NaBrO_3$

답 ②

해 알칼리금속의 과산화물은 주수소화하면 산소를 발생시키며 격렬하게 반응하므로 위험하다.

029 특수인화물이 소화설비 기준 적용상 1 소요단위가 되기 위한 용량은?

① 50L   ② 100L
③ 250L   ④ 500L

답 ④

해 위험물인 경우 지정수량의 10배가 1소요단위이다. 특수인화물의 지정수량은 50L이므로 소요단위는 500L이다.

종류	내화구조	비내화구조
위험물	위험물의 지정수량×10	
제조소 및 취급소	100m²	50m²
저장소	150m²	75m²

030 이산화탄소 소화기의 장단점에 대한 설명으로 틀린 것은?

① 밀폐된 공간에서 사용 시 질식으로 인명피해가 발생할 수 있다.
② 전도성이어서 전류가 통하는 장소에서의 사용은 위험하다.
③ 자체의 압력으로 방출할 수가 있다.
④ 소화 후 소화약제에 의한 오손이 없다.

답 ②

해 비전도성 불연성 기체로 사용 후 이산화탄소 바로 사라지므로 **오염이 없고 장기보관**이 가능하다.

031 질산의 위험성에 대한 설명으로 옳은 것은?

① 화재에 대한 직·간접적인 위험성은 없으나 인체에 묻으면 화상을 입는다.
② 공기 중에서 스스로 자연발화 하므로 공기에 노출되지 않도록 한다.
③ 인화점 이상에서 가연성 증기를 발생하여 점화원이 있으면 폭발한다.
④ 유기물질과 혼합하면 발화의 위험성이 있다.

답 ④

해 질산은 제6류 위험물로 산화성액체로 불연성 물질로 가연성 증기를 발생시키지는 않으나, 가연성물질인 유기물질과 혼합하면 발화위험이 있다.

032 분말소화기에 사용되는 소화약제의 주성분이 아닌 것은?

① $NH_4H_2PO_4$ ② Na_2SO_4
③ $NaHCO_3$ ④ $KHCO_3$

답 ②

해 *분말소화약제 57페이지 표 참고*

033 마그네슘 분말이 이산화탄소 소화약제와 반응하여 생성될 수 있는 유독기체의 분자량은?

① 26   ② 28
③ 32   ④ 44

답 ②

해 이산화탄소와 반응하여 일산화탄소를 발생시킨다 (따라서 이산화탄소소화기 사용금지, 불이 안꺼진다). CO 이므로 12 + 16 = 28이다.

034 위험물안전관리법령상 알칼리금속과산화물의 화재에 적응성이 없는 소화설비는?

① 건조사
② 물통
③ 탄산수소염류 분말소화설비
④ 팽창질석

답 ②

해 알칼리금속과산화물의 경우 주수금지에 해당하고, 건조사, 탄산수소염류 분말 소화설비, 팽창질석, 팽창진주암 등에 적응성이 있다.

035 이산화탄소가 불연성이 이유를 옳게 설명한 것은?

① 산소와의 반응이 느리기 때문이다.
② 산소와 반응하지 않기 때문이다.
③ 착화되어도 곧 불이 꺼지기 때문이다.
④ 산화반응이 일어나도 열 발생이 없기 때문이다.

답 ②

해 산소와 반응하지 않기 때문이다.

036 위험물제조소의 환기설비 설치 기준으로 옳지 않은 것은?

① 환기구는 지붕 위 또는 지상 2m 이상의 높이에 설치할 것
② 급기구는 바닥면적 150m² 마다 1개 이상으로 할 것
③ 환기는 자연배기방식으로 할 것
④ 급기구는 높은 곳에 설치하고 인화방지망을 설치할 것

답 ④

해 환기는 **자연배기방식**으로 할 것
급기구는 당해 급기구가 설치된 실의 **바닥면적 150m²마다 1개 이상**으로 하되, 급기구의 **크기는 800cm² 이상**으로 할 것. 다만 바닥면적이 150m² 미만인 경우에는 다음의 크기로 하여야 한다.

바닥면적	급기구의 면적
60m² 미만	150cm² 이상
60m² 이상 90m² 미만	300m² 이상
90m² 이상 120m² 미만	450m² 이상
120m² 이상 150m² 미만	600m² 이상

급기구는 낮은 곳에 설치하고 가는 눈의 구리망 등으로 인화방지망을 설치할 것
환기구는 지붕위 또는 지상 2m 이상의 높이에 회전식 고정벤티레이터 또는 루프팬 방식(roof fan:지붕에 설치하는 배기장치)으로 설치할 것

037 다음 중 발화점에 대한 설명으로 가장 옳은 것은?

① 외부에서 점화했을 때 발화하는 최저온도
② 외부에서 점화했을 때 발화하는 최고온도
③ 외부에서 점화하지 않더라도 발화하는 최저온도
④ 외부에서 점화하지 않더라도 발화하는 최고온도

답 ③

038 위험물제조소 등에 설치하는 옥외소화전설비에 있어서 옥외소화전함은 옥외소화전으로부터 보행거리 몇 m 이하의 장소에 설치하는가?

① 2
② 3
③ 5
④ 10

답 ③

해 옥외소화전함과 옥내소화전의 거리는 보행거리 5m이내여야 한다.

039 화재 종류가 옳게 연결된 것은?

① A급 화재 - 유류화재
② B급 화재 - 섬유화재
③ C급 화재 - 전기화재
④ D급 화재 - 플라스틱화재

답 ③

해

화재급수	명칭	물질	표현색
A급화재	일반화재	목재, 종이, 섬유, 플라스틱, 석탄 등	백색
B급화재	유류화재	4류 위험물, 유류, 가스, 페인트	황색
C급화재	전기화재	전선, 전기기기, 발전기 등	청색
D급화재	금속화재	철분, 마그네슘, 알루미늄분등 금속분	무색

040 수성막포소화약제에 대한 설명으로 옳은 것은?

① 물보다 비중이 작은 유류의 화재에는 사용할 수 없다.
② 계면활성제를 사용하지 않고 수성의 막을 이용한다.
③ 내열성이 뛰어나고 고온의 화재일수록 효과적이다.
④ 일반적으로 불소계 계면활성제를 사용한다.

답 ④

해 플로오르계(불소계) 계면활성제를 사용하며, 유류화재용이다.

제3과목 | 위험물의 성질과 취급

041 황린이 자연발화하기 쉬운 이유에 대한 설명으로 가장 타당한 것은?

① 끓는점이 낮고 증기압이 높기 때문에
② 인화점이 낮고 조연성 물질이기 때문에
③ 조해성이 강하고 공기 중의 수분에 의해 쉽게 분해되기 때문에
④ 산소와 친화력이 강하고 발화온도가 낮기 때문에

답 ④

해 **가연성 물질로 산화제와의 접촉을 피해야 한다. 접촉시 친화력이 강하다.**
화학적 활성이 커서 **불안정하여 자연발화**할 수 있다(적린보다 불안정).
산소친화력이 강하므로 물속에 보관한다.

042 보기 중 칼륨과 트리에틸알루미늄의 공통 성질을 모두 나타낸 것은?

ⓐ 고체이다.
ⓑ 물과 반응하여 수소 발생한다.
ⓒ 위험물안전관리법령상 위험등급이 Ⅰ이다.

① ⓐ
② ⓑ
③ ⓒ
④ ⓑ, ⓒ

답 ③

해 칼륨은 고체이나, 트리에틸알루미늄은 액체이다. 물과 반응시 칼륨은 수소를 트리에틸알루미늄은 에탄을 발생시킨다.

043 탄화칼슘은 물과 반응하면 어떤 기체가 발생하는가?

① 과산화수소
② 일산화탄소
③ 아세틸렌
④ 에틸렌

답 ③

해 탄화칼슘은 물과 반응시 아세틸렌을 발생시킨다.

044 다음 중 물이 접촉되었을 때 위험성(반응성)이 가장 작은 것은?

① Na_2O_2
② Na
③ MgO_2
④ S

답 ④

해 유황은 물과 잘 반응하지 않는다. 무기과산화물, 금속나트륨 등은 물과 반응하여 위험하다.

045 위험물안전관리법령상 제6류 위험물에 해당하는 물질로서 햇빛에 의해 갈색의 연기를 내며 분해할 위험이 있으므로 갈색병에 보관해야 하는 것은?

① 질산
② 황산
③ 염산
④ 과산화수소

답 ①

해 질산은 햇빛에 의해 분해되므로 **갈색병에 저장, 보관**한다. <u>갈색의 이산화질소를 생성을 생성한다.</u>

046 디에틸에테르를 저장, 취급할 때의 주의사항에 대한 설명으로 틀린 것은?

① 장시간 공기와 접촉하고 있으면 과산화물이 생성되어 폭발의 위험이 생긴다.
② 연소범위는 가솔린보다 좁지만 인화점과 착화온도가 낮으므로 주의하여야 한다.
③ 정전기 발생에 주의하여 취급해야 한다.
④ 화재 시 CO_2 소화설비가 적응성이 있다.

답 ②

해 · **인화점이 -45℃, 발화점이 180℃, 연소범위가 1.7 - 48%**이다. 연소범위는 가솔린(**연소범위는 1.4% - 7.6%(크지 않다)보다 넓다.**
· 공기와 장시간 접촉 시 산소와 반응하여 **과산화물**이 생성된다.

047 다음 위험물 중 인화점이 약 -37℃인 물질로서 구리, 은, 마그네슘 등과 금속과 접촉하면 폭발성 물질인 아세틸라이드를 생성하는 것은?

① CH_3CHOCH_2
② $C_2H_5OC_2H_5$
③ CS_2
④ C_6H_6

답 ①

해 아세트**알**데히드 -38, 산화**프**로필렌 -37, **이**황화탄소 **-30**℃ **순서 외워두면 좋다(이펜디알프리(이))**. 디에틸에테르, 이황화탄소는 인화점 온도도 기억해야 한다.
산화프로필렌이며 **구리, 은, 수은, 마그네슘** 등으로 만든 용기에 보관하면 안 된다.

048 그림과 같은 위험물 탱크에 대한 내용적 계산방법으로 옳은 것은?

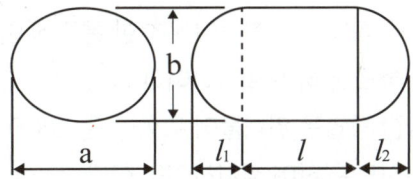

① $\dfrac{\pi ab}{3}\left(l + \dfrac{l_1 + l_2}{3}\right)$
② $\dfrac{\pi ab}{4}\left(l + \dfrac{l_1 + l_2}{3}\right)$
③ $\dfrac{\pi ab}{4}\left(l + \dfrac{l_1 + l_2}{4}\right)$
④ $\dfrac{\pi ab}{3}\left(l + \dfrac{l_1 + l_2}{4}\right)$

답 ②

049 온도 및 습도가 높은 장소에서 취급할 때 자연발화의 위험이 가장 큰 물질은?

① 아닐린
② 황화린
③ 질산나트륨
④ 셀룰로이드

답 ④

해 제5류 위험물 자기반응성 물질인 셀룰로이드는 자연발화의 위험이 큰 물질이다.

050 저장·수송할 때 타격 및 마찰에 의한 폭발을 막기 위해 물이나 알코올로 습면시켜 취급하는 위험물은?

① 니트로셀룰로오스
② 과산화벤조일
③ 글리세린
④ 에틸렌글리콜

답 ①

해 제5류 위험물인 니트로셀룰로오스의 경우 **물, 알코올과 혼합하여 보관하면 위험성이 낮아진다.**

051 위험물안전관리법령상 위험물의 취급기준 중 소비에 관한 기준으로 틀린 것은?

① 열처리 작업은 위험물이 위험한 온도에 이르지 아니하도록 하여 실시하여야 한다.
② 담금질 작업은 위험물이 위험한 온도에 이르지 아니하도록 하여 실시하여야 한다.
③ 분사도장 작업은 방화상 유효한 격벽 등으로 구획한 안전한 장소에서 하여야 한다.
④ 버너를 사용하는 경우에는 버너의 역화를 유지하고 위험물이 넘치지 아니하도록 하여야 한다.

답 ④

해 위험물의 취급 중 소비에 관한 기준
- 분사도장작업은 **방화상 유효한 격벽** 등으로 구획된 안전한 장소에서 실시할 것
- **담금질 또는 열처리작업은 위험물이 위험한 온도에 이르지 아니하도록** 하여 실시할 것
- 버너를 사용하는 경우에는 **버너의 역화를 방지하고 위험물이 넘치지 아니하도록 할 것**

052 제4류 위험물을 저장하는 이동탱크저장소의 탱크 용량이 19000L일 때 탱크의 칸막이는 최소 몇 개를 설치해야 하는가?

① 2 ② 3
③ 4 ④ 5

답 ③

해 내부에 **4,000ℓ 이하마다 3.2mm 이상의 강철판** 또는 이와 동등 이상의 강도 내열성 및 내식성이 있는 금속성의 것으로 칸막이를 설치해야 한다. 4개를 설치하면 총 5섯 칸으로 20000L까지 저장이 가능하다.

053 위험물안전관리법령상 제4류 위험물 옥외저장탱크의 대기밸브부착 통기관은 몇 kPa 이하의 압력 차이로 작동할 수 있어야 하는가?

① 2 ② 3
③ 4 ④ 5

답 ④

해 대기밸브부착 통기관은 닫혀있다가 5kPa 압력으로 작동한다. 즉 kPa 이하의 압력차이로 작동할 수 있어야 한다.

054 위험물안전관리법령상 위험물제조소의 위험물을 취급하는 건축물의 구성부분 중 반드시 내화구조로 하여야 하는 것은?

① 연소의 우려가 있는 기둥 ② 바닥
③ 연소의 우려가 있는 외벽 ④ 계단

답 ③

해 벽·기둥·바닥·보·서까래 및 계단을 불연재료로 하고, **연소의 우려가 있는 외벽은 출입구 외의 개구부가 없는 내화구조의 벽**으로 하여야 한다.

055 물보다 무겁고, 물에 녹지 않아 저장 시 가연성 증기발생을 억제하기 위해 수조 속의 위험물탱크에 저장하는 물질은?

① 디에틸에테르 ② 에탄올
③ 이황화탄소 ④ 아세트알데히드

답 ③

해 이황화탄소는 물보다 무겁다는 것 기억하자. 물에 녹지 않으므로 **물속에 저장하여 가연성 증기 발생을 방지**한다.

056 금속나트륨의 일반적인 성질로 옳지 않은 것은?

① 은백색의 연한 금속이다.
② 알코올 속에 저장한다.
③ 물과 반응하여 수소가스를 발생한다.
④ 물보다 비중이 작다.

답 ②

해 석유, 파라핀 등에 저장한다.
물, 알코올과 강하게 반응하여 **수소를 발생**시킨다.

057 다음 위험물 중에서 인화점이 가장 낮은 것은?

① $C_6H_5CH_3$
② $C_6H_5CHCH_2$
③ CH_3OH
④ CH_3CHO

답 ④

해 순서대로 톨루엔, 스틸렌, 메탄올, 아세트알데히드이다. 아세트알데히드는 특수인화물로 인화점이 가장 낮다. 알코올류는 인화점이 10℃ 언저리임을 기억하자. 메탄올 약 11℃이다.

058 염소산칼륨에 대한 설명 중 틀린 것은?

① 촉매 없이 가열하면 약 400℃에서 분해한다.
② 열분해하여 산소를 방출한다.
③ 불연성 물질이다.
④ 물, 알코올, 에테르에 잘 녹는다.

답 ④

해 무색, 무취의 분말
온수, 글리세린에 녹고, **냉수, 알코올에 잘 안 녹는다.**
열분해하면 산소를 발생시킨다(완전열분해 시 산소와 염화칼륨이 나온다).

059 과염소산칼륨과 적린을 혼합하는 것이 위험한 이유로 가장 타당한 것은?

① 마찰열이 발생하여 과염소산칼륨이 자연발화할 수 있기 때문에
② 과염소산칼륨이 연소하면서 생성된 연소열이 적린을 연소시킬 수 있기 때문에
③ 산화제인 과염소산칼륨과 가연물인 적린이 혼합하면 가열, 충격 등에 의해 연소·폭발할 수 있기 때문에
④ 혼합하면 용해되어 액상 위험물이 되기 때문에

답 ③

해 가연성 물질은 **산화성 물질과 멀리**해야 하고, **가열, 화기 등과 멀리해야 한다.**
과염소산칼륨은 제1류 위험물로 산화성 물질이고, 적린은 제2류 위험물로 가연성 물질이다.

060 1기압 27℃에서 아세톤 58g을 완전히 기화시키면 부피는 약 몇 L가 되는가?

① 22.4
② 24.6
③ 27.4
④ 58.0

답 ②

해 CH_3COCH_3 분자량은 58g이므로, 곧 1몰에 해당한다.
이상기체방정식에 의해 풀면,
V = nRT/P (R은 기체상수, 0.082L·atm/k·mol),
n = w/M (w는 기체의 질량, M은 기체의 분자량)
v = 1 × 0.082 × 300 / 1 = 24.6L이다.

III
CBT 모의고사

위험물산업기사 필기

SECTION 01
CBT 대비 및 기출 모의고사 | 1회

제1과목 | 일반화학

001 칼슘 이온(Ca^{2+})에 대한 설명으로 틀린 것을 고르시오.

① 전자수 : 18
② 중성자수 : 20
③ 양성자수 : 18
④ 질량수 : 40

답 ③

해 칼슘은 원자번호 20번이고, 양성자수는 20, 질량수는 40이므로 중성자수는 20이다.
(양성자수 + 중성자수 = 질량수)
전자수는 20이다(양성자수 = 전자수).
2+ 이온이 되었다는 뜻은 -값을 가지는 전자를 2개 빼앗겼다는 뜻이므로 전자수는 18이 된다.

002 염을 생성시키는 화학반응식이 아닌 것을 고르면?

① $HNO_3 + KOH \rightarrow H_2O + KNO_3$
② $H_2SO_4 + 2NaOH \rightarrow 2H_2O + Na_2SO_4$
③ $2Fe + 3H_2O \rightarrow Fe_2O_3 + 3H_2$
④ $HCl + NaOH \rightarrow HaCl + H_2O$

답 ③

해 중화반응이란 산(H^+)와 염기(OH^-)가 만나 물(H_2O)과 염을 만드는 반응이다.

003 다음 중 니트로벤젠을 수소로 환원하여 생성되는 물질은?

① 아닐린
② 톨루엔
③ 트리니트로페놀
④ 페놀

답 ①

해 니트로벤젠을 수소 환원하여 생성시키는 물질은 아닐린이다.
$C_6H_5NO_2$을 환원한다는 의미는 산소를 잃게 하거나, 수소를 얻게 하거나 전자를 얻게 하는 것이다. 니트로벤젠에서 산소를 잃고 수소를 얻게 하면 아닐린($C_6H_5NH_2$)이다.

004 금속의 산화물 3.12g을 환원시키는 경우 금속 2.16g이 만들어진다. 이 금속 산화물의 실험식을 찾으시오. (금속의 원자량은 54)

① MO
② M_2O_3
③ M_3O_4
④ M_4O_5

답 ②

해 산화물의 실험식을 구하기 위해서는 산화물을 구성하는 각 원자의 대응비를 구하면 된다.
문제에서 금속과 산소의 구성 질량을 알 수 있는데, 2.16g과 0.96g이 된다. 해당 금속과 산소원자의 원자량을 알 수 있으므로 대응비를 구할 수 있다.
금속은 2.16/54몰이 있는 것이고, 산소는 0.96/16몰이 있는 것이다. 계산하면 0.04몰, 0.06몰이 있는 것인데, 비율로 하면 2대3이 된다. 따라서 M_2O_3가 성립한다.

005 기체인 물질 세가지(A, B, C)가 일정 온도에서 다음과 같은 반응을 하는 경우, 평형상태에서 각 기체 A, B, C가 1몰농도 2몰농도, 2몰농도 만큼 있는 경우 평형상수를 구하면?

$$A + 2B \rightarrow 3C$$

① 2 ② 4
③ 1/2 ④ 1

답 ①

해 aA + bB → cC + dD라는 반응이 있을 때,
평형상수 K = [C]^c[D]^d / [A]^a[B]^b 공식이 성립한다.
계산하면 $2^3 / 1^1 \times 2^2 = 2$

006 황산구리 용액 10A의 전류를 1시간 통하면 구리는 몇 g 나오는가? (구리 원자량은 63.54g)

① 11.85g ② 22.24g
③ 35.55g ④ 17.77g

답 ①

해 $CuSO_4$의 경우 Cu^{2+}, SO_4^{2-}로 나눠지는 모양을 생각하면 Cu^{2+}가 Cu로 나오기 위해서는 전자가 2개 필요하다. 즉 대응 비가 전자두개당 구리 하나이다.
그럼 전자가 몇몰이 있는지 알면 되는데, 전자 1몰의 전하량은 1F, 96500C인데, 문제에서 전류량은 10A×3600초, 즉 36000C이다.
2:1=36000/96500:생성되는 구리의 몰수
식을 세울 수 있으므로 생성되는 구리의 몰수는 0.1865몰이고 1몰이 63.54g이므로 0.1865몰은 11.85g이 된다.

007 분자구조에 대해 바르게 설명한 것은?
① BF_3는 평면정삼각형, NH_3는 삼각피라미드형
② BF_3는 삼각피라미드형, NH_3는 선형
③ BF_3는 굽은형, NH_3는 삼각피라미드형
④ BF_3는 평면정삼각형, NH_3는 굽은형

답 ①

해 BF_3(평면 정 삼각형)

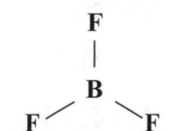

NH_3(삼각뿔, 삼각피라미드)

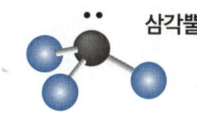 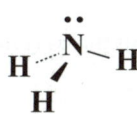

008 농도를 알 수 없는 H_2SO_4 용액 40mL를 중화하는데 0.1N NaOH 20mL가 있어야 한다. H_2SO_4의 몰 농도(M)은?

① 0.05 ② 0.2
③ 0.025 ④ 0.005

답 ③

해 산(H^+)와 염기(OH^-)가 만나 물(H_2O)을 만드는 반응이다. 즉 산(H^+)와 염기(OH^-)가 1:1로 반응한다. 즉 산과 염기의 반응하는 개수는 동일하다는 뜻이다.
NV = N'V' 을 사용하면 황산의 N농도를 x로 두고 계산하면 x × 40 = 0.1 × 20
x = 0.05N이 된다.
몰농도(M) × 당량 = 노르말농도(N) 이므로 당량을 구해야 하는데, 산 염기 반응에서 당량은 위의 산(H^+)와 염기(OH^-)의 숫자로 생각하면 되는데, 황산의 경우 H^+를 2개 내놓는 2가산이므로 당량은 2이다. 이에 따르면 몰농도는 0.025가 된다.

009 다음 중 비공유 전자쌍을 가장 많이 가지고 있는 것은?

① CO_2 ② H_2O
③ CH_4 ④ NH_3

답 ①

해 루이스 구조를 이해해서 구조를 그려보면 알 수 있다.
CO_2는 $\ddot{O}=C=\ddot{O}$ 로 비공유 전자쌍이 4쌍이다.
CH_4는 비공유 전자쌍이 없다.

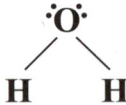

H_2O는 비공유 전자쌍이 2쌍이다.

NH_3는 비공유 전자쌍이 1개이다.

010 발연황산이란 무엇인가?

① H_2SO_4의 농도가 98% 이상인 거의 순수한 황산
② 황산과 염산을 1 : 3의 비율로 혼합한 것
③ SO_3를 황산에 흡수시킨 것
④ 일반적인 황산을 총괄하는 것

답 ③

해 SO_3를 진한황산에 녹이면 발연황산이 된다.

011 어떤 비전해질 12g을 물 60.0g에 녹였다. 이 용액이 -1.88℃의 빙점 강하를 보였을 때 이 물질의 분자량을 구하면? (단, 물의 몰랄 어는점 내림 상수 Kf=1.86℃/m이다)

① 297   ② 202
③ 198   ④ 165

답 ③

해 어는점 내림을 살펴보면,
어는점온도의 변화 = $m × K_f$ 로 표시가 가능하다(m는 몰랄농도, K_f는 어는점내림상수).
몰랄농도:1000g(1kg)의 용매에 녹아있는 용질의 몰수: 용질의 몰수(mol) / 용매의 질량(kg)
식을 세우면(12 / 이 물질의 분자량) / 0.06 × 1.86 = 1.88 이다. 계산하면 약 197.87이다.

012 17g의 NH_3와 충분한 양의 황산이 반응하여 만들어지는 황산암모늄은 몇 g인가? (단, 원소의 원자량은 H : 1, N : 14, O : 16, S : 32이다)

① 66g   ② 106g
③ 115g   ④ 132g

답 ①

해 반응식은 $2NH_3 + H_2SO_4 → (NH_4)_2SO_4$ 이다. **양이온의 경우 NH_4는 +1, 황산이온은 SO_4^{2-} 이므로** 황산암모늄은 $(NH_4)_2SO_4$의 화학식을 가짐을 알 수 있다.
암모니아와 황산암모늄의 대응몰수는 2:1이다. 암모니아 17g은 약 1몰이다(암모니아의 분자량은 17g/mol) 따라서, 황산암모늄은 0.5몰이 발생하는데, 1몰이 132g이므로 발생하는 하는 양은 약 66g이다.

013 다음의 반응에서 환원제로 쓰인 것은?

$$MnO_2 + 4HCl \rightarrow MnCl_2 + 2H_2O + Cl_2$$

① Cl_2
② $MnCl_2$
③ HCl
④ MnO_2

답 ③

해 환원은 산소를 잃거나, 전자를 얻거나, 수소를 얻는 반응이다(-값을 가진 전자를 얻는 것이므로 아래에서 살펴볼 산화수가 작아진다). 옆에서 환원을 일으키는 물질을 환원제라고 한다. 환원제는 자신은 산화되고, 다른 물질을 환원시킨다.
문제에서 MnO_2는 산소를 잃는다. 즉 환원이 되었다. 자신이 환원이 되었으면 옆에 물질이 환원을 도운 환원제가 된다.

014 질산칼륨의 물에 대한 용해시, 용액의 온도가 떨어졌다면 다음 설명에서 옳지 않은 것을 고르면?

① 시간과 용해도는 관계가 없다.
② 질산칼륨 포화용액을 냉각시키면 불포화용액이 된다.
③ 질산칼륨의 용해는 흡열반응이다.
④ 온도가 높아지면 용해도가 증가한다.

답 ②

해 "열 + 물질 → 용해", 이는 흡열반응이며,
용해가 되면 용액의 온도가 내려간다는 의미이며, 열이 더 들어갈수록 더 용해가 된다는 의미이다. 따라서 이러한 경우 온도가 높아지면(열이 더 투입되면) 용해가 더 잘 된다는 의미이다.
온도가 내려가면 용해도(최대한으로 녹일 수 있는 양)가 낮아진다는 의미이고, 따라서 불포화용액도 포화용액이 된다는 의미이다.

015 0.1N 염산(HCl) 10mL에 물을 부어 1000mL의 용액으로 만들면 그 pH는 얼마가 되는가?

① 2
② 3
③ 4
④ 5

답 ②

해 pH는 그 용액의 H^+의 몰농도를 구한 후 -log를 하면 된다. 몰농도는 몰수/부피(L)이고, 부피는 1000mL라 나와있으므로 해당 용액에 H^+가 몇 몰 있는지 찾으면 된다.
물을 첨가해도 처음부터 존재하던 H^+의 몰수는 변화가 없으므로, 0.1노르말농도 1.0mL에서 그 값을 구할 수 있다.
몰농도(M) × 당량 = 노르말농도(N) 이고, HCl인 경우 1가산(H^+를 내놓는 수)이므로 당량은 1이고, 따라서 노르말 농도와 몰농도는 동일하다.
0.1M = 몰수/0.01L 가 되고, 몰수는 0.001몰이 된다. 1000mL의 몰농도를 구하면 0.001mol / 1L가 된다. 즉 $0.0001 = 10^{-3}$이 된다. -log를 취하면 3이다.
다르게 풀이하면 처음부터 있는 H^+의 당량과 물을 첨가한 후의 H^+의 당량은 동일하므로
NV = N'V'의 식을 통해 구할 수도 있다(노르말 농도에 부피를 곱하면 그 물질의 당량 수가 된다).
$0.1 \times 10 = x \times 1000$, $x = 10^{-3}N$. 몰농도로 변환하면 같은 값이다.

016 다음 중 보라색 불꽃을 내는 금속은?

① Na
② Li
③ K
④ Ba

답 ③

해 불꽃색을 기억해 둘 필요가 있다.
Li: 빨간색, **Na: 노란색, K: 보라색**, Ca: 주황색, Ba: 황록색

017 다음에서 평형상태에서 압력의 증가에 영향을 받지 않고, 온도 증가하면 정반응이 일어나는 반응은?

① $A_2 + B_2 + 열 \rightleftarrows 2AB$
② $AB_3 + C \rightleftarrows AB_3C + 열$
③ $2AB + B_2 + 열 \rightleftarrows 2AB_2$
④ $2AB_2 \rightleftarrows A_2B_4 + 열$

답 ①

해 압력이 증가하면, 기체의 부피가 작아지는 방향으로 반응한다. 부피는 몰수에 비례하므로,
$A_2 + B_2 \rightleftarrows 2AB$인 경우 반응 전후의 몰수 변화가 없다. 따라서 압력 증가에 의해 변화가 없다.
온도가 증가하면 열을 흡수하여 정반응이 일어나는 것은 1번, 3번 반응이다.

018 황산구리결정($CuSO_4 \cdot 5H_2O$) 2g을 물 100g에 넣는 경우 몇 %의 황산구리 용액이 되는가? ($CuSO_4$의 분자량은 160g/mol)

① 2.50
② 1.25
③ 3.54
④ 6.25

답 ②

해 용액의 농도는 용질의 질량 / 용액의 질량이다.
용액의 질량은 102g이나 용질의 질량은 추가한 황산구리결정에서 황산구리가 얼마만큼 차지하는지를 구해 찾을 수 있다.
황산구리의 분자량은 160g/mol이고
H_2O 5개의 질량은 90(18 × 5)이므로 전체 2g 중에 황산구리가 차지하는 질량은 다음 식으로 구할 수 있다.
160 : 250 = x : 2
X는 1.28g이고 농도를 구하면 1.28/102 × 100 약 1.2549%이다.

019 90wt%의 황산(가) kg과 60wt%의 황산(나)kg을 혼합해서 75wt%의 황산을 50kg을 만드는 경우, 가, 나를 각 몇 kg씩 혼합해야 하는가?

① 가 : 90, 나 : 60
② 가 : 75, 나 : 60
③ 가 : 50, 나 : 50
④ 가 : 75, 나 : 50

답 ③

해 혼합해야 하는 가와 나 물질의 무게를 각 x, y로 두고 생각해보면 된다.
전체 75wt%이므로
전체 황산의 질량 / (x + y) × 100 = 75이 되는데, 전체 황산 질량의 양은 가, 나 각각 가지고 있던 황산의 양의 합이 된다.
각 가지고 있던 황산의 양은 가의 경우 0.9x, 나의 경우 0.6y이고 이 값이 만들어진 혼합액의 황산의 양인 0.75 × 50과 동일하게 된다.
식을 세우면
x + y = 50
0.9x + 0.6y = 0.75 × 50
y = 50 - x 이므로 대입하여 계산하면
x = 50, y = 50이 된다.

020 표준상태에서 11.2L의 암모니아에 들어 있는 질소는 몇 g인가?

① 7
② 8.5
③ 22.4
④ 14

답 ①

해 표준상태에서 기체 11.2L는 0.5몰이다(표준상태에서 기체 1몰은 22.4L이므로).
NH_3의 분자량은 17인데, 질소는 14이다. 0.5몰일 경우 질소는 7g이 있는 것이다.

제2과목 | 화재예방과 소화방법

021 수성막포 소화약제를 수용성 알코올 화재에 사용하면 좋지 않은 이유는?

① 알코올과 포속의 수분이 만나 포가 파괴되기 때문
② 온도가 높아지기 때문
③ 가연성 가스를 발생시키므로
④ 유독가스를 발생시키므로

답 ①

해 수용성 알코올의 경우 내알코올포를 사용해야 한다. 다른 포는 알코올로 포가 파괴되기 때문이다.

022 위험물안전관리법령상 물분무소화설비 제어밸브, 기타 밸브 등의 설치기준으로 옳은 것은?

① 제어밸브의 위치는 바닥면에서 0.5m 이상 1.5m 이하이어야 한다.
② 자동 개발밸브 및 수동 개발밸브는 화재 시 접근이 차단되어야 한다.
③ 제어밸브 근처에는 화재 시 소화 활동 방해를 방지하기 위해 어떠한 표시도 해서는 안 된다.
④ 제어밸브의 위치는 바닥면에서 0.8m 이상 1.5m 이하이어야 한다.

답 ④

해 물분무소화설비의 제어밸브는 바닥으로부터 0.8미터 이상 1.5미터 이하의 위치에 설치해야 한다.

023 가연성 물질이 공기 중에서 연소할 때의 연소형태에 대한 설명으로 틀린 것은?

① 공기와 접촉하는 표면에서 연소가 일어나는 것을 표면연소라 한다.
② 유황의 연소는 표면연소이다.
③ 산소공급원을 가진 물질 자체가 연소하는 것을 자기연소라 한다.
④ TNT의 연소는 자기연소이다.

답 ②

해 유황의 연소는 증발연소이다.
- **표면연소**: 목탄(숯), 코크스, 금속분 등
- **분해연소**: 석탄, 목재, 종이, 섬유, 플라스틱 등
- **증발연소**: 나프탈렌, 장뇌, 황(유황), 양초(파라핀), 왁스, 알코올
- **자기연소**: 주로 5류 위험물(이는 물질내에 산소를 가진 자기연소 물질이다. 주로 니트로기를 가지고 있다)

024 소화난이도 I 등급 옥외탱크저장소 중 유황만을 저장 취급하는 경우 설치해야 하는 소화설비는?

① 스프링클러 소화설비
② 포소화설비
③ 옥내소화전소화설비
④ 물분무 소화설비

답 ④

해 옥외저장탱크의 경우 유황만을 저장, 취급하는 경우 **물분무소화설비**를 설치해야 한다.

025 위험물 제조소 등에 옥내소화전이 아래와 같이 설치되었을 때 수원의 수량은 몇 m³ 이상이어야 하는가?

| • 1층 6개 | • 2층 5개 | • 3층 2개 |

① 46.6 m³ ② 31.8 m³
③ 23.4 m³ ④ 39.0 m³

답 ④

해 옥내소화전의 수원의 수량은 옥내소화전이 **가장 많이 설치된 층의 설치개수에 7.8m³**을 곱한양이 되어야 한다(설치개수가 5이상인 경우 5에 7.8 m³을 곱한다).
5개 이상이므로 7.8m³에 5를 곱하면 된다.

026 할론 1301에 해당하는 물질의 분자식은?

① CF_3Br ② $C_2F_4Br_2$
③ CH_2ClBr ④ CF_2ClBr

답 ①

해 할론넘버는 1301처럼 네개의 숫자로 이루어져 있고, 각 숫자는 순서대로 C, F, Cl, Br의 숫자를 의미한다.
따라서 1301은 CF_3Br이다.

할론 넘버	분자식	방사압력	소화기	소화 효과	독성
1301	CF_3Br	0.9MPa	MTB 또는 BTM	▲ 좋음	▼ 강함
1211	CF_2ClBr	0.2MPa	BCF		
2402	$C_2F_4Br_2$	0.1MPa			
1011	CH_2ClBr				
104	CCl_4				

할론 1301은 **오존층을 가장 많이 파괴**하나, **소화효과가 가장 좋고, 독성이 가장 낮다, 공기보다 무겁다**(브롬의 원자량은 80이다).

027 가솔린에 대해 적응성이 없는 소화기는?

① 이산화탄소소화기
② 포소화기
③ 할로겐화합물소화기
④ 봉상강화액소화기

답 ④

해 가솔린은 제4류 위험물로 봉상강화액소화기에는 적응성이 없다.

028 철분을 제조하는 경우 게시판에 표시해야 하는 내용은?

① 화기엄금 ② 화기주의
③ 물기엄금 ④ 없음

답 ②

해 게시판에 내용에 화기주의는 제2류 위험물 중 철분, 금속분, 마그네슘 및 그 외의 경우만 있다.

029 불활성가스소화약제 중 IG-100의 성분을 옳게 나타낸 것은?

① 질소 100%
② 질소 50%, 아르곤 50%
③ 질소 52%, 아르곤 40%, 이산화탄소 8%
④ 질소 52%, 이산화탄소 40%, 아르곤 8%

답 ①

해 IG-100은 질소 100%인 소화약제이다.

030 다음에서 설명하는 소화약제에 해당하는 것은?

- 무색, 무취이며 비전도성이다.
- 증기상태의 비중은 약 1.5이다.
- 임계온도는 약 31℃이다.

① 탄산수소나트륨　② 이산화탄소
③ 할론 1301　　　 ④ 황산알루미늄

답 ②

해 위설명은 이산화탄소 소화약제에 대한 설명이다.
특히, 증기비중은 질량을 29로 나눈 값이므로 29×1.5하면 분자량이 43.5g/mol되는 물질이다. 대략 이산화탄소의 질량인 44에 해당함을 알 수 있다.

031 위험물안전관리법령상 다음에서 소화설비 중 능력단위가 가장 큰 것은?

① 수조 80L(물통 3개 포함)
② 마른모래 50L(삽1개 포함)
③ 팽창진주암 160L(삽1개 포함)
④ 팽창질석 160L(삽1개 포함)

답 ①

해

소화설비	물통	수조와 물통3개	수조와 물통6개	마른모래와 삽1개	팽창질석, 팽창진주암 (삽1개)
용량	8L	80L	190L	50L	160L
능력단위	0.3	1.5	2.5	0.5	1.0

032 아래 물질을 보관하는 저장창고의 화재 시 주수소화하면 안되는 물질은?

① Na_2O_2　　② $NaClO_3$
③ $NaNO_3$　　④ $NaBrO_3$

답 ①

해 순서대로 과산화나트륨, 염소산나트륨, 질산나트륨, 브롬산나트륨이다.
알칼리금속과산화물은 물접촉 금지(열과 산소발생)이므로, 과산화나트륨은 주수소화해서는 안 된다.

033 위험물안전관리법령상 옥내소화전설비의 기준으로 옳지 않은 것은?

① 소화전함은 화재발생 시 화재 등에 의한 피해의 우려가 많은 장소에 설치하여야 한다.
② 호스접속구는 바닥으로부터 1.5m 이하의 높이에 설치한다.
③ 가압송수장치의 시동을 알리는 표시등은 적색으로 한다.
④ 별도의 정해진 조건을 충족하는 경우는 가압송수장치의 시동표시등을 설치하지 않을 수 있다.

답 ①

해 소화전함은 접근이 쉽고 화재 피해를 받을 우려가 적은 곳에 설치한다.

034 위험물안전관리법령상 이동식 불활성가스 소화설비의 호스접속구는 모든 방호대상물에 대하여 당해 방호 대상물의 각 부분으로부터 하나의 호스접속구까지의 수평거리가 몇 이하가 되도록 설치하여야 하는가?

① 5 ② 10
③ 15 ④ 20

답 ③

해 이동식 불활성가스소화설비의 호스접속구는 모든 방호대상물에 대하여 당해 방호 대상물의 각 부분으로부터 하나의 호스접속구까지의 수평거리가 15m 이하가 되도록 설치해야 한다.

035 위험물안전관리법령상 연소의 우려가 있는 위험물제조소의 외벽의 기준으로 옳은 것은?

① 개구부가 없는 불연재료의 벽으로 하여야 한다.
② 개구부가 없는 내화구조의 벽으로 하여야 한다.
③ 출입구 외의 개구부가 없는 불연재료의 벽으로 하여야 한다.
④ 출입구 외의 개구부가 없는 내화구조의 벽으로 하여야 한다.

답 ④

해 **벽·기둥·바닥·보·서까래 및 계단을 불연재료**로 하고, **연소의 우려가 있는 외벽은 출입구 외의 개구부가 없는 내화구조의 벽**으로 하여야 한다.

036 소화기 외면에 B-2라고 표시된 경우, 그 의미는?

① 일반화재용, 능력단위 2단위
② 일반화재용, 무게단위 2단위
③ 유류화재, 능력단위 2단위
④ 유류화재, 무게단위 2단위

답 ③

해 소화기의 표시: A-2(A는 적응화재, 2는 능력단위), B인 경우 적응화재는 유류화재이다.

037 위험물안전관리법령상 물분무등소화설비에 포함되지 않는 것은?

① 포소화설비 ② 분말소화설비
③ 스프링클러설비 ④ 불활성가스소화설비

답 ③

해 소화설비의 구분 68페이지 표 참고

038 불활성가스 소화약제 IG-541의 성분이 아닌 것은?

① N_2 ② He
③ Ar ④ CO_2

답 ②

해 IG-541(질소, 아르곤 이산화탄소가 52:40:8 비율로 섞인 기체이다)

039
제4류 2석유류 비수용성인 위험물 180,000리터를 저장하는 옥외저장소의 경우 설치하여야 하는 소화설비의 기준과 소화기 개수를 설명한 것이다. ( ) 안에 들어갈 숫자의 합은?

- 해당 옥외저장소는 소화난이도등급 II에 해당하며 소화설비의 기준은 방사능력 범위 내에 공작물 및 위험물이 포함되도록 대형 수동식소화기를 설치하고 당해 위험물의 소요 단위의 ( )에 해당하는 능력단위의 소형수동식소화기를 설치하여야 한다.
- 해당 옥외저장소의 경우 대형수동식 소화기와 설치하고자 하는 소형 수동식소화기의 능력단위가 2라고 가정할 때 비치하여야 하는 소형수동식 소화기의 최소 개수는 ( )개이다.

① 2.2 ② 4.5
③ 9   ④ 10

답 ①

해 소화난이도등급 II에 해당하는 옥외저장소는 방사능력범위 내에 당해 건축물, 그 밖의 공작물 및 위험물이 포함되도록 대형수동식소화기를 설치하고, 당해 위험물의 소요단위의 1/5 이상에 해당되는 능력단위의 소형수동식소화기등을 설치해야 한다.
소요단위의 1/5에 해당하는 소형소화기를 설치해야 하므로 위험물인 경우 지정수량의 10배가 1소요단위인데, 제4류 제2석유류 비수용성인 경우 1000L가 지정수량 이므로 **일(1000L)등경 크스클**벤(벤즈알데히드, C_7H_6O) / **이(2000L)아히포)** 열배인 10000L가 소요단위이다. 18만리터를 보관하므로 18소요단위가 된다.
18의 1/5인 3.6능력단위가 되는 소형소화기를 설치해야 한다.
소형소화기 1개의 능력단위가 2이므로 최소 2개를 설치해야 한다.
따라서 각 빈칸은 0.2와 2이므로 합하면 2.2가 된다.

040
다음은 제4류 위험물에 해당하는 물품의 소화방법을 설명한 것이다. 소화효과가 가장 떨어지는 것은?

① 산화프로필렌 : 알코올형 포로 질식소화한다.
② 아세톤 : 수성막포를 이용하여 질식소화한다.
③ 이황화탄소 : 탱크 또는 용기 내부에서 연소하고 있는 경우에는 물을 사용하여 질식소화한다.
④ 디에틸에테르 : 이산화탄소소화설비를 이용하여 질식소화한다.

답 ②

해 **내알콜포(수용성 액체(아세톤)화재, 알코올류화재용(다른 포는 알코올로 포가 파괴된다))**
아세톤은 수용성이므로 수성막포를 쓰면 안 된다(포가 망가짐).

제3과목 | 위험물의 성질과 취급

041 위험물안전관리법령에 따른 제1류 위험물과 제6류 위험물의 공통적 성질로 옳은 것은?

① 산화성 물질이며 다른 물질을 환원시킨다.
② 환원성 물질이며 다른 물질을 환원시킨다.
③ 산화성 물질이며 다른 물질을 산화시킨다.
④ 환원성 물질이며 다른 물질을 산화시킨다.

답 ③

해 제1류 위험물은 산화성고체이고, 제6류 위험물은 산화성액체이다. 모두 산화성이며, 산화성은 다른 물질을 산화시키고 자신은 환원되는 물질을 의미한다.

042 이황화탄소의 인화점, 발화점, 끓는점에 해당하는 온도를 낮은 것부터 차례대로 나타낸 것은?

① 끓는점 < 인화점 < 발화점
② 끓는점 < 발화점 < 인화점
③ 인화점 < 끓는점 < 발화점
④ 인화점 < 발화점 < 끓는점

답 ③

해 인화점이 -30℃, 발화점이 90℃이고, 끓는점은 46℃ 이다.

043 염소산칼륨의 고온분해시 생성되는 물질은?

① 물, 산소
② 염화칼륨, 산소
③ 수소, 물
④ 염화칼륨, 물

답 ②

해 열분해하면 산소를 발생시킨다(완전열분해 시 산소와 염화칼륨이 나온다).

044 주유취급소의 주유 및 급유 공지 바닥에 대한 기준으로 틀린 것은?

① 주위 지면보다 낮게 한다.
② 표면을 경사지게 한다.
③ 배수구, 집유설비를 한다
④ 유분리장치를 설치한다.

답 ①

해 주유취급소의 주유 및 급유 공지의 바닥은 주위 지면보다 높게 하고, 그 표면을 적당하게 경사지게 하여 새어나온 기름 그 밖의 액체가 공지의 외부로 유출되지 아니하도록 배수구 집유설비 및 유분리장치를 설치해야 한다.

045 산화제와 혼합되어 연소할 때 자외선을 많이 포함하는 불꽃을 내는 것은?

① 셀룰로이드
② 니트로셀룰로오스
③ 마그네슘
④ 글리세린

답 ③

해 마그네슘은 산화제와 혼합되어 연소할 경우 자외선을 포함하는 흰색 불꽃을 낸다.

046 물과 반응하는 경우 다른 가스를 발생시키는 것은?

① 나트륨
② 칼륨
③ 수소화칼슘
④ 탄화칼슘

답 ④

해 탄화칼슘은 물과 반응하면 아세틸렌 가스를 발생시킨다.

047 위험물안전관리법령상 위험물제조소의 안전거리에 대해 틀린 설명은?

① 학교, 병원으로부터 30m 이상
② 주택으로부터 10m 이상
③ 유형문화재로부터 70m 이상
④ 고압가스 등을 저장 취급하는 시설로부터 20m 이상

답 ③

해 안전거리: 제조소(제6류 위험물을 취급하는 제조소를 제외한다.)는 건축물의 외벽 또는 이에 상당하는 공작물의 외측으로부터 당해 제조소의 외벽 또는 이에 상당하는 공작물의 외측까지의 사이에 다음 규정에 의한 수평거리(이하 "안전거리"라 한다)를 두어야 한다.
가. **유형문화재와 지정문화재: 50m 이상**
나. **학교, 병원, 극장 등 다수인 수용 시설(극단, 아동복지 시설, 노인보호시설, 어린이집 등): 30m 이상**
다. 고압가스, 액화석유가스 또는 도시가스를 저장 또는 취급하는 시설: 20m 이상
라. **주거용인 건축물 등: 10m 이상**
마. **사용전압이 35,000V를 초과하는 특고압가공전선: 5m 이상**
바. 사용전압이 7,000V 초과 35,000V 이하의 특고압가공전선: 3m 이상

암기법 암기는 532153이고, 문학가주사사로 암기(문학가가 주사 부리다 사망하는 이야기)

048 인화알루미늄의 화재 시 주수소화를 하면 발생하는 가연성 기체는?

① 아세틸렌 ② 메탄
③ 포스겐   ④ 포스핀

답 ④

해 인화알루미늄은 **포스핀은 생성**한다.

049 금속나트륨에 대한 설명으로 옳은 것은?

① 청색 불꽃을 내며 연소한다.
② 경도가 높은 중금속에 해당한다.
③ 녹는점이 100℃ 보다 낮다.
④ 25% 이상의 알코올수용액에 저장한다.

답 ③

해 **은백색 광택이 나는 무른 금속**으로 물보다 비중이 작다.
불에 타면 **노란색 불꽃**이다.
물, 알코올과 강하게 반응하여 **수소를 발생**시킨다.
물, 공기 중 수분과 접촉을 막기 위해 **석유(등유, 경유), 파라핀** 속에 보관한다.
녹는점은 97.7℃이다.

050 인화칼슘의 성질로 틀린 것은?

① 적갈색의 고체이다.
② 물과 반응하여 불연성 가스를 만든다.
③ 물과 반응하면 포스핀 가스를 만든다.
④ 산과 반응하면 포스핀 가스를 만든다.

답 ②

해 물과 만나면 수산화칼슘($Ca(OH)_2$)과 유독성 가연성을 띠는 가스인 **포스핀(PH_3)가스**를 생성한다.
산과 반응해도 포스핀 가스를 만든다.

051 위험물안전관리법령상의 철분의 정의로 올바른 것은?

① 철의 분말로서 53마이크로미터 표준체를 통과한 것이 50중량퍼센트 미만인 것은 제외한다.
② 철의 분말로서 53마이크로미터 표준체를 통과한 것이 53중량퍼센트 미만인 것은 제외한다.
③ 철의 분말로서 50마이크로미터 표준체를 통과한 것이 50중량퍼센트 미만인 것은 제외한다.
④ 철의 분말로서 50마이크로미터 표준체를 통과한 것이 53중량퍼센트 미만인 것은 제외한다.

답 ①

해 철분의 경우 철의 분말로서 **53마이크로미터 표준체**를 통과한 것이 **50중량퍼센트 이상**이어야 한다.

052 다음 물질 중 인화점이 가장 낮은 것은?

① 톨루엔 ② 아세톤
③ 벤젠   ④ 디에틸에테르

답 ④

해 특수인화물인 경우 **이**소프랜은 -54도, 이소**펜**탄은 -51도, **디**에틸에테르 **-45**, 아세트**알**데히드 -38, 산화**프**로필렌 -37, **이**황화탄소 **-30**℃ **순서 외워두면 좋다(이펜디알프리(이))**. 디에틸에테르, 이황화탄소는 인화점 온도도 기억해야 한다.
아세톤(-18도), 벤젠(-11도), 톨루엔(4도)의 인화점도 기억한다.

053 과산화나트륨이 물과 반응할 때의 변화를 가장 옳게 설명한 것은?

① 산화나트륨과 수소를 발생한다.
② 물을 흡수하여 탄산나트륨이 된다.
③ 산소를 방출하며 수산화나트륨이 된다.
④ 서서히 물에 녹아 과산화나트륨의 안정한 수용액이 된다.

답 ③

해 알칼리금속과산화물과 물이 반응하면 수산화물질과 산소를 생성한다.

054 적재시 차광성이 있는 피복으로 가려야 하는 물질은?

① 철분   ② 가솔린
③ 메탄올 ④ 과산화수소

답 ④

해 **차광성 있는 피복**으로 가릴 위험물: **1류**, **3류 중 자연발화성 물질**, **4류 중 특수인화물**, **5류**, **6류**
과산화수소는 제6류 위험물로 차광성 있는 피복으로 가려야 한다.

055 위험물의 저장방법이 잘못된 것은?

① 이황화탄소를 물속에 저장한다.
② 인화칼슘을 물속에 저장한다.
③ 칼륨, 나트륨 등은 등유, 파라핀 등에 저장한다.
④ 니트로셀룰로오스는 알코올, 물 등과 혼합하여 보관한다.

답 ②

해 **인화칼슘은 물과 만나면 포스핀**을 발생시킨다.

056 다음 중 인화점이 가장 낮은 것을 고르면?

① $C_2H_5OC_2H_5$ ② CH_3COCH_3
③ CS_2 ④ C_6H_6

답 ①

해 제4류 위험물 중 특수인화물이 인화점이 낮다. 순서대로 특수인화물인 디에틸에테르, 아세톤, 이황화탄소, 제1석유류인 벤젠이다.
특수인화물인 경우 **이**소프랜은 -54도, 이소**펜**탄은 -51도, **디**에틸에테르 **-45**, 이세트**알**데히드 -38, 산화**프**로필렌 -37, **이**황화탄소 **-30**℃ **순서 외우두면 좋다(이펜디알프리(이))**. 디에틸에테르, 이황화탄소는 인화점 온도도 기억해야 한다.

057 TNT의 폭발, 분해 시 생성물이 아닌 것은?

① CO ② N_2
③ SO_2 ④ H_2

답 ③

해 분해되면 **일산화탄소**, **탄소**, **질소**, **수소**가 나온다.
$C_6H_2(NO_2)_3CH_3 \rightarrow 12CO + 2C + 3N_2 + 5H_2$

058 위험물 안전 관리 법령상 제4류 위험물 옥외저장탱크의 대기밸브 부착 통기관은 몇 kPa 이하의 압력 차이로 작동이 가능해야 하는가?

① 5 ② 4
③ 3 ④ 2

답 ①

해 대기밸브 부착 통기관은 닫혀 있다가 5kPa의 압력으로 작동한다.

059 고체의 연소의 형태가 다른 것은?

① 알코올 ② 나프탈렌
③ 양초 ④ 코크스

답 ④

해
- **표면연소**: 목탄(숯), 코크스, 금속분 등
- **분해연소**: 석탄, 목재, 종이, 섬유, 플라스틱 등
- **증발연소**: 나프탈렌, 장뇌, 황(유황), 양초(파라핀), 왁스, 알코올
- **자기연소**: 주로 5류 위험물(이는 물질내에 산소를 가진 자기연소 물질이다, 주로 니트로기를 가지고 있다)

060 트리니트로페놀의 성질에 대한 설명 중 틀린 것은?

① 폭발에 대비하여 철, 구리로 만든 용기에 저장한다.
② 휘황색을 띤 침상결정이다.
③ 비중이 약 1.8로 물보다 무겁다.
④ 단독으로는 테트릴보다 충격, 마찰에 둔감한 편이다.

답 ①

해 무색의 고체결정이나 공업용은 휘황색이다.
상온에서 안정하므로 충격, 마찰에도 괜찮으나 금속염 물질과 혼합하면 위험하다.
철, 구리 같은 금속을 부식시킨다.

SECTION 02 CBT 대비 및 기출 모의고사 | 2회

제1과목 | 일반화학

001 다음 금속 중 반응성이 큰 것부터 작은 순서대로 나타낸 것은?

① Mg, Sn, K, Ag ② Au, Na, Zn, Fe
③ Fe, Mg, Hg, Na ④ Ca, Na, Pb, Cu

답 ④

해 이온화 경향은 전자를 잘 버리는 경향을 의미하고, 곧 반응성이 큰 물질을 의미한다.
그 순서를 암기해 둔다.
K > Ca > Na > Mg > Al > Zn(아연) > Fe > Ni > Sn(주석) > Pb(납) > H > Cu > Hg(수은) > Ag(은) > Pt(백금) > Au(금)
(암기가 어렵지 않다. 칼칼나막 알아철 니주납 수소 동 은 백금, 금이다. 뒤에 금은동이 있다는 것 기억하고 앞에는 두문자로 암기한다)
앞에 5~6개만 암기해도 많은 문제를 풀 수 있다.

002 2차 알코올이 산화되어 생성되는 물질은?

① 알데히드 ② 알코올
③ 카르복실산 ④ 케톤

답 ④

해 **2차 알코올은 산화되면 카르보닐기를 가진 케톤(RCOR`, 예 아세톤)이 된다.**
2차알코올은 OH에 결합한 탄소에 붙은 알킬기(C_nH_{2n+1})의 수가 2개라는 뜻이다.

003 $K_2Cr_2O_7$의 Cr의 산화수는?

① +4 ② +6
③ +8 ④ +9

답 ②

해 산화수는 전자를 얻거나 뺏긴 상태가 아니면 다 합하면 0이 된다.
산화수는 전기음성도가 큰 것, 이온화 경향이 큰 것부터 계산하면 쉽다. O는 -2, K는 +1, Cr을 x로 두면,
$1 \times 2 + x \times 2 + (-2 \times 7) = 0$
$x = 6$

004 어떠한 기체 40g의 부피가 같은 온도, 기압이 같은 조건에서 아세틸렌 13g의 부피와 같은 경우 이 기체의 분자량은?

① 40 ② 60
③ 80 ④ 100

답 ③

해 어떠한 기체의 부피를 구하면
$PV = nRT$ n은 몰수 즉, w/M(w는 질량, M은 분자량) 따라 풀면,
아세틸렌 13g의 부피 = (13/26)RT/P = (40/이 기체의 분자량)RT/P가 성립한다(아세틸렌(C_2H_2)의 분자량은 26g/mol이다).
RT/P를 양변에서 없애면 13/26 = 40/이 기체의 분자량
이 기체의 분자량은 80g/mol

005 Ca^{2+} 이온의 전자배치는?

① $s^2 2s^2 2p^6 3s^2 3p^6 3d^2$ ② $s^2 2s^2 2p^6 3s^2 3p^6 4s^2$
③ $s^2 2s^2 2p^6 3s^2 3p^6 3d^4$ ④ $s^2 2s^2 2p^6 3s^2 3p^6$

답 ④

해 전자가 채워지는 순서를 살펴보면, 1s, 2s, 2p, 3s, **3p, 4s, 3d** 순으로 채워진다.
Ca의 경우 원자번호 20번이고, 전자가 20개이다.
1s에 2개, 2s에 2개, 2p에 6개, 3s에 2개, **3p에 6개, 4s에 2개** 해서 총 20개가 채워진다.
그런데, 2+이온이 되었으므로 전자 두개를 뺏긴 형태이다.
따라서, 마지막 4s에 전자 2개는 채워지지 않는다.
전자배치로 표현하면 $1s^2 2s^2 2p^6 3s^2 3p^6$이 된다.

006 표준상태(0℃, 1기압)에서 어떤 용기에 1g의 수소가 있는 경우 거기에 산소 32g을 넣으면 압력은 어떻게 되는가? (온도는 일정하다)

① 2   ② 3
③ 4   ④ 6

답 ②

해 산소를 넣기 전과 후 같은 용기이므로 부피가 같다는 것을 알 수 있다. 온도도 같다.
이상기체 방정식 통해 구할 수 있다.
산소 넣기 전인 용기의 부피는 $V_전$과 $V_후$가 같은 것을 알 수 있고, 이상기체 방정식을 구하면 된다.
$V_전$(넣기 전 부피) = $V_후$(넣은 후 부피)
$n_전$(넣기 전 몰수)RT/$P_전$(넣기 전 압력) = $n_후$(넣은 후 몰수)RT/$P_후$(넣은 후 압력)
온도와 기체 상수는 변함이 없으므로 양변에서 나누어서 없애주면
$n_전$ /$P_전$ = $n_후$ /$P_후$ 의 식이 세워진다.
수소(H_2) 1g은 0.5mol, 이고 산소(O_2) 32g은 1몰이므로 대입하면
0.5 / 1 = 1.5 / $P_후$ 가 되고, $P_후$를 구하면 3기압이 된다.

007 $_nS^2{}_nP^5$의 전자구조를 가지지 않는 것은?

① F(원자번호 9)   ② Cl(원자번호 17)
③ Se(원자번호 34)   ④ I(원자번호 53)

답 ③

해 p오비탈에 5개가 차 있다는 뜻은 s오비탈에 2개, p오비탈에 5개가 차있다는 의미로 17족 원자임을 뜻한다.
17족이 아닌 것은 Se이다.

008 다음 설명하는 물질들을 환원력이 큰 것부터 배치한 것은?

- A물질은 B이온과 반응하지만, C이온과는 반응하지 않는다.
- D물질은 C이온과 반응한다.
- A, B, C, D 물질은 모두 금속이다.

① D C A B   ② B A C D
③ A B D C   ④ C D A B

답 ①

해 환원력이 크다는 것은 다른 물질을 환원시킨다는 의미이다. 환원은 전자를 얻는 것을 의미하므로, 다른 물질을 전자를 얻게 한다는 것은 자신은 전자를 쉽게 잃는다는 의미로 이온화경향이 크다는 것을 의미한다. 문제에서 모든 물질은 금속이므로 양이온이 잘 되는 금속순으로 찾으면 된다.
A 물질은 B이온과 반응하므로 자신은 이온이 되고, B이온을 환원시킨다는 의미이다.
$A + B^+ \rightarrow A^+ + B$, 즉 A가 B 보다 이온화 경향이 강하다.
C이온과는 반응하지 않으므로 C가 A보다 이온화 경향이 크다.
또한 D는 C이온과 반응하므로 D는 C보다 이온화 경향이 크다.
순서대로 나열하면 D C A B가 된다.

009 기하이성질체를 가지므로 극성 분자와 비극성 분자를 모두 가질 수 있는 물질은?

① $CH_2CH=CHCH_3$ ② C_2H_4
③ C_2H_3Cl ④ $C_2H_2Cl_2$

답 ④

해 그림을 통해 보면 이해가 쉬울 것이다.

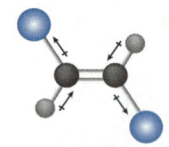 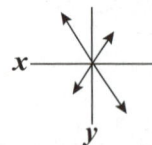

trans - 극성들이 서로 반대방향으로 상쇄되어 무극성 이다.

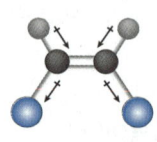 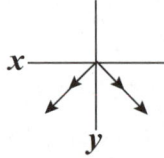

cis - 극성들이 서로 상쇄되지 못하므로 극성이다.
위의 두 가지의 **$CH_3CH=CHCH_3$** 를 기하이성질체라고 하며, 극성, 비극성 분자를 모두 가질 수 있는 예에 해당한다.
(그냥 이러한 문제가 나오면 **$CH_3CH=CHCH_3$, $C_2H_2Cl_2$** 를 기억하면 된다)

010 설탕($C_{12}H_{22}O_{11}$) 171g이 물 500g에 녹아있는 경우 몰랄농도는?

① 1   ② 1.5
③ 0.5   ④ 2

답 ①

해 **몰랄농도: 1000g(1kg)의 용매에 녹아있는 용질의 몰수, 즉, 용질의 몰수(mol) / 용매의 질량(kg)**
용질의 몰수를 구하면 설탕의 분자량은 342g/mol이므로 171g은 0.5몰이다.
0.5 / 0.5=1이 된다.

011 다음은 어떤 고체물질의 용해도 곡선을 표시한 것이다. 비중이 1.4인 100℃의 포화용액 100mL를 20℃의 포화용액으로 만들려면 몇 g의 물이 더 필요한가?

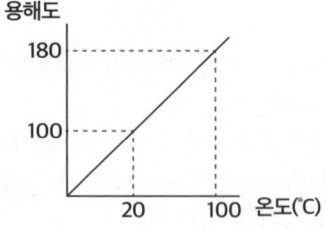

① 20g   ② 40g
③ 50g   ④ 90g

답 ②

해 20℃에서 용해도가 100인 용액이 되어야 한다. 용해도는 통상 용매 100g에 최대한으로 녹을 수 있는 용질의 g수를 의미한다. 용해도가 100 이므로 용질과 용매의 질량이 동일한 용액이 되면 된다.
용질의 양은 물을 추가하기 전과 동일하므로 100℃에서의 용질의 양을 구하면 된다.
비중이 1.4라는 말은 물에 비해 단위 부피에 따른 질량이 1.4배라는 뜻이다. 물은 1리터가 1kg이므로 이 포화용액은 1리터당 1.4kg이 된다. 현재 100mL가 있으므로 이 용액의 질량은 140g이 된다. 용해도가 180 이므로 용질과 용매의 질량비는 180:100, 즉 9:5가 된다. 용액의 질량이 140g이므로 용질은 90g, 용매는 50g이 있는 것이다.
20℃에서 용질의 양과 용매(물)의 양이 동일하기 위해서는 물도 90g이 있어야 한다. 이미 50g이 있으므로 40g만 추가하면 된다.

012 비점이 약 197℃이고 무색의 단맛이 나는 액체로 부동액의 원료로 쓰이는 것은?

① CH_3COCH_3 ② CH_3OH
③ $C_2H_4(OH)_2$ ④ CS_2

답 ③

해 부동액의 원료하면 에틸렌글리콜을 떠올려야 한다.
순서대로 아세톤, 메탄올, 에틸렌글리콜, 이황화탄소이다.

013 에탄(C_2H_6)을 연소시키면 이산화탄소(CO_2)와 수증기(H_2O)가 생성된다. 표준상태에서 에탄 30g을 반응시킬 때 발생하는 이산화탄소와 수증기의 분자수는 모두 몇 개인가?

① 6×10^{23}개 ② 12×10^{23}개
③ 18×10^{23}개 ④ 30×10^{23}개

답 ④

해 탄화수소를 연소하면 물과 이산화탄소가 발생한다.
미정계수방정식에 의해 풀면,
$2C_2H_6 + 7O_2 \rightarrow 4CO_2 + 6H_2O$의 반응식을 얻을 수 있다.
에탄의 분자량은 30g/mol이므로 1몰이 반응하는 경우이고, 이때 이산화탄소는 2몰, 수증기는 3몰이 발생하게 된다.
총 5몰이고, 1몰의 분자의 수는 6.02×10^{23}개 이므로 5몰인 경우, 30×10^{23}개이다.
참고로 프로판의 연소반응식은
$C_3H_8 + 5O_2 \rightarrow 3CO_2 + 4H_2O$이다.

014 어떤 기체 0.4g이 27℃, 1기압에서 0.082L이다. 이 기체의 분자량은?

① 40 ② 60
③ 120 ④ 160

답 ③

해 이상기체 방정식은 여러가지 기체의 법칙을 합해 놓은 것이다. 기체의 온도, 부피, 압력, 분자량 등이 나오고, 그 중 하나를 구하는 문제라면 이상기체 방정식을 떠올려야 한다.
$V = nRT/P$ (R은 기체상수, 0.082L·atm/k·mol)
$n = w/M$ (w는 기체의 질량, M은 기체의 분자량)
즉 부피는 몰수와 온도에 비례하고 압력에 반비례한다는 의미이다.
$0.082 = 0.4/M \times 0.082 \times 300$ (T는 273 + 27이므로) / 1
$M = 120$

015 25g의 암모니아가 과잉의 황산과 반응하여 황산암모늄이 생성될 때 생성된 황산암모늄의 양은 약 얼마인가? (단, 황산암모늄의 몰질량은 132g/mol이다)

① 82g ② 86g
③ 92g ④ 97g

답 ④

해 반응식은 $2NH_3 + H_2SO_4 \rightarrow (NH_4)_2SO_4$이다. **양이온의 경우 NH_4는 +1, 황산이온은 SO_4^{2-} 이므로 황산암모늄**은 $(NH_4)_2SO_4$의 화학식을 가짐을 알 수 있다.
암모니아와 황산암모늄의 대응몰수는 2:1이다. 암모니아 25g은 약 1.47몰이다(암모니아의 분자량은 17g/mol). 따라서, 황산암모늄은 0.735몰이 발생하는데, 1몰이 132g이므로 발생하는 하는 양은 약 97g이다.

016 KNO_3에서 N의 산화수는?

① -1 ② +1
③ +3 ④ +5

답 ④

해 KNO_3, 산화수의 합하면 0이 되므로 산소의 경우 -2인데 3개 있으므로 -6이고, 칼륨은 +1, 여기에 N의 산화수를 합하면 0이 된다.
-6 + 1 + N의 산화수 = 0
답은 +5이다.

017 페놀 수산기(-OH)의 특성에 대한 설명으로 옳은 것은?

① 수용액이 강알칼리성이다.
② -OH기가 하나 더 첨가되면 물에 대한 용해도가 작아진다.
③ 카르복실산과 반응하지 않는다.
④ $FeCl_3$용액과 정색 반응을 한다.

답 ④

해 페놀류는 벤젠고리에 히드록시기(-OH)가 직접결합한 화합물이다.
페놀류는 염화철(III)($FeCl3$) 수용액과 정색반응(색깔을 내는 반응)을 일으킨다.

018 순황산 147g녹아 있는 황산수용액 500mL가 있는 경우 이 용액은 몇 노르말 농도인가?

① 2 ② 3
③ 4 ④ 5

답 ④

해 노르말농도는 보통, 용질의 당량수 / 용액 1L로 표현하는데, 당량수 = 반응물질의 무게(g) / 당량무게(g/eq) 인데, 당량무게란 분자량을 당량으로 나눈 값이다. 당량이란 해당 분자 하나가 내 놓는 H^+ 혹은 OH^- 의 수라고 생각하면 쉽다. 따라서 당량수는 현재 해당 물질에 들어있는 H^+ 혹은 OH^- 의 수라고 생각하고 계산하면 쉽다. 황산(H_2SO_4)의 경우 H^+ 를 두개 내 놓으므로 당량은 2이고, 당량무게는 98(분자량)/2(당량) = 49가 된다. 만약 황산이 2L에 196g만큼 있다면 당량수는 196/49 즉 4가 되고, 황산의 노르말 농도는 2N이 된다. 황산의 몰농도는 1M이 된다. 1리터에 황산자체는 1몰 있지만 그 황산이 내놓는 H^+ 는 2개 이므로 노르말 농도는 2가 된다는 의미이다. 문제에서 147g이라면 당량무게는 49가 되고, 당량수는 147g/49(g/eq) 이므로 3가 된다. 노르말 농도는 3 / 0.5L 이므로 6이 된다.

다른 풀이법

몰농도 × 당량 = 노르말 농도의 식이 성립하므로 몰농도를 구해서 당량을 곱해도 된다. 몰농도는 1리터에 있는 몰수이므로 0.5리터에 1.5몰이 있으므로 1리터에는 3몰이 있다. 즉 몰농도는 3 인데, 여기에 당량 2를 곱하면 6이 된다.

019 다음은 열역학 제 몇 법칙에 대한 내용인가?

> 0K(절대온도)에서 물질의 엔트로피는 0이다.

① 열역학 제0법칙 ② 열역학 제1법칙
③ 열역학 제2법칙 ④ 열역학 제3법칙

답 ④

020 질소 2몰과 산소 4몰의 혼합기체의 전압력이 12기압일 경우 질소의 부분압력은?

① 2 ② 3
③ 4 ④ 5

답 ③

해 돌턴의 법칙이란 기체 전체 혼합물의 압력은 각 성분들의 부분 압력의 합이라는 법칙이다.
각 기체의 부분 압력을 구하는 식은
질소의 부분압력 = 전체압력 × (질소의 몰수 / 전체 기체의 몰수)
$12 \times 2/6 = 4$

제2과목 | 화재예방과 소화방법

021 위험물 제조소 등에 옥내소화전이 아래와 같이 설치되었을 때 수원의 수량은 몇 m^3 이상이어야 하는가?

- 1층 6개
- 2층 5개
- 3층 2개

① 46.6 m^3 ② 31.8 m^3
③ 23.4 m^3 ④ 39.0 m^3

답 ④

해 옥내소화전의 수원의 수량은 옥내소화전이 **가장 많이 설치된 층의 설치개수에 7.8m^3을 곱한양이 되어야 한다**(설치개수가 5이상인 경우 5에 7.8 m^3을 곱한다).
5개 이상이므로 7.8m^3에 5를 곱하면 된다.

022 고체가연물의 연소형태가 아닌 것은?

① 표면연소 ② 등심연소
③ 증발연소 ④ 분해연소

답 ②

해 **고체의 연소**
가장 중요하다(무엇이 어떤 연소 인지 암기해야 한다).
- **표면연소: 목탄(숯), 코크스, 금속분** 등
- **분해연소: 석탄, 목재, 종이, 섬유, 플라**스틱 등
- **증발연소: 나프탈렌, 장뇌, 황(유황), 양초(파라핀), 왁스, 알코올**
- **자기연소: 주로 5류 위험물**(이는 물질내에 산소를 가진 자기연소 물질이다, 주로 니트로기를 가지고 있다)

023 불활성가스 소화설비와 관련하여 위험물 안전관리법령에 의할 때 저장용기 설치 기준으로 틀린 것은?

① 저장용기에는 안전장치(용기밸브에 설치되어 있는 것을 제외)를 설치해야 한다.
② 방호구역 외에 장소에 설치한다.
③ 용기 외면에 소화약제의 종류, 제조 년도 등을 표시한다.
④ 온도가 40℃ 이하이고 온도 변화가 크지 않은 장소에 설치한다.

답 ①

해 불활성가스 소화설비 저장용기 설치 기준
방호구역 외에 설치한다.
저장용기에는 안전장치(용기밸브에 설치되어 있는 것을 포함함)를 설치해야 한다.

024 유기과산화물의 화재 예방상 주의사항으로 틀린 것은?

① 습윤하면 안정해진다.
② 환원제와는 가까이해도 위험하지 않다.
③ 직사광선, 열원 등을 피한다.
④ 용기 파손에 주의하고, 가급적 소분하여 보관한다.

답 ②

해 유기과산화물은 제5류 위험물로, 저장시 유의사항은 아래와 같다.
- 충격, 마찰, 가열 피함
- 화재시 소화 어려우므로 **소분하여 보관**
- 용기 파손 등 주의
- 산화제, 환원제 모두 멀리 해야함

025 제1인산암모늄 분말 소화약제의 색상과 적응화재를 옳게 나타낸 것은?

① 백색, BC급
② 담홍색, BC급
③ 백색, ABC급
④ 담홍색 ABC급

답 ④

해 제1인산암모늄은 제3종 분말이고, ABC에 적응성이 있고, 담홍색이다.
분말소화약제 57페이지 표 참고

026 드라이 아이스 1kg의 완전기화 시 발생하는 이산화탄소는 몇 몰인가?

① 2.27
② 22.7
③ 52.4.
④ 72.2

답 ②

해 고체인 드라이 아이스 1kg이 기체의 이산화탄소가 되는 경우 상태변화에 따른 질량, 몰수는 변화가 없다. 이산화탄소의 분자량은 44g/mol이므로 1000g은 약 22.73몰이다.

027 위험물의 취급을 주된 작업내용으로 하는 다음의 장소에 스프링클러설비를 설치할 경우 확보하여야 하는 1분당 방사밀도는 몇 L/m² 이상이어야 하는가? (단, 내화구조의 바닥 및 벽에 의하여 2개의 실로 구획되고, 각 실의 바닥면적은 500m²이다)

- 취급하는 위험물: 제4류 제3석유류
- 위험물을 취급하는 장소의 바닥면적: 1,000m²

① 8.1 ② 12.2
③ 13.9 ④ 16.3

답 ①

해 제4류 위험물의 경우 장소의 살수기준면적에 따라 스프링클러설비의 **살수밀도**가 다음표에 정하는 기준 이상인 경우 적응성이 있다.

살수기준면적(m²)	방사밀도(ℓ/m²분)	
	인화점 38℃ 미만	인화점 38℃ 이상
279 미만	16.3 이상	12.2 이상
279 이상 372 미만	15.5 이상	11.8 이상
372 이상 465 미만	13.9 이상	9.8 이상
465 이상	12.2 이상	8.1 이상

제3석유류는 인화점이 70℃ 이상이므로 8.1 이상이어야 한다.

028 과산화나트륨 저장 장소에서 화재가 발생하였다. 과산화나트륨을 고려하였을 때 다음 중 가장 적합한 소화약제는?

① 포소화약제 ② 할로겐화합물
③ 건조사 ④ 물

답 ③

해 과산화나트륨은 무기과산화물로 주수소화가 금지되며, 팽창진주암, 팽창질석, 건조사, 탄산수소염류 소화약제가 적합하다.

029 할론 1011에 포함되지 않는 원소는

① H ② Cl
③ Br ④ F

답 ④

해 1301처럼 네개의 숫자로 이루어져 있고, 각 숫자는 **순서대로 C, F, Cl, Br의 숫자**를 의미한다. 따라서 1301은 CF_3Br이다.

할론 넘버	분자식	방사 압력	소화기	소화 효과	독성
1301	CF_3Br	0.9MPa	MTB 또는 BTM	▲ 좋음	▼ 강함
1211	CF_2ClBr	0.2MPa	**BCF**		
2402	$C_2F_4Br_2$	0.1MPa			
1011	CH_2ClBr				
104	CCl_4				

할론 1301은 **오존층을 가장 많이 파괴**하나, **소화효과가 가장 좋고, 독성이 가장 낮다, 공기보다 무겁다**(브롬의 원자량은 80이다).

030 제조소 건축물로 외벽이 내화구조인 것의 1소요단위는 연면적이 몇 m²인가?

① 50 ② 100
③ 150 ④ 1000

답 ②

해

종류	내화구조	비내화구조
위험물	위험물의 지정수량×10	
제조소 및 취급소	100 m²	50 m²
저장소	150 m²	75 m²

옥외설치된 공작물은 외벽이 내화구조인 것으로 간주한다.
내화구조의 제조소의 경우 100m²가 1소요단위이다.

031 분말소화약제 중 열분해 시 부착성이 있는 유리상의 메타인산이 생성되는 것은?

① Na_3PO_4 ② $(NH_4)_3PO_4$
③ $NaHCO_3$ ④ $NH_4H_2PO_4$

답 ④

해 3종은 질식소화가스인 메타인산(HPO_3)은 부착성막을 만든다.

종류	성분	적응화재	열분해반응식	색상
제3종 분말	$NH_4H_2PO_4$ (인산암모늄)	A, B, C	$NH_4H_2PO_4$ → HPO_3(메타인산) + NH_3(암모니아) + H_2O	담홍색

032 공기포 발포배율을 측정하기 위해 중량 340g, 용량 1800mL의 포 수집 용기에 가득히 포를 채취하여 측정한 용기의 무게가 540g이었다면 발포배율은? (단, 포 수용액의 비중은 1로 가정한다)

① 3배 ② 5배
③ 7배 ④ 9배

답 ④

해 발포배율이란 발포된 포의 체적을 발포전의 포수용액의 체적으로 나눈 값을 의미한다.
즉 얼마만큼 팽창했느냐를 묻는 문제이다.
발포후의 부피가 1800mL이나, 발포전 부피는 나와있지 아니하다.
채집한 전체의 무게가 540g인 경우 용기의 무게인 340g을 빼면, 포 자체의 무게는 200g이 된다.
이 무게는 발포 전과 후가 동일하므로 발포전 수용액의 무게가 200g이 된다. 수용액의 비중이 1 이므로 포 자체의 무게가 200g인 경우 부피는 200mL가 된다.
따라서 발포 후 포의 체적 1800mL를 발포전 수용액의 체적 200mL로 나누면 9가 된다.

033 과산화나트륨 저장 장소에서 화재가 발생하였다. 과산화나트륨을 고려하였을 때 다음 중 가장 적합한 소화약제는?

① 포소화약제 ② 할로겐화합물
③ 건조사 ④ 물

답 ③

해 과산화나트륨은 무기과산화물로 주수소화가 금지되며, 팽창진주암, 팽창질석, 건조사, 탄산수소염류 소화약제가 적합하다.

034 위험물제조소에 옥내소화전 설비를 3개 설치하였다. 수원의 양은 몇 m^3 이상이어야 하는가?

① $7.8m^3$ ② $9.9m^3$
③ $10.4m^3$ ④ $23.4m^3$

답 ④

해 수원의 수량은 옥내소화전이 가장 많이 설치된 층의 설치개수에 $7.8m^3$을 곱한양이 되어야 한다(설치개수가 5이상인 경우 5에 $7.8m^3$을 곱한다).

035
위험물안전관리법령상 분말소화설비의 기준에서 가압용 또는 축압용 가스로 알맞은 것은?

① 산소 또는 수소
② 수소 또는 질소
③ 질소 또는 이산화탄소
④ 이산화탄소 또는 산소

답 ③

해 분말소화약제에서는 **이산화탄소, 질소**가 가압용가스로 사용된다.

036 제1류 위험물 중 알칼리금속과산화물의 화재에 적응성이 있는 소화약제는?

① 인산염류분말 ② 이산화탄소
③ 탄산수소염류분말 ④ 할로겐화합물

답 ③

해 주수금지이므로 탄산수소염류분말, 팽창질석, 팽창진주암, 마른모래 등이 적응성이 있다.

037 위험물제조소 등에 설치하는 포 소화설비에 있어서 포헤드 방식의 포헤드는 방호대상물의 표면적(m^2) 얼마 당 1개 이상의 헤드를 설치하여야 하는가?

① 3 ② 5
③ 9 ④ 12

답 ③

해 방호대상물 표면적 **$9m^2$ 당 1개 이상**의 헤드를 설치한다.

038 특정옥외탱크저장소는 액체위험물의 최대수량이 얼마 이상인 경우를 말하는가?

① 50만리터 이상 ② 100만리터 이상
③ 150만리터 이상 ④ 200만리터 이상

답 ②

해 옥외탱크저장소 중 최대수량이 100만리터 이상인 것을 특정옥외탱크저장소라 한다.

039 위험물안전관리법령에 따른 옥내소화전설비의 기준에서 펌프를 이용한 가압송수장치의 경우 펌프의 전양정(H)을 구하는 식으로 옳은 것은? (단, h1은 소방용 호스의 마찰손실수두, h2는 배관의 마찰손실수두, h3는 낙차이며, h1, h2, h3의 단위는 모두 m이다)

① $H = h1 + h2 + h3$
② $H = h1 + h2 + h3 + 0.35m$
③ $H = h1 + h2 + h3 + 35m$
④ $H = h1 + h2 + 0.35m$

답 ③

해 전양정을 구하는 식은 $H = h1 + h2 + h3 + 35m$이다.
H는 전양정, h1은 소방용 호스의 마찰손실수두, h2는 배관의 마찰손실수두, h3는 낙차

040 위험물안전관리법령상 소화설비의 설치기준에서 제조소 등에 전기설비(전기배선, 조명기구 등은 제외)가 설치된 경우에는 해당 장소의 면적 몇 m^2 마다 소형수동식소화기를 1개 이상 설치하여야 하는가?

① 50 ② 75
③ 100 ④ 150

답 ③

해 제조소 등에서 **전기설비 설치 시 $100m^2$ 마다 소형수동식 소화기 1개 이상** 설치해야 한다.

제3과목 | 위험물의 성질과 취급

041 아래와 같이 위험물 저장시, 지정수량 배수의 총합은?

> 클로로벤젠 1000L, 동식물유류 5000L,
> 제4석유류 12000L

① 2.5 ② 3.5
③ 4.5 ④ 5.0

답 ②

해 클로로벤젠은 지정수량이 1000L(2석유류는 이 **일(1000L)등경 크스클 / 이(2000L)아히포**), 동식물류는 10000L, 제4석유류는 6000L이다.
배수의 합은 1 + 0.5 + 2 = 3.5이다.

042 젖은 짚, 헝겊 등과 함께 대량으로 쌓아두는 경우 자연발화가능성이 가장 높은 것은?

① 야자유 ② 피마자유
③ 올리브유 ④ 동유

답 ④

해 요오드 값은 높을수록 자연발화 위험이 증가한다.
동식물류 중에서는 건성유, 반건성유, 불건성유 순으로 요오드값이 높다.

암기법 동식물류 암기는 **정상 동해 대아들, 참쌀면 청옥 채콩, 소돼재고래 피 올야땅**
동유는 건성유, 나머지는 불건성유이다.

043 제4석유류를 저장하는 옥내탱크저장소의 기준으로 옳은 것은? (단, 단층건축물에 탱크전용실을 설치하는 경우이다)

① 옥내저장탱크의 용량은 지정수량의 40배 이하일 것
② 탱크전용실은 벽, 기둥, 바닥, 보를 내화구조로 할 것
③ 탱크전용실에는 창을 설치하지 아니할 것
④ 탱크전용실에 펌프설비를 설치하는 경우에는 그 주위에 0.2m 이상의 높이로 턱을 설치할 것

답 ①

해 아래와 같은 기준이 있다.
옥내탱크(이하 "옥내저장탱크"라 한다)는 **단층건축물에 설치된 탱크전용실**에 설치할 것
옥내저장탱크와 탱크전용실의 벽과의 사이 및 옥내저장탱크의 상호간에는 **0.5m 이상의 간격**을 유지할 것
옥내저장탱크의 용량(동일한 탱크전용실에 옥내저장탱크를 2 이상 설치하는 경우에는 각 탱크의 용량의 합계를 말한다)은 **지정수량의 40배 이하**일 것, **4석유류 및 동식물유류 외의 제4류 위험물**에 있어서 당해 수량이 20,000ℓ를 초과할 때에는 **20,000ℓ 이하** 일 것
탱크전용실의 보는 불연재료로 해야 하고 창도 설치할 수 있다.

044 제조소 등의 관계인은 제조소 등의 용도를 폐지한 경우 며칠 이내에 시도지사에게 신고해야 하는가?

① 5일 ② 10일
③ 14일 ④ 30일

답 ③

해 제조소 등은 그 용도를 폐지한 경우 용도를 폐지한 날부터 **14일 이내에 시·도지사**에게 신고해야 한다.

045 과산화수소의 성질에 대해 틀린 설명은?

① 분해를 방지하기 위해 안정제를 사용할 수 있다.
② 에테르에 녹지 않고, 석유, 벤젠에 녹는다.
③ 농도에 따라 위험물이 아닐 수도 있다.
④ 산화제이지만, 환원제일 수도 있다.

답 ②

해 **물, 알코올, 에테르에 녹고**, 석유, 벤젠에 안 녹는다.
36중량퍼센트(wt%) 이상일 때 위험물질이다.
상온에서 **스스로 분해되어 물과 산소**로 분해되며, **햇빛에도 분해된다.**
이러한 분해를 방지하기 위해 **분해방지 인산, 요산 같은 안정제**가 사용된다.

046 위험물의 취급 중 소비에 관한 기준으로 틀린 것은?

① 열처리 작업은 위험물이 위험한 온도에 이르지 아니하도록 하여 실시하여야 한다.
② 담금질 작업은 위험물이 위험한 온도에 이르지 아니하도록 하여 실시하여야 한다.
③ 분사도장 작업은 방화상 유효한 격벽 등으로 구획한 안전한 장소에서 하여야 한다.
④ 버너를 사용하는 경우에는 버너의 역화를 유지하고 위험물이 넘치지 아니하도록 하여야 한다.

답 ④

해 위험물의 취급 중 소비에 관한 기준
- 분사도장작업은 **방화상 유효한 격벽** 등으로 구획된 안전한 장소에서 실시할 것
- **담금질 또는 열처리작업은 위험물이 위험한 온도에 이르지 아니하도록** 하여 실시할 것
- 버너를 사용하는 경우에는 버너의 **역화를 방지(유지아니다.)**하고 위험물이 넘치지 아니하도록 할 것

047 옥외탱크저장소에서 저장하는 위험물의 최대수량에 따른 보유공지너비를 틀리게 나타낸 것은?

① 지정수량 500배 이하 : 3m 이상
② 지정수량의 500배 초과 1,000배 이하 : 5m 이상
③ 지정수량의 1,000배 초과 2,000배 이하 : 9m 이상
④ 지정수량의 2,000배 초과 3,000배 이하 : 15m 이상

답 ④

해 옥외탱크저장소의 보유공지 너비 111페이지 표 참고

048 다음 제4류 위험물 중 연소범위가 가장 넓은 것은?

① 아세트알데히드   ② 산화프로필렌
③ 휘발유   ④ 아세톤

답 ①

해 아세트알데히드 **4%~60%으로 매우 넓다.**
산화프로필렌 2.8%~37%
휘발유 1.4%~7.6%(크지 않다)
아세톤 2.5%~12.8%

049 위험물안전관리법령상 시도조례에 의해 관할 소방서장의 승인을 받아 임시로 제조소 등이 아닌 장소에서 지정수량 이상의 위험물을 취급할 경우 며칠 이내의 기간동안 가능한가?

① 15일   ② 30일
③ 90일   ④ 180일

답 ③

해 지정수량 이상의 위험물을 저장소 아닌 장소에서 저장하거나 제조소 등이 아닌 장소에서 취급해서는 안 된다. **다만 90일 이내**, 시·도의 조례에 따라 관할소방서장의 승인으로 임시적으로 가능

050 아래의 탱크의 내용적은?

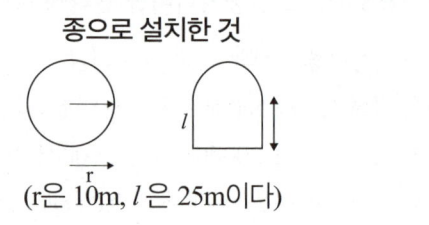
종으로 설치한 것
(r은 10m, l은 25m이다)

① 3612m³ ② 6432m³
③ 7854m³ ④ 8236m³

답 ③

해 내용적을 구하는 공식은 $\pi r^2 l$ 이다.
$\pi \times 10^2 \times 25 ≒ 7854m^3$이다.

051 다음 물질 중 물과 반응하면 에탄이 발생하는 것은?

① $(C_2H_5)_3Al$ ② C_2H_5OH
③ Na ④ CaC_2

답 ①

해 순서대로 트리에틸알루미늄, 에틸알코올, 나트륨, 탄화칼슘이다. 에틸알코올는 물과 반응하여 가스가 발생하지 않고, 나트륨은 수소가 발생한다. 탄화칼슘은 아세틸렌을 발생시킨다. 트리에틸알루미늄은 자연발화성, 금수성 물질로 물과 반응하면 가연성 가스를 발생시킨다, 물과 반응 시 가연성 가스를 살펴본다.
- **트리에틸알루미늄은 에탄(C_2H_6)**
- 트리메틸알루미늄은 메탄(CH_4)
- 메틸리튬은 메탄
- **황린은 물과 수산화칼륨을 만나면 포스핀(PH_3)(황린은 물과는 원칙적으로 반응하지 않는다)**
- 포스핀(PH_3)
- 인화칼슘은 포스핀
- 인화알루미늄은 포스핀
- 탄화칼슘, 탄화리튬, 탄화마그네슘은 아세틸렌(C_2H_2)
- 탄화알루미늄은 메탄
- 탄화망간은 수소와 메탄
- 그 외는 수소

052 질산암모늄이 가열분해하여 폭발이 되었을 때 발생되는 물질이 아닌 것은?

① 질소 ② 물
③ 산소 ④ 수소

답 ④

해 가열분해하여 폭발하면 물, 산소, 질소를 방출시킨다.

053 아세톤에 대해 틀린 설명은?

① 요오드포름반응을 한다.
② 화재 시 주소소화를 통한 희석소화 할 수 있다.
③ 갈색의 액체이다.
④ 증기는 공기보다 무겁다.

답 ③

해 제4류 위험물로 증기는 공기보다 무겁다.
아세톤은 수용성이므로 대량의 물을 통한 희석소화가 가능하다.
아세틸기(CH_3CO-)를 가진 물질은 요오드포름반응을 한다.
무색, 투명의 액체이다.

054 위험물안전관리법령에 따른 질산에 대한 설명으로 틀린 것은?

① 지정수량은 300㎏이다.
② 햇빛에 의해 분해되므로 갈색병에 저장, 보관한다.
③ 농도가 36wt% 이상인 것에 한하여 위험물로 간주된다.
④ 운반 시 제1류 위험물과 혼재할 수 있다.

답 ③

해 질산은 제6류 위험물로 **비중이 1.49 이상**인 물질만 위험물이다. 농도 중량퍼센트 36을 기준으로 하는 것은 과산화수소이다.

055 황화린에 대한 설명으로 틀린 것은?

① 조해성과 흡습성이 없다.
② 가연성 물질이다.
③ 물과 반응하는 물질과 반응하지 않는 물질 모두 있다.
④ 지정수량은 100㎏ 등이 있다.

답 ①

해 **삼황화린은 조해성이 없으나, 오황화린, 칠황화린은 조해성이 있음**
삼황화린은 물과 반응하지 않으나, 오황화린, 칠화황린은 반응한다.

056 금수성 물질로만 나열된 것을 고르면?

① K, CaC₂, Na
② NaCl, KClO₃, CaC₂
③ KClO₃, Na, S
④ KNO₃, KClO₃, CaC₂

답 ①

해 제3류 위험물은 황린을 제외하고는 모두 금수성 물질이다.
K, Na, CaC₂ 모두 제3류 위험물 금수성 물질이다.
질산칼륨, 염소산칼륨 모두 제1류 위험물이고, 황은 제2류 위험물이나 금수성물질은 아니다.

057 어떤 공장에서 아세톤과 메탄올을 18L 용기에 각각 10개, 등유를 200L 드럼으로 3드럼을 저장하고 있다면 각각의 지정수량 배수의 총합은 얼마인가?

① 1.3
② 1.5
③ 2.3
④ 2.5

답 ②

해 각 물질의 지정수량은 아세톤은 400L, 메탄올은 400L, 등유 1000L이다.
각 180L, 180L, 600L 저장한 경우, 지정수량의 배수는 0.45배, 0.45배, 0.6배이다. 총 1.5배가 된다.

058 위험물안전관리법령상 지정수량의 각각 10배를 운반할 때 혼재할 수 있는 위험물은?

① 과산화나트륨과 과염소산
② 과망간산칼륨과 적린
③ 질산과 알코올
④ 과산화수소와 아세톤

답 ①

해 423 524 61이다.
과산화나트륨은 제1류, 과염소산은 제6류 이므로 혼재 가능하다.
나머지는 모두 혼재 불가능하다.
과망간산칼륨은 제1류, 적린은 제2류
질산은 제6류, 알코올은 제4류
과산화수소는 제6류, 아세톤은 제4류

059 지정수량 이상의 위험물을 차량으로 운반하는 경우에는 차량에 설치하는 표지의 색상에 관한 내용으로 옳은 것은?

① 흑색바탕에 청색의 도료로 "위험물"이라고 표기할 것
② 흑색바탕에 황색의 반사도료로 "위험물"이라고 표기할 것
③ 적색바탕에 흰색의 반사도료로 "위험물"이라고 표기할 것
④ 적색바탕에 흑색의 도료로 "위험물"이라고 표기할 것

답 ②

해

종류	바탕	문자
화기엄금	적색	백색
물기엄금	청색	백색
주유중엔진정지	황색	흑색
위험물 제조소 등	백색	흑색
위험물	흑색	황색반사도료

060 위험물안전관리법령상, 각 위험물에 따른 적응성이 잘못 연결된 것은?

① 제1류 알칼리금속과산화물, 제4류 위험물 - 탄산수소염류 분말소화기
② 제2류, 제3류 위험물 - 건조사
③ 제4류, 제5류 위험물 - 할로겐화합물소화기
④ 제2류 인화성 고체, 제6류 위험물 - 인산염류

답 ③

해 할로겐화합물소화기는 제5, 6류 위험물 화재 시에는 적응성이 없다.
68 페이지 표 참고

SECTION 03 CBT 대비 및 기출 모의고사 | 3회

제1과목 | 일반화학

001 NH₄Cl에서 배위결합을 하고 있는 부분을 옳게 설명한 것은?

① NH_3의 N-H 결합
② NH_3와 H^+과의 결합
③ NH_4^+과 Cl^-과의 결합
④ H^+과 Cl^-과의 결합

[답] ②

[해] 배위결합이란 전자를 반씩 내어놓는 일반적인 공유 결합과 달리 한쪽이 전자쌍 전부를 내어 놓고 다른 한쪽은 내어 놓지 않는 결합을 의미한다. **대표적인 것이 $NH_3 + H^+ \rightarrow NH_4^+$ 결합이다.** 질소의 비공유 전자쌍과 수소이온의 결합이다.

$$H-\underset{H}{\overset{H}{N}}: + H^+ \rightarrow \left[H-\underset{H}{\overset{H}{N}}-H\right]^+$$

암모니아   수소 이온   암모늄 이온

002 다음 물질은 무엇인가?

> 가:염산과 반응하여 염산염 생성한다.
> 나:니트로벤젠을 수소로 환원하여 생성한다.

① 아닐린 ② 톨루엔
③ 아세트산 ④ 페놀

[답] ①

[해] 아닐린에 대한 설명이다.

$C_6H_5NO_2 \xrightarrow{환원} C_6H_5NH_2$

003 어떤 기체의 부피가 21℃, 1.4기압에서 250mL일 때, 온도가 49℃로 올라갔을 때 부피가 300mL인 경우 압력은 얼마인가?

① 1.28atm ② 2.56atm
③ 1.38atm ④ 1.14atm

[답] ①

[해] 보일-샤를의 법칙을 이용하면 된다.
$P_1V_1/T_1 = P_2V_2/T_2$
$1.4 \times 250 / 294 = P_2 \times 300 / 322$,
계산하면 $P_2 = 1.2777$

004 다음 중 물이 산으로 작용하는 것은?

① $NH_4^+ + H_2O \rightarrow NH_3 + H_3O^+$
② $CH_3COO^- + H_2O \rightarrow CH_3COOH + OH^-$
③ $HCOOH + H_2O \rightarrow HCOO^- + H_3O^+$
④ $HCl + H_2O \rightarrow H_3O^+ + Cl^-$

[답] ②

[해] 물이 산으로 작용하는 경우는 H^+를 내놓으면 된다. 위에서 그러한 경우는 2번밖에 없다.

005 주기율표에서 같은 족인 경우 아래로 갈수록 커지는 것이 아닌 것은?

① 반지름 ② 전기음성도
③ 전자수 ④ 원자번호

[답] ②

[해] 전기음성도는 주기율표에서 위쪽으로 갈수록, 오른쪽으로 갈수록 커지는 경향이 있다.

006 [H$^+$]=2×10^{-7}M인 용액의 pH는?

① 5.7 ② 6.7
③ 7.7 ④ 8.7

답 ②

해 pH란 수소이온(H$^+$)의 몰농도를 -log한 것이다.
즉, -log[H$^+$]이다. 계산기에 2 × 10^{-7}에 -log를 취하면 된다.

007 어떤 물질의 구성이 산소 50wt%, 황 50wt%로 되어 있는 경우 이 물질의 화학식은?

① SO ② SO$_2$
③ SO$_3$ ④ SO$_4$

답 ②

해 산소원자의 원자량은 16, 황원자의 원자량은 32이다. 즉 질량이 1:2비율인데, 50:50, 즉 1:1로 동일하다면 산소가 황과 2:1로 결합해 있으면 된다.

008 황산구리 수용액을 전기분해하여 음극에서 63.54g의 구리를 석출시키고자 한다. 10A의 전기를 흐르게 하면 전기분해에는 약 몇 시간이 소요되는가? (단, 구리의 원자량은 63.54이다)

① 2.72 ② 5.36
③ 8.13 ④ 10.8

답 ②

해 CuSO$_4$의 경우 Cu^{2+}, SO$_4^{2-}$로 나눠지는 모양을 생각하면 Cu^{2+}가 Cu로 나오기 위해서는 전자가 2개 필요하다. 즉 대응 비가 전자두개당 구리 하나이다. 그럼 전자가 2몰이 필요한데, 전자 1몰의 전하량은 1F, 96500C인데, 2몰은 193000C이다.
1C = 1A × 1초인데, 193000 = 10A × X초, 즉 X = 19300초이다. 시간으로 계산하면 1시간은 3600초이므로 19300/3600 ≒ 5.36시간이다.

009 소금이 물에 녹는 것이 물리적 변화임을 알 수 있는 근거는?

① 소금의 이온과 물의 이온이 서로 결합하기 때문
② 소금이 물에 용해되어 새로운 물질이 생성되기 때문
③ 물이 증발하면 소금이 남기 때문
④ 소금이 물속에 용해되어 사라지기 때문

답 ③

해 물리적 변화란 물질의 상태는 변화하나 그 조성이 변하지 않는 것을 의미한다.
소금은 물과 반응하지 않고 잠시 녹았을 뿐 그 조성이 변하지 않는다.

010 0℃ 얼음 20g이 100℃의 수증기로 변환시키는데 필요한 열량은? (융해열 80cal/g, 기화열 539cal/g)

① 3600cal ② 11600cal
③ 14000cal ④ 14380cal

답 ④

해 물질의 상태 변화시 열량 측정방법
현열(물질이 **상태 변화 없이 온도**가 **올라가는데 필요한 열량**) + 잠열(물질의 **온도변화가 없이 상태가 변화**하는데 필요한 열량)
현열은 "질량 × 비열 × 온도변화"로 구하고
잠열은 "잠열(kcal/kg 혹은 cal/g) × 질량"로 구한다.
얼음이 물이 되는데 필요한 열량(잠열):20 × 80 = 1600cal
물이 100도씨까지 끓어오르는 현열:
20 × 100 × 1(물의 비열) = 2000cal
물이 100도씨에서 수증기가 되는데 필요한 열량(잠열):20 × 539 = 10780cal
모두 합하면 된다.

011 다음 중 FeCl₃과 반응하면 색깔이 보라색으로 되는 현상을 이용해서 검출하는 것은?

① CH_3OH ② C_6H_5OH
③ $C_6H_5NH_2$ ④ $C_6H_5CH_3$

답 ②

해 페놀(**페놀(C_6H_5OH)**)류는 벤젠고리에 히드록시기(-OH)가 직접결합한 화합물이다.
페놀류는 염화철(III)($FeCl_3$) 수용액과 정색반응(색깔을 내는 반응)을 일으킨다.
2번이 페놀이다.

012 200g의 물에 A물질이 2.9g 녹아 있는 용액의 어는점을 구하시오. (물의 어는점내림상수는 1.86℃·kg/mol, A의 분자량은 58이다)

① 0.932℃ ② -0.187℃
③ -0.233℃ ④ -0.465℃

답 ④

해 물의 어는점은 0℃이나, 그러나 A물질이 들어가면서 어는점내림이 발생한다.
어는점온도의 변화 = $m \times K_f$ 로 표시가 가능하다(m는 몰랄농도, K_f는 어는점내림상수).
위의 식에 의해 어는점온도변화를 알 수 있는데, 이를 위해서는 몰랄농도를 구해야 한다.
몰랄농도는 = 용질의 몰수(mol) / 용매의 질량(kg)이고,
즉, (2.9/58) / 0.2 = 0.25가 된다.
0.25 × 1.86 = 0.456℃이다. 즉, 0.465℃의 어는점온도변화, 즉 어는점이 내려갔다는 뜻이다.
원래 물의 어는점이 0℃이므로, 이용액의 어는점은 -0.465℃이다.

013 어떤 용액의 pH를 측정하였더니 4이었다. 이 용액을 1000배 희석시킨 용액의 pH를 옳게 나타낸 것은?

① pH = 3 ② pH = 4
③ pH = 5 ④ 6 < pH < 7

답 ④

해 pH에서 1의 차이는 몰농도 10배이다. 따라서 pH1은 pH3보다 몰농도가 100배이다.
1000배 차이는 pH에서 3차이다. 희석시켰으므로 농도가 낮아진다.
대략 7정도가 될 것이다. 하지만, 실제는 이론적으로 완전히 정수비로 변하지는 않으므로 가장 가까운 4번을 고르는 수밖에 없다.

014 500mL에 6g의 비전해질 물질을 녹인 용액의 삼투압이 7.4기압인 경우 이 물질의 분자량은? (온도는 27℃)

① 3.59 ② 19.94
③ 36.30 ④ 39.89

답 ④

해 비전해질의 삼투압 공식은 다음과 같다.
삼투압 = nRT / V
R은 기체상수
T는 절대온도
V는 부피
n은 몰수 즉, w/M(w는 질량, M은 분자량)
대입하면,
(6 × 0.082 × 300) / (7.4 × 0.5) = 39.89g/mol

015 황산(H_2SO_4) 196g이 있는 경우 만들 수 있는 0.5M 황산용액의 양은?

① 1000mL ② 2000mL
③ 3000mL ④ 4000mL

답 ④

해 몰농도(M)은 용액 1L(1000mL)안에 있는 용질의 몰수이다. 0.5M인 경우 1000mL안에 0.5몰이 있다는 의미이고, 0.5몰이면 1000mL 용액을 만들 수 있다는 뜻이다. 황산 196g은 2몰에 해당하고 4000mL의 황산용액을 만들 수 있다.

016 Ca^{2+} 이온의 전자수는?

① 18 ② 20
③ 22 ④ 10

답 ①

Ca의 원소번호는 20이므로 전자가 20개라는 의미이다. 2+ 이온이 된 경우라면 전자 2개를 뺏겨서 2+ 양이온이 되었다는 의미이다. 20 - 2 = 18

017 볼타전지에서 전류가 약해지는 분극현상을 방지하기 위해 사용되는 감극제는?

① $CuSO_4$ ② NaCl
③ MnO_2 ④ $Pb(NO_3)_2$

답 ③

해 볼타전지는 곧바로 전류가 감소하는데, 그 이유는 (+)극에서 수소가 발생하면서, 구리판에 붙어 H^+의 환원을 방해하는데 이를 분극현상이라 한다.
이러한 분극 현상을 감소시키기 위해 감극제를 넣는데, 강한 산화제가 사용된다. **이산화망간(MnO_2)**, 과산화수소(H_2O_2) 등이 있다.

018 다음 중 최외각 전자가 2개 혹은 8개로서 불활성인 것은?

① Na, Cl ② Mg, C
③ Cl, N   ④ He, Ne

답 ④

해 18족 불활성 기체를 찾는 문제이다. He(최외각 전자가 2개), Ne, Ar, K(최외각 전자가 8개)

019 콜로이드 용액을 친수콜로이드와 소수콜로이드로 구분할 때 소수콜로이드에 해당하는 것은?

① 녹말 ② 아교
③ 단백질 ④ 수산화철(III)

답 ④

해 소수 콜로이드: 콜로이드 입자중 소량의 전해질에 의해 엉김이 생기는 콜로이드이다(먹물, 수산화철).
친수 콜로이드: 전해질이 다량으로 첨가되어야만 엉김이 생기는 콜로이드이다(아교, 녹말)

020 다음에서 물이 산으로 작용하는 것은?

① $NH_4^+ + H_2O \rightarrow NH_3 + H_3O^+$
② $CH_3COO^- + H_2O \rightarrow CH_3COOH + OH^-$
③ $HCOOH + H_2O \rightarrow HCOO^- + H_3O^+$
④ $HCl + H_2O \rightarrow H_3O^+ + Cl^-$

답 ②

해 물이 산으로 작용하는 경우는 H^+를 내놓으면 된다. 위에서 그러한 경우는 2번밖에 없다.
브뢴스테드 - 로우리의 산: 양성자(H^+)를 줄 수 있는 물질
브뢴스테드 - 로우리의 염기: 양성자(H^+)를 받을 수 있는 물질

제2과목 | 화재예방과 소화방법

021 수성막포소화약제에 대한 설명으로 옳은 것은?

① 물보다 가벼운 유류의 화재에는 사용할 수 없다.
② 계면활성제를 사용하지 않고 수성의 막을 이용한다.
③ 내열성이 뛰어나고 고온의 화재일수록 효과적이다.
④ 일반적으로 불소계 계면활성제를 사용한다.

답 ④

해 수성막포는 **플루오르계** 계면활성제를 사용하며 유류화재용이다.

022 BLEVE 현상을 잘 설명한 것은?

① 가연성 액화가스를 저장한 탱크가 화재 발생으로 가열, 기화, 팽창되어 파열되어 폭발하는 현상이다.
② 파손된 탱크 밑면에 고여 있는 물이 열을 받아 증발하면서 상부의 유류를 밀어 올려 분출하는 현상이다.
③ 기름의 부피가 팽창하여 넘치는 현상이다.
④ 가연물이 발생시키는 가스가 산소를 만나 전체화재로 확산되는 현상이다.

답 ①

해 **블레비(BLEVE)**현상이란 **액화가스**가 탱크 내부에서 가열되어 **강도가 약해진 탱크 부분에서 폭발**하는 현상이다.

023 폐쇄형 스크링클러 헤드의 경우 부착장소의 최고 주위온도가 39℃ 이상 64℃ 미만일 경우 표시 온도는?

① 79℃ 미만
② 79℃ 이상 121℃ 미만
③ 121℃ 이상 162℃ 미만
④ 162℃ 이상

답 ②

해 그 설치장소의 평상시 최고 주위온도에 따라 아래표에 따른 표시온도의 것으로 설치해야 한다.

설치장소의 최고 주위 온도	표시온도
39℃ 미만	79℃ 미만
39℃ 이상 64℃ 미만	79℃ 이상 121℃ 미만
64℃ 이상 106℃ 미만	121℃ 이상 162℃ 미만
106℃ 이상	162℃ 이상

024 위험물안전관리법령상 방호대상물의 표면적이 70m^2인 경우 물분무소화설비의 방사구역은 몇 m^2로 하여야 하는가?

① 35
② 70
③ 150
④ 300

답 ②

해 **방사구역은 150m^2 이상**이어야 하나 방호대상물 **표면적이 그 이하인 경우 그 당해 표면적**으로 한다.

025 다음 중 피뢰설비를 하지 않아도 되는 위험물 제조소는 몇 류 위험물을 취급하는 경우인가?

① 제3류 위험물 ② 제4류 위험물
③ 제5류 위험물 ④ 제6류 위험물

답 ④

해 지정수량의 **10배 이상**의 위험물을 취급하는 제조소(**제6류 위험물**을 취급하는 위험물제조소를 **제외**한다)에는 피뢰설비를 설치해야 한다.

026 화재예방을 위해 자연발화 방지를 위한 방법이 아닌 것은?

① 온도를 낮춘다. ② 통풍을 막는다.
③ 습도를 낮춘다. ④ 열축적을 막는다.

답 ②

해 자연발화 방지하기 위해서는 **주위 온도를 낮게, 통풍을 잘 시키고, 습도를 낮추고, 열축적을 막고, 불활성가스를 주입해 산소농도를 낮추**어야 한다.

027 질산과 칼슘이 반응하여 발생하는 기체는?

① 산소 ② 수소
③ 질소 ④ 수산화칼슘

답 ②

해 반응식은 $2HNO_3 + Ca \rightarrow Ca(NO_3)_2 + H_2$

028 위험물안전관리법령에 따르면 이동식 할로겐화합물소화설비의 경우 20℃에서 하나의 노즐이 할론 2402를 방사하는 경우 분당 방사해야 하는 약제의 양은?

① 45kg ② 40kg
③ 35kg ④ 30kg

답 ①

해 할론소화설비의 노즐은 20℃에서 하나의 노즐마다 1분당 방사해야 하는 약제의 양은 아래와 같다.

약제의 종류	1분당 방사량
할론 2402	45kg
할론 1211	40kg
할론 1301	35kg

029 강화액소화기에 대한 설명으로 옳은 것은?

① 물의 유동성을 크게 하기 위한 유화제를 첨가한 소화기이다.
② 물의 표면장력을 강화한 소화기이다.
③ 산 알칼리 액을 주성분으로 한다.
④ 물의 소화효과를 높이기 위해 염류를 첨가한 소화기이다.

답 ④

해 **강화액소화**제는 **탄산칼륨(K_2CO_3)**을 첨가하여 **어는점을 낮춘** 소화약제로, pH12 이상(염기성)이다.
어는 점이 낮아지는 것은 물의 표면장력이 약화되기 때문이다.

030 다음 중 연소가 잘 발생할 수 있는 조건으로 틀린 것은?

① 온도의 상승
② 산소 친화력이 클수록
③ 연소범위가 넓을수록
④ 발화점이 높을수록

답 ④

해 가연물이 되기 쉬운 조건(**발화점이 낮아지는 조건**으로 문제에 나오기도 한다)
발열량이 클 것(에너지를 많이 뿜어냄)
열**전**도율이 작을 것(열이 전달 안되어야 온도가 상승하기 쉽다)
산소 친화력이 클 것(연소란 산소와의 반응을 의미하므로 산소를 잘 만나야 잘 탄다)
표**면**적이 넓을 것(산소와 접하는 면적이 넓어야 잘 탄다. 따라서 기체, 액체, 고체의 순으로 가연물이 되기 쉬운 것이다)
활성화 에너지가 작을 것(활성화에너지가 작으면 반응이 쉽게 이루어진다는 의미이다)
화학적 활성도가 클 것
연쇄반응을 일으킬 수 있는 것
(**가발연산전면활활** 로 암기 연산군 가발 앞에서 활활 타는 장면 연상하기)
연소범위는 하한이 낮을수록, 상한이 높을수록 범위가 넓을수록 연소 가능성이 있으므로 더 위험하다.

031 드라이아이스의 성분을 옳게 나타낸 것은?

① H_2O
② CO_2
③ H_2O+CO_2
④ $N_2+H_2O+CO_2$

답 ②

해 드라이아이스는 이산화탄소가 주성분이다.

032 불활성가스 소화설비와 관련하여 위험물안전관리법령에 의할 때 저장용기 설치 기준으로 틀린 것은?

① 저장용기에는 안전장치(용기밸브에 설치되어 있는 것을 제외)를 설치해야 한다.
② 방호구역 외에 장소에 설치한다.
③ 용기 외면에 소화약제의 종류, 제조 년도 등을 표시한다.
④ 온도가 40℃ 이하이고 온도 변화가 크지 않은 장소에 설치한다.

답 ①

해 불활성가스 소화설비 저장용기 설치 기준
방호구역 외에 설치한다.
저장용기에는 안전장치(용기밸브에 설치되어 있는 것을 포함함)를 설치해야 한다.

033 위험물안전관리법령상 옥내소화전설비의 비상전원은 자가발전설비 또는 축전지 설비로 옥내소화전 설비를 유효하게 몇 분 이상 작동할 수 있어야 하는가?

① 10분
② 20분
③ 45분
④ 60분

답 ③

해 옥내소화전설비(수계)
- 소화전함은 접근이 쉽고 화재 피해를 받을 우려가 적은 곳에 설치한다.
- **비상전원을 설치하여 45분 이상** 작동해야 한다.
- 각 건축물의 층마다 하나의 **호스접속구까지의 수평거리가 25m 이하**가 되도록 설치해야 한다(접속구로부터 너무 멀면 안 된다).
- 개폐밸브 및 호스접속구는 **바닥면으로부터 1.5m 이하** 높이에 설치해야 한다(밸브가 너무 높으면 안 된다).

034 이산화탄소소화기에 대해 틀린 설명은?

① 질식효과와 냉각효과가 있다.
② A급 화재에 가장 적응성이 있다.
③ 소화약제의 독성은 없으나, 산소농도 저하로 질식의 위험이 있다.
④ 부패, 변질 우려가 적다.

답 ②

해 **불활성 기체로 전기전도성이 없으므로 <u>전기화재(C급 화재)</u>**에 유효하다.
질식효과, 냉각효과가 주된 효과이다(질식효과 이므로 밀폐된 공간에서 효과적이다).
금속화재에 쓰면 탄소가 발생 폭발하므로 쓰면 **안 된다.**
공기 중 산소의 농도를 15% 이하로 낮추어 소화하는 **질식효과와 희석소화효과**가 있다. 산소농도를 낮추기 위한 이산화탄소의 농도식은
CO_2의 농도(%) = (21 - %O_2) / 21 × 100
공기 중 산소농도를 14%로 낮추어 소화하기 위한 공기중 이산화탄소의 농도는?
(21 - 14) / 21 × 100 로 구하면 된다.
비전도성 불연성 기체로 사용 후 이산화탄소 바로 사라지므로 **오염이 없고 장기보관이** 가능하다.

035 열의 전달에 있어서 열전달면적과 열전도도가 각각 2배로 증가한다면, 다른 조건이 일정한 경우 전도에 의해 전달되는 열의 양은 몇 배가 되는가?

① 0.5배 ② 1배
③ 2배   ④ 4배

답 ④

해 열의 전달양은 전달면적이 클수록 전도도가 클수록 비례하여 증가한다. 각 2배가 증가했으므로 총 4배가 증가한다.

036 이산화탄소 소화기는 어떤 현상에 의해서 온도가 내려가 드라이아이스를 생성 하는가?

① 주울-톰슨 효과   ② 사이펀
③ 표면장력   ④ 모세관

답 ①

해 압축된 기체가 좁은 관을 통과하면서 온도를 하강시키는 **줄 - 톰슨 효과에 의해 드라이아이스(주성분은 CO_2이다)**를 발생시킨다.

037 위험물안전관리법령상 전역방출방식 또는 국소방출방식 분말소화설비에서 가압식 분말소화설비에는 얼마 이하 압력으로 조정할 수 있는 압력조정기를 설치해야 하는가?

① 1.5 MPa   ② 2.0 MPa
③ 2.5 MPa   ④ 3.0 MPa

답 ③

해 가압식의 분말소화설비에는 2.5MPa 이하의 압력으로 조정할 수 있는 압력조정기를 설치할 것

038 위험물안전관리법령상 디에틸에테르 화재 시 적응성이 없는 소화기는?

① 포소화기   ② 이산화탄소소화기
③ 봉상강화액소화기   ④ 할로겐화합물소화기

답 ③

해 68페이지 소화설비의 구분 표 참고

039 외벽이 내화구조인 위험물저장소 건축물의 연면적이 1500m²인 경우 소요단위는?

① 6　　② 10
③ 13　　④ 14

답 ②

해 내화구조인 위험물 저장소는 150m²가 1소요단위 이므로 1500m²는 10소요단위이다.

종류	내화구조	비내화구조
위험물	위험물의 지정수량×10	
제조소 및 취급소	100m²	50 m²
저장소	150 m²	75 m²

040 물분무소화설비에 적응성이 없는 것은?

① 전기설비　　② 제4류 위험물
③ 제5류 위험물　　④ 알칼리금속 과산화물

답 ④

해 1,2,3 위험물 중 **물을 쓸 수 없는** 경우 3가지(**알칼리금속과산화물 등, 철분/마그네슘/금속분등, 금수성물품**) 기억한다. 그 외는 다 가능하다.
68페이지 소화설비의 구분 표 참고

제3과목 | 위험물의 성질과 취급

041 위험물제조소의 배출설비 기준 중 국소방식의 경우 배출능력은 1시간당 배출장소 용적의 몇 배 이상으로 해야 하는가?

① 10배　　② 20배
③ 30배　　④ 40배

답 ②

해 배출능력은 1시간당 배출장소 용적의 20배 이상인 것으로 하여야 한다.

042 위험물 간이탱크저장소의 수압시험 기준은?

① 70kPa의 압력으로 10분간의 수압시험
② 70kPa의 압력으로 5분간의 수압시험
③ 50kPa의 압력으로 10분간의 수압시험
④ 50kPa의 압력으로 5분간의 수압시험

답 ①

해 **70kPa의 압력으로 10분간의 수압시험**을 실시하여 새거나 변형되지 아니하여야 한다.

043 묽은 질산에 녹고, 비중이 약 2.7인 은백색 금속은?

① 아연분　　② 마그네슘분
③ 안티몬분　　④ 알루미늄분

답 ④

해 **물, 산, 알칼리 등과 반응하며 수소**를 생성시킨다(묽은 질산에 녹는다).

044 동식물유류에 대해 틀린 설명은?

① 요오드값이 130 이상이면 건성유이다.
② 요오드값이 낮으면 자연발화 위험성이 더 높아진다.
③ 건성유에는 아마인유, 동유 등이 있다.
④ 1기압에서 인화점이 섭씨 250도 미만이다.

답 ②

해 요오드값은 유지 100g에 흡수되는 요오드의 g수를 의미하며, 높을수록 자연발화의 위험이 높다)

045 다음 보기 물질 중 위험물안전관리법령상 제1류 위험물의 지정수량을 모두 합하면?

> 퍼옥소이황산염류, 차아염소산염류, 요오드산, 과염소산

① 350kg ② 400kg
③ 600kg ④ 1350kg

답 ①

해 퍼옥소이황산염류(지정수량 300kg), 차아염소산염류(지정수량 50kg)는 행안부령이 정한 1류 위험물이다.

046 오황화린이 물과 작용해서 발생하는 기체는?

① 이황화탄소 ② 황화수소
③ 포스겐가스 ④ 인화수소

답 ②

해 물과 반응하여 인산(H_3PO_4)과 황화수소(H_2S, 기체)를 발생시킨다.

047 과산화수소 용액의 분해를 방지하기 위한 방법으로 가장 거리가 먼 것은?

① 햇빛을 차단한다. ② 암모니아를 가한다.
③ 인산을 가한다. ④ 요산을 가한다.

답 ②

해 상온에서 **스스로 분해되어 물과 산소**로 분해되며, **햇빛에도 분해된다.**
이산화망간(MnO_2), 산화은(AgO)은 **분해의 정촉매(분해를 촉진)로 사용된다.**
이러한 분해를 방지하기 위해 분해방지 인산, 요산 같은 안정제가 사용된다.

048 마그네슘리본에 불을 붙여 이산화탄소 기체 속에 넣었을 때 일어나는 현상은?

① 즉시 소화된다.
② 연소를 지속하며 유독성의 기체를 발생한다.
③ 연소를 지속하며 수소 기체를 발생한다.
④ 산소를 발생하며 서서히 소화된다.

답 ②

해 이산화탄소와 반응하여 **일산화탄소를 발생시킨다**(따라서 이산화탄소소화기 사용금지, 불이 안 꺼진다).

049 알루미늄의 연소생성물을 옳게 나타낸 것은?

① Al_2O_3 ② $Al(OH)_3$
③ Al_2O_3, H_2O ④ $Al(OH)_3, H_2O$

답 ①

해 알루미늄 산화반응식은 $4Al + 3O_2 \rightarrow 2Al_2O_3$

050 위험물안전관리법령상 주유취급소에서의 위험물 취급기준에 따르면 자동차 등에 인화점 몇 ℃ 미만의 위험물을 주유할 때에는 자동차 등의 원동기를 정지시켜야 하는가? (단, 원칙적인 경우에 한한다)

① 21 ② 25
③ 40 ④ 80

답 ③

해 주유취급소에서 취급기준에 따르면 자동차 등에 **인화점 40℃ 미만의 위험물을 주유할 때에는 자동차 등의 원동기를 정지**시켜야 한다.

051 휘발유를 저장하던 이동저장탱크에 탱크의 상부로부터 등유나 경유를 주입할 때 액표면이 주입관의 선단을 넘는 높이가 될 때까지 그 주입관 내의 유속을 몇 m/s 이하로 하여야 하는가?

① 1 ② 2
③ 3 ④ 5

답 ①

해 휘발유를 저장하던 이동저장탱크에 등유나 경유를 주입할 때 또는 등유나 경유를 저장하던 이동저장탱크에 휘발유를 주입할 때에는 다음의 기준에 따라 정전기등에 의한 재해를 방지하기 위한 조치를 해야 한다.
이동저장탱크의 상부로부터 위험물을 주입할 때에는 위험물의 액표면이 주입관의 끝부분을 넘는 높이가 될 때까지 그 주입관내의 **유속을 초당 1m 이하**로 할 것

052 제조소에서 위험물을 취급함에 있어서 정전기를 유효하게 제거할 수 있는 방법으로 가장 거리가 먼 것은?

① 접지에 의한 방법
② 공기 중의 상대습도를 70% 이상으로 하는 방법
③ 공기를 이온화하는 방법
④ 부도체 재료를 사용하는 방법

답 ④

해 **접지**에 의한 방법
공기 중의 상대습도를 70% 이상으로 하는 방법
공기를 이온화하는 방법

053 위험물안전관리법령상 옥내저장탱크 상호간에 거리는?

① 0.1m 이상 ② 0.3m 이상
③ 0.5m 이상 ④ 1.0m 이상

답 ③

해 옥내저장탱크와 탱크전용실의 벽과의 사이 및 옥내저장탱크의 상호간에는 **0.5m 이상의 간격**을 유지해야 한다.

054 다음 중 조해성이 있는 것만 묶은 것은?

① P_4S_3, P_2S_5 ② P_4S_3, P_2S_5, P_4P_7
③ P_4S_3, P_4P_7 ④ P_2S_5, P_4P_7

답 ④

해 삼황화린은 조해성이 없으나, 오황화린, 칠황화린은 조해성이 있다.

055 제5류 위험물 중 상온(25℃)에서 동일한 물리적 상태(고체, 액체, 기체)로 존재하는 것으로만 나열한 것은?

① 니트로글리세린, 니트로셀룰로오스
② 질산메틸, 니트로글리세린
③ 트리니트로톨루엔, 질산메틸
④ 니트로글리콜, 트리니트로톨루엔

답 ②

해 **질산에스테르류는 니트로셀룰로오스와 셀룰로오스는 고체, 나머지는 액체, 니트로화합물은 고체이다.**
질산에스테르류는 니트로글리세린, 니트로셀룰로오스, 질산메틸, 니트로글리콜 인데, 그 중 니트로셀룰로오스는 고체이고, 나머지는 액체이다.
트리니트로톨루엔은 니트로화합물로 고체이다.

056 유황에 대해 바르게 설명한 것은?

① 동소체로 단사황, 사방황 등이 있다.
② 전기가 흐르는 전기도체이다.
③ 폭발의 위험은 없다.
④ 물, 알코올 등에 잘 녹는다.

답 ①

해 **물에 녹지 않는다.** 이황화탄소(CS₂)에 녹지 않으나 **단사황, 사방황(동소체)은** 녹는다.
전기부도체로 전기절연체로 쓰인다, 따라서 **정전기 발생 위험** 높다(정전기 축적 방지 필요).
제2류 위험물로 가연성 물질이다. 분진 폭발의 위험이 있다.

057 질산나트륨을 저장하고 있는 옥내저장소 (내화
구조의 격벽으로 완전히 구획된 실이 2 이상 있는 경우에는 동일한 실)에 함께 저장하는 것이 법적으로 허용되는 것은?
(단, 위험물을 유별로 정리하여 서로 1m 이상의 간격을 두는 경우이다)

① 적린   ② 인화성고체
③ 동식물유류   ④ 과염소산

답 ④

해 유별을 달리하는 위험물끼리는 같이 저장하면 안된다. 다만, 옥내/외 저장소의 경우 아래와 같은 위험물은 **서로 1m 간격**을 두고 저장 가능하다.
- **1류(알칼리금속 과산화물 또는 이를 함유한 것 제외)와 5류**
- **1류와 6류**
- **1류와 3류 중 자연발화성물질(황린을 포함한 것에 한한다)**
- **2류 중 인화성 고체와 4류**
- 3류 중 알킬알루미늄 등과 4류(알킬알루미늄 또는 알킬리튬을 함유한 것에 한함)
- 4류 중 유기과산화물 또는 이를 함유한 것과 5류 중 유기과산화물 또는 이를 함유한 것

암기법 암기는 111234로 되어 있다는 것 기억하고,
1알5, 1 6, 1 3자, 2인4, 3알4알알, 4유5유 로 기억한다.

질산나트륨은 제1류 위험물 이고, 과염소산은 제6류 위험물이므로 같이 저장이 가능하다
인화성고체는 제2류위험물이고, 동식물유류는 제4류 위험물이므로 안 된다.

058 칼륨과 나트륨의 공통 성질이 아닌 것은?

① 물보다 비중 값이 작다.
② 수분과 반응하여 수소를 발생한다.
③ 광택이 있는 무른 금속이다.
④ 지정수량이 50kg이다.

답 ④

해 지정수량이 모두 10kg이다(**십알 칼알나 / 이황 / 오알알유 / 삼금금탄규**).

059 P_4S_7에 고온의 물을 가하면 분해된다. 이때 주로 발생하는 유독물질의 명칭은?

① 아황산   ② 황화수소
③ 인화수소   ④ 오산화린

답 ②

해 **물과 반응하면 인산(H_3PO_4), 아인산(H_3PO_3), 황화수소**를 발생시킨다.

060 위험물안전관리법령상 HCN의 품명으로 옳은 것은?

① 제1석유류   ② 제2석유류
③ 제3석유류   ④ 제4석유류

답 ①

해 시안화수소는 제4류 위험물 중 제1석유류이다(1석유류는 일 **이(200L)휘벤에메톨 / 사(400L)시아피**).

SECTION 04 CBT 대비 및 기출 모의고사 | 4회

제1과목 | 일반화학

001 패러데이의 법칙에 대해 틀린 것은?

① 전기 분해 시 석출되는 물질의 양은 투입된 전기량에 비례한다.
② 일정한 전기량에서는 생성되는 물질의 양은 당량에 반비례한다.
③ 이법칙을 통해 투입된 전지량에 따른 석출되는 물질의 양을 구할 수 있다.
④ 전기분해시 전기량과 석출되는 물질의 양의 관계에 대한 법칙이다.

답 ②

해 물질의 전기 분해 시 **석출되는 물질의 양은 투입된 전기량에 비례**한다.
일정한 **전기량에서는 생성되는 물질의 양은 당량(분자량/이온의 전하량)에 비례**한다.

002 다음 중 ns^2np^3의 전자구조를 가지는 물질은?

① C ② N
③ H ④ O

답 ②

해 p오비탈에 3개가 차 있다는 뜻은 s오비탈에 2개, p오비탈에 3개가 차있다는 의미로 15족 원자임을 뜻한다. 15족은 N이다.

003 이온결합을 이룬 물질의 성질에 대해 틀린 것을 고르시오.

① 단단하나, 압력을 잘 받으면 부스러진다.
② 물과 같은 극성용매에 잘 녹는다
③ 고체, 액체 상태에서 모두 전기가 잘 통한다.
④ 녹는점이 비교적 높다.

답 ③

해 이온결합물질의 특성은 아래와 같다.
단단하고 잘 휘지 않으나 큰 압력을 받으면 잘 부서진다.
이온결합은 결합력이 강하므로 끓는 점이 비교적 높다.
고체상태에서는 전기가 안 통하나 용융되어 액체가 되거나 수용액이 되면 전기가 통한다.
물과 같은 극성을 띄는 용매에 잘 녹는다(예외:$CaCO_3$는 잘 안 녹는다).

004 10℃에서 부피가 3L인 기체가 같은 압력에 온도가 30℃로 올라가면 부피가 어떻게 되는가?

① 3.1L ② 3.21L
③ 3.42L ④ 4.23L

답 ②

해 부피는 같은 압력에서 절대 온도에 비례한다.
$V_1/T_1 = V_2/T_2$
$3/283 = x/303$, V_2는 약 3.21L이다.

005 물이 브뢴스테드산으로 작용한 것은?

① $HCl + H_2O \rightleftarrows H_3O^+ + Cl^-$
② $HCOOH + H_2O \rightleftarrows HCOO^- + H_3O^+$
③ $NH_3 + H_2O \rightleftarrows NH_4^+ + OH^-$
④ $3Fe + 4H_2O \rightleftarrows Fe_3O_4 + 4H_2$

답 ③

해 브뢴스테드-로우리의 산:양성자(H^+)를 줄 수 있는 물질
브뢴스테드-로우리의 염기:양성자(H^+)를 받을 수 있는 물질
물의 경우,
$HCl + H_2O \rightarrow H_3O^+ + Cl^-$
이 경우 물은 H^+를 받아서 염기가 된다.
$NH_3 + H_2O \rightarrow NH_4^+ + OH^-$
$CH_3COO^- + H_2O \rightarrow CH_3COOH + OH^-$
이 반응에서는 물이 H^+를 주어서 산이 된다.
브뢴스테드-로우리의 산 염기 개념에서는 물은 산, 염기 다 가능하다는 점을 기억하자.

006 주기율표상의 2주기 원소들 중에 주기율표에서 오른쪽으로 갈수록 작아지는 것은?

① 전자의 수
② 전자껍질의 수
③ 원자의 반지름
④ 양성자의 수

답 ③

해 각 원자들의 반지름 크기는 주기가 늘어날수록 즉 껍질 수가 많을수록 커진다.
같은 주기 내에서는 주기율표에서 오른쪽으로 갈수록 작아진다(이는 오른쪽으로 갈수록 원소번호가 증가하고, 원소번호의 증가는 곧 양성자가 많아진다는 뜻이다. 양성자가 많아질수록 전자를 잡아당기는 힘이 커져서 반지름이 작아진다).
같은 주기에서는 오른쪽으로 갈수록 원자번호가 늘어나고 즉, 전자의 수와 양성자의 수도 늘어난다.

007 셀레늄(원자번호가 34)이 반응하는 경우 어떤 원소의 전자수와 같아지려 하는가?

① He
② Ne
③ Ar
④ Kr

답 ④

해 원소는 반응을 통해 팔전자 규칙을 맞추려 한다. 1, 2, 족은 전자를 1, 2개 버리려 하고, 15, 16, 17 족 등은 전자를 3, 2, 1개 얻으려 한다. 즉, **1,2족의 경우 전자를 잃어 그 전 주기에 있는 18족 원소와 같은 전자 수를 가지려 하고, 15, 16, 17족의 경우 전자를 얻어 같은 주기에 있는 18족 원소와** 같은 전자 수를 가지려 한다.
Se는 주기율표에서 4주기에 해당한다. 4주기 18족은 Kr이다.
만약 Se의 위치를 몰라도 20번인 Ca 다음에 비전이금속 10개, 그 다음에 31, 32, 33, 34가 온다는 것을 알 수 있다. 31부터 13족이므로 34는 16족이 된다. He, Ne, Ar는 각각 1주기, 2주기, 3주기 18족이므로 4주기 18족이 아님을 알 수 있다.

008 질산칼륨 수용액에 소량의 염화나트륨이 불순물로 들어있는 경우, 용해도 차이를 통해 불순물을 제거하는 방법은?

① 막분리
② 증류
③ 전기분해
④ 재결정

답 ④

해 수용액 속에 다른 불순물이 있는 경우 용해도의 차이를 통해 분리시킬 수 있는데, 온도변화를 주어, 용해도가 다른 물질이 결정이 되어 분리되도록 하는 방법이다. 재결정이라 하고, 질산칼륨 수용액에 염화나트륨이 있는 경우 염화나트륨을 분리할 때 사용된다.

009 M금속 1.08g을 산화시킨 경우 MxOy의 산화물 1.56g이 생성되는 경우, x, y의 값은? (M 금속의 원자량은 54이다)

① x=3, y=2
② x=2, y=3
③ x=1, y=2
④ x=2, y=1

답 ②

해 산화물을 구성하는 산소의 질량은 0.48g이다.
M금속 1.08g은 0.02몰이고(1.08/54 = 0/02),
산소원자 0.48g은 0.03몰이다(0.48/16).
즉 M금속과 산소원자의 반응비율은 2:3이 되는 것이다.

010 다음 물질 중 쌍극자 모멘트가 0인 것을 고르면?

① H_2O
② CH_2O
③ ClF_3
④ BF_3

답 ④

해 원자가 결합하면 위에서 살펴본 전기음성도가 다르므로 비록 공유 결합이라고 공유한 전자가 전기음성도가 강한 원자쪽으로 쏠리게 되어 있다. 따라서 -성질을 가지는 전자를 더 가깝게 당기는 원자는 -의 극성을 가지게 된다.

> 예 HCl, 이는 공유 결합인데, Cl쪽으로 공유전자가 쏠려서 Cl쪽이 - 극, H쪽이 + 극을 띄게 된다.

이러한 **쏠림현상(극성)**의 정도를 정량적으로 나타낸 것을 **쌍극자 모멘트**라고 한다.
쌍극자 모멘트가 **0**이라는 말은 같은 원자끼리 결합하는 경우와 같이 전자간에 쏠림이 없는 경우이다.
분자의 결합모양을 전체로 보면, 완전히 대칭이거나, 입체적으로 한쪽 방향으로 쏠림이 없어서 분자의 특정 부분이 -, +성격을 가지지 않게 되는데, 이러한 경우 비(무)극성 분자라 한다.
무극성 분자는 CCl_4, CO_2, BF_3 등이 있다.

011 섭씨 25도에서 $Cd(OH)_2$ 염의 몰용해도는 1.7×10^{-5} mol/L인 경우 $Cd(OH)_2$ 염의 용해도 곱상수를 구하면?

① 1.96×10^{-14}
② 1.96×10^{-12}
③ 2.24×10^{-8}
④ 2.24×10^{-14}

답 ①

해 $Cd(OH)_2 \rightarrow Cd^{2+} + 2OH^-$ 인데, 몰용해도는 용액 1L에 녹아있는 용질의 몰수를 의미한다. 즉, 최대한으로 녹았을 때의 몰농도이다.
1몰이 반응하여 1몰, 2몰이 나온다. 몰농도비는 1:1:2가 된다.
($Cd(OH)_2$의 몰용해도 S) = (Cd^{2+}의 몰농도) = (1/2 OH^-의 몰농도)가 성립되고,
S = $[Cd^{2+}]$, 2S = $[OH^-]$이 만들어진다.
용해도곱상수는 곧 용해도만큼 녹았을 경우의 평형상수를 의미한다.
aA + bB → cC + dD라는 반응이 있을 때,
평형상수 K = $[C]^c[D]^d$ / $[A]^a[B]^b$ 공식이 성립한다.
문제에서 반응물($Cd(OH)_2$)은 고체 이므로, 평형 상수 계산에 1로 계산한다.
따라서, K = $[C]^c[D]^d$ 로 계산하는데, 대입하면 용해도 곱상수 K = $[Cd^{2+}][OH^-]^2$ / 1
S = $[Cd^{2+}]$, 2S = $[OH^-]$ 대입하면
용해도곱상수 = S × (2S)² = 4S³이 된다.
S는 1.7×10^{-5}이므로 계산하면 1.96×10^{-14}이다.
약 2.0×10^{-14}이다.
반응식을 보고 처음 물질의 몰수에 비해 몇 배의 몰수로 물질이 생기는지 파악하여 대입하면 된다.

012 Si의 전자배치는?

① $1s^22s^22p^63s^23p^1$
② $1s^22s^22p^63s^1$
③ $1s^22s^22p^63s^23p^2$
④ $1s^22s^22p^63s^23p^4$

답 ③

해 전자가 채워지는 순서를 살펴보면, 1s, 2s, 2p, 3s, **3p, 4s, 3d** 순으로 채워진다.
s, p, d 오비탈은 각각 전자를 2개, 6개, 10 채울 수 있다.
Si는 14번 원소로 전자가 14개이다. 안에서부터 채우면, 1s에 2개, 2s에 2개, 2p에 6개, 3s에 2개 우선 채우면 12개 채워진다. 나머지 2개는 3p에 채워진다.

013 H_2O가 H_2S보다 비등점이 높은 이유는?

① 공유결합을 하기 때문
② 분자량이 적기 때문
③ 이온결합을 하기 때문
④ 수소결합을 하기 때문

답 ④

해 전기 음성도가 매우 강한 원자(F, O, N)와 수소가 공유결합하는 경우, 전자가 F, O, N쪽으로 강하게 쏠리게 되고, 따라서, F, O, N은 강한 -성질을 H는 강한 +성질을 가지게 된다. 이 분자의 강한 +의 성질을 가지는 H쪽에 다른 분자(같은 것일 수도, 다른 것일 수도있다)의 강한 -성질을 가지는 부분이 서로 당기는 경우 그 결합을 수소 결합이라고 한다.
그냥 이해하기 쉽게 전기음성도가 큰 물질 즉, F, O, N과 수소가 결합한 경우 수소 결합이 발생할 수 있다고 생각하면 된다.
수소 결합이 있는 비등점(끓는점)이 높게 된다.

014 다음 중 루이스염기로 사용되는 것은?

① BF_3
② NH_3
③ CO_2
④ $NaCl$

답 ②

해 루이스의 산: 비공유 전자쌍을 받는 물질까지도 루이스의 산이다(대표적인 물질은 BF_3이다).
루이스의 염기: 비공유 전자쌍을 주는 물질까지도 루이스의 염기이다.
따라서 루이스의 염기가 되기 위해서는 비공유 전자쌍을 가지고 있어야 가능하다.
대표적인 물질이 NH_3이다.

015 질산칼륨의 물에 대한 용해시, 용액의 온도가 떨어졌다면 다음 설명에서 옳지 않은 것을 고르면?

① 시간과 용해도는 관계가 없다.
② 질산칼륨 포화용액을 냉각시키면 불포화용액이 된다.
③ 질산칼륨의 용해는 흡열반응이다.
④ 온도가 높아지면 용해도가 증가한다.

답 ②

해 "열 + 물질 → 용해", 이는 흡열반응이며,
용해가 되면 용액의 온도가 내려간다는 의미이며, 열이 더 들어갈수록 더 용해가 된다는 의미이다. 따라서 이러한 경우 온도가 높아지면(열이 더 투입되면) 용해가 더 잘 된다는 의미이다.
온도가 내려가면 용해도(최대한으로 녹일 수 있는 양)가 낮아진다는 의미이고, 따라서 불포화용액도 포화용액이 된다는 의미이다.

016 다음 중 유리기구 사용을 피해야 하는 화학반응은?

① $CaCO_3 + HCl$
② $Na_2CO_3 + Ca(OH)_2$
③ $Mg + HCl$
④ $CaF_2 + H_2SO_4$

답 ④

해 4번의 경우 불화수소(플루오린화수소)를 발생시키는데, 이 물질은 유리와 반응하므로 유리기구를 사용할 수 없다.

017 다음은 표준수소전극과 짝을 지어 얻게 된 반쪽반응 표준환원 전위값이다. 이 반쪽전지들을 짝지었을 경우 발생하는 전지의 표준 전위차($E°$)는 몇 V인가?

$Cu^{2+} + 2e^- \rightarrow Cu$, $E°$는 +0.34V
$Ni^{2+} + 2e^- \rightarrow Ni$, $E°$는 -0.23V

① +0.11V
② +0.57℃
③ -0.11℃
④ -0.57℃

답 ②

해 전류는 양극의 전위의 차이가 있을 때 흐른다. 마치 물이 높은 곳에서 아래쪽으로 흐르는 것과 같이 차이가 크면 그만큼 강한 전압이 강하게 된다. 두 반쪽 전지의 표준수소전극과의 차이가 각 어떠한데, 두 반쪽 전지를 연결한 경우는 어떠한가라는 문제의 의미는 표준수소전극은 0이라 생각하고, 0을 기준으로 각 얼마만큼 + 혹은 - 쪽으로 가 있는데, 그 두개의 차이는 얼마인가라는 문제로 이해하면 된다. 즉, -0.2, + 0.4인 경우, 0을 기준으로 - 쪽으로 0.2 가 있고, + 쪽으로 0.4 가 있는데, 두개의 차이는 얼마인가라는 문제이다.
0.4 - (- 0.2) = 0.6이 된다.
즉, 큰 전위의 값에서 작은 전위 값을 그냥 빼면 된다.
따라서 0.34 - (-0.23) = +0.57V이다.

018 수소 1.2몰과 염소 2몰이 반응 시 생성가능한 염화수소의 몰수는?

① 1.2
② 2
③ 2.4
④ 4

답 ③

해 수소와 염소의 반응식은 $H_2 + Cl_2 \rightarrow 2HCl$ 이다.
수소와 염소는 1:1로 반응하고 염소는 수소 염소에 비해 2배가 생성된다.
염소가 더 많이 있어도 반응할 수 있는 수소가 더 적으므로 수소에 따라 반응이 이루어 진다.
즉, 1.2몰:1.2몰 반응하여 염소는 2.4몰이 생성된다.

019 황산구리 결정 $CuSO_4 \cdot 5H_2O$ 25g을 100g 물에 녹였을 경우, 이 용액은 몇 wt%의 황산구리 수용액이 되는가? (단, $CuSO_4$의 분자량은 160g)

① 6.4
② 12.8
③ 18
④ 25.6

답 ②

해 용액의 농도는 용질의 질량 / 용액의 질량이다.
용액의 질량은 125g이나 용질의 질량은 황산구리결정에서 황산구리가 얼마만큼 차지하는지를 구해 찾을 수 있다. 황산구리의 분자량은 160g/mol이고 H_2O 5개의 질량은 90(18 × 5)이므로 전체 25g 중에 황산구리가 차지하는 질량은 다음 식으로 구할 수 있다.
160:250 = x:25
X는 16g이고 농도를 구하면 16 / 125 × 100으로 12.8%이다.

020 다음 물질의 수용액을 같은 전기량으로 전기분해해서 금속을 석출한다고 가정할 때 석출되는 금속의 질량이 가장 많은 것은?(단, 괄호 안의 값은 석출되는 금속의 원자량이다)

① $CuSO_4(Cu = 64)$ ② $NiSO_4(Ni = 59)$
③ $AgNO_3(Ag = 108)$ ④ $Pb(NO_3)_2(Pb = 207)$

답 ③

해 각 금속이 석출되기 위해 필요한 전자의 수를 알 필요가 있다. SO_4는 -2이온이 되므로 Cu, Ni는 전자 2개가 있어야 Cu가 된다. NO_3는 -1이온이 되므로 Ag는 전자 1개만 있으면 되지만, Pb는 2개의 전자가 필요하다.
즉 Ag는 같은 양의 전자가 있을 경우 2배만큼의 몰수가 나온다.
같은 전자가 있을 경우 석출되는 각 물질의 질량의 비는 64 : 59 : 216 : 207이 된다.
답은 3번이다.

제2과목 | 화재예방과 소화방법

021 과산화칼륨이 다음과 같이 반응하였을 때 공통적으로 포함된 물질(기체)의 종류가 나머지 셋과 다른 하나는?

① 가열하여 열분해 하였을 때
② 물(H_2O)과 반응하였을 때
③ 염산(HCl)과 반응하였을 때
④ 이산화탄소(CO_2)와 반응하였을 때

답 ③

해 물, 이산화탄소 등과 반응하면 산소 발생시킨다.
산과 반응하여 과산화수소 발생시킨다.
분해시 산소 발생시킨다.

022 이황화탄소를 물속에 저장하는 이유로 가장 타당한 것은?

① 공기와 접촉하면 즉시 폭발하므로
② 가연성 증기의 발생을 방지하므로
③ 온도의 상승을 방지하므로
④ 불순물을 물에 용해시키므로

답 ②

해 물에 녹지 않으므로 물속에 저장하여 가연성 증기 발생을 방지한다.

023 분말소화약제로 사용되는 탄산수소칼륨(중탄산칼륨)의 착색 색상은?

① 백색　　② 담홍색
③ 청색　　④ 담회색

답 ④

해 *분말소화약제 57페이지 표 참고*

024 마그네슘에 화재가 발생하여 물을 주수하였다. 그에 대한 설명으로 옳은 것은?

① 냉각소화 효과에 의해서 화재가 진압된다.
② 주수된 물이 증발하여 질식소화 효과에 의해서 화재가 진압된다.
③ 수소가 발생하여 폭발 및 화재 확산의 위험성이 증가한다.
④ 물과 반응하여 독성가스를 발생한다.

답 ③

해 마그네슘 등의 금속은 물과 접촉하면 수소를 발생시키고 폭발하여 위험하다

025 위험물안전관리법령상 제3류 위험물 중 금수성 물질 이외의 것에 적응성이 있는 소화설비는?

① 할로겐화합물소화설비
② 불활성가스소화설비
③ 포소화설비
④ 분말소화설비

답 ③

해 제3류 위험물 중 금수성 물질 이외의 물질은 주수소화가 가능하다. 포소화설비는 적응성이 있으나 나머지는 없다.

026 다음 중 물을 소화약제로 사용하는 가장 큰 이유는?

① 기화잠열이 크므로
② 부촉매 효과가 있으므로
③ 환원성이 있으므로
④ 기화하기 쉬우므로

답 ①

해 물은 증발(기화)잠열이 크므로 냉각효과가 크며, 비열이 크다.

027 다음 위험물을 보관하는 창고에 화재가 발생하였을 때 물을 사용하여 소화하면 위험성이 증가하는 것은?

① 질산암모늄　　② 탄화칼슘
③ 과염소산나트륨　　④ 셀룰로이드

답 ②

해 탄화칼슘은 물과 접촉하면 아세틸렌을 발생시키며 반응하므로 위험하다.

028 위험물안전관리법령상 이산화탄소소화기가 적응성이 있는 위험물은?

① 트리니트로톨루엔　　② 과산화나트륨
③ 철분　　④ 인화성고체

답 ④

해 이산화탄소소화기는 전기설비, 제2류 위험물 중 인화성고체, 제4류 위험물 등에 적응성이 있다. 트리니트로톨루엔은 제5류 위험물, 과산화나트륨은 제1류, 철분은 제2류 위험물 중 철분, 마그네슘, 금속분 등으로 이산화탄소소화기에 적응성이 없다.

029 이산화탄소소화설비를 위험물 제조소 등에 설치하는 경우, 저압식 저장용기에 대해 다음 빈칸을 채우시오.

> 이산화탄소화설비를 설치하는 경우 저장용기에는 2.3MPa 이상 (가) MPa 이하에서 작동하는 압력경보장치의작동압력을 설치해야 하고, 저장용기의 충전비는 저압식인 경우 1.1이상 (나) 이하로 해야 한다.

① 가: 0.9, 나: 1.1   ② 가: 1.9, 나: 1.1
③ 가: 1.9, 나: 1.4   ④ 가: 2.9, 나: 1.9

답 ③

해 저압식 저장용기에는 액면계 및 압력계와 2.3MPa 이상 1.9MPa 이하의 압력에서 작동하는 압력경보장치를 설치해야 한다.
저장용기의 충전비는 고압식은 1.5 이상 1.9 이하, 저압식은 1.1 이상 1.4 이하로 해야 한다.

030 액체 상태의 물이 1기압, 100℃ 수증기로 변하면 체적이 약 몇 배 증가하는가?

① 530~540   ② 900~1100
③ 1600~1700   ④ 2300~2400

답 ③

해 물은 1리터에 1kg의 질량을 가진다. 1kg의 물이 수증기로 변하는 경우 이상기체방정식에 의해 풀면 $V=nRT/P$ (R은 기체상수, 0.082L·atm/k·mol),
$n=w/M$ (w는 기체의 질량, M은 기체의 분자량)
물의 분자량은 18g/mol이므로 대입하면
$v = 1000/18 \times 0.082 \times 373 / 1 = 1699.22L$ 이다.
1L의 액체 물이 약 1699L의 수증기로 변한 것이다.

031 이산화탄소 소화기의 장단점에 대한 설명으로 틀린 것은?

① 밀폐된 공간에서 사용 시 질식으로 인명피해가 발생할 수 있다.
② 전도성이어서 전류가 통하는 장소에서의 사용은 위험하다.
③ 자체의 압력으로 방출할 수가 있다.
④ 소화 후 소화약제에 의한 오손이 없다.

답 ①

해 **질식효과, 냉각효과**가 주된 효과이다(질식효과 이므로 **밀폐된 공간**에서 효과적이나 질식의 위험이 있다).
불활성 기체로 전기전도성이 없으므로 전기화재에 유효하다.
비전도성 불연성 기체로 사용 후 이산화탄소 바로 사라지므로 **오염이 없고 장기보관**이 가능하다.
자체 압력에 의해 방출한다.

032 제2류 위험물의 화재에 대한 일반적인 특징으로 옳은 것은?

① 연소 속도가 빠르다.
② 산소를 함유하고 있어 질식소화는 효과가 없다.
③ 화재 시 자신이 환원되고 다른 물질을 산화시킨다.
④ 연소열이 거의 없어 초기 화재 시 발견이 어렵다.

답 ①

해 **강환원성**(다른 물질을 환원시킴, 즉 스스로는 산소와 결합해 산화되므로 산소를 가진 1류와 만나면 위험하다)이며 **연소속도가 빠르다.**

033 다음 제1류 위험물 중 물과 닿으면 위험한 것은?

① 염소산나트륨　② 과산화나트륨
③ 아염소산나트륨　④ 중크롬산암모늄

답 ②

해 알칼리금속과산화물은 물접촉 금지(열과 산소발생)

034 가연물에 대한 일반적인 설명으로 옳지 않은 것은?

① 주기율표에서 0족의 원소는 가연물이 될 수 없다.
② 활성화 에너지가 작을수록 가연물이 되기 쉽다.
③ 산화 반응이 완결된 산화물은 가연물이 아니다.
④ 질소는 비활성 기체이므로 질소의 산화물은 존재하지 않는다.

답 ④

해 0족, 즉 18족은 불활성기체로 가연물이 아니다.
가연물이 되기 좋은 조건, 활성화에너지가 작을수록 더 좋다. 더 쉽게 활성화된다는 의미이기 때문이다. 질소는 비활성기체이나, 질소산화물(NO_2, NO_3 등)은 존재한다.

035 위험물안전관리법령상 제4류 위험물의 위험등급에 대한 설명으로 옳은 것은?

① 특수인화물은 위험등급 I, 알코올류는 위험등급 II이다.
② 특수인화물과 제1석유류는 위험등급 I이다.
③ 특수인화물은 위험등급 I, 그 이외에는 위험등급 II이다.
④ 제2석유류는 위험등급 II이다.

답 ①

해 제4류 위험물의 위험등급은 **특/알/2,3,4,동** 순서대로 123등급이다.

036 화재발생 시 소화방법으로 공기를 차단하는 것이 효과가 있으며, 연소물질을 제거하거나 액체를 인화점 이하로 냉각시켜 소화할 수도 있는 위험물은?

① 제1류 위험물　② 제4류 위험물
③ 제5류 위험물　④ 제6류 위험물

답 ②

해 질식소화가 효과가 있고, 냉각소화할 수도 있는 물질을 고르는 문제이다.
제1, 5, 6류 위험물은 산소를 포함하고 있으므로 질식소화가 효과가 크지 않다. 또한 제1류 위험물은 고체이다. 제4류 위험물은 질식소화 효과가 있고, 인화점 이하로 온도를 떨어뜨리면 냉각소화도 가능하다.

037 위험물안전관리법령상 다음에서 소화설비 중 능력단위가 가장 큰 것은?

① 수조 80L(물통 3개 포함)
② 마른모래 50L(삽1개 포함)
③ 팽창진주암 160L(삽1개 포함)
④ 팽창질석 160L(삽1개 포함)

답 ①

해

소화설비	물통	수조와 물통3개	수조와 물통6개	마른모래와 삽1개	팽창질석, 팽창진주암 (삽1개)
용량	8L	80L	190L	50L	160L
능력단위	0.3	1.5	2.5	0.5	1.0

038 위험물안전관리법령상 옥내소화전설비의 경우 개폐밸브 및 호스접속구는 바닥면으로부터 얼마나 높이 설치해야 하는가?

① 1.0m 이하　　② 1.2m 이하
③ 1.5m 이하　　④ 1.5m 이상

답 ③

해 개폐밸브 및 호스접속구는 **바닥면으로부터 1.5m 이하** 높이에 설치해야 한다(밸브가 너무 높으면 안 된다).

039 화재 위험성과 관련해서 잘못 설명한 것은?

① 주위 온도가 낮아질수록 화재 위험이 낮아진다.
② 산소농도가 높아지면 화재 위험이 높아진다.
③ 물질의 인화점이 높다는 것은 그 만큼 온도가 높아야 화재가 발생한다는 의미이다.
④ 물질의 폭발 범위가 좁으면, 그 만큼 폭발할 가능성이 높다는 의미이다.

답 ④

해 자연발화 방지하기 위해서는 **주위 온도를 낮게, 통풍을 잘 시키고, 습도를 낮추고, 열축적을 막고, 불활성가스를 주입**해 산소농도를 낮추어야 한다.
인화점이 낮으면 불이 더 잘난다는 뜻이고, 폭발 **범위가 넓을수록** 연소 가능성이 있으므로 더 위험하다.

040 인화점이 70℃ 이상인 제4류 위험물을 저장·취급하는 소화난이도등급 Ⅰ의 옥외탱크저장소(지중탱크 또는 해상탱크 외의 것)에 설치하는 소화설비는?

① 스프링클러소화설비
② 물분무소화설비
③ 간이소화설비
④ 분말소화설비

답 ②

해 인화점 70℃ 이상의 제4류 위험물만을 저장취급 하는 경우(지중탱크 또는 해상탱크 제외) **물분무소화설비 또는 고정식 포소화설비**, 이동식외 할로겐화합물 소화설비를 설치해야 한다.

제3과목 | 위험물의 성질과 취급

041 위험물안전관리법령상 위험물의 운반용기 외부에 표시해야 할 사항이 아닌 것은? (단, 용기의 용적은 10L이며 원칙적인 경우에 한한다)

① 위험물의 화학명
② 위험물의 지정수량
③ 위험물의 품명
④ 위험물의 수량

답 ②

해 위험물 운반용기 외부 표시사항은 아래와 같다.
가. **위험물의 품명, 위험등급, 화학명 및 수용성**(수용성 표시는 4류 위험물 중 수용성인 것에 한함)
나. **위험물의 수량**
다. 위험물에 따른 **주의사항**

042 연면적 1000m²인 외벽이 내화구조인 위험물취급소의 소화설비 소요단위는?

① 10
② 20
③ 100
④ 200

답 ①

해

종류	내화구조	비내화구조
위험물	위험물의 지정수량×10	
제조소 및 취급소	100m²	50m²
저장소	150m²	75m²

옥외설치된 공작물은 외벽이 내화구조인 것으로 간주한다.
내화구조의 위험물취급소의 경우 100m²가 1소요단위이다. 1000m²인 경우 10 소요단위에 해당한다.

043 다음은 제5류 위험물 중 유기과산화물을 저장하는 옥내저장소의 저장창고이다. 창은 바닥높이로부터 (가)에 있어야 하며, 하나의 창의 면적은 (나)이어야 한다(바닥면적은 150m² 이내이다).

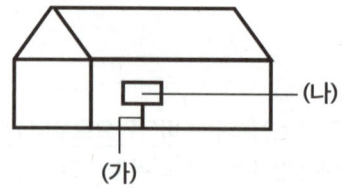

① (가) 2m 이상, (나) 0.6m² 이내
② (가) 2m 이상, (나) 0.4m² 이내
③ (가) 1.5m 이상, (나) 0.6m² 이내
④ (가) 1.5m 이상, (나) 0.4m² 이내

답 ②

해 **지정과산화물**(5류 위험물 중 유기과산화물 또는 이를 함유한 것으로 지정수량 **10kg인 것**) 저장하는 옥내저장소의 경우
저장창고의 창은 바닥면으로부터 2m 이상의 높이에 두되, 하나의 벽면에 두는 창의 면적의 합계를 **당해 벽면의 면적의 80분의 1 이내**로 하고, **하나의 창의 면적을 0.4m² 이내**로 할 것

044 메틸에틸케톤의 보관방법에 대해 틀린 것은?

① 화기의 접근을 피한다.
② 직사광선을 피하고, 통풍이 잘되는 곳에 보관한다.
③ 탈지작용을 하므로 피부에 닿지 않도록 한다.
④ 유리용기를 피하고, 수지, 섬유소 등의 재질인 용기에 보관한다.

답 ④

해 수지, 유지 등을 녹인다(수지, 섬유소 등의 용기에 보관 불가)

045 제3류 위험물에 대한 설명으로 옳은 것은?

① 주수소화 할 수 없다.
② 고체이다.
③ 물보다 비중이 작은 것도 있다.
④ 무기화합물이다.

답 ③

해 대부분 금수성 물질이나 황린은 아니다.
주로 고체이나, 액체(알킬알루미늄, 알킬리튬)인 것도 있다.
유기 화합물은 주로 4류, 5류 위험물을 뜻하나, 3류도 주로 무기화합물이나 아닌 것도 있다고 기억하자.
나트륨, 알킬알루미늄 등은 물보다 가볍다.

046 탄화칼슘이 물과 반응하는 경우 발생하는 기체는?

① 아세틸렌   ② 에틸렌
③ 수소   ④ 이산화탄소

답 ①

해 **트리에틸알루미늄은 에탄(C_2H_6)**
트리메틸알루미늄은 메탄(CH_4)
메틸리튬은 메탄
황린은 물과 수산화칼륨을 만나면 포스핀(PH_3)(황린은 물과는 원칙적으로 반응하지 않는다)
인화칼슘은 포스핀
인화알루미늄은 포스핀
탄화칼슘, 탄화리튬, 탄화마그네슘은 아세틸렌(C_2H_2)
탄화알루미늄은 메탄
탄화망간은 수소와 메탄

047 다음 중 피뢰설비를 설치해야 하는 위험물 제조소 등은?

① 제3류 위험물을 지정수량 20배 저장하는 옥내저장소
② 제4류 위험물을 지정수량 5배 저장하는 옥내저장소
③ 제6류 위험물을 지정수량 10배 저장하는 옥내저장소
④ 제6류 위험물을 지정수량 5배 저장하는 옥내저장소

답 ①

해 지정수량의 **10배 이상**의 위험물을 취급하는 제조소(**제6류 위험물**을 취급하는 위험물제조소를 제외한다)에는 피뢰설비를 설치해야 한다.

048 황린과 적린의 성질을 비교한 문장으로 옳지 못한 설명은?

① 황린은 독성이 없으나 적린은 그렇지 아니하다.
② 이황화탄소에 황린은 녹으나, 적린은 그렇지 아니하다.
③ 황린은 담황색 또는 백색의 고체로 마늘냄새가 나며, 적린은 암적색 고체 분말이다.
④ 황린은 적린보다 불안정하다.

답 ①

해 황린은 독성이 있으나 적린은 그렇지 아니하다.

049 위험물안전관리법령에 근거한 위험물 운반 및 수납 시 주의사항에 대한 설명 중 틀린 것은?

① 위험물을 수납하는 용기는 위험물이 누설되지 않게 밀봉시켜야 한다.
② 온도 변화로 가스가 발생해 운반용기 안의 압력이 상승할 우려가 있는 경우(발생한 가스가 위험성이 있는 경우 제외)에는 가스 배출구가 설치된 운반용기에 수납할 수 있다.
③ 액체 위험물은 운반용기 내용적의 98% 이하의 수납율로 수납하되 55℃의 온도에서 누설되지 아니하도록 충분한 공간 용적을 유지하도록 하여야 한다.
④ 고체 위험물은 운반용기 내용적의 98% 이하의 수납율로 수납하여야 한다.

답 ④

해 **고체위험물**은 운반용기 내용적의 **95% 이하**의 수납율로 수납할 것
액체위험물은 운반용기 내용적의 **98% 이하**의 수납율로 수납하되, **55도**의 온도에서 누설되지 아니하도록 충분한 공간용적을 유지하도록 할 것

---

050 연소범위가 약 2.5~38.5vol% 로 구리, 은, 마그네슘과 접촉 시 아세틸라이드를 생성하는 물질은?

① 아세트알데히드   ② 알킬알루미늄
③ 산화프로필렌   ④ 콜로디온

답 ③

해 산화프로필렌은 **구리, 은, 수은, 마그네슘** 등으로 만든 용기에 보관하면 안 된다(**폭발성 아세틸라이드를 생성한다**). 연소범위가 2.5-38.5vol%이다.

---

051 위험물을 운반하는 경우 그 용기 외부에 표시해야 하는 주의사항으로 틀린 것은?

① 과산화수소 : 화기주의   ② 적린 : 화기주의
③ 수소화리튬 : 물기엄금   ④ 휘발유 : 화기엄금

답 ①

해 위험물 운반용기 위험물에 따른 **주의사항**
- 1류
  1) 알칼리금속과산화물의 경우: **화기/충격주의, 물기엄금 및 가연물접촉주의**
  2) 그 밖의 것: **화기/충격주의, 가연물 접촉주의**
- 2류
  1) **철분, 마그네슘, 금속분:화기주의 물기엄금**
  2) **인화성 고체: 화기엄금**
  3) 그 밖의 것:화기주의
- 3류
  1) **자연발화성 물질: 화기엄금 및 공기접촉엄금**
  2) **금수성물질: 물기엄금**
- **4류: 화기엄금**
- 5류: 화기엄금, 충격주의
- 6류: 가연물접촉주의

과산화수소는 제6류 위험물 이므로 가연물접촉주의이다. 적린은 제2류 중 철분, 마그네슘, 금속분도 아니고, 인화성 고체도 아니므로 화기주의이다.
아세톤은 제4류 위험물, 수소화리튬은 제3류 위험물 금수성 물질이다.

---

052 위험물안전관리법령상 제4류 위험물의 옥외저장탱크에서 대기밸브부착 통기관의 작동을 위한 압력차이는?

① 2kPa 이하   ② 3kPa 이하
③ 5kPa 이하   ④ 7kPa 이하

답 ③

해 대기밸브부착 통기관(닫혀있다가 **5kPa** 압력으로 작동한다)은 5kPa 이하의 압력차이로 작동할 수 있어야 한다.

053 위험물안전관리법령상 옥내저장소의 안전거리를 두지 않을 수 있는 경우는?

① 지정수량 20배 이상의 동식물유류
② 지정수량 20배 미만의 특수인화물
③ 지정수량 20배 미만의 제4석유류
④ 지정수량 20배 이상의 제5류 위험물

답 ③

해 옥내저장소의 안전거리는 제조소의 규정을 따르나, 다만, 아래의 경우는 안전거리 **안 둘 수 있다.**
- **제4석유류 또는 동식물유류**의 위험물을 저장 또는 취급하는 옥내저장소로서 그 최대수량이 **지정수량의 20배 미만**인 것
- **제6류 위험물**을 저장 또는 취급하는 옥내저장소
- **지정수량의 20배**(하나의 저장창고의 바닥면적이 150m² 이하인 경우에는 50배) **이하**의 위험물을 저장 또는 취급하는 옥내저장소로서 다음의 기준에 적합한 것
  1) 저장창고의 벽·기둥·바닥·보 및 지붕이 내화구조인 것
  2) 저장창고의 출입구에 수시로 열 수 있는 자동폐쇄방식의 60분방화문이 설치되어 있을 것
  3) 저장창고에 창을 설치하지 아니할 것

054 위험물안전관리법령상 위험물제조소의 위험물을 취급하는 건축물의 구성부분 중 반드시 내화구조로 하여야 하는 것은?

① 연소의 우려가 있는 기둥
② 바닥
③ 연소의 우려가 있는 외벽
④ 계단

답 ③

해 **벽·기둥·바닥·보·서까래 및 계단을 불연재료**로 하고, **연소의 우려가 있는 외벽은 출입구 외의 개구부가 없는 내화구조의 벽**으로 하여야 한다.

055 과염소산칼륨과 적린을 혼합하는 경우 위험한 이유는?

① 마찰열로 인해 과염소산칼륨이 자연발화할 수 있기 때문
② 산화제인 과염소산칼륨과 가연물인 적린이 만나면 가열, 마찰 등으로 연소 폭발할 수 있기 때문
③ 과염소산칼륨의 연소시 발생된 열이 적린을 연소시킬 수 있기 때문
④ 혼합하면 액상이 되어 위험하기 때문

답 ②

해 과염소산칼륨은 제1류 위험물로 산화성 고체이고, 적린은 제2류 위험물로 가연성 고체이다.
즉, 두 물질은 만나면 가연물과 산소의 만남으로 가열, 충격 등이 있으면 폭발, 연소가 가능하다.

056 염소산칼륨에 대해 틀린 것은?

① 강산과의 접촉은 해도 괜찮다.
② 냉수에 잘 녹는다.
③ 열분해 시 산소를 발생시킨다.
④ 비중이 2.3으로 물보다 무겁다.

답 ②

해 온수, 글리세린에 녹고, 냉수, 알코올에 잘 안 녹는다.

057 다음 물질 중 증기비중이 가장 작은 것은?

① 이황화탄소   ② 아세톤
③ 아세트알데히드   ④ 디에틸에테르

답 ③

해 증기비중은 분자량을 29로 나눈값이므로 증기비중이 가장 작은 것은 분자량이 가장 작은 것이 될 것이다.
이황화탄소(CS_2): 76
아세톤($CH_3COCH_3 = C_3H_6O$)): 58
아세트알데히드(CH_3CHO): 44
디에틸에테르($C_2H_5OC_2H_5$): 74

058 위험물안전관리법령에서는 위험물을 제조 외의 목적으로 취급하기 위한 장소와 그에 따른 취급소의 구분을 4가지로 정하고 있다. 다음 중 법령에서 정한 취급소의 구분에 해당되지 않는 것은?

① 주유취급소   ② 특수취급소
③ 일반취급소   ④ 이송취급소

답 ②

해 주유취급소, 일반취급소, 판매취급소, 이송취급소이다.

059 탄화칼슘과 물이 반응하는 경우 생성되는 기체는?

① C_2H_6 ② CH_4
③ C_2H_2 ④ C_2H_4

답 ③

해 제3류 위험물 물과 반응시 발생 기체 잘 기억해 둔다.
- **트리에틸알루미늄은 에탄(C_2H_6)**
- 트리메틸알루미늄은 메탄(CH_4)
- 메틸리튬은 메탄
- **황린은 물과 수산화칼륨을 만나면 포스핀(PH_3)**
  (황린은 물과는 원칙적으로 반응하지 않는다)
- **인화칼슘은 포스핀**
- 인화알루미늄은 포스핀
- **탄화칼슘, 탄화리튬, 탄화마그네슘은 아세틸렌(C_2H_2)**
- **탄화알루미늄은 메탄**
- **탄화망간은 수소와 메탄**

060 다음과 같은 타원형탱크의 내용적은?

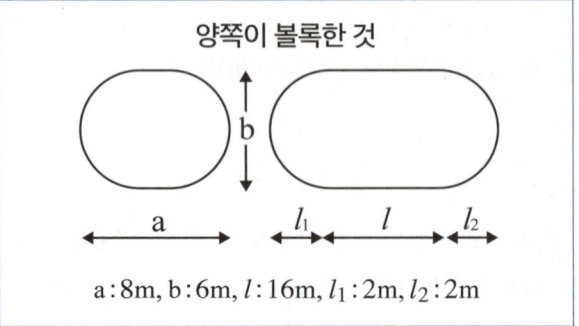

$a: 8m, b: 6m, l: 16m, l_1: 2m, l_2: 2m$

① 약 353m³   ② 약 553m³
③ 약 653m³   ④ 약 753m³

답 ③

해 $\frac{\pi ab}{4}\left(l + \frac{l_1 + l_2}{3}\right)$ 의 공식에 대입하면 된다.
($\pi \times 8 \times 6$) / 4 × {16 + (2 + _2)/3} = 653.45m³

SECTION 05 CBT 대비 및 기출 모의고사 | 5회

제1과목 | 일반화학

001 다음에서 카르보닐기를 가지는 물질은?

① $C_6H_5CH_3$ ② $C_6H_5NH_2$
③ $C_2H_5OC_2H_5$ ④ CH_3COCH_3

답 ④

해 순서대로 톨루엔, 아닐린, 디에틸에테르, 아세톤이다.
카르보닐기:케톤이다($R-CO-R`$).
아세톤(CH_3COCH_3), 에틸메틸케톤($CH_3COC_2H_5$)

002 다음 반응식에서 산화된 성분은?

$$MnO_2 + 4HCl \rightarrow MnCl_2 + 2H_2O + Cl_2$$

① Mn ② O
③ H ④ Cl

답 ④

해 산화는 산소를 얻거나, 전자를 잃거나 수소를 잃는 반응이다(-값을 가진 전자를 잃는 것이므로 아래에서 살펴볼 산화수가 커진다).
Cl은 수소를 잃었다.

003 활성화 에너지란 무엇인가?

① 물질이 반응을 하게하는 최소한의 에너지
② 물질의 반응 전 보유 에너지
③ 물질의 반응 후 보유 에너지
④ 물질이 반응 후에 생성한 에너지

답 ①

해 활성화에너지는 물질이 반응하는데 필요한 최소한의 에너지를 의미한다.

004 다음 화학반응에서 밑줄 친 원소가 산화된 것은?

① $H_2 + \underline{Cl_2} \rightarrow 2HCl$
② $2\underline{Zn} + O_2 \rightarrow 2ZnO$
③ $2KBr + \underline{Cl_2} \rightarrow 2KCl + Br_2$
④ $2Ag^+ + \underline{Cu} \rightarrow 2Ag + Cu^{2+}$

답 ②

해 산화는 산소를 얻거나, 전자를 잃거나 수소를 잃는 반응이다(-값을 가진 전자를 잃는 것이므로 산화수가 커진다). 옆에서 산화를 일으키도록 하는 물질을 산화제라고 한다. 따라서 산화제는 자신은 환원되고, 다른 물질을 산화시킨다.
Zn은 산소를 얻었으며, 반응전 산화수는 0이나 반응후의 산화수는 +2가 되어 산화수가 커졌다.

005 볼타전지에 대해 틀린 것은?

① 이온화 경향이 크면 (-)극 물질이 된다.
② 전자는 도선을 (-)극에서 (+)극으로 이동한다.
③ 전류는 전자의 방향과 반대로 흐른다.
④ (-)극에서 환원반응이 일어난다.

답 ④

해 볼타전지에서는
이온화경향이 더 큰 Zn판이 (-)극이 되고, 더 작은 Cu판이 (+)극이 된다.
두 금속을 연결하여 액체인 묽은 황산(H_2SO_4, 이는 이온화 되어 H^+, SO_4^{2-} 로 존재한다.)에 넣으면, 이온화 경향이 큰 Zn은 전자를 잃고(산화반응) Zn^{2+} 이온이 되어 묽은 황산속으로 들어가고, 전자($2e^-$)는 연결된 도선을 통해 (+)극으로 이동하여 그 곳 (+극)에서는 H^+와 결합하여 H_2가 발생한다(+극에서는 전자를 받아들이므로 환원반응을 한다.).
여기서 연결된 도선을 통해 (-)극에서 (+)극으로 전자가 이동하게 되고, **전류는 그 반대**로 흐르게 된다.

006 미지농도 염산 용액 100mL를 중화시키는데, 0.2N NaOH 용액 250ml가 필요한 경우 이 염산의 농도(N)는?

① 0.25
② 0.5
③ 0.05
④ 0.1

답 ②

해 중화되는 경우 농도를 묻는 문제에서는 **NV = N'V'** 공식을 기억해 두자.
N × 100 = 0.2 × 250, N = 0.5

007 다음은 어떤 고체물질의 용해도 곡선을 표시한 것이다. 비중이 1.4인 100℃의 포화용액 100mL를 20℃의 포화용액으로 만들려면 몇 g의 물이 더 필요한가?

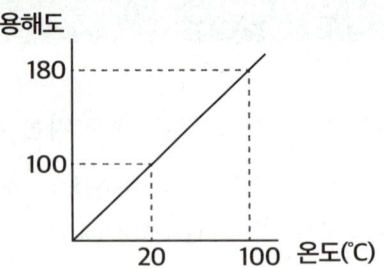

① 20g
② 40g
③ 50g
④ 90g

답 ②

해 20℃에서 용해도가 100인 용액이 되어야 한다. 용해도는 통상 용매 100g에 최대한으로 녹을 수 있는 용질의 g수를 의미한다. 용해도가 100 이므로 용질과 용매의 질량이 동일한 용액이 되면 된다.
용질의 양은 물을 추가하기 전과 동일하므로 100℃에서의 용질의 양을 구하면 된다.
비중이 1.4라는 말은 물에 비해 단위 부피에 따른 질량이 1.4배라는 뜻이다. 물은 1리터가 1kg이므로 이 포화용액은 1리터당 1.4kg이 된다. 현재 100mL가 있으므로 이 용액의 질량은 140g이 된다. 용해도가 180 이므로 용질과 용매의 질량비는 180:100, 즉 9:5가 된다. 용액의 질량이 140g이므로 용질은 90g, 용매는 50g이 있는 것이다.
20℃에서 용질의 양과 용매(물)의 양이 동일하기 위해서는 물도 90g이 있어야 한다. 이미 50g이 있으므로 40g만 추가하면 된다.

008 다음에서 환원성이 없는 물질을 고르면?

① 포도당
② 젖당
③ 설탕
④ 과당

답 ③

해 당류 중에 환원성이 없는 것의 대표적인 것이 설탕이다.

009 다음 중 염기성인 물질은?

① $C_6H_5NH_2$
② C_6H_5COOH
③ HNO_2
④ $C_6H_5NO_2$

답 ①

해 강산(HCl, HI, HBr, 산소가 있는 경우 산소 - 수소의 수가 2 이상 인산), 강염기(1,2족과 OH가 붙은 것)을 기억하고, 나머지, 약산/약염기는 아래의 표를 기억하자.
약산과 약염기는 아래와 같다.

약산	화학식	약염기	화학식
플루오린 화수소산	HF	암모니아	NH_3
폼산	HCOOH	피리딘	C_5H_5N
아질산	HNO_2	아닐린	$C_6H_5NH_2$
벤조산	C_6H_5COOH	에틸아민	$C_2H_5NH_2$
아세트산	CH_3COOH	디메틸아민	C_2H_7N

010 다음 에서 평형상수 A를 구하는 공식은?

$$CO + 2H_2 \rightarrow CH_3OH$$

① $K=[CH_3OH] / [CO][H_2]$
② $K=[CO][H_2] / [CH_3OH]$
③ $K=[CH_3OH] / [CO][H_2]^2$
④ $K=[CO][H_2]^2 / [CH_3OH]$

답 ③

해 평형상수 구하는 공식을 알고 있어야 한다.
$aA + bB \rightarrow cC + dD$라는 반응이 있을 때,
평형상수 $K = [C]^c[D]^d / [A]^a[B]^b$ 공식이 성립한다. [A], [B], [C], [D]는 각 물질의 몰농도이다.

011 다음 중 반응이 정반응으로 진행되는 것은?

① $Pb^{2+} + Zn \rightarrow Zn^{2+} + Pb$
② $I_2 + 2Cl^- \rightarrow 2I^- + Cl_2$
③ $2Fe_3^+ + 3Cu \rightarrow 3Cu_2^+ + 2Fe$
④ $Mg^{2+} + Zn \rightarrow Zn^{2+} + Mg$

답 ①

해 정반응이 되기 위해서는 반응전의 물질이 이온과 반응해야 한다는 의미인데, 이는 이온물질보다 이온화 경향이 커야 한다는 의미이다.
Zn은 Pb보다 이온화 경향이 크므로 자신이 전자를 내어 놓아 이온이 된다.

K > Ca > Na > Mg > Al > Zn(아연) > Fe > Ni > Sn(주석) > Pb(납) > H > Cu > Hg(수은) > Ag(은) > Pt(백금) > Au(금)

이온화 경향 순서이다.

012 다음 중 이온결합을 하는 물질은?

① 물
② 얼음
③ 흑연
④ 염화나트륨

답 ④

해 이온 결합이란 양이온과 음이온의 정전기적 인력에 의한 결합을 의미한다.
1, 2족의 금속의 양이온과 15, 16, 17족의 비금속의 음이온의 결합을 의미하며 결합력이 매우 강하다.
1족 Na^+와 17족의 Cl^- 이온의 결합이다.
나머지는 모두 공유 결합이다. 전자를 잃거나 뺏겨서 생성되는 이온간의 결합이 아니라, 전자를 공유하는 형태이다.

013 다음 금속 중 반응성이 큰 것부터 작은 순서대로 나타낸 것은?

① Cu, Sn, K, Ag
② Al, Na, Ni, Fe
③ Fe, Mg, Ag, Hg
④ Ca, Na, Cu, Ag

답 ④

해 이온화 경향은 전자를 잘 버리는 경향을 의미하고, 곧 반응성이 큰 물질을 의미한다.
그 순서를 암기해 둔다.
K > Ca > Na > Mg > Al > Zn(아연) > Fe > Ni > Sn(주석) > Pb(납) > H > Cu > Hg(수은) > Ag(은) > Pt(백금) > Au(금)
(암기가 어렵지 않다. 칼칼나막 알아철 니주납 수소 동 수은 은 백금, 금이다. 뒤에 금은동이 있다는 것 기억하고 앞에는 두문자로 암기한다)
앞에 5~6개만 암기해도 많은 문제를 풀 수 있다.

014 모두 염기성 산화물로만 나타낸 것은?

① CaO, Na₂O
② K₂O, SO₂
③ CO₂, SO₃
④ Al₂O₃, P₂O

답 ①

해 금속물질의 산화물은 대부분 염기성이고, 비금속 물질의 산화물은 산성이다.

015 d 오비탈이 수용할 수 있는 최대 전자의 수는?

① 2
② 6
③ 10
④ 18

답 ③

해 s는 2개, p는 6개, d는 10개까지 전자를 가질 수 있다.

016 다음 물질의 밑줄 친 원소의 산화수가 +5인 물질은?

① K₂Cr₂O₇
② KMnO₄
③ Cr₂O₇²⁻
④ H₃PO₄

답 ④

해 아래는 주기율표에 상의 족에 따른 산화수이다. 일단 이 정도는 기억하자.

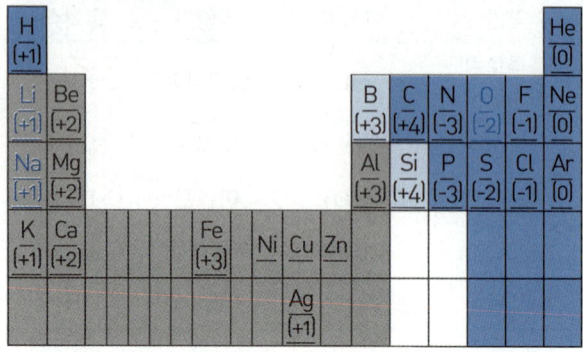

양이온, 음이온이 아닌 경우 산화수의 합은 0이 된다.
$K_2Cr_2O_7$에서 O는 -2, K는 +1이므로
-2 × 7 + 1 × 2 + Cr의 산화수 × 2 = 0 이다. Cr의 산화수는 6
같은 방법으로 풀이하면 H_3PO_4에서 H는 +1, O는 -2이므로 1 × 3 + -2 × 4 + P의 산화수 = 0
P의 산화수는 +5이다.

017 다음과 같은 구조의 전지는?

(-)Zn|H₂SO₄|Cu(+)

① 볼타전지
② 건전지
③ 납축전지
④ 다니엘전지

답 ①

해 볼타전지의 구조이다.

018 1패러데이의 전기량으로 물을 전기분해하는 경우 발생되는 산소의 표준상태에서 부피는?

① 5.6 ② 11.2
③ 22.4 ④ 44.8

답 ①

해 표준상태에서 부피를 묻는 문제이므로 그 몰수를 구하면 부피를 알 수 있다. 표준상태에서 모든 기체 1몰은 22.4L의 부피를 가지기 때문이다.

1F(패러데이)는 전자 1몰의 전기량이므로 전자 1몰이 투입되면 발생되는 산소의 몰수를 알면 된다.

물의 전기 분해 반응식은

$2H_2O \rightarrow 2H_2 + O_2$이다. 산소분자 1몰이 나오기 위해서는 전자가 4개 필요하다. 물이 분해되어 산소가 되기 위해서는 산소이온 2개가 하나의 산소분자가 되어야 하는데, 산소이온은 O^{-2} 이온이므로 산소이온 두개가 산소분자 하나 O_2로 나오기 위해서는 총 4개의 전자가 필요하다.

즉 $2O^{-2} + 4e^- \rightarrow O_2$

전자 4몰이 투입되면 산소1몰이 나오는데, 1F는 전자 1몰의 전하량이므로 발생하는 산소는 0.25몰이 된다.

기체 0.25몰의 부피는 5.6L이다.

만약 수소라면 전자 4몰당 2몰의 수소가 나오므로 1F인 경우 0.5몰의 수소가 나온다. 0.5몰 기체의 부피는 11.2L이다.

019 다음 수용액의 pH가 가장 작은 것은?

① 0.01N HCl ② 0.1N HCl
③ 0.01N NaOH ④ 0.01N CH_3COOH

답 ②

해 pH란 수소이온(H^+)의 몰농도를 -log한 것이다.
즉, $-\log[H^+]$ 이다.
어떤 용액에서 $[H^+] \times [OH^-] = 1 \times 10^{-14}$ 이다.
즉 pH + pOH = 14가 된다.
모두 N농도 이므로 **몰농도×당량 = 노르말 농도**이므로 모두 당량으로 나누면 몰농도가 된다.
당량이란 해당 분자 하나가 내 놓는 H^+ 혹은 OH^- 의 수라고 생각하면 된다. 모두 1개 이므로 곧 노르말 농도는 몰농도가 된다.
-log를 취하면, 순서대로 pH2, pH1, pOH2, pH2이다.
pOH2는 pH10이 된다.
가장 작은 것은 0.1N HCl

020 어떤 기체의 무게가 다른 기체의 4배인 경우 그 어떤 기체의 확산속도는 다른 기체의 확산속도의 몇 배인가?

① 0.5배 ② 1배
③ 2배 ④ 4배

답 ①

해 그레이엄의 확산속도 법칙을 통해 구할 수 있다.

V1/V2 = $\sqrt{d2/d1}$ = $\sqrt{M2/M1}$ (V1, V2:각 기체의 확산속도, d1, d2는 각 기체의 밀도, M1, M2:각 기체의 분자량)

다른 기체(V1)의 무게를 M라 하면 어떤 기체(V2)의 무게는 4M가 된다.

V1/V2 = $\sqrt{4M/M}$ =2 이므로 V2는 V1의 0.5배이다.

제2과목 | 화재예방과 소화방법

021 탱크 내 액체가 급격히 비등하여 증기가 팽창하면서 폭발하는 현상은?

① BLEVE ② Fire ball
③ Boil Over ④ Flash Over

답 ①

해 **블레비(BLEVE)**: 액화가스가 탱크 내부에서 가열되어 증기가 팽창하며 강도가 약해진 탱크 부분에서 폭발하는 현상

022 위험물안전관리법령상 제6류 위험물에 적응성이 없는 소화설비는?

① 스프링클러소화설비
② 포소화설비
③ 할로겐화합물소화설비
④ 인산염류소화기

답 ③

해 제6류 위험물은 불활성가스, 할로겐화합물, 탄산수소염류 등에는 적응성이 없다.

023 위험물안전관리법령상 인화성 고체, 질산에 모두 적응성이 있는 소화설비는?

① 할로겐화합물소화설비
② 불활성가스소화설비
③ 포소화설비
④ 탄산수소염류소화설비

답 ③

해 68페이지 소화설비의 구분 표 참고

024 화재의 종류에 따른 표현색이 올바르게 연결된 것은?

① 일반화재 - 황색 ② 유류화재 - 백색
③ 전기화재 - 청색 ④ 금속화재 - 백색

답 ③

해

화재급수	명칭	물질	표현색
A급화재	일반화재	목재, 종이, 섬유, 플라스틱, 석탄 등	백색
B급화재	유류화재	4류 위험물, 유류, 가스, 페인트	황색
C급화재	전기화재	전선, 전기기기, 발전기 등	청색
D급화재	금속화재	철분, 마그네슘, 알루미늄분등 금속분	무색

025 이산화탄소소화약제에 대한 설명으로 틀린 것은?

① 장기간 저장하여도 변질, 부패 또는 분해를 일으키지 않는다.
② 한랭지에서 동결의 우려가 없고 전기 절연성이 있다.
③ 밀폐된 지역에서 방출 시 인명피해의 위험이 있다.
④ 표면화재보다는 심부화재에 적응력이 뛰어나다.

답 ④

해 **비전도성 불연성** 기체로 사용 후 이산화탄소 바로 사라지므로 **오염이 없고 장기보관**이 가능하다.
질식효과, 냉각효과가 주된 효과이다(질식효과 이므로 **밀폐된 공간에서 효과적이나 질식의 위험이 있다**).
표면화재에 더 효과적이다. 심부화재의 경우 완전히 소화가 되지 않을 수도 있다.

026 인화성 액체의 화재의 분류로 옳은 것은?

① A급 화재 ② B급 화재
③ C급 화재 ④ D급 화재

답 ②

해 인화성 액체는 제4류 위험물 유류에 해당한다.

화재급수	명칭
A급화재	일반화재
B급화재	유류화재
C급화재	전기화재
D급화재	금속화재

027 기체의 연소형태에 해당하는 것을 고르시오.

① 증발연소 ② 확산연소
③ 표면연소 ④ 자기연소

답 ②

해 기체의 연소는 **확산연소, 폭발연소 등이 있다.**

028 다음 각 위험물과 그에 적응성이 있는 소화설비가 잘못 연결된 것은?

① 아닐린 - 불활성가스소화설비
② 니트로벤젠 - 이산화탄소소화기
③ 트리에틸알루미늄 - 수조
④ 과산화나트륨 - 건조사

답 ③

해 트리에틸알루미늄은 제3류 위험물 금수성 물질로 물과 반응하면 에탄을 발생시키므로 소화 적응성이 없다.

029 위험물의 취급을 주된 작업내용으로 하는 다음의 장소에 스프링클러설비를 설치할 경우 확보하여야 하는 1분당 방사밀도는 몇 L/m^2 이상이어야 하는가?

- 취급하는 위험물: 니트로벤젠
- 위험물을 취급하는 장소의 바닥면적: $250m^2$

① 8.1   ② 12.2
③ 13.9 ④ 16.3

답 ②

해 제4류 위험물의 경우 장소이 살수기준면적에 따라 스프링클러설비의 **살수밀도**가 다음표에 정하는 기준 이상인 경우 적응성이 있다.

살수기준면적(m^2)	방사밀도(ℓ/m^2분)	
	인화점 38℃ 미만	인화점 38℃ 이상
279 미만	16.3 이상	12.2 이상
279 이상 372 미만	15.5 이상	11.8 이상
372 이상 465 미만	13.9 이상	9.8 이상
465 이상	12.2 이상	8.1 이상

니트로벤젠은 제3석유류로 인화점이 70℃ 이상이므로 12.2 이상이어야 한다.

030 분말소화약제와 병용하면 트윈에이전트 효과로 소화효과를 증진시킬 수 있는 포소화약제는?

① 내알콜포 ② 수성막포
③ 단백포   ④ 화학포

답 ②

해 **수성막포**는 **분말소화약제와 병용(트윈에이전트 시스템)** 하면 소화효과를 증진시킨다.

031 소화 효과에 대한 설명으로 옳지 않은 것은?

① 산소공급원 차단에 의한 소화는 제거효과이다.
② 가연물질의 온도를 떨어뜨려서 소화하는 것은 냉각효과이다.
③ 촛불을 입으로 바람을 불어 끄는 것은 제거효과이다.
④ 물에 의한 소화는 냉각효과이다.

답 ①

해 소화의 종류는 다음과 같다.
- 제거소화: **가연물**을 제거하는 소화이다. 소화약제를 별도로 쓰지 않고, 가스 화재 시 벨브를 잠그는 것 등이다.
- 질식소화: **산소공급원**의 산소농도를 낮추는 소화이다. **주소화약제는 이산화탄소**를 이용하며, 이산화탄소 소화약제, 포소화약제, 분말소화약제 등이다.
- 냉각소화: **가연물의 온도**를 낮추는 소화이다. **주소화약제는 물**이며, **강화액소화약제** 등이다.
- 억제소화: 연소 **연쇄반응**을 차단하는 소화이다. **할로겐원소**를 사용하며, 화학적 소화, **부촉매(억제) 소화**이다.
- 희석소화: **가연물질의 농도를 낮추는** 소화이다(산소농도를 낮추는 질식소화와는 구분된다).

032 소화기 외부표시사항이 아닌 것은?

① 적응화재   ② 능력단위
③ 사용방법   ④ 유효기간

답 ④

해 그 외에도 소화약제의 주성분, 취급상의 주의사항 등이 있다. 유효기간은 아니라는 것을 기억한다.

033 위험물제조소 등에 설치하는 포 소화설비에 있어서 포헤드 방식의 포헤드는 방호대상물의 표면적(m^2) 얼마 당 1개 이상의 헤드를 설치하여야 하는가?

① 3   ② 5
③ 9   ④ 12

답 ③

해 방호대상물 표면적 **9m^2당 1개 이상**의 헤드를 설치한다.

034 할로겐화합물 소화약제의 조건으로 틀린 것은?

① 전기절연성이 좋아야 함
② 인화성이 없어야 함
③ 공기보다 가벼워야 함
④ 인화성이 없어야 함

답 ③

해 **공기보다 무거워야 하며**, 전기절연성, 증발성 등을 갖추어야 한다.

035 표준상태에서 프로판 2m³이 완전 연소할 때 필요한 이론 공기량은 약 몇 m³인가? (단, 공기 중 산소농도는 21vol%이다)

① 23.81　　② 35.72
③ 47.62　　④ 71.43

답 ③

해 프로판의 연소식을 알아야 한다. 물과 이산화 탄소가 나오므로 미정계수방정식에 의해 풀면,
$C_3H_8 + 5O_2 \rightarrow 3CO_2 + 4H_2O$의 반응식이 만들어 진다.
(참고로 프로판은 C가 3개 있는 C_nH_{2n+2} 형태의 탄화수소이다)
프로판과 산소의 반응 몰수비는 1:5이므로 모든 기체는 같은 몰수에서 같은 부피를 가지므로
1:5 = 2:X의 식이 성립하고, 따라서 산소는 10m³가 반응한 것이다.
공기 중 산소는 21%이므로 100:21 = 필요한 공기부피:10의 식이 성립하고, 필요한 공기부피는 약 47.619m³ 가 된다.

036 물통 또는 수조를 이용한 소화가 공통적으로 적응성이 있는 위험물은 제 몇 류 위험물인가?

① 제2류 위험물　　② 제3류 위험물
③ 제4류 위험물　　④ 제5류 위험물

답 ④

해 제1류, 2류, 3류는 일부만 가능하고, 제4류는 적응성이 없다.
68페이지 소화설비의 구분 표 참고

037 가연성 가스나 증기의 농도를 연소한계(하한) 이하로 하여 소화하는 방법은?

① 희석 소화　　② 제거 소화
③ 질식 소화　　④ 냉각 소화

답 ①

해 농도를 연소한계로 이하로 낮추는 방법을 희석소화라 한다.
제거소화는 가연물 자체를 제거하는 방법이고, 질식소화는 산소공급원을 제거하는 방법이다.

038 이산화탄소를 이용한 질식소화에 있어서 아세톤의 한계산소농도(vol%)에 가장 가까운 값은?

① 15　　② 18
③ 21　　④ 25

답 ①

039 소화기 사용법으로 옳지 않은 것은?

① 바람을 등지고 사용한다.
② 적응화재에 맞게 사용한다.
③ 양옆으로 비를 쓸듯이 사용한다.
④ 방출거리 밖에서 사용한다.

답 ④

해 소화기 사용 방법
- **적응화재에 따라**
- **방출거리 내에서**
- **바람을 등지고 풍상에서 풍하 방향으로**
- **양옆으로 비로 쓸 듯이 골고루** 사용한다.

040 위험물취급소의 건축물 연면적이 500m²인 경우 소요단위는? (단, 외벽은 내화구조이다)

① 2단위 ② 5단위
③ 10단위 ④ 50단위

답 ②

해 외벽이 내화구조인 취급소는 100m²가 1소요단위이다. 따라서 500m²이면 5소요단위이다.

종류	내화구조	비내화구조
위험물	위험물의 지정수량×10	
제조소 및 취급소	100m²	50m²
저장소	150m²	75m²

옥외설치된 공작물은 외벽이 내화구조인 것으로 간주한다.

제3과목 | 위험물의 성질과 취급

041 질산에틸에 대해 틀린 설명은?

① 무색투명하며 향기로운 냄새가 난다.
② 비수용성이고, 인화성 물질이다.
③ 증기는 공기보다 가볍다
④ 끓는점 이상으로 가열하면 폭발한다.

답 ③

해 무색 투명의 **액체**로, **인화성이 크며, 증기는 공기보다 무겁다**(비중 3.14).

042 위험물안전관리법령에 의하면 다음 중 제1류 위험물에 해당하는 물질의 지정수량을 모두 합하면?

퍼옥소이황산염류, 차아염소산염류, 요오드산, 과염소산

① 350kg ② 400kg
③ 600kg ④ 1350kg

답 ①

해 퍼옥소이황산염류(지정수량 300kg), 차아염소산염류(지정수량 50kg)는 행안부령이 정한 1류 위험물이다.
제1류 위험물인 경우 행안부령으로 정하는 것도 별도로 암기한다 지정수량은 두 단계로 나뉘고, 지정수량은 50, 300kg이다. 5차 / 3퍼 퍼크과 아염과
요오드산은 위험물이 아니며, 과염소산은 제6류 위험물이다.

043 규조토이 이 물질을 흡수시켜 다이너마이트를 만든다. 이 물질은?

① 니트로글리세린 ② 페놀
③ 톨루엔 ④ 이황화탄소

답 ①

해 규조토와 니트로글리세린으로 다이너마이트를 만든다.

044 인화칼슘이 물과 반응하여 발생하는 기체는?

① 포스겐 ② 포스핀
③ 메탄 ④ 이산화황

답 ②

해 인화칼슘, 인화알루미늄 등은 물과 반응하면 포스핀을 생성시킨다.

045 화재예방을 위해 과산화수소의 적절한 보관 방법이 아닌 것은?

① 암모니아와 접촉하면 폭발하므로 같이 저장하지 않는다.
② 분해방지 위해 안정제를 사용한다
③ 불투명용기를 사용하여 보관한다.
④ 완전 밀봉하여 보관한다.

답 ④

해 상온에서 **스스로 분해되어 물과 산소**로 분해되며, **햇빛에도 분해된다.**
이러한 분해를 방지하기 위해 **분해방지 인산, 요산 같은 안정제**가 사용된다.
저장용기마개에 구멍을 뚫어 보관하며, 갈색병에 보관한다(햇빛 차단위해).

046 다음에서 위험물의 품명과 지정수량이 잘못 짝지어진 것은?

① 히드록실아민염류 : 100kg
② 제4석유류 : 6000L
③ 제2석유류(비수용성) : 1000L
④ 중크롬산염류 : 500kg

답 ④

해 제2석유류 비수용성은 1000L(이 **일(1000L)등경 크스클 / 이(2000L)아히포**)
제4석유류는 6000L(사 **육(6000L)윤기실**)
제1류 위험물인 중크롬산염류는 1000kg(**오(50)염과 무아 / 삼(300)질 요브 / 천(1000)과 중**)
제5류 히드록실아민염류는 100kg(**십유질 백히히 / 이백니니 아히디질**)

047 옥외저장탱크 지름이 15m미만인 경우 방유제는 탱크 옆판으로부터 탱크 높이의( ) 이상 거리를 유지해야 한다. ( )안에 맞는 것은? (인화점 섭씨200도 이상인 위험물은 제외)

① 1/3 ② 1/2
③ 2/3 ④ 3/4

답 ①

해 방유제는 옥외저장탱크의 지름에 따라 그 **탱크의 옆판으로부터 다음에 정하는 거리를 유지**할 것
다만, 인화점이 200℃ 이상인 위험물을 저장 또는 취급하는 것에 있어서는 그러하지 아니하다.
• 지름이 15m 미만인 경우에는 **탱크 높이의 3분의 1 이상**
• 지름이 15m 이상인 경우에는 **탱크 높이의 2분의 1 이상**

048 주유취급소의 고정주유설비는 중심선을 기점으로 하여 도로경계선까지 얼마 이상의 거리를 유지해야 하는가?

① 2m   ② 3m
③ 4m   ④ 5m

답 ③

해 고정주유설비의 **중심선을 기점으로 하여 도로경계선까지 4m 이상 거리**를 유지할 것

049 위험물안전관리법령상 제4류 위험물의 옥외저장탱크에서 대기밸브부착 통기관의 작동을 위한 압력차이는?

① 2kPa 이하   ② 3kPa 이하
③ 5kPa 이하   ④ 7kPa 이하

답 ③

해 대기밸브부착 통기관(닫혀있다가 **5kPa** 압력으로 작동한다)은 5kPa 이하의 압력차이로 작동할 수 있어야 한다.

050 금속나트륨의 일반적인 성질로 옳지 않은 것은?

① 은백색의 연한 금속이다.
② 알코올 속에 저장한다.
③ 물과 반응하여 수소가스를 발생한다.
④ 물보다 비중이 작다.

답 ②

해 석유, 파라핀 등에 저장한다.
물, 알코올과 강하게 반응하여 **수소를 발생**시킨다.

051 다음 중 제2류 위험물에 해당하는 것은?

① 유황   ② 황린
③ 트리니트로톨루엔   ④ 나트륨

답 ①

해 황린과 나트륨은 제3류 위험물이고, 트리니트로톨루엔은 제5류 위험물이다.

052 다음 위험물 중 인화점이 약 -37℃인 물질로서 구리, 은, 마그네슘 등과 금속과 접촉하면 폭발성 물질인 아세틸라이드를 생성하는 것은?

① CH_3CHOCH_2 ② $C_2H_5OC_2H_5$
③ CS_2 ④ C_6H_6

답 ①

해 아세트**알**데히드 -38, 산화**프**로필렌 -37, **이**황화탄소 **-30**℃ **순서 외워두면 좋다(이펜디알프리(이))**, 디에틸에테르, 이황화탄소는 인화점 온도도 기억해야 한다.
산화프로필렌이며 **구리, 은, 수은, 마그네슘** 등으로 만든 용기에 보관하면 안 된다.

053 과산화나트륨이 물과 반응할 때의 변화를 가장 옳게 설명한 것은?

① 산화나트륨과 수소를 발생한다.
② 물을 흡수하여 탄산나트륨이 된다.
③ 산소를 방출하며 수산화나트륨이 된다.
④ 서서히 물에 녹아 과산화나트륨의 안정한 수용액이 된다.

답 ③

해 알칼리금속과산화물과 물이 반응하면 수산화물질과 산소를 생성한다.

054
물보다 무겁고, 물에 녹지 않아 저장 시 가연성 증기발생을 억제하기 위해 수조 속의 위험물탱크에 저장하는 물질은?

① 디에틸에테르 ② 에탄올
③ 이황화탄소 ④ 아세트알데히드

답 ③

해 이황화탄소는 물보다 무겁다는 것 기억하자.
물에 녹지 않으므로 **물속에 저장하여 가연성 증기 발생을 방지**한다.

055
위험물안전관리법령상 지정수량의 10배를 초과하는 위험물을 취급하는 제조소에 확보하여야 하는 보유공지의 너비의 기준은?

① 1m 이상 ② 3m 이상
③ 5m 이상 ④ 7m 이상

답 ③

해 10배를 초과하는지에 따라 나누어진다.

취급하는 위험물의 최대수량	공지의 너비
지정수량의 **10배 이하**	**3m 이상**
지정수량의 **10배 초과**	**5m 이상**

056
금속칼륨의 물과 반응 시 생성되는 물질은?

① 산화칼륨, 수소 ② 산화칼륨, 산소
③ 수산화칼륨, 산소 ④ 수산화칼륨, 수소

답 ④

해 위험물인 경우 물과 반응하면 수산화 물질(OH)가 생성되며, 금속인 경우 수소가 발생된다.

057
황린이 자연발화하기 쉬운 이유에 대한 설명으로 가장 타당한 것은?

① 끓는점이 낮고 증기압이 높기 때문에
② 인화점이 낮고 조연성 물질이기 때문에
③ 조해성이 강하고 공기 중의 수분에 의해 쉽게 분해되기 때문에
④ 산소와 친화력이 강하고 발화온도가 낮기 때문에

답 ④

해 **가연성 물질로 산화제와의 접촉을 피해야 한다. 접촉시 친화력이 강하다.**
화학적 활성이 커서 **불안정하여 자연발화**할 수 있다(적린보다 불안정).

058
위험물을 적재, 운반할 때 방수성 덮개를 하지 않아도 되는 것은?

① 알칼리금속의 과산화물
② 마그네슘
③ 니트로화합물
④ 탄화칼슘

답 ③

해 **방수성 있는 피복**으로 덮을 위험물(물을 피해야 하는 것):
1류 중 알칼리금속 과산화물 또는 이를 함유한 것, **2류 중 철분, 마그네슘, 금속분** 또는 이를 함유한 것,
3류 중 금수성물질
니트로화합물은 제5류 위험물로 방수성 피복 대상이 아니다.

059 황린에 대해 틀린 설명은?

① 비중은 약 1.8이다.
② 물속 보관한다.
③ 연소시 포스핀 가스를 발생시킨다.
④ 저장시 pH9를 유지한다.

답 ③

해 연소하면 **오산화인(P_2O_5)**을 발생시키며 **백색의 연기**이다. (인을 연소시키면 오산화인을 기억한다)

060 물과 접촉되었을 때 연소범위의 하한값이 2.5vol%인 가연성가스가 발생하는 것은?

① 금속나트륨 ② 인화칼슘
③ 과산화칼륨 ④ 탄화칼슘

답 ④

해 아세틸렌은 가연성가스이며 **연소범위(2.5 - 81%)**가 넓고 폭발을 일으킨다. 물과 반응하여 아세틸렌을 생성하는 물질은 탄화칼슘이다.
(연소범위가 넓고 하한값이 2.5vol%하면 아세틸렌을 떠올려야 한다)

SECTION 06 CBT 대비 및 기출 모의고사 | 6회

제1과목 | 일반화학

001 달군 철에 수증기를 통해 자철광을 제조하는 반응식은?

① $Fe+H_2O \rightarrow FeO+H_2$
② $3Fe+4H_2O \rightarrow Fe_3O_4+4H_2$
③ $2Fe+3H_2O \rightarrow Fe_2O_3+3H_2$
④ $Fe+2H_2O \rightarrow FeO_2+2H_2$

답 ②

해 제조법은 2번과 같다. 또한 자철광의 화학식(Fe_3O_4)만 알아도 풀 수 있다.

002 은거울반응에 대해 설명한 것이다. 빈칸에 알맞은 것은?

> 암모니아성 질산은용액에 포르밀기를 가진 화합물(예:)을 반응시켜 은박을 생성시키는 반응이다.

① 메틸알코올　② 휘발유
③ 아세톤　　　④ 아세트알데히드

답 ④

해 포르밀기는 알데히드이다(R-CHO). 대표적으로 아세트알데히드(CH_3CHO)가 있다.

$$-\overset{O}{\underset{}{\overset{\|}{C}}}-H$$

003 다음 중 벤젠 고리를 가지고 있는 물질은?

① 아세틸렌　② 메탄
③ 아닐린　　④ 아세톤

답 ③

해 방향족 화합물을 찾으면 된다. 대표적으로 아닐린($C_6H_5NH_2$)이 있다.
다른 물질은 벤젠(C_6H_6)에서 변형된 형태가 아니다.

004 순수 옥살산($C_2H_2O_4 \cdot 2H_2O$) 결정 6.3g이 물에 녹아있는 수용액 500mL가 있다. 이 용액의 농도는 몇 M인가?

① 0.1　② 0.2
③ 0.3　④ 0.4

답 ①

해 몰농도는 용액 1리터당 들어있는 용질의 몰 수이다. 문제에서는 옥살산의 몰수를 구하고 부피로 나눠주면 된다.
옥살산의 분자량을 구하면 126g/mol이다. 6.3g은 따라서 0.05몰이 된다.
0.05 / 0.5 = 0.1이 된다.

005 금속은 전기를 잘 전달하는 물질이다. 이와 같은 성질을 갖는 이유는?

① 금속은 이온결합하기 때문
② 자유전자를 가지고 있기 때문
③ 금속은 비중이 크기 때문
④ 반지름이 크기 때문

답 ②

해 금속은 양이온과 자유전자들 사이의 정전기적 인력에 의해 결합하고 이다.
자유전자는 특정 양이온에 고정되어 있지 않고, 양이온 사이를 자유롭게 움직이고 있다. 이를 전자바다형태라고 한다.

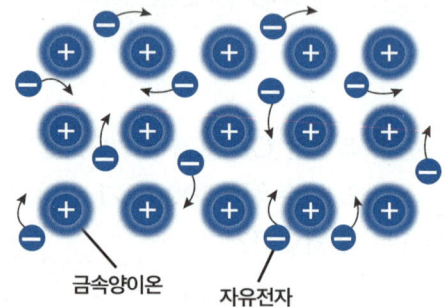

금속양이온   자유전자

금속은 이러한 특성으로 인해 전기를 잘 통하는 물질이 되는 것이다.

006 황(S)원자의 최외각 전자수는?

① 1   ② 2
③ 6   ④ 7

답 ③

해 최외각 전자수는 몇 족인지에 따라 달라진다. 황은 16족이므로 6개이다.

007 질량수가 52인 크롬의 중성자수와 전자수는? (크롬의 원자번호는 24)

① 중성자수 24, 전자수 24
② 중성자수 24, 전자수 52
③ 중성자수 24, 전자수 28
④ 중성자수 28, 전자수 24

답 ④

해 원소의 질량은 양성자, 중성자의 무게를 합한 것에 해당하며 전자의 경우 무시할 수 있을 정도로 작아 고려하지 않는다. **양성자의 수 = 전자의 수 = 원소 번호**
따라서 **원자의 무게에서 양성자의 무게를 빼면 중성자의 무게가 된다.**
원소번호 = 양성자 수 = 전자의 수 = 24
중성자 수는 52 - 24 = 28

008 어떤 기체의 확산속도는 이산화황의 2배이다. 이 기체의 분자량은?

① 8   ② 16
③ 32   ④ 128

답 ②

해 그레이엄의 확산속도 법칙을 이용하면 된다.
$V_1/V_2 = \sqrt{M_2/M_1}$ (V_1, V_2:각 기체의 확산속도, M_1, M_2:각 기체의 분자량)
이산화황의 확산속도를 V로 두면 어떤 기체의 확산속도는 2V가 된다.
이산화황의 분자량은 64이므로
$2V/V = \sqrt{64/어떤기체의 분자량}$ 의 식이 만들어진다.
$2 = \sqrt{64/어떤기체의 분자량}$ 이므로 어떤기체의 분자량은 16이 된다.

009 지시약으로 사용되는 페놀프탈레인 용액은 산성에서 어떤 색을 띠는가?

① 적색   ② 청색
③ 무색   ④ 황색

답 ③

해

지시약	리트머스	페놀프탈레인	메틸오렌지	메틸레드
산성	**적색**	**무색**	적색	적색
중성	자색	**무색**	황색	주황색
염기성	청색	**적색**	황색	황색

중요한 것은 페놀프탈레인의 경우 오직 염기성에만 반응한다는 것이다.

010 H_2O가 H_2S보다 비등점이 높은 이유에 대해 바른 설명은?

① 공유결합을 했기 때문
② 이온결합을 했기 때문
③ 수소결합을 했기 때문
④ 결합각이 더 크기 때문

답 ③

해 전기음성도가 큰 원자와 수소가 결합하는 경우 수소결합하고, 비등점이 높다.
두 물질 다 공유결합한다.

$$H-\ddot{O}-H$$

$$H\cdot\cdot\ddot{S}\cdot\cdot H$$

다만, 전기음성도가 더 큰 물질인 O와 결합한 H_2O가 수소 결합을 하게 되고, 끓는점도 높게 된다.

011 빈칸을 채우시오.

납축전지는 충전이 가능한 전지로 **납(Pb)**을 (가)극, 이산화납(PbO_2)을 (나)극으로 하고 (다)을 전해질로 만든 전지로, 방전시키면 두극에서 모두 (라)가 나온다.

① 가: -, 나: +, 다: H_2SO_4, 라: $PbSO_4$
② 나: +, 나: -, 다: H_2SO_4, 라: $PbSO_4$
③ 가: -, 나: +, 다: $PbSO_4$, 라: H_2SO_4
④ 가: +, 나: -, 다: $PbSO_4$, 라: H_2SO_4

답 ①

해 납축전지는 충전이 가능한 전지로 **납(Pb)**을 -극, 이산화납(PbO_2)을 +극으로 하고 **황산(H_2SO_4)**을 전해질로 만든 전지이다.
방전시키면
-극에서 산화반응으로 $Pb + SO_4^{2-} \rightarrow PbSO_4 + 2e^-$
+극에서 환원반응으로 $PbO_2 + 4H^+ + SO_4^{2-} + 2e^- \rightarrow PbSO_4 + 2H_2O$
양극에서 모두 $PbSO_4$가 나온다.

012 다음 물질의 보관방법이 잘못된 것은?

① Na : 석유에 보관
② NaOH : 공기가 잘 통하는 장소에 보관
③ P_4(황린) : 물속에 보관
④ HNO_3 : 갈색병에 보관

답 ②

해 Na, K등은 석유속에 보관하여 물과의 접촉을 피해야 한다. 물과 반응하기 때문이다.
NaOH는 조해성을 가지므로, 공기 중에 물을 흡수하여 녹아버린다. 공기중에 보관하면 안 된다.
황린은 보호액(pH9) 속에 보관한다. 물과 반응하지 않는다.
HNO_3는 햇빛에 분해되어 이산화질소를 생성하므로 갈색병에 보관한다.

013 -CONH-결합이 존재하는 물질은?

① 고무 ② 단백질
③ 트리니트로톨루엔 ④ 벤젠

답 ②

해 펩타이드 결합을 의미하며, **단백질, 나일론** 기억하면 된다. 다른 물질의 시성식을 살펴보면 모두 아님을 알 수 있다.

014 수소 0.8몰, 염소 1.5몰이 표준상태에서 반응하는 경우 염화수소는 몇 몰이 형성 되는가?

① 0.8몰 ② 1.2몰
③ 1.5몰 ④ 1.6몰

답 ④

해 수소와 염소의 반응식은 $H_2 + Cl_2 \rightarrow 2HCl$이다.
즉 수소와 염소, 염화수소의 비율은 1:1:2이다.
양 물질의 양이 다른 경우 적은 양의 물질만큼 반응하게 된다. 즉 수소, 염소 모두 0.8몰 만큼 반응하여 염화수소 1.6몰이 생성되고 염소 0.7몰은 남게 된다.

015 포화 탄화수소에 해당하는 물질은?

① 에틸렌 ② 아세틸렌
③ 톨루엔 ④ 프로판

답 ④

해 포화 탄화수소는 단일 결합으로 이루어진 탄화수소이다. 알케인(C_nH_{2n+1})이 있는데, 프로판, 즉 프로페인(C_3H_8)이 여기에 해당한다.
톨루엔은 방향족 화합물, 에틸렌은 알켄(C_nH_{2n}), 아세틸렌은 알카인(C_nH_{2n-2})에 속한다.

016 1패러데이의 전기량으로 물을 전기분해 하는 경우 생성되는 산소의 부피(L)는? (표준상태이다)

① 5.6 ② 11.2
③ 22.4 ④ 44.8

답 ①

해 물분해의 반응식은 $2H_2O \rightarrow 2H_2 + O_2$이다.
(-)극에서는 수소가 발생되고, (+)극에서는 산소가 발생되는데, 각 극에서 반응식은 아래와 같다.
(-)극 $4H_2O + 4e^- \rightarrow 2H_2 + 4OH^-$
(+)극 $2H_2O \rightarrow O_2 + 4H^+ + 4e^-$
두 극은 같은 그릇에 있는 것으로 하나의 반응식이다.
따라서 위 아래를 합하면
$6H_2O + 4e^- \rightarrow 2H_2 + (4OH^- + 4H^+,$ 이는 곧 $4H_2O) + O_2 + 4e^-$
양쪽에서 겹치는 것을 제거하면(즉, $4e^-$와 $4H_2O$ 제거한다).
$2H_2O \rightarrow 2H_2 + O_2$ 의 알짜 반응식만 남는다. 최종 반응식에서 사용된 전자의 수는 안 나오나 위에서 살펴보듯이 전자 4몰이 반응하면, 수소2몰, 산소2몰이 생성됨을 알 수 있다.
즉, 전자 4몰이 이동하여 -극에서 수소 2몰을 +극에서 산소 1몰을 발생시킨다(다른 것은 다 기억못 해도 이 부분 꼭 기억하자).
전자4몰이 들어가서 수소 2몰, 산소 1몰을 만들게 되므로, 반응비는 4:2:1이다.
1패러데이는 전자 1몰에 해당하는 전류이므로, 전자 1몰이 들어가면 산소는 0.25몰 발생하게 된다.
기체 1몰의 부피는 표준상태에서 22.4L이므로 0.25몰은 5.6L이다.

017 중크롬산이온($Cr_2O_7^{2-}$)에서 Cr의 산화수는?

① +3 ② +6
③ +7 ④ +12

답 ②

해 산화수는 전기음성도가 큰 것, 이온화 경향이 큰 것부터 계산하면 쉽다. O는 -2, Cr을 x로 두면,
x × 2 + (-2 × 7) = -2이다.
X = +6

018 설탕($C_{12}H_{22}O_{11}$) 171g이 물 500g에 녹아 있는 경우 몰랄농도는?

① 1 ② 1.5
③ 0.5 ④ 2

답 ①

해 **몰랄농도:1000g(1kg)의 용매에 녹아있는 용질의 몰수, 즉, 용질의 몰수(mol) / 용매의 질량(kg)**
용질의 몰수를 구하면 설탕의 분자량은 342g/mol이므로 171g은 0.5몰이다.
0.5 / 0.5 = 1이 된다.

019 메탄에 염소를 반응시켜 클로로포름을 만드는 반응의 이름은?

① 축합반응 ② 산화반응
③ 중화반응 ④ 치환반응

답 ④

해 메탄(CH_4)이 클로로포름($CHCl_3$)으로 바뀐 것이므로 치환반응(화합물 중의 원자, 이온, 작용기 등이 다른 원자, 이온, 작용기 등으로 바뀌는 반응)에 의한 것이다.

020 메탄 4g의 완전연소를 위해 필요한 산소의 분자수는?

① 6.02×10^{22} ② 3.01×10^{23}
③ 6.02×10^{23} ④ 3.01×10^{22}

답 ②

해 메탄의 연소식은 $CH_4 + 2O_2 \rightarrow 2H_2O + CO_2$
메탄 1몰 연소위해서는 산소 분자 2몰이 필요하다.
메탄의 분자량은 16이므로 메탄 4g은 0.25몰이 된다. 반응비는 1:2이므로 산소는 0.5몰이 필요하다.
산소 1몰에 들어 있는 산소분자의 수는 6.02×10^{23}이므로 0.5몰에는 3.01×10^{23}의 분자가 들어 있다.

제2과목 | 화재예방과 소화방법

021 가연성 물질이며 산소를 다량 함유하고 있기 때문에 자기연소가 가능한 물질은?

① $C_6H_2CH_3(NO_2)_3$ ② $CH_3COC_2H_5$
③ $NaClO_4$ ④ HNO_3

답 ①

해 자기연소가 가능한 물질은 제5류 위험물을 주로 말한다. 순서대로 트리니트로톨루엔(제5류), 메틸에틸케톤(제4류), 과염소산나트륨(제1류), 질산(제6류)이다.

022 제1종 분말소화약제가 1차 열분해되어 표준상태를 기준으로 $2m^3$의 탄산가스가 생성되었다. 몇 kg의 탄산수소나트륨이 사용되었는가? (단, 나트륨의 원자량은 23이다)

① 15   ② 18.75
③ 56.25   ④ 75

답 ①

해 제1종 분말소화약제의 열분해반응식은
$2NaHCO_3 \rightarrow Na_2CO_3 + CO_2 + H_2O$
탄산수소나트륨과 탄산가스의 반응비는 2:1이고, 탄산가스 $2m^3$의 몰수는 2000L/22.4L이다(기체 1몰은 22.4L이므로). 따라서 탄산수소나트륨의 몰수는 2×2000L/22.4L가 된다.
탄산수소나트륨의 분자량은
$23 + 1 + 12 + 16 × 3 = 84g/mol$이다.
따라서 사용된 탄산수소나트륨은
$2 × 2000/22.4 × 84 = 15000g$이다.
kg으로 바꾸면 15kg가 된다.

023 전기불꽃 에너지 공식에서 ( )에 알맞은 것은? (단, Q는 전기량, V는 방전전압, C는 전기용량을 나타낸다)

$$E = \frac{1}{2}(\quad) = \frac{1}{2}(\quad)$$

① QV, CV   ② QC, CV
③ QV, CV^2 ④ QC, QV^2

답 ③

해 $E = \frac{1}{2}QV = \frac{1}{2}CV^2$

E는 전기불꽃에너지, Q는 전기량, V는 방전전압, C는 전기용량

024 그림과 같은 타원형 위험물탱크의 내용적은 약 얼마인가? (단, 단위는 m이다)

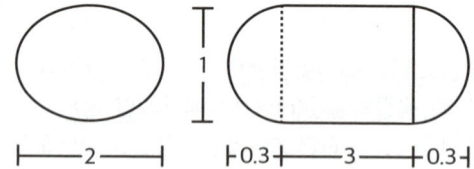

① $5.03m^3$ ② $7.52m^3$
③ $9.03m^3$ ④ $19.05m^3$

답 ①

해 공식은 $\frac{\pi ab}{4}\left(l + \frac{l_1 + l_2}{3}\right)$

대입하면 $\frac{\pi × 1 × 2}{4}\left(3 + \frac{0.3 + 0.3}{3}\right)$

약 5.0265이다.

025 다음은 제4류 위험물에 해당하는 물품의 소화방법을 설명한 것이다. 소화효과가 가장 떨어지는 것은?

① 산화프로필렌 : 알코올형 포로 질식소화한다.
② 아세톤 : 수성막포를 이용하여 질식소화한다.
③ 이황화탄소 : 탱크 또는 용기 내부에서 연소하고 있는 경우에는 물을 사용하여 질식소화한다.
④ 디에틸에테르 : 이산화탄소소화설비를 이용하여 질식소화한다.

답 ②

해 **내알콜포(수용성 액체(아세톤)화재, 알코올류화재용(다른 포는 알코올로 포가 파괴된다))**
아세톤, 아세트알데히드 등의 물질은 수용성이므로 수성막포를 쓰면 안 된다(포가 망가짐).

026 소화약제로서 물의 장점이 아닌 것은?

① 구하기 쉽다.
② 무해하다.
③ 기화잠열이 크다.
④ 피연소물질에 대해 피해가 없다.

답 ④

해 물소화약제는 아래와 같은 장점이 있으나 피연소물질은 물에 의해 피해가 발생한다.
 • 주로 **냉각소화**효과이다.
 • **구하기 쉽고 무해**하다.
 • **증발잠열이 크므로 냉각효과가 크며, 비열이 크다.**

027 제1석유류를 저장하는 옥외탱크저장소에 특형 포방출구를 설치하는 경우, 방출률은 액표면적 1m² 당 1분에 몇 리터 이상이어야 하는가?

① 9.5L
② 8.0L
③ 6.5L
④ 3.7L

답 ②

해 제1석유류는 인화점이 21℃미만이므로 특형인 경우 방출률은 8이다.

포방출구의 종류 위험물의 구분	I형		II형		특형		III형		IV형	
	포수용액량 ($ℓ/m^2$)	방출율 ($ℓ/m^2$ min)	포수용액량 ($ℓ/m^2$)	방출율 ($ℓ/m^2$ min)	포수용액량 ($ℓ/m^2$)	방출율 ($ℓ/m^2$ min)	포수용액량 ($ℓ/m^2$)	방출율 ($ℓ/m^2$ min)	포수용액량 ($ℓ/m^2$)	방출율 ($ℓ/m^2$ min)
제4류위험물중 인화점이 21℃ 미만인 것	120	4	220	4	240	8	220	4	220	4
제4류위험물중 인화점이 21℃ 이상 70℃ 미만인 것	80	4	120	4	160	8	120	4	120	4
제4류위험물중 인화점이 70℃ 이상인 것	60	4	100	4	120	8	100	4	100	4

028 위험물과 저장액이 잘못 짝지어진 것은?

① 이황화탄소 : 물
② 인화칼슘 : 물
③ 금속나트륨 : 등유
④ 니트로셀룰로오스 : 알코올

답 ②

해 **인화칼슘은 물과 만나면 포스핀**을 발생시킨다.

029 다음중 과산화나트륨과 혼재가 가능한 물질은? (지정수량 이상인 경우이다)

① 알루미늄분 ② 탄화알루미늄
③ 에테르 ④ 과염소산

답 ④

해 위험물은 서로 혼합하여 저장할 수 있는 경우가 있다(단 **지정수량의 10% 이하의 위험물은 제외**이다).
단순히, **423, 524, 61**을 기억하자. 4류는 2류, 3류와 혼재 가능하고, 5류는 3류, 4류와 혼재 가능하며, 6류는 1류와 혼재 가능하다.
과산화나트륨은 제1류 위험물 이므로 제6류 위험물과 혼재 가능한데, 보기에서는 과염소산이 제6류 위험물이다.

030 위험물안전관리법령상 위험물 저장·취급 시 화재 또는 재난을 방지하기 위하여 자체소방대를 두어야 하는 경우가 아닌 것은?

① 지정수량의 3천 배 이상의 제4류 위험물을 저장·취급하는 제조소
② 지정수량의 3천 배 이상의 제4류 위험물을 저장·취급하는 일반취급소
③ 지정수량의 2천 배의 제4류 위험물을 취급하는 일반취급소와 지정수량이 1천 배의 제4류 위험물을 취급하는 제조소가 동일한 사업소에 있는 경우
④ 지정수량의 3천 배 이상의 제4류 위험물을 저장·취급하는 옥외탱크저장소

답 ④

해 **제조소 또는 일반취급소**에서 취급하는 **제4류 위험물**의 최대수량의 **합**이 지정수량의 **3천배 이상**인 경우
옥외탱크저장소에 저장하는 **제4류 위험물**의 최대수량이 **지정수량의 50만배 이상**인 경우

031 소화약제로서의 물의 특징으로 틀린 것은?

① 증발잠열이 커서 다량의 열을 제거가능하다.
② 기화팽창률이 크므로 질식효과가 있다.
③ 유화효과도 있을 수 있다.
④ 용융잠열이 커서 냉각효과가 크다.

답 ④

해 **증발(기화)잠열이 크므로 냉각효과가 크며, 비열이 크다.**
무상주수 하는 경우 질식소화, 유화소화(기름위에 막을 형성하여 소화시키는 효과)가 있다.
용융잠열이 커서 냉각효과가 큰 것은 아니다. 증발잠열이 큰 것이다.

032 다음에서 분진폭발 위험이 가장 낮은 것은?

① 알루미늄 가루 ② 유황 가루
③ 시멘트 가루 ④ 전분 가루

답 ③

해 **고체의 분진이 일정 농도 이상 공기 중**에 있을 때 점화원에 의해 착화에너지를 얻어 폭발하는 현상으로 입자가 **가벼워야** 분진폭발이 가능하다.
분진폭발을 일으키는 물질: **알루미늄, 마그네슘, 유황가루, 철분, 적린** 등의 금속물질과 **밀가루, 전분** 등의 곡물류로 **모두 가볍고 작다.**
분진폭발을 일으키지 않는 물질: **시멘트, 모래, 석회석 가루**, 탄산칼슘 등 모두 **무겁다.**

033 일반적으로 다량의 주수를 통한 소화가 가장 효과적인 화재는?

① A급 화재 ② B급 화재
③ C급 화재 ④ D급 화재

답 ①

해 주수소화가 가장 효과적인 화재는 일반화재이다. 유류는 연소범위가 확대되므로 안되고, 전기화재는 적응성이 없고, 금속화재에는 물과 반응하므로 안 된다.

034 IG – 55의 성분 비는? (용량비 기준)

① 질소, 이산화탄소가 50 : 50
② 질소, 아르곤이 50 : 50
③ 질소, 이산화탄소가 55 : 45
④ 질소, 아르곤이 55 : 45

답 ②

해 불활성가스 소화약제는 대표적으로 IG - 541(질소, 아르곤 이산화탄소가 52:40:8 비율로 섞인 기체이다), IG - 55(질소, 아르곤이 50:50비율로 섞인 기체이다)

035 스프링클러설비의 장점이 아닌 것은?

① 초기진화가 가능하다.
② 물을 사용하므로 약제 비용이 적다.
③ 초기 시설비용이 적게 든다.
④ 화재시 별도의 조작이 필요 없다.

답 ③

해 스프링클러는 **화제를 초기에 진압할 수 있는 장점**이 있으나, **초기 시설비용이 많이 든다는 단점**이 있다.

036 제6류 위험물인 질산에 대해 틀린 설명은?

① 강산이다.
② 불연성, 수용성이다.
③ 열분해시 생성된 기체는 무색, 무해하다.
④ 물과 반응하여 발열한다.

답 ③

해 **무색, 또는 담황색**의 액체이고, 제6류 위험물로 불연성이다.
강산성의 산화성 물질로 부식성이 강하다.
비중이 1.49 이상인 물질만 위험물이다.
수용성이고, 물과 반응하여 발열한다.
햇빛에 의해 분해되므로 **갈색병에 저장, 보관**한다.
공기 중에서 햇빛에 분해되면 **갈색의 이산화질소를 생성**하며 **독성을 가진 기체**이다(가열하면 적갈색의 이산화질소가 나온다).
열분해시 이산화질소, 물, 산소를 발생시킨다.

037 자체소방대 관련 화학소방자동차 중 포수용액을 방사하는 화학소방자동차는 법령상 갖추어야 할 화학소방자동차 대수의 얼마 이상으로 해야 하는 가?

① 1/4 ② 1/3
③ 2/3 ④ 3/4

답 ③

해 포수용액을 방사하는 화학소방자동차의 대수는 법령에 의한 화학소방자동차의 대수의 3분의 2 이상으로 하여야 한다.

038 대통령령이 정하는 제조소 등의 관계인은 그 제조소 등에 대하여 연 몇 회 이상 정기점검을 실시해야 하는가? (단, 특정옥외탱크저장소의 정기점검은 제외한다)

① 1 ② 2
③ 3 ④ 4

답 ①

해 대통령령이 정하는 제조소 등의 관계인은 그 제조소 등에 대하여 **연 1회 이상** 행정안전부령이 정하는 바에 따라 규정에 따른 기술기준에 적합한지의 여부를 정기적으로 점검하고 점검결과를 기록하여 보존하여야 한다.

039 착화점에 대해 올바르게 설명한 것은?

① 외부에서 불꽃 등의 점화원이 있을 경우 발화하는 최저온도이다.
② 외부에서 불꽃 등의 점화원이 없이 발화하는 최저온도이다.
③ 통상 인화점 보다 낮다.
④ 외부에서 불꽃 등의 점화원이 없이 발화하는 최고온도이다.

답 ②

해 **점화원 없이 축적된 열만으로** 불이 붙는 최저 온도(쉽게 말해 불없이 열로 불이 붙는 온도, 따라서 당연히 인화점 보다 높다)

040 다음보기에서 고온체의 색깔과 온도와의 관계에서 가장 낮은 온도일 경우의 색깔은?

① 적색 ② 암적색
③ 휘적색 ④ 황적색

답 ②

해 **고온체의 색깔**(담암적, 암적, 적 / 황 / 휘적, 황적, 백적 / **휘백** 으로 암기, 크게 /를 사이에 두고 적/황/적/백인데, 다시 위와 같이 세부적으로 나누어진다. 또한 온도 보다는 **순서를 기억**하는 것이 더 중요하다)

색깔	담암적	암적	**적**	황	**휘적**	**황적**	백적	휘백
온도(℃)	522	700	**850**	900	**950**	**1100**	1300	1500

제3과목 | 위험물의 성질과 취급

041 다음 중 오황화린이 공기중 습기에 의해 분해될 때 발생되는 기체에 대해 옳은 것은?

① 무취의 기체이다. ② 노란색의 기체이다.
③ 불연성이다. ④ 독성물질이다.

답 ④

해 물과 반응하여 **인산(H_3PO_4)과 황화수소(H_2S, 기체)**를 발생시킨다. 황화수소는 연소하면 **물과 이산화황**이 만들어지며, 썩은 달걀 냄새가 나며 가연성이며 독성이 있다.

042 아래와 같이 위험물 저장시, 지정수량 배수의 총합은?

클로로벤젠 1000L, 동식물유류 5000L, 제4석유류 12000L

① 2.5 ② 3.5
③ 4.5 ④ 5.0

답 ②

해 클로로벤젠은 지정수량이 1000L(2석유류는 이 **일(1000L)등경 크스클 / 이(2000L)아히포**), 동식물류는 10000L, 제4석유류는 6000L이다.
배수의 합은 1 + 0.5 + 2 = 3.5이다.

043 위험물안전관리법령상 HCN의 품명으로 옳은 것은?

① 제1석유류 ② 제2석유류
③ 제3석유류 ④ 제4석유류

답 ①

해 시안화수소는 제4류 위험물 중 제1석유류이다.

044 위험물안전관리법령상 위험물제조소의 안전거리에 대해 틀린 설명은?

① 학교, 병원으로부터 30m 이상
② 주택으로부터 10m 이상
③ 유형문화재로부터 70m 이상
④ 고압가스 등을 저장 취급하는 시설로부터 20m 이상

답 ③

해 안전거리:제조소(제6류 위험물을 취급하는 제조소를 제외한다)는 건축물의 외벽 또는 이에 상당하는 공작물의 외측으로부터 당해 제조소의 외벽 또는 이에 상당하는 공작물의 외측까지의 사이에 다음 규정에 의한 수평거리(이하 "안전거리"라 한다)를 두어야 한다.

가. **유형문화재와 지정문화재: 50m 이상**
나. **학교, 병원, 극장 등 다수인 수용 시설(극단, 아동복지 시설, 노인보호시설, 어린이집 등): 30m 이상**
다. 고압가스, 액화석유가스 또는 도시가스를 저장 또는 취급하는 시설: 20m 이상
라. **주거용인 건축물 등: 10m 이상**
마. **사용전압이 35,000V를 초과하는 특고압가공전선: 5m 이상**
바. 사용전압이 7,000V 초과 35,000V 이하의 특고압가공전선: 3m 이상

[암기법] 암기는 532153이고, 문학가주사사로 암기(문학가가 주사 부리다 사망하는 이야기)

045 옥외탱크저장소에서 위험물을 취급하는 경우 최대수량에 따른 보유공지 너비로 잘못된 것은?

① 지정수량 500배 이하 : 3m 이상
② 지정수량의 500배 초과 1,000배 이하 : 5m 이상
③ 지정수량의 1,000배 초과 2,000배 이하 : 9m 이상
④ 지정수량의 2,000배 초과 3,000배 이하 : 15m 이상

답 ④

해 옥외탱크저장소의 보유공지 너비는 111페이지 표 참고

046 제4류 위험물 저장과 관련하여 틀린 것은?

① 어둡고 차가운 곳에 보관한다.
② 정전기를 축적시킨다.
③ 위험물의 누출을 방지한다.
④ 점화원으로부터 멀리한다.

답 ②

해 4류 위험물의 저장 시 정전기 방지에 애써야 한다.

047 메틸에틸케톤의 저장 또는 취급 시 유의할 점으로 가장 거리가 먼 것은?

① 통풍을 잘 시킬 것
② 찬 곳에 저장할 것
③ 직사일광을 피할 것
④ 저장 용기에는 증기 배출을 위해 구멍을 설치할 것

답 ④

해 제4류 위험물 제1석유류이다. 인화성 증기가 나올 수 있으므로 밀전하여 보관해야 하고, 만약 증기가 분출된 경우 통풍을 잘 시켜야 한다.

048 제6류 위험물인 질산에 대해 틀린 설명은?

① 환원성이 강한 물질과 혼합하면 위험하다.
② 단백질과 크산토프로테인반응을 한다.
③ 열분해시 수소를 생성한다.
④ 물과 반응하여 발열한다.

답 ③

해 **무색, 또는 담황색**의 액체이고, 제6류 위험물로 불연성이다.
강산성의 산화성 물질로 부식성이 강하다.
비중이 1.49 이상인 물질만 위험물이다.
수용성이고, 물과 반응하여 발열한다.
햇빛에 의해 분해되므로 **갈색병에 저장, 보관**한다.
공기중에서 햇빛에 분해되면 **갈색의 이산화질소를 생성**하며 **독성을 가진 기체**이다(**가열하면 적갈색의 이산화질소가 나온다**).
열분해시 이산화질소, 물, 산소를 발생시킨다.
단백질과 크산토프로테인반응을 한다(단백질과 만나면 노랗게 변하는 반응).

049 염소산칼륨의 고온분해시 생성되는 물질은?

① 물, 산소   ② 염화칼륨, 산소
③ 수소, 물   ④ 염화칼륨, 물

답 ②

해 열분해하면 산소를 발생시킨다(완전열분해 시 산소와 염화칼륨이 나온다).

050 황의 연소생성물과 그 특성을 옳게 나타낸 것은?

① SO_2, 유독가스 ② SO_2, 청정가스
③ H_2S, 유독가스 ④ H_2S, 청정가스

답 ①

해 공기 중에서 **증발연소(가연성 증기**가 발생하여 연소)하며, 푸른빛을 내며 **독성물질**인 **이산화황**을 발생시킨다(가연성(환원성) 증기이다. 산화성 증기 아니다).
$S + O_2 \rightarrow SO_2$

---

051 적재시 차광성이 있는 피복으로 가려야 하는 물질은?

① 철분 ② 가솔린
③ 메탄올 ④ 과산화수소

답 ④

해 차광성 있는 피복으로 가릴 위험물: **1류**, **3류 중 자연발화성 물질**, **4류 중 특수인화물**, **5류**, **6류**
과산화수소는 제6류 위험물로 차광성 있는 피복으로 가려야 한다.

---

052 수성막포소화약제를 수용성 알코올 화재 시 사용하면 소화효과가 떨어지는 가장 큰 이유는?

① 유독가스가 발생하므로
② 화염의 온도가 높으므로
③ 알코올은 포와 반응하여 가연성 가스를 발생하므로
④ 알코올이 포 속의 물을 탈취하여 포가 파괴되므로

답 ④

해 수성막포소화약제는 수용성 알코올에 쓰면 포가 파괴된다.

---

053 젖은 짚, 헝겊 등과 함께 대량으로 쌓아두는 경우 자연발화가능성이 가장 높은 것은?

① 야자유 ② 피마자유
③ 올리브유 ④ 동유

답 ④

해 요오드 값은 높을수록 자연발화 위험이 증가한다. 동식물류 중에서는 건성유, 반건성유, 불건성유 순으로 요오드값이 높다.

암기법 동식물류 암기는 **정상 동해 대아들, 참쌀면 청옥 채 콩, 소돼재고래 피 올야땅**
동유는 건성유, 나머지는 불건성유이다.

---

054 위험물의 취급 중 소비에 관한 기준으로 틀린 것은?

① 열처리 작업은 위험물이 위험한 온도에 이르지 아니하도록 하여 실시하여야 한다.
② 담금질 작업은 위험물이 위험한 온도에 이르지 아니하도록 하여 실시하여야 한다.
③ 분사도장 작업은 방화상 유효한 격벽 등으로 구획한 안전한 장소에서 하여야 한다.
④ 버너를 사용하는 경우에는 버너의 역화를 유지하고 위험물이 넘치지 아니하도록 하여야 한다.

답 ④

해 위험물의 취급 중 소비에 관한 기준
- **분사도장작업은 방화상 유효한 격벽** 등으로 구획된 안전한 장소에서 실시할 것
- **담금질 또는 열처리작업은 위험물이 위험한 온도에 이르지 아니하도록** 하여 실시할 것
- 버너를 사용하는 경우에는 **버너의 역화를 방지(유지아니다)**하고 위험물이 넘치지 아니하도록 할 것

055 위험물안전관리법령상 과산화수소가 제6류 위험물에 해당하는 농도 기준으로 옳은 것은?

① 36wt% 이상 ② 36vol% 이상
③ 1.49wt% 이상 ④ 1.49vol% 이상

답 ①

해 질산의 경우 **비중이 1.49 이상**인 것만 위험물이다.
과산화수소의 경우 **농도 36중량퍼센트(wt%) 이상**인 것만 위험물이다.

056 다음 물질 중 증기비중이 가장 작은 것은?

① 이황화탄소 ② 아세톤
③ 아세트알데히드 ④ 디에틸에테르

답 ③

해 증기비중은 분자량을 29로 나눈값이므로 증기비중이 가장 작은 것은 분자량이 가장 작은 것이 될 것이다.
이황화탄소(CS_2): 76
아세톤($CH_3COCH_3 = C_3H_6O$): 58
아세트알데히드(CH_3CHO): 44
디에틸에테르($C_2H_5OC_2H_5$): 74

057 지정수량 이상의 위험물을 차량으로 운반하는 경우에는 차량에 설치하는 표지의 색상에 관한 내용으로 옳은 것은?

① 흑색바탕에 청색의 도료로 "위험물"이라고 표기할 것
② 흑색바탕에 황색의 반사도료로 "위험물"이라고 표기할 것
③ 적색바탕에 흰색의 반사도료로 "위험물"이라고 표기할 것
④ 적색바탕에 흑색의 도료로 "위험물"이라고 표기할 것

답 ②

해

종류	바탕	문자
화기엄금(화기주의)	적색	백색
물기엄금	청색	백색
주유중엔진정지	황색	흑색
위험물 제조소 등	백색	흑색
위험물	흑색	황색반사도료

058 피리딘에 대해 틀린 설명은?

① 위험등급이 II등급이다.
② 비중이 1보다 작다.
③ 비수용성이다.
④ 인화점은 30℃보다 낮다.

답 ③

해 피리딘은 1석유류로 지정수량이 400L이다(일 **이(200L) 휘벤에메톨 / 사(400L)시아피**).
제1석유류는 **인화점이 21℃ 미만인 것이다.**
제4류 위험물은 **비중이 1보다 작다**(물에 뜬다).
(예외 **이황화탄소, 2석유류중 클로로벤젠, 아, 히, 포, 3석유류(중유제외**)) 수용성이다.

059 어떤 공장에서 아세톤과 메탄올을 18L 용기에 각각 10개, 등유를 200L 드럼으로 3드럼을 저장하고 있다면 각각의 지정수량 배수의 총합은 얼마인가?

① 1.3 ② 1.5
③ 2.3 ④ 2.5

답 ②

해 각 물질의 지정수량은 아세톤은 400L, 메탄올은 400L, 등유 1000L이다.
각 180L, 180L, 600L 저장한 경우, 지정수량의 배수는 0.45배, 0.45배, 0.6배 이다. 총 1.5배가 된다.

060 유황에 대해 바르게 설명한 것은?

① 동소체로 단사황, 사방황 등이 있다.
② 전기가 흐르는 전기도체이다.
③ 폭발의 위험은 없다.
④ 물, 알코올 등에 잘 녹는다.

답 ①

해 **물에 녹지 않는다.** 이황화탄소(CS_2)에 녹지 않으나 단사황, 사방황(동소체)은 녹는다.
전기부도체로 전기절연체로 쓰인다. 따라서 **정전기 발생 위험** 높다(정전기 축적 방지 필요).
제2류 위험물로 가연성 물질이다. 분진 폭발의 위험이 있다.

SECTION 07 CBT 대비 및 기출 모의고사 | 7회

제1과목 | 일반화학

001 1기압에서 2L의 부피를 차지하는 어떤 이상기체를 온도의 변화 없이 압력을 4기압으로 하면 부피는 얼마가 되겠는가?

① 8L   ② 2L
③ 1   ④ 0.5L

답 ④

해 보일의 법칙 부피는 온도가 일정할 때 압력에 반비례한다.
V = k1/P(V는 부피, P는 부피, k는 상수)
따라서 P와 V의 곱은 언제나 일정한 상수가 된다.
따라서, $P_1V_1 = P_2V_2$가 성립한다.
1 × 2 = 4 × 구하는 부피. 0.5L이다.

002 메탄 4g의 완전연소를 위해 필요한 산소의 분자수는?

① 6.02×10^{22} ② 3.01×10^{23}
③ 6.02×10^{23} ④ 3.01×10^{22}

답 ②

해 메탄의 연소식은 $CH_4 + 2O_2 \rightarrow 2H_2O + CO_2$
메탄 1몰 연소위해서는 산소 분자 2몰이 필요하다.
메탄의 분자량은 16이므로 메탄 4g은 0.25몰이 된다. 반응비는 1:2이므로 산소는 0.5몰이 필요하다.
산소 1몰에 들어 있는 산소분자의 수는 6.02×10^{23}이므로 0.5몰에는 3.01×10^{23}의 분자가 들어 있다.

003 60℃에서 KNO_3의 포화용액 100g을 10℃로 냉각시키는 경우 석출되는 KNO_3의 양은?(단, 60℃에서 100g KNO_3 / 100g H_2O의 용해도, 10℃에서 20g KNO_3 / 100g H_2O의 용해도를 가진다)

① 60   ② 40
③ 100   ④ 20

답 ②

해 60℃일 때 용해도에 따르면 KNO_3과 H_2O의 용매 용질의 비율은 1:1이다.
10℃일 때 용해도에 따르면 KNO_3과 H_2O의 용매 용질의 비율은 1:5이다.
문제에서 60℃ 용액이 100g이므로 용매, 용질의 비율은 1:1이므로 50g:50g으로 이루어져 있다.
10℃ 비율은 1:5이므로 온도변화에 따라 용질의 질량은 변하지 않으므로 용질의 질량 50g이고, 용매의 질량은 10g이다. 따라서 석출되는 양은 40g이다.

004 2차 알코올이 산화되는 경우 생성되는 물질을 나타낸 것은?

① $HCOOH$ ② CH_3OH
③ CH_3OCH_3 ④ CH_3COCH_3

답 ④

해 2차 알코올은 산화되면 카르보닐기를 가진 케톤(RCOR`, 예 아세톤)이 된다.
이런 유형의 문제는 보기에서 RCOR`을 찾으면 된다.

005 다음 중 비공유 전자쌍을 가장 많이가지고 있는 것은?

① CO_2 ② H_2O
③ CH_4 ④ NH_3

답 ①

해 루이스 구조를 이해해서 구조를 그려보면 알 수 있다.
CO_2는 $\ddot{O}=C=\ddot{O}$로 비공유 전자쌍이 4쌍이다.
CH_4는 비공유 전자쌍이 없다.

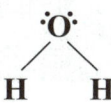

H_2O는 비공유 전자쌍이 2쌍이다.

NH_3는 비공유 전자쌍이 1개이다.

006 산성 산화물에 해당하는 것은?

① CaO ② Na_2O
③ CO_2 ④ MgO

답 ③

해 금속물질의 산화물은 대부분 염기성이고, 비금속 물질의 산화물은 산성이다.
염기성산화물: Na_2O, MgO, BaO, CaO
산성산화물: NO_2, CO_2, SO_2

007 어떤 기체가 1g의 질량을 가지고 27℃, 740mmHg의 압력에서 부피가 500mL인 경우 분자량은?

① 약 25g ② 약 50g
③ 약 100g ④ 약 200g

답 ②

해 이상기체 방정식을 풀면 된다.
V=nRT/P(R은 기체상수, 0.082L·atm/k·mol), n=w/M(w는 기체의 질량, M은 기체의 분자량)
즉 부피는 몰수와 온도에 비례하고 압력에 반비례한다는 의미이다.
(V는 부피, T는 절대온도, P는 압력)
문제를 풀 때, 구하는 부피의 단위가 리터이면, 질량은 g, 몰수는 mol로 맞추고, m³이면 질량은 kg, 몰수는 kmol로 맞추고 구하면 된다.
압력의 경우 기압(atm), 단위로 출제되나, 단위가 mmHg인 경우, 760mmHg = 1atm이므로 단위를 변환하여 대입하면 된다. 즉 740mmHg인 경우 740/760atm으로 대입하면 된다.
대입하면 0.5 = {(1 / M) × 0.082 × 300} /(740/760)
M은 약 50.53이다.

008 반감기가 3일인 물질이 4g 있는 경우, 6일이 지났을 경우 남아 있는 양은?

① 1 ② 0.5
③ 0.25 ④ 2

답 ①

해 반감기: 어떤 물질의 초기 양이 절반의로 줄어드는데 걸리는 시간을 의미한다.
$m = M(1/2)^{t/T}$
m: 남은 질량, M: 초기 질량, T: 반감기, t: 경과시간
$m = 4(1/2)^{6/3}$ 계산하면 1g이다.

009 90중량% 황산의 비중이 1.84인 경우 이 황산의 몰농도는?

① 1.69　　② 16.9
③ 8.4　　　④ 0.8

답 ②

해 몰농도는 1리터당 몰수이다. 따라서 1리터를 기준으로 생각해 보자.
비중이 1.84라는 의미는 물의 밀도에 비해 1.84배라는 의미이다. 물은 1리터에 1kg이므로 이 황산의 경우 1리터에 1.84kg이라는 의미이다. 중량 퍼센트가 90wt%이므로 전체 1.84kg중 90%가 황산이라는 의미이고, 따라서 1.656kg의 순수황산이 존재하게 된다. 황산의 분자량은 98g/mol 이므로 1656g/98 하면 약 16.8979몰이 된다.

010 $CuCl_2$ 용액에 5A 전류를 1시간 동안 흐르게 하는 경우 석출되는 구리 양은 몇 g인가? (Cu의 원자량은 63.54)

① 5.93　　② 2.96
③ 1.97　　④ 7.90

답 ①

해 $CuCl^2$의 경우 $Cu^2 + 2e^-$ 를 얻어 Cu로 석출되는 것이다.
즉, 구리 1몰이 석출되기 위해서는 전자 2몰이 필요하다는 의미이다. 반응비는 1:1이다.
1F는 전자 1몰의 전하량이고 96500C(쿨롱)이다.
1C = 1A × 1초에 해당한다.
문제에서 5A × 3600초=18000C이므로,
2 × 96500C일 때 구리 1몰이 나오므로 18000C일때는 약 0.0932몰 이고 1몰이 63.54g이므로 석출되는 구리는 약 5.93g이다.

011 $KMnO_4$에서 Mn의 산화수는?

① +1　　② +5
③ +7　　④ +9

답 ③

해 **아래는 주기율표에 상의 족에 따른 산화수이다. 일단 이 정도는 기억하자.**

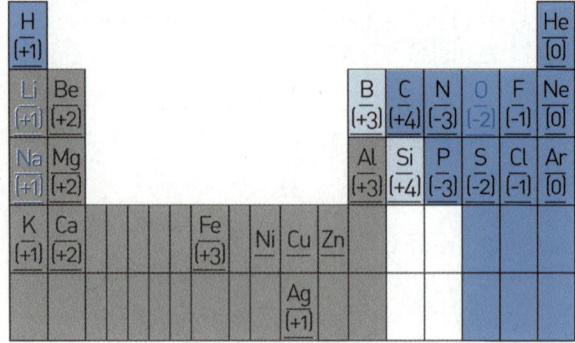

단, 위의 표의 산화수도 자신보다 더 전기음성도가 큰 물질을 만나면 +도 -가 될 수 있다(-3이 +5로 변할 수 있다는 뜻이다).
즉 주어진 분자식에서 전기음성도가 가장 강한 것을 먼저 구하자.
$KMnO_4$에서 O는 -2, K는 +1 이므로 +1 + Mn산화수+ (-2 × 4) = 0이므로, Mn의 산화수는 +7이다.

012 질소 1몰과, 수소 3몰을 밀폐된 용기에 일정온도로 유지하여 반응시켰더니 반응물질의 50%가 암모니아가 되었다. 이때의 압력과 처음 압력의 비는? (용기 부피 변화는 없다)

① 1 : 2 ② 2 : 3
③ 3 : 4 ④ 변화 없다.

답 ③

해 위의 반응식은 $N_2 + 3H_2 \rightarrow 2NH_3$ 이다.
$V = nRT/P$를 생각하면 된다. 부피가 같으므로 처음물질의 부피와, 나중 물질의 부피는 같다.
$V_{처음} = V_{나중}$이다.
처음 물질의 몰수는 4몰이라고 하면(반응물밖에 없으므로), 반응후는 처음 물질의 50%만 반응했으므로, N_2 0.5몰, H_2 1.5몰이 반응하여, NH_3 1몰이 생성된 것이다. 반응후 전체 물질의 몰수는
반응하지 않고 남은 N_2 0.5몰, H_2 1.5몰 합하여 2몰, 반응으로 생긴 NH_3 1몰 하여, 3몰이 있다.
$4RT/P_{처음} = 3RT/P_{나중}$ 의 식이 성립하고, $P_{나중}/P_{처음} = 3/4$가 된다.

013 어떤 기체의 부피가 8.96L인 경우 질량이 11.2g이다. 이 물질의 분자량은? (표준상태이다)

① H_2O ② CO_2
③ O_2 ④ N_2

답 ④

해 표준상태에서 기체1몰의 부피는 22.4L이다. 8.96L인 경우, 0.4몰이 된다.
0.4몰의 질량이 11.2g이라면 1몰의 질량은 28g이 된다 (0.4:11.2 = 1:x).
보기에서 질량인 28인 물질은 N_2이다.

014 다음 반응식에 관한 사항 중 옳은 것은?

$$SO_2 + 2H_2S \rightarrow 2H_2O + 3S$$

① SO_2는 산화제로 작용
② H_2S는 산화제로 작용
③ SO_2는 촉매로 작용
④ H_2S는 촉매로 작용

답 ①

해 산화는 산소를 얻거나, 전자를 잃거나 수소를 잃는 반응이다(-값을 가진 전자를 잃는 것이므로 아래에서 살펴볼 산화수가 커진다). 옆에서 산화를 일으키도록 하는 물질을 산화제라고 한다. 따라서 산화제는 자신은 환원되고, 다른 물질을 산화시킨다.
환원은 산소를 잃거나, 전자를 얻거나, 수소를 얻는 반응이다(-값을 가진 전자를 얻는 것이므로 아래에서 살펴볼 산화수가 작아진다). 옆에서 환원을 일으키는 물질을 환원제라고 한다. 환원제는 자신은 산화되고, 다른 물질을 환원시킨다.
SO_2는 산소를 잃었으므로 스스로 환원되고, 다른 물질을 산화시키는 산화제이다.

015 집기병 속에 물에 적신 빨간 꽃잎을 넣고 어떤 기체를 채웠더니 얼마 후 꽃잎이 탈색되었다. 이와 같이 색을 탈색(표백)시키는 성질을 가진 기체는?

① He ② CO_2
③ N_2 ④ Cl_2

답 ④

해 탈색하면 연소를 생각해야 한다. 표백(탈색)작용을 하는 기체의 대표적인 것이 염소(Cl_2)이다.

016 이온화에너지에 대해 옳은 설명은?

① 주기율표에서 왼쪽으로 갈수록 증가한다.
② 주기율표에서 아래로 갈수록 증가한다.
③ 바닥상태에 있는 원자로부터 전자를 떼어내는데 필요한 에너지이다.
④ 들뜬상태에서 전자를 받아들이는데 필요한 에너지이다.

답 ③

해 이온화에너지를 기억해 둔다. 원자가 이온이 되기 위해서는 에너지가 투입되어 전자 하나를 분리해야 한다. 이처럼 원자를 이온화 시키기 위해 필요한 에너지를 이온화 에너지라고 한다. **바닥상태(정상적인 전자배치 상태)에 있는 원자로부터 전자 하나를 떼어내는데 필요한 에너지**이다. **이온이 되기 쉽다는 것**은 그 만큼 전자를 잃기 쉽다는 의미이고, **이온화 에너지가 낮다**는 뜻이다.
따라서 반응성이 클수록 이온화 에너지가 작다. 주기율표에서 왼쪽, 아래로 갈수록 이온화 에너지가 낮다.

017 농도를 모르는 염산 용액 100mL를 중화하기 위해 0.1N 수산화나트륨 500mL가 필요한 경우, 이 염산용액의 농도는 몇 N인가?

① 0.25 ② 0.5
③ 0.05 ④ 0.15

답 ②

해 중화반응에 참여하는 H^+ 의 수 = 중화반응에 참여하는 OH^- 의 수 이므로
그 공식이 $NV = N'V'$ 이다(V는 부피, N은 노르말 농도).
$N × 100 = 0.1 × 500$, $N = 0.5$

018 다음 수용액 중 pH가 가장 작은 물질은?

① 0.1N HCl ② 0.01N HCl
③ 0.1N NaOH ④ 0.01N CH₃COOH

답 ①

해 pH란 수소이온(H^+)의 몰농도를 -log한 것이다.
즉, $-\log[H^+]$ 이다.
어떤 용액에서 $[H^+] × [OH^-] = 1 × 10^{-14}$ 이다.
즉 pH + pOH = 14가 된다.
몰농도 × 당량 = 노르말 농도 인데, 당량이란 해당 분자 하나가 내 놓는 H^+ 혹은 OH^- 의 수라고 생각하면 쉽다.
보기에서는 노르말 농도로 표시되어 있는데, 각 물질은 모두 H^+, 혹은 OH^- 를 하나씩 내어 놓으므로 노르말 농도는 곧 몰농도가 된다.
모두 -log를 취하면 순서대로 1, 2, 1, 2가 되는데, 3번 보기는 pOH이므로 pH로 바꾸면 13이 된다.

019 원자가 전자배열이 as^2ap^2인 것은?
(단, a=2, 3이다)

① Ne, Ar ② Li, Na
③ C, Si ④ N, P

답 ③

해 원자가 전자배열을 최외각 전자의 배열이므로, a가 2라면, $2s^22p^2$는 2번째 전자껍질에 s오비탈에 전자 2개, p오비탈에 전자 2개가 있다는 뜻으로 최외각 전자가 4이다. 곧 탄소를 의미한다.
3이라면 마찬가지로 최외각전자가 4개인 3주기 원소를 의미한다. Si이다.

020 아래에서 양쪽성 산화물에 해당하는 것은?

① Na_2O　　② MgO
③ Al_2O_3　　④ NO_2

답 ③

해 산화물 중에는 산, 염기 양쪽으로 작용이 가능한 물질이 있다. 대표적인 물질이 Al_2O_3
염기성산화물: Na_2O, MgO
산성산화물: NO_2

제2과목 | 화재예방과 소화방법

021 질식효과를 위해 포의 성질로서 갖추어야 할 조건으로 가장 거리가 먼 것은?

① 기화성이 좋을 것
② 부착성이 있을 것
③ 유동성이 좋을 것
④ 바람 등에 견디고 응집성과 안정성이 있을 것

답 ①

해 질식효과를 거두기 위해서는 기화성이 높아서 날아가 버리면 안 된다.

022 아래에서 분말소화약제의 색상으로 올바른 것은?

① 제1인산암모늄 - 담홍색
② 탄산수소나트륨 - 회색
③ 탄산수소칼륨 - 백색
④ 제1인산암모늄 - 담회색

답 ①

해 *분말소화약제 57페이지 표 참고*

023 위험물제조소 등에 설치하는 포소화설비의 기준에 따르면 포헤드방식의 포헤드는 방호대상물의 표면적 1m² 당 방사량이 몇 L/min 이상의 비율로 계산한 양의 포수용액을 표준방사량으로 방사할 수 있도록 설치하여야 하는가?

① 3.5 ② 4
③ 6.5 ④ 9

답 ③

해 방호대상물의 표면적 1m² 당의 방사량이 6.5ℓ/min 이상의 비율로 계산한 양의 포수용액을 표준방사량으로 방사할 수 있도록 설치해야 한다.

024 벤조일퍼옥사이드의 보관 시 화재예방과 관련하여 주의해야 할 사항으로 틀린 것은?

① 수분과의 접촉을 피한다.
② 열, 충격, 마찰 등을 피한다.
③ 비활성의 희석제를 첨가하여 보관하면 위험성을 낮출 수 있다.
④ 진한 황산, 질산 등과의 접촉을 피한다.

답 ①

해 제5류 위험물은 습윤을 하여 보관하면 안전해지는 경우가 많다.
건조해지면 위험하므로 건조방지를 위한 **희석제(물, 프탈산디메틸 등)**을 첨가한다.

025 제5류 위험물 제조소에 설치하는 표지 및 주의사항을 표시한 게시판의 바탕색상을 각각 옳게 나타낸 것은?

① 표지 : 백색, 주의사항을 표시한 게시판 : 백색
② 표지 : 백색, 주의사항을 표시한 게시판 : 적색
③ 표지 : 적색, 주의사항을 표시한 게시판 : 백색
④ 표지 : 적색, 주의사항을 표시한 게시판 : 적색

답 ②

해 위험물 제조소 게시판 표지는 백색 바탕에 흑색으로 위험물 제조소를 표시하고, 게시판의 제5류 위험물의 주의사항은 화기엄금이고, 이는 적색바탕에 백색문자로 표시한다.

※ 제조소의 게시판에 게시할 내용
 ⅰ) **1류 알칼리금속의 과산화물: 물기엄금**
   그 밖에: 없음
 ⅱ) 2류 인화성 고체: 화기엄금
   철분, 마그네슘, 금속분 및 그 밖에: 화기주의
 ⅲ) 3류 자연발화성 물질: 화기엄금
   금수성물질: 물기엄금
 ⅳ) 4류: **화기엄금**
 ⅴ) 5류: **화기엄금**
 ⅵ) 6류: 없음

종류	바탕	문자
화기엄금(화기주의)	적색	백색
물기엄금	청색	백색
주유중엔진정지	황색	흑색
위험물 제조소 등	백색	흑색
위험물	흑색	황색반사도료

026 표준관입시험 및 평판재하시험을 실시하여야 하는 특정옥외저장탱크의 지반의 범위는 기초의 외축이 지표면과 접하는 선의 범위 내에 있는 지반으로서 지표면으로부터 깊이 몇 m까지로 하는가?

① 10 ② 15
③ 20 ④ 25

답 ②

해 특정옥외저장탱크의 경우 지반은 지표면으로부터 깊이 **15m까지 한다**.

027 위험물제조소에 옥내소화전 설비를 3개 설치하였다. 수원의 양은 몇 m³ 이상이어야 하는가?

① 7.8m³ ② 9.9m³
③ 10.4m³ ④ 23.4m³

답 ④

해 수원의 수량은 옥내소화전이 **가장 많이 설치된 층의 설치개수에 7.8m³**을 곱한양이 되어야 한다(**설치개수가 5이상인 경우 5에 7.8 m³**을 곱한다).

028 위험물제조소에 6개의 옥내소화전 설치하는 경우 최소 방수량은 얼마인가?

① 1300L/분 ② 1000L/분
③ 260L/분 ④ 1560L/분

답 ①

해 방수량이 **분당 260리터** 이상이 되어야 한다(즉, 2개 라면 방수량이 1분당 260리터 × 2이상이 되어야 한다. 다만 5개 이상인 경우 260에 5를 곱한다).

029 옥내소화전인 경우 위험물 제조소에서 당해층의 각 부분에서 하나의 호스접속구까지의 거리는 수평으로 얼마 이하가 되어야 하는가?

① 10 ② 20
③ 25 ④ 30

답 ③

해 각 건축물의 층마다 하나의 **호스접속구까지의 수평거리가 25m 이하**가 되도록 설치해야 한다(접속구로부터 너무 멀면 안 된다).

030 위험물안전관리법령상 옥내소화전설비에 적응성이 있는 위험물로만 묶은 것은?

① 제3류, 제4류 ② 제1류, 제2류
③ 제2류, 제3류 ④ 제5류, 제6류

답 ④

해 *68페이지 소화설비의 구분 표 참고*

031 제4류 위험물을 취급하는 제조소에서 지정수량의 20만배를 취급할 경우 설치할 자체소방대 및 소방대원의 수는?

① 1대 / 5인
② 2대 / 10인
③ 3배 / 15인
④ 4대 / 20인

답 ②

해 **제조소 또는 일반취급소**에서 취급하는 **제4류 위험물**의 최대수량의 합이 지정수량의 **3천배 이상**인 경우에 자체소방대 지정대상이 된다.
화학소방자동차 및 자체소방대원의 수

사업소의 구분	화학소방 자동차	자체소방 대원의 수
1. 제조소 또는 일반취급소에서 취급하는 제4류 위험물의 최대수량의 합이 지정수량의 **3천배 이상 12만배 미만**인 사업소	1대	5인
2. 제조소 또는 일반취급소에서 취급하는 제4류 위험물의 최대수량의 합이 지정수량의 **12만배 이상 24만배 미만**인 사업소	2대	10인
3. 제조소 또는 일반취급소에서 취급하는 제4류 위험물의 최대수량의 합이 지정수량의 **24만배 이상 48만배 미만**인 사업소	3대	15인
4. 제조소 또는 일반취급소에서 취급하는 제4류 위험물의 최대수량의 합이 지정수량의 **48만배 이상**인 사업소	4대	20인
5. **옥외탱크저장소**에 저장하는 제4류 위험물의 최대수량이 지정수량의 **50만배 이상**인 사업소	2대	10인

032 다음 중 소화약제의 성분에 해당하지 않는 것은?

① C_6H_5Cl
② CF_3Br
③ $KHCO_3$
④ $C_2F_4Br_2$

답 ①

해 순서대로 클로로벤젠(제4류 위험물), 할론1301, 탄산수소칼륨(제2종소화분말), 할론 2402이다.

033 이산화탄소가 불연성이 이유를 옳게 설명한 것은?

① 산소와의 반응이 느리기 때문이다.
② 산소와 반응하지 않기 때문이다.
③ 착화되어도 곧 불이 꺼지기 때문이다.
④ 산화반응이 일어나도 열 발생이 없기 때문이다.

답 ②

해 산소와 반응하지 않기 때문이다.

034 제4류 위험물의 보관 중 정전기를 방지 및 제거를 위해 공기 중의 상대습도를 얼마 이상으로 유지해야 하는가?

① 30%
② 50%
③ 70%
④ 80%

답 ③

해 정전기 제거, 예방 위해 아래의 방법을 취한다.
- **접지**에 의한 방법
- **공기 중의 상대습도를 70% 이상**으로 하는 방법
- **공기를 이온화**하는 방법

035 경보설비를 설치하여야 하는 장소에 해당되지 않는 것은?

① 지정수량 100배 이상의 제3류 위험물을 저장·취급하는 옥내저장소
② 옥내주유취급소
③ 연면적 500m²이고 취급하는 위험물의 지정수량이 100배인 제조소
④ 지정수량 10배 이상의 제4류 위험물을 저장·취급하는 이송취급소

답 ④

해 이송취급소는 제외된다.
제조소 등에 따라 설치해야 하는 경보설비 63페이지 표 참고

036 양초(파라핀)의 연소형태는?

① 표면연소   ② 분해연소
③ 자기연소   ④ 증발연소

답 ④

해
- **표면연소: 목탄(숯), 코크스, 금속분** 등
- **분해연소: 석탄, 목재, 종이, 섬유, 플라스틱** 등
- **증발연소: 나프탈렌, 장뇌, 황(유황), 양초(파라핀), 왁스, 알코올**
- **자기연소: 주로 5류 위험물**(이는 물질내에 산소를 가진 자기연소 물질이다, 주로 니트로기를 가지고 있다)

037 제조소에서 전기설비가 설치된 경우 바닥면적 몇 m²마다 소형소화기를 설치해야 하는가?

① 50   ② 100
③ 200   ④ 300

답 ②

해 제조소 등에서 **전기설비 설치 시 100m² 마다 소형수동식 소화기 1개 이상** 설치해야 한다.

038 Halon 1301, Halon 1211, Halon 2402 중 상온, 상압에서 액체상태인 Halon 소화약제로만 나열한 것은?

① Halon 1211
② Halon 2402
③ Halon 1301, Halon 1211
④ Halon 2402, Halon 1211

답 ②

해 상온에서 **1301, 1211은 기체이나 2402는 액체**이다.

039 고체가연물일 경우 덩어리보다 분말일 경우 위험한 이유는?

① 산소와 접촉면적이 더 커지기 때문이다.
② 정전기가 쉽게 발생되기 때문이다.
③ 활성화에너지가 증가하기 때문이다.
④ 열축적이 더 쉽기 때문이다.

답 ①

해 표**면**적이 넓을수록 위험하다(산소와 접하는 면적이 넓어야 잘 탄다. 따라서 기체, 액체, 고체의 순으로 가연물이 되기 쉬운 것이다. 덩어리 보다 분말이 더 위험하다).

040 디에틸에테르 2000L와 아세톤 4000L를 옥내저장소에 저장하고 있다면 총 소요단위는 얼마인가?

① 5   ② 6
③ 50   ④ 60

답 ①

해 위험물인 경우 지정수량의 10배이다.
디에틸에테르는 지정수량이 50L, 아세톤은 400L이므로 1소요단위는 각 500L, 4000L가이다. 따라서 각 4소요단위, 1소요단위 이므로 합하면 5소요단위이다.

제3과목 | 위험물의 성질과 취급

041 제4석유류를 저장하는 옥내탱크저장소의 기준으로 옳은 것은? (단, 단층건축물에 탱크전용실을 설치하는 경우이다)

① 옥내저장탱크의 용량은 지정수량의 40배 이하일 것
② 탱크전용실은 벽, 기둥, 바닥, 보를 내화구조로 할 것
③ 탱크전용실에는 창을 설치하지 아니할 것
④ 탱크전용실에 펌프설비를 설치하는 경우에는 그 주위에 0.2m 이상의 높이로 턱을 설치할 것

답 ①

해 아래와 같은 기준이 있다.
옥내탱크(이하 "옥내저장탱크"라 한다.)는 **단층건축물에 설치된 탱크전용실**에 설치할 것
옥내저장탱크와 탱크전용실의 벽과의 사이 및 옥내저장탱크의 상호간에는 **0.5m 이상의 간격**을 유지할 것
옥내저장탱크의 용량(동일한 탱크전용실에 옥내저장탱크를 2 이상 설치하는 경우에는 각 탱크의 용량의 합계를 말한다.)은 **지정수량의 40배 이하일 것**, **4석유류 및 동식물유류 외의 제4류 위험물**에 있어서 당해 수량이 20,000ℓ를 초과할 때에는 **20,000ℓ 이하일 것**
옥내탱크저장소 중 **탱크전용실을 단층건물 외의 건축물**에 설치하는 경우

042 제조소 등의 관계인은 제조소 등의 용도를 폐지한 경우 며칠 이내에 시도지사에게 신고해야 하는가?

① 5일　　② 10일
③ 14일　　④ 30일

답 ③

해 제조소 등은 그 용도를 폐지한 경우 용도를 폐지한 날부터 **14일 이내에 시·도지사**에게 신고해야 한다.

043 질산나트륨 90kg, 유황 70kg, 클로로벤젠 2000L의 지정수량의 배수의 합은?

① 1　　② 2
③ 3　　④ 5

답 ③

해 질산나트륨의 지정수량은 300kg이고(**오(50)염과 무아 / 삼(300)질 요브 / 천(1000)과 중**)
유황은 100kg(**백유황적 / 오철금마 천인**)
클로로벤젠은 1000L(2석유류는 이 **일(1000L)등경 크스클 / 이(2000L)아히포**)이다.
따라서 지정수량의 배수의 합은 0.3 + 0.7 + 2 = 3이다.

044 과산화벤조일에 대한 설명으로 틀린 것을 고르시오.

① 물에 안녹는다.
② 상온에서 무색, 무미의 고체로 안정하다.
③ 발화점이 섭씨 200도 이상이다.
④ 건조해지면 위험 해지므로 희석제를 첨가한다.

답 ③

해 무색, 무미의 고체 **결정**이다.
발화점 80℃이고, **상온에서 안정적**이다.
물에 안녹고, 알코올 에티르에 잘 녹는다.
산화성 물질로, **환원성 물질, 유기물 등과 격리**해야 하고, 마찰, 충격을 피한다.
건조해지면 위험하므로 건조방지를 위한 **희석제(물, 프탈산디메틸 등)**을 첨가하며 **습윤을 하여 보관하면** 안전하다.

045 위험물안전관리법령상 정기점검 대상이 아닌 것은?

① 지정수량의 10배 이상의 위험물을 취급하는 제조소
② 이송취급소
③ 이동탱크저장소
④ 지정수량의 10배 이상의 위험물을 저장하는 옥외저장소

답 ④

해 정기점검 대상 제조소 등은 아래와 같다.
- **예방규정 대상 제조소 등**
- **지하탱크저장소**
- **이동탱크저장소**
- 위험물을 취급하는 탱크로서 지하에 매설된 탱크가 있는 제조소·주유취급소 또는 일반취급소

예방규정을 정해야 하는 제조소 등은 아래와 같다.
- 지정수량의 **10배 이상의 위험물을 취급하는 제조소**
- 지정수량의 **100배 이상의 위험물을 저장하는 옥외저장소**
- 지정수량의 **150배 이상의 위험물을 저장하는 옥내저장소**
- 지정수량의 **200배 이상의 위험물을 저장하는 옥외탱크저장소**
- **암반탱크저장소**
- **이송취급소**

따라서, 옥외저장소는 100배 이상이어야 정기점검 대상이다.

046 아세트알데히드의 저장 시 주의사항으로 잘못된 것은?

① 구리나 은, 마그네슘 등의 용기에 보관한다.
② 화기를 피한다.
③ 용기 파손에 주의한다.
④ 온도가 낮은 곳에 저장한다.

답 ①

해 아세트알데히드는 제4류 위험물로 완전 밀전하여 통풍잘되는 냉암소에 보관하며 구리, 은, 수은, 마그네슘 등으로 만든 용기에 보관하면 안 된다.

047 알코올류에 대해 틀린 설명은?

① 제4류 위험물이다.
② 물에 잘 녹는다.
③ 인체에 무해하다.
④ 지정수량이 400L이다.

답 ③

해 메틸알코올은 유독성으로 인체에 해롭고, 마시면 실명할 수도 있다.

048 가솔린 저장량이 2000L일 때 소화설비 설치를 위한 소요단위는?

① 1   ② 2
③ 3   ④ 4

답 ①

해 위험물인 경우 소요단위는 지정수량의 10배이다. 가솔린의 경우 지정수량이 200L이므로(**이(200L)휘벤에메톨 / 사(400L)시아피포**) 2000L는 1소요단위이다.

049 위험물안전관리법령상 옥내저장소의 안전거리를 두지 않을 수 있는 경우는?

① 지정수량 20배 이상의 동식물유류
② 지정수량 20배 미만의 특수인화물
③ 지정수량 20배 미만의 제4석유류
④ 지정수량 20배 이상의 제5류 위험물

답 ③

해 옥내저장소의 안전거리는 제조소의 규정을 따르나, 다만, 아래의 경우는 안전거리 **안 둘 수 있다.**
- **제4석유류 또는 동식물유류**의 위험물을 저장 또는 취급하는 옥내저장소로서 그 최대수량이 **지정수량의 20배 미만**인 것
- **제6류 위험물**을 저장 또는 취급하는 옥내저장소
- **지정수량의 20배**(하나의 저장창고의 바닥면적이 150m² 이하인 경우에는 50배) **이하**의 위험물을 저장 또는 취급하는 옥내저장소로서 다음의 기준에 적합한 것
  1) 저장창고의 벽·기둥·바닥·보 및 지붕이 내화구조인 것
  2) 저장창고의 출입구에 수시로 열 수 있는 자동폐쇄방식의 60분방화문이 설치되어 있을 것
  3) 저장창고에 창을 설치하지 아니할 것

050 위험물안전관리법령상 HCN에 대해 틀린 설명은?

① 제2석유류이다.
② 증기가 공기보다 가볍다.
③ 지정수량이 400L이다.
④ 수용성이다.

답 ①

해 시안화수소는 제1석유류 이다(1석유류는 일 **이(200L)휘벤에메톨 / 사(400L)시아피**)

051 트리니트로페놀의 성질에 대한 설명 중 틀린 것은?

① 폭발에 대비하여 철, 구리로 만든 용기에 저장한다.
② 휘황색을 띤 침상결정이다.
③ 비중이 약 1.8로 물보다 무겁다.
④ 단독으로는 테트릴보다 충격, 마찰에 둔감한 편이다.

답 ①

해 무색의 <u>고체결정이나 공업용은 휘황색</u>이다.
상온에서 안정하므로 충격, 마찰에도 괜찮으나 금속염 물질과 혼합하면 위험하다.
철, 구리 같은 금속을 부식시킨다.

052 인화점이 70℃이상 200℃미만인 제4류 위험물의 품명에 해당하는 것은? (1기압 기준)

① 등유   ② 중유
③ 메틸알코올 ④ 실린더유

답 ②

해 제4류 위험물의 분류 기준이다(1기압에서)
- 특수인화물: **발화점 100℃ 이하 또는(or) 인화점이 -20℃ 이고(and) 비점 40℃ 이하**인 것
- 제1석유류: **인화점이 21℃ 미만인 것**
- 제2석유류: **인화점이 21℃ 이상 70℃ 미만인 것**
- 제3석유류: **인화점이 70℃ 이상 200℃ 미만인 것**
- 제4석유류: **인화점이 200℃ 이상 250℃ 미만인 것**
- 알코올류: 알코올류 하나의 분자를 이루는 탄소 원자수가 1에서 3개까지인 포화1가 알코올류가 위험물에 해당함
- 동식물류: 동물, 식물에서 추출한 것으로 인화점이 **250℃ 미만인 것**

문제는 제3석유류에 해당하는데, 제3석유류는 중유이다(3석유류는 **이(2000L)중아니쿨 / 사(4000L)글**).

053 옥내저장소에 저장할 때 가연성 증기를 배출하는 설비를 갖추어야 하는 물질은?

① 아닐린 ② 아세톤
③ 실린더유 ④ 니트로벤젠

답 ②

해 옥내저장소의 경우 **인화점이 70℃ 미만인 위험물**의 저장창고에 있어서는 내부에 체류한 가연성의 증기를 지붕 위로 **배출하는 설비**를 설치해야 한다.
아래에서 알 수 있듯이 인화점이 **70℃ 미만인 경우**는 특수인화물, 제1석유류, 제2석유류 등이 있다.
- 특수인화물: **발화점 100℃ 이하 또는(or) 인화점이 −20℃ 이고(and) 비점 40℃ 이하**인 것
- 제1석유류: **인화점이 21℃ 미만인 것**
- 제2석유류: **인화점이 21℃ 이상 70℃ 미만인 것**
- 제3석유류: **인화점이 70℃ 이상 200℃ 미만인 것**

아세톤은 제1석유류이므로(1석유류는 일 이(200L)휘벤에메톨 / 사(400L)시아피) 이에 해당한다.

054 아래의 탱크의 내용적은?

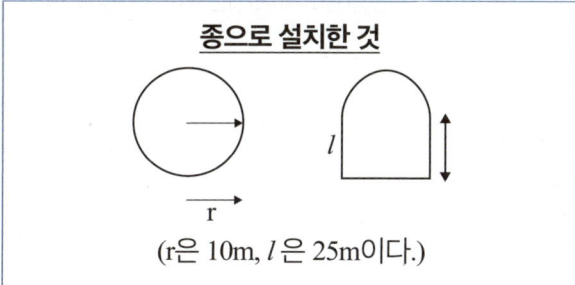

종으로 설치한 것
(r은 10m, l은 25m이다.)

① 3612m³ ② 6432m³
③ 7854m³ ④ 8236m³

답 ③

해 내용적을 구하는 공식은 $\pi r^2 l$ 이다.
$\pi \times 10^2 \times 25 ≒ 7854m^3$ 이다.

055 제5류 위험물 제조소에 설치하는 표지 및 주의사항을 표시한 게시판의 바탕색상을 각각 옳게 나타낸 것은?

① 표지: 백색, 주의사항을 표시한 게시판: 백색
② 표지: 백색, 주의사항을 표시한 게시판: 적색
③ 표지: 적색, 주의사항을 표시한 게시판: 백색
④ 표지: 적색, 주의사항을 표시한 게시판: 적색

답 ②

해 위험물 제조소 게시판 표지는 백색 바탕에 흑색으로 위험물 제조소를 표시하고, 게시판의 제5류 위험물의 주의사항은 화기엄금이고, 이는 적색바탕에 백색문자로 표시한다.

※ 제조소의 게시판에 게시할 내용
 i) **1류 알칼리금속의 과산화물: 물기엄금**
    그 밖에: 없음
 ii) 2류 인화성 고체: 화기엄금
    철분, 마그네슘, 금속분 및 그 밖에: 화기주의
 iii) 3류 자연발화성 물질: 화기엄금
    금수성물질: 물기엄금
 iv) 4류 **화기엄금**
 v) 5류 **화기엄금**
 vi) 6류: 없음

종류	바탕	문자
화기엄금	적색	백색
물기엄금	청색	백색
주유중엔진정지	황색	흑색
위험물 제조소 등	백색	흑색
위험물	흑색	황색반사도료

056 다음 중 제6류 위험물이 아닌 것은?

① 과염소산　　② 과산화수소
③ 오불화요오드　　④ 과산화나트륨

답 ④

해 과산화나트륨은 제1류 위험물 무기과산화물이다.

057 옥내탱크저장소의 탱크 상호간의 간격은?

① 0.5m　　② 0.8m
③ 1.0m　　④ 1.5m

답 ①

해 옥내저장탱크와 탱크전용실의 벽과의 사이 및 옥내저장탱크의 상호간에는 **0.5m 이상의 간격**을 유지해야 한다.

058 위험물안전관리법령에 따른 질산에 대한 설명으로 틀린 것은?

① 지정수량은 300kg이다.
② 햇빛에 의해 분해되므로 갈색병에 저장, 보관한다.
③ 농도가 36wt% 이상인 것에 한하여 위험물로 간주된다.
④ 운반 시 제1류 위험물과 혼재할 수 있다.

답 ③

해 질산은 제6류 위험물로 **비중이 1.49 이상**인 물질만 위험물이다.
농도 중량퍼센트 36을 기준으로 하는 것은 과산화수소이다.

059 다음 중 건성유가 아닌 것은?

① 해바라기유　　② 들기름
③ 대구유　　④ 올리브유

답 ④

해 **건성유는 제4류 위험물 동식물류 중 요오드값이 130이상인 것을 말한다.**
(요오드값 130이상), 올리브유는 불건성유이다.

암기법 정상 동해 대아들, 참쌀면 청옥 채콩, 소돼재고래 피 올야땅

060 다음 중 제4류 위험물인 것은?

① $C_3H_5(ONO_2)_3$　　② HNO_3
③ CH_3CHO　　④ $KMnO_4$

답 ③

해 제4류 위험물인 것은 아세트알데히드(CH_3CHO)이다.
니트로글리세린($C_3H_5(ONO_2)_3$)은 제5류, 질산(HNO_3)은 제6류, 과망간산칼륨($KMnO_4$)은 제1류 위험물이다.

저자
- 교육컨텐츠 기업 (주) 엔제이인사이트
- 파이팅혼공TV 컨텐츠 개발팀

저서
- 파이팅혼공TV 위험물기능사 실기 초단기합격
- 파이팅혼공TV 위험물기능사 필기 초단기합격
- 파이팅혼공TV 전기기능사 필기 초단기합격
- 파이팅혼공TV 조경기능사 필기 초단기합격
- 파이팅혼공TV 산림기능사 필기 초단기합격
- 파이팅혼공TV 지게차 운전기능사 필기 한방에 정리
- 파이팅혼공TV 굴착기 운전기능사 필기 한방에 정리
- 파이팅혼공TV 한식조리기능사 필기 한방에 정리

유튜버 파이팅혼공 TV
위험물산업기사 필기(이론/기출/CBT예상문제집)

발행일 2025년 8월 12일
발행인 조순자
발행처 인성재단(지식오름)
편저자 교육컨텐츠 기업 (주) 엔제이인사이트·파이팅혼공TV 컨텐츠 개발팀
편 집 홍현애
ISBN 979-11-7491-006-6
정가 28,000원

※ 낙장이나 파본은 교환해 드립니다.
※ 이 책의 무단 전제 또는 복제행위는 저작권법 제136조에 의거하여 처벌을 받게 됩니다.